3D DAYIN QINGSONG SHIJIAN

CONG CAILIAO YINGYONG DAO SANWEI JIANMO

3D打印轻松实践

从材料应用到三维建模

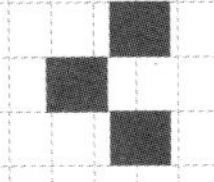

辛志杰　等编著

化学工业出版社

·北京·

3D打印技术是具有广泛应用需求与光明前景的新兴增材制造技术。三维建模是3D打印的前提和基础，对于多品种、小批量、周期短产品的研发和生产具有重要意义。

本书全面介绍了3D打印成形技术以及三维建模在3D打印中的应用，结合当今流行的UG NX、PTC Creo及SolidWorks三种建模软件，通过大量典型制作实例，循序渐进地进行实际操作，能使读者轻松、快速掌握3D打印、三维建模实际能力与技巧。本书还详细阐述了各类3D打印机的工作原理、技术特点和打印设备，介绍了大量3D打印常用材料的分类、性能及其应用技术等。

全书图文并茂，内容丰富、实用。本书可供从事机电产品设计、机械制造及其自动化、材料科学与工程等专业的科技人员和在校师生参考，也可供广大机械制造、材料成形、医疗、汽车制造、飞机零部件、商业机器、模型、玩具、服装等领域专业人士和众多3D打印DIY人士参考。

图书在版编目（CIP）数据

3D打印轻松实践：从材料应用到三维建模/辛志杰等编著. —北京：化学工业出版社，2018.12

ISBN 978-7-122-33110-6

Ⅰ.①3… Ⅱ.①辛… Ⅲ.①立体印刷-印刷术 Ⅳ.①TS853

中国版本图书馆CIP数据核字（2018）第233607号

责任编辑：朱　彤　　　　文字编辑：陈　喆

责任校对：王　静　　　　装帧设计：刘丽华

出版发行：化学工业出版社（北京市东城区青年湖南街13号　邮政编码100011）

印　　装：三河市双峰印刷装订有限公司

787mm×1092mm　1/16　印张17　字数454千字　2019年4月北京第1版第1次印刷

购书咨询：010-64518888　　售后服务：010-64518899

网　　址：http://www.cip.com.cn

凡购买本书，如有缺损质量问题，本社销售中心负责调换。

定　　价：78.00元

前言

FOREWORD

三维建模是采用三维表达方式对实体进行从概念到模型的一种设计方法。随着计算机辅助设计技术的发展，通过三维设计软件利用虚拟三维空间构建出具有三维数据的模型已成为三维建模的主要方式，三维模型在各种不同的产业领域具有非常广泛的应用。

3D打印技术是具有工业革命意义的新兴增材制造技术，它正逐步融入产品的研发、设计、生产各个环节，是材料科学、制造工艺与信息技术的高度融合与创新，是推动生产方式向柔性化、绿色化发展的重要途径，是优化、补充传统制造方式，催生生产新模式、新业态和新市场的重要手段。当前，3D打印技术已在装备制造、机械电子、军事、医疗、建筑、食品等多个领域起步应用，产业呈现快速增长势头，发展前景良好。3D打印是基于打印件的CAD模型，采用增材制造原理，应用不同的打印方法，高效、高精度地制造出产品或模型。三维建模是3D打印的前提和基础，三维建模和3D打印技术的广泛应用，能够有效地缩短产品的研发和制造周期，促进产品的多样化。

本书介绍了三维建模与3D打印技术的相关概念、3D打印的建模方法及其应用，分别以PTC Creo parametric、UG NX、Solidworks三种参数化设计软件为例，结合实际应用进行了建模方法的详细应用。本书还阐述了3D打印技术的原理和3D打印技术的分类，介绍了熔融沉积成形（FDM）、光固化快速成形（SLA）、叠层实体制造（LOM）以及黏结剂喷射成形（3DP）的工作原理、技术特点、成形误差、控制系统和典型的打印设备，详细介绍了金属材料3D打印成形的各种技术原理、工艺特点及其实际应用，阐述了大量3D打印常用材料的分类、性能及其应用领域、应用技术等。本书可供从事机电产品设计、机械制造及其自动化、材料科学与工程等专业的科技人员和在校师生参考，也可供广大机械制造、材料成形、医疗、汽车制造、飞机零部件、商业机器、模型、玩具、服装等领域专业人士和众多3D打印DIY人士参考。

本书由辛志杰等编著。在本书编写过程中，王睿、张燕、石慧琳参加编写了第2章，陈振亚参加编写了第8章。本书在编写过程中参考了许多宝贵的文献资料，使本书更加系统和完善。在此向这些文献的作者表示衷心感谢！

由于编者水平和时间有限，书中难免存在不足之处，敬请广大读者批评、指正。

编著者

2018年12月

目录

CONTENTS

第1章 概述

三维建模是物体的多边形三维表达方式，通常用计算机或者其他视频设备进行显示或输出。显示的物体可以是现实世界的实体，也可以是虚构的物体。三维模型一般用三维建模软件生成，也可以用其他方法生成。三维建模有三种层次的建立方法，即线框、曲面和实体，也就是分别对应于用一维的线、二维的面和三维的体来构造形体。通过计算机辅助设计（CAD）建立的立体、有光、有色的生动画面，可以虚拟逼真地表达出产品的设计效果，比传统的二维设计图更符合人的思维习惯与视觉习惯。

产品的设计制造方法是：首先设计者根据用户需求或设计构思进行产品的概念设计，提出产品要满足的功能；然后提出满足功能的原理实现方案，通过分析计算，确定具体的功能结构，并进行详细的工程图设计；根据工程图或实体模型进行加工生产。在产品设计、制造过程中，由于计算机辅助设计的介入，实现了三维立体化设计，产品的任何细节都能在计算机中进行显示，设计者可以对产品的形态、色彩、纹理、比例等进行全方位的修改和完善。

3D打印成形不同于传统的切削加工等减材制造方式，而是一个全新的增材制造领域。3D打印是基于打印件的CAD模型，采用增材制造原理，应用不同的打印方法，高效、高精度地制造出产品或模型。在传统制造业中，产品的加工需要按照图样要求和工艺文件进行加工生产，所经历的步骤繁多，产品工艺链长，工艺文件编制涉及的加工资料多，产品改型经济损耗大。而3D打印在整个制造过程中缩减了产品的外围生产资料，直接从产品模型到产品。对于产品的修改只需对模型进行修改，改善了产品工艺的柔性。3D打印工艺采用细微原材料逐层堆叠而生成三维立体的实体，该工艺只需在计算机上设计出产品模型或者扫描实体得到数据，就可以用3D打印机打印出实物。该工艺无需传统的机床、刀具、模具、辅具、夹具，不需要经过复杂的工艺过程，就可以将设计的模型变为实物。

1.1 3D打印成形技术

1.1.1 3D打印技术简介

3D打印技术是由三维模型驱动的快速制造三维实体的技术总称。它是以计算机三维设计模型为蓝本，通过软件分层离散和数控成形系统，利用激光束、热熔喷嘴等方式将金属粉末、陶瓷粉末、塑料、细胞组织等特殊材料进行逐层堆积黏结，最终叠加成形，制造出实体产品。与传统制造业通过模具、车铣等机械加工方式对原材料进行定型、切削以最终生产成品不同，3D 打印将三维实体变为若干个二维平面，通过对材料处理并逐层叠加进行生产，大大降低了制造的复杂度。这种数字化制造模式不需要复杂的工艺、庞大的机床及众多的人力，直接从计算机图形数据便可生成任何形状的零件，使生产制造得以向更广的生产人群范围延伸。

3D 打印机与普通打印机工作原理基本相同，只是打印材料有些不同。普通打印机可以打印计算机设计的平面物品，普通打印机的打印材料是墨粉和纸张。而 3D 打印机内装有金属、陶瓷、塑料、砂等不同的打印材料（属于实实在在的原材料）。3D 打印机与计算机连接后，通过计算机控制可以把打印材料一层层叠加起来，最终把计算机上显示的蓝图变成实物。通俗地说，3D 打印机是可以“打印”出真实的 3D 物体的一种设备，如打印出机器人、玩具车、各种模型，甚至食物等。

3D 打印技术将是新的工业革命的核心，是产品创新和制造技术创新的共性使能技术，并深刻改革制造业的生产模式和产业形态。有学者提出 3D 打印将带来第三次工业革命，将形成多品种、小批量、定制式的新型生产模式。3D 打印既是制造工艺的原理创新，也是应用数字化技术的产品创新，将可能改变整个制造业的面貌。3D 打印是增材制造方法的新发展，能大大提高新材料的成形能力。3D 打印机是制造业数字化的典型代表，特别适用于个性化定制生产；3D 打印机是产品创新的一种高效共性使能装备；3D 打印机可能成为生命科学最有效的装备之一。在第三次工业革命中，生命科学的发展占有十分重要的位置，例如制造人体活器官的组织工程研究，在此项研究中如何构成所需的复杂多孔 3D 支架，以及如何注入人体种子细胞是组织工程的关键所在。目前出现的 3D 生物打印机，可以进行细胞/器官打印工艺，期待成为未来人体器官制造的重要装备。

1.1.2 3D 打印技术分类

3D 打印是“增材制造”（Additive Manufacturing，AM）的主要实现形式。“增材制造”的理念区别于传统的“减材制造”（Subtractive Manufacturing，SM）。传统制造一般是在原材料基础上，使用切削、磨削、腐蚀、熔融等办法，去除多余部分，得到零部件，再以拼装、焊接等方法组合成最终产品。而“增材制造”与之截然不同，无需原坯和模具，就能直接根据计算机图形数据，通过增加材料的方法生成任何形状的物体，简化了产品的制造程序，缩短了产品的研制周期，提高了效率并降低成本。

3D 打印是增材制造的统称，可以概括为几种不同的成形工艺，如表 1-1 所示。其中前五种是根据增材制造初期出现的子技术（快速成形）产生和发展的工艺；后两种是根据增材制造当今发展的子技术（3D 打印）产生的工艺。

表 1-1 增材制造工艺分类

序号	成形工艺	原用名	代表性公司
1	容器内光聚合(vat photopolymerization)	SLA	3D Systems,Envision TEC
2	粉末床烧结/熔化(power bed fusion)	SLS/SLM/EBM	EOS,3D Systems,Arcam AB
3	片层压(sheet lamination)	LOM	Solido,Fabrisonic
4	黏结剂喷射(binder jetting)	3DP	3D Systems,ExOne,Voxeljet
5	材料挤压(material extrusion)	FDM	Stratasys,RepRap,Bits from Bytes
6	材料喷射(material jetting)	—	OBJET,3D Systems,Solidscape
7	定向能量沉积(directed energy deposition)	—	Opotomec,POM

按照采用材料形式和工艺实现方法，可将 3D 打印技术分为如图 1-1 所示的五大类。

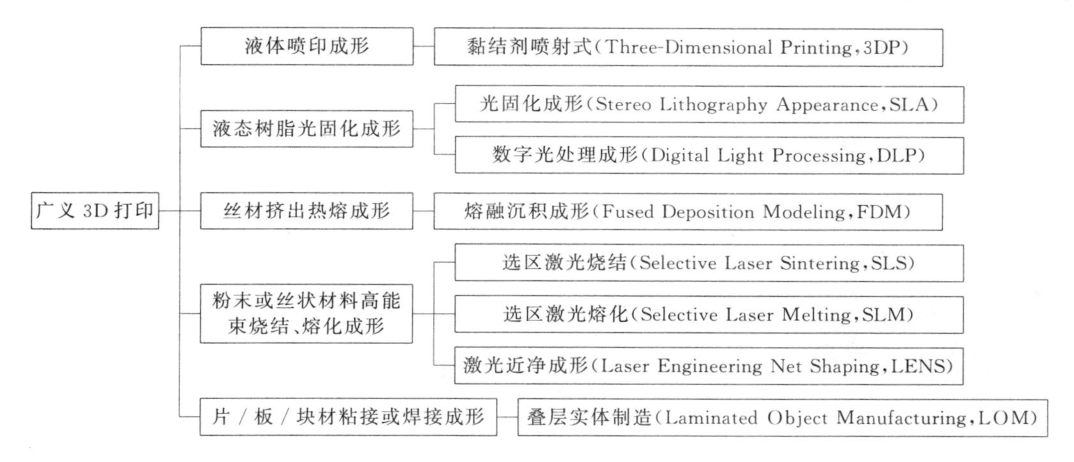

图 1-1　广义 3D 打印技术分类

1.1.3　三维建模与 3D 打印成形技术

3D 打印技术是产品数字化设计技术的典型应用。没有数字化设计技术的发展，不可能实现 3D 打印技术。三维 CAD 模型是 3D 打印的基础和前提，3D 打印所需的 CAD 造型有两种设计方法：一种是实体造型设计；另一种是曲面造型设计。建模只是设计从概念或想法到实体的中间过程，它把概念或想法赋予可视化的形体，在此过程中离不开人的思考或抽象，创意或创新的形成需要设计者完成。

3D 打印机成形工件的全过程包括：用 CAD 软件设计产品的数学模型，或通过 3D 数字扫描机和反求软件建立产品的数学模型；将产品的数字模型输入 3D 打印机，在计算机的控制下，实现产品的无模自由成形。

1.2　3D 打印建模方法

3D 打印建模方法主要分为正向设计、逆向设计和正逆向混合设计。这三种方法在具体应用时，可以利用三维软件建模、仪器设备测量建模或利用图像或者视频建模，采用其中的一种或几种技术相结合。

1.2.1　正向设计

正向设计的方法是一个从概念设计起步到 CAD 模型，它是设计者在进行产品造型设计时主要采用的方法。正向设计的一般流程包括：首先对要设计产品的功能进行分析，在此基础上进行产品的概念设计，即提出满足功能需求、所有的原理实现方案，通过比较选择合适的原理方案；然后通过分析计算得出详细的结构参数，在此基础上建立产品模型。对于复杂的产品，正向设计过程难度系数大、周期较长、成本高、产品研制开发难。正向设计是一个反复的过程，由于设计者无法完全预估产品在设计过程中会出现的状况，需要不断地修改设计方案，才能最终确定产品的定型结构。

常用的正向设计软件包括 UG NX、PTC CreoParamatric、SolidWorks、CATIA 等。它们的共同特点是利用一些基本的几何元素（如立方体、球体等），通过一系列几何操作（如平移、旋转、拉伸以及布尔运算等）来构建复杂的几何实体。图 1-2 所示为采用正向设计方法建立的扫地车产品模型。

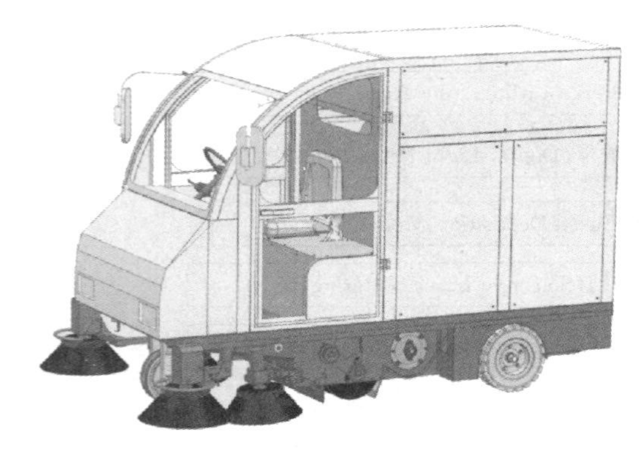

图 1-2　正向设计方法建立的扫地车产品模型

1.2.2　逆向设计

逆向设计又称反求设计，是一种基于逆向推理的设计，通过对现有样件进行产品开发，运用适当的手段进行仿制，或按预想的效果进行改进，并最终超越现有产品或系统的设计过程。逆向设计的一般流程包括：首先对产品样件进行三维数据采集，然后通过相关软件对采集的数据进行降噪、精简、光顺等数据处理，最后进行模型的重构或修改，从而得到产品的三维模型。常用的逆向设计软件包括Imageware、Geomagic Studio等。

1.2.3　正逆向混合设计

传统的设计方法以正向设计为主，但并不能满足产品设计的需求，将正向设计和逆向设计有机地结合起来已成为设计研发领域的一种趋势。逆向设计和正向设计方法各有所长，逆向设计优势在于测量数据点的强大处理功能和复杂自由曲面的设计，一般逆向软件都提供了对自由曲面的重构、编辑修改等功能；正向设计优势在于特征造型和实体造型，对零件特征的编辑修改比较方便。复杂产品外壳常常既带有复杂曲面，又包含一些简单特征，要通过单一的逆向设计或正向设计方法难以实现设计意图。为此，需要把逆向设计和正向设计的优势结合起来，即采用正逆向混合建模技术，对现有产品进行第二次创新。

混合设计是从测量数据中提取出可以重新进行参数化设计的特征及设计意图，进行再设计，完成CAD模型。混合建模方法可以分为三种：基于特征与自由形状的反求建模方法混合；基于截面线与基于面的曲面重建方法混合；几何形状创建过程中曲线曲面的特征形式表达与NURBS形式表达混合。混合建模结合了正向建模与逆向建模的优势，将产品经过三维扫描，获得点云数据，对工件进行对齐、封装、修复、填充等处理建立网格面模型，然后经过特征提取、草图设计和定位对齐等来正向设计，以此获得CAD模型，如图1-3所示。正逆向混合建模软件包括Geomagic Design Direct等。

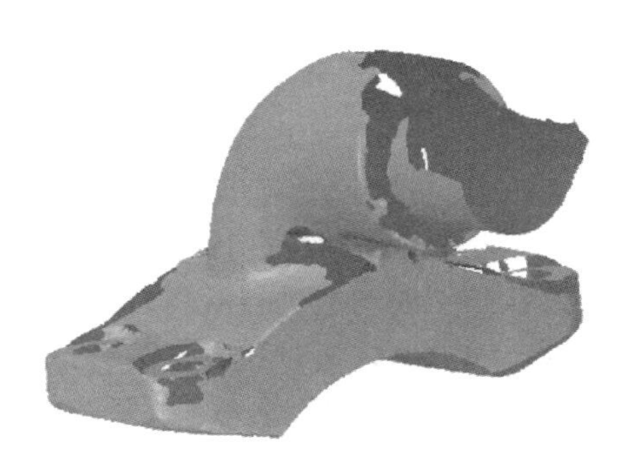

(a)底座模型原始网格面

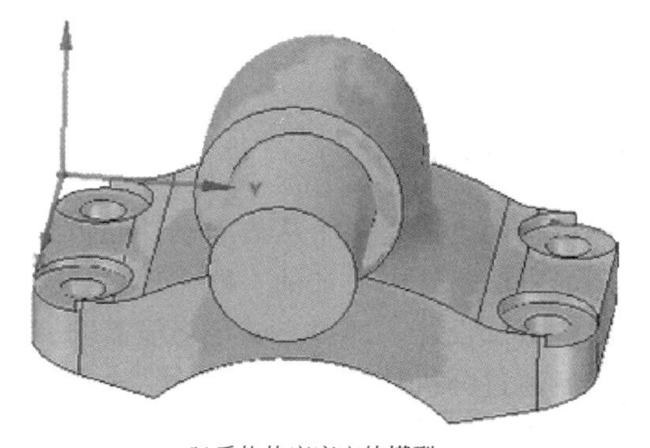

(b)重构的底座实体模型

图 1-3　正逆向混合建模

1.3　计算机辅助三维建模

计算机辅助建模是利用计算机强有力的计算功能和高效率的图形处理能力，辅助设计者进行工程和产品的设计与分析，以达到理想的目的或取得创新成果的一种技术。

1.3.1 线框建模

线框模型的表达只需包罗形体的顶点和边界，在计算机中存储顶点表和边表就可以建立形体的线框模型。线框模型数据结构简单、计算量小，但不能解决求交、消隐问题，不能计算物理参数（如重量和惯性矩等）。

线框造型是 CAD 技术发展过程中最早应用的三维模型，这种模型表示的是物体的棱边。线框模型由物体上的点、直线和曲线组成。在线框造型的过程中，首先根据设计的需要输入点的坐标值，计算机根据输入的坐标值实时地将点显示出来，然后将点用直线或曲线连接起来，即构成了三维线框模型。在汽车、飞机、船舶等新产品的设计中，大量采用线框模型来进行新产品的构思和初步结构设计，待设计方案确定后，再在线框模型基础上进行曲面或实体造型，完成最终的产品结构详细设计。

1.3.2 曲面建模

曲面造型（surface modeling）是计算机辅助几何设计和计算机图形学的一项重要内容，它起源于汽车、飞机、船舶、叶轮等的外形放工艺。曲面造型当前已形成以有理 B 样条曲面参数化特征设计和隐式代数曲面表示这两类方法为主体，以插值、拟合、逼近这三种方法为主要手段的几何理论体系。曲面建模包括直纹面、扫描曲面、蒙皮面、过渡曲面和边界曲面的建模等。

1.3.3 实体建模

实体模型在计算机内提供了对物体完整的几何和拓扑定义，可以直接进行三维设计，在一个完整的几何模型上实现零件的质量计算、有限元分析、数控加工编程和消隐立体图的生成等。随着实体模型领域内诸如特征、约束等概念的提出，几何实体造型的设计方法应用非常广泛。实体造型的表示方法主要有边界表示法（B-rep）、体素构造法（Constructive Solid Geometry，CSG）、八叉树表示法、欧拉操作法、射线表示法等。

第2章 三维建模方法

2.1 概述

三维建模简单来说就是从概念到模型，通常是指正向实体建模，这一过程利用绘图或建模等手段预先设计出产品原型，然后根据原型制造产品。随着计算机辅助设计技术的发展，通过三维设计软件利用虚拟三维空间构建出具有三维数据的模型已成为三维建模的主要方式。三维建模常用的软件包括 PTC Creo Parametric、UG NX、SolidWorks、CATIA 等。

目前，三维模型在各种不同的行业领域具有非常广泛的应用，工程行业将它们用于新产品设计、模拟仿真和加工制造等；医疗行业使用它们制作器官的精确模型；影视游戏产业将它们作为活动的人物、道具等视频游戏中的资源；建筑业将它们用来展示虚拟的建筑物或者场景等。

2.2 基于 PTC Creo Parametric 的三维建模方法

2.2.1 PTC Creo Parametric 简介及特点

Creo Parametric 是 Pro/E 软件新的版本，Pro/E 操作软件是美国参数技术公司（PTC）旗下的 CAD/CAM/CAE 一体化的三维软件。该软件以参数化著称，是参数化技术的最早应用者，在目前的三维造型软件领域中占有着重要地位。Pro/E 作为当今世界机械 CAD/CAE/CAM 领域的新标准而得到业界的认可和推广，是现今主流的 CAD/CAM/CAE 软件之一，特别是在国内产品设计领域占据重要位置。

Creo Parametric 是一套功能强大的三维产品设计、开发软件，是 PTC 新的 3D 参数化建模系统。它利用了 Pro/Engineer、CoCreate 和 ProductView 中经过验证的技术，并提供了数以百计可提高设计效率和生产力的新功能，涉及零件设计、整机装配、模具开发、工业设计、加工制造、钣金件设计、铸造件设计、机构分析、有限元分析、产品数据库管理等功能。

Creo Parametric 保留了功能强大和可靠耐用的特点，它提供了极其丰富的 3D CAD、

CAID、CAM 和 CAE 集成功能，而且用户界面直观、可提高用户生产力。此外，Creo Parametric 中的许多新功能为用户提供了比以往更高的设计灵活性、效率和速度。到现在，它已经成为全世界最普及的三维 CAD/CAM 系统标准软件之一，被广泛应用于机械、模具、电子、家电、玩具、工业设计、汽车、航天等行业。其强大的功能使得产品开发时间大大缩短，产品开发流程得到了简化。全球已有近三万企业采用 Creo Parametric 软件系统，作为企业产品设计的标准软件。

2.2.2 PTC Creo Parametric 工作界面

以 Creo Parametric 3.0 为例，启动 Creo Parametric 3.0 应用程序以后，显示其浏览器界面，如图 2-1 所示。

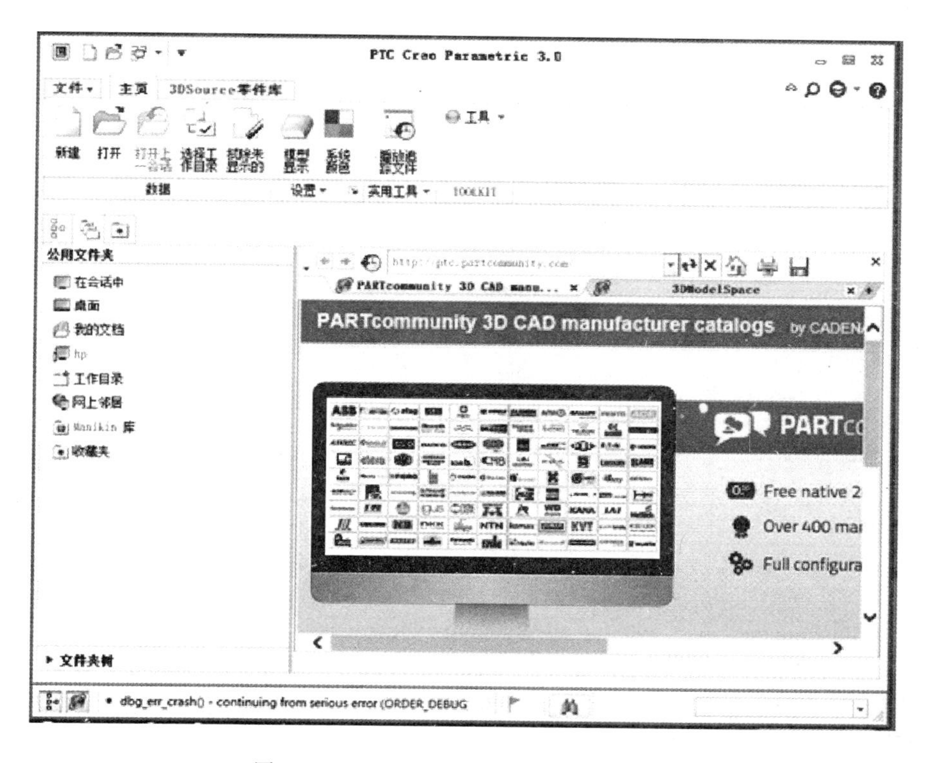

图 2-1 Creo Parametric 3.0 浏览器界面

新建或打开一个已有文件，显示其工作界面，如图 2-2 所示。

① 主窗口标题栏 列有当前的软件版本、工作模块和正在处理的文件名称。

② 快速访问工具栏 提供对常用按钮的快速访问。

③ 文件菜单 包括管理文件、准备、发送等命令。

④ 功能区 包括模型、分析、注释、渲染、工具、视图、柔性建模、应用程序等选项卡。

⑤ 导航区 包括模型树、文件导航器、个人收藏夹和层树，通过它们来显示零部件特征以方便用户的选择和辨识。

⑥ 图形窗口和图形工具栏 显示和编辑所建立特征的形状。

⑦ 浏览器窗口 提供对内部和外部网站的访问功能。

⑧ 状态栏 显示控制和消息区。

⑨ 命令操控板 是执行命令的载体，如图 2-3 为“草绘”操控板。

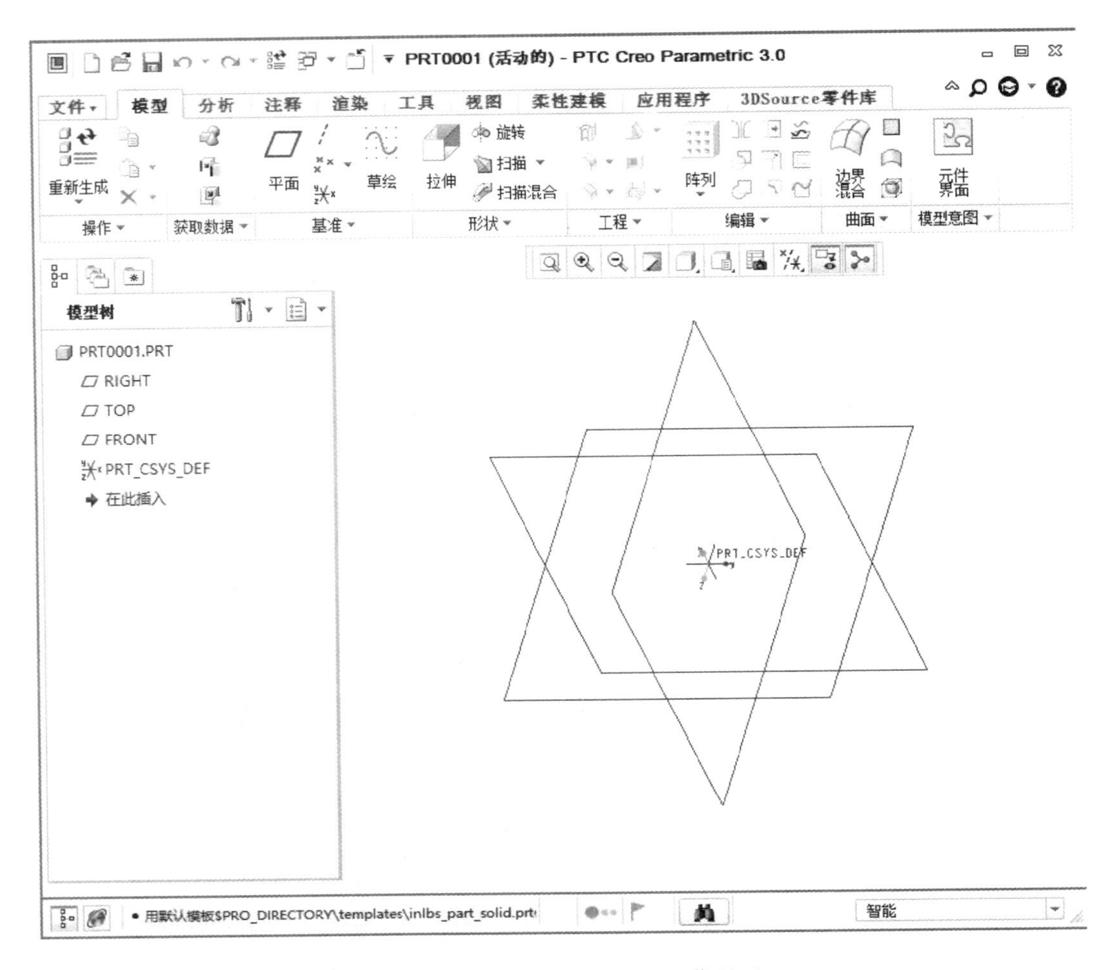

图 2-2　Creo Parametric 3.0 工作界面

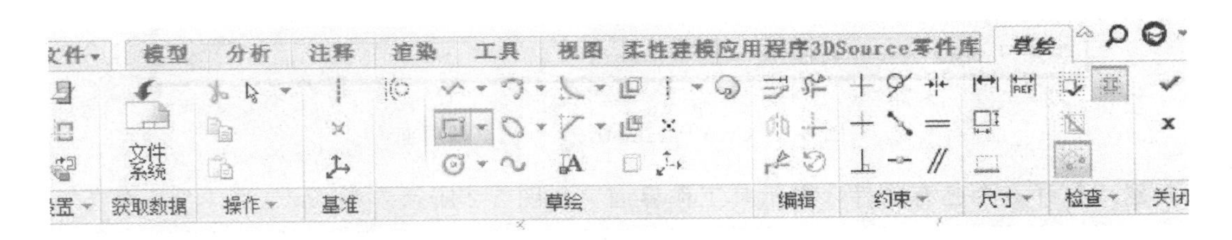

图 2-3　“草绘”操控板

2.2.3　PTC Creo Parametric 快速上手

一般来说，建模常用工具为草绘、拉伸、倒角。本节以一杯子为例对 Creo Parametric 常用功能进行介绍。

a. 打开 Creo Parametric 3.0，新建文件 beizi，如图 2-4 所示。

b. 以 FRONT 基准面为草绘平面，绘制旋转特征，如图 2-5 所示。

c. 对旋转特征进行旋转拉伸，如图 2-6 所示。

d. 去除杯子中间实体，利用旋转拉伸去除材料，如图 2-7 所示。

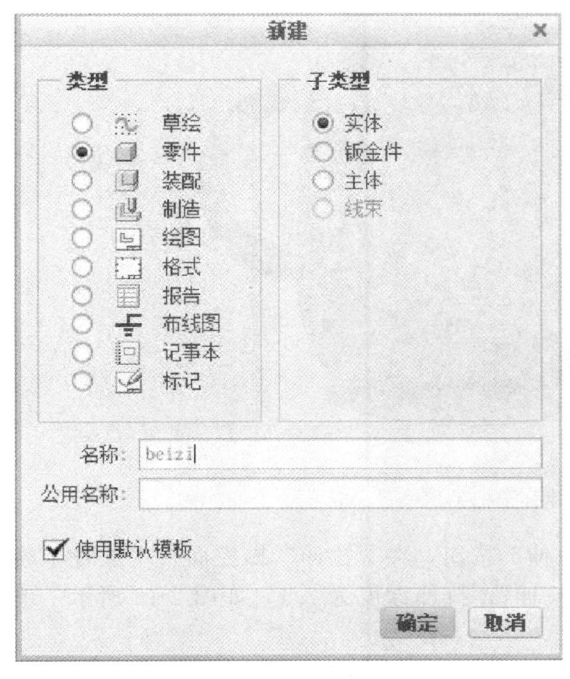

图 2-4　Creo Parametric 3.0 新建文件

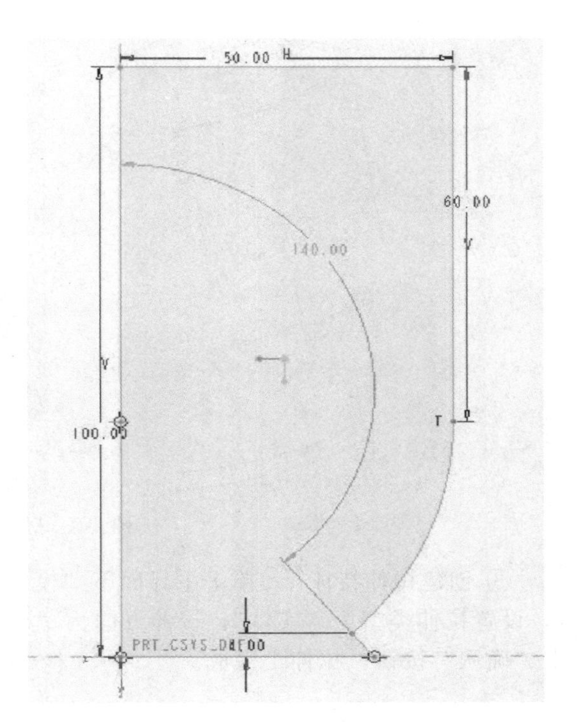

图 2-5　草绘旋转特征

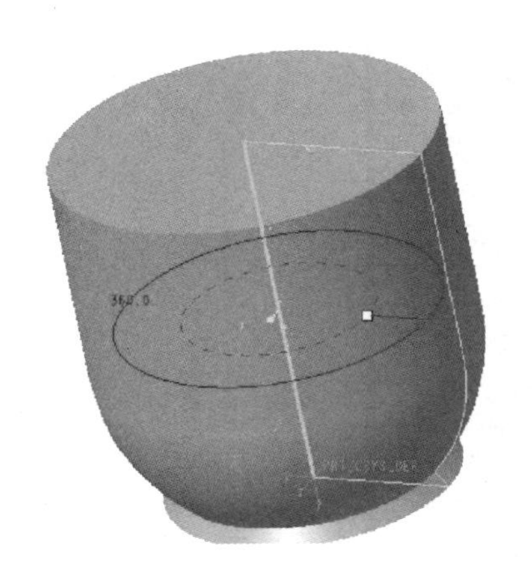

图 2-6　旋转拉伸实体

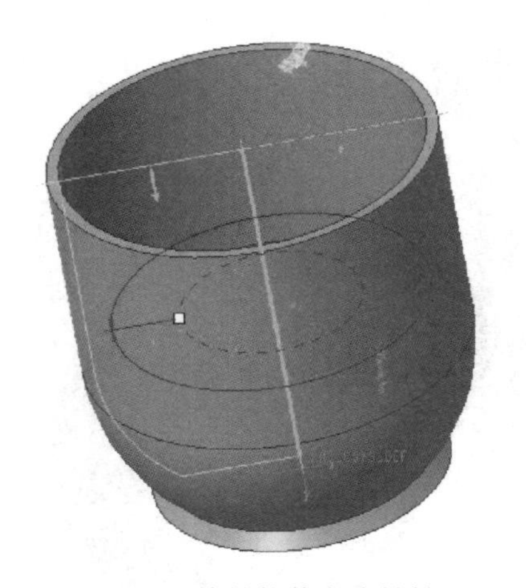

图 2-7　旋转拉伸去除材料

e. 创建扫描特征，绘制杯子把手，如图 2-8 所示。

f. 创建圆角特征，如图 2-9 所示。

2.2.4　三维建模实例

下面实例为 iPhone 6 Plus 的三维建模，采用的是 PTC Creo Parametric 3.0 版本。

① 打开 Creo Parametric 3.0 软件　新建一个零件文档，即“文件”/“新建”/“iPhone”，如图 2-10 所示。

② 创建草绘 1　单击主界面下“模型/草绘”按钮，以基准面 FRONT：F3 为草绘平面，默认参照进入草绘。单击草绘命令栏中的“中心矩形”命令，绘制 158.1×77.8 的矩形，如图 2-11 所示。单击“确认”按钮，草绘 1 完成。

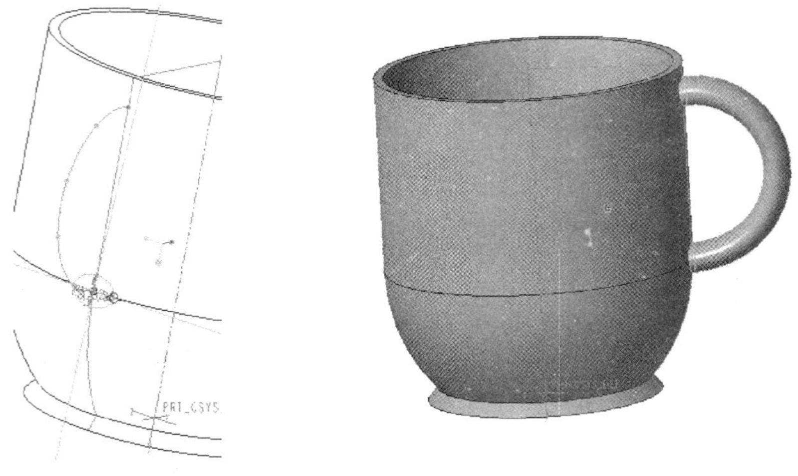

图 2-8　扫描创建杯子把手

③ 创建拉伸特征 1　单击主界面下“模型/拉伸”按钮，在“拉伸”操控面板中放置草绘 1，设置拉伸类型为“实体”，拉伸方向为“双向拉伸”，拉伸深度为 7.1，如图 2-12 所示。单击“确认”按钮，拉伸 1 完成。

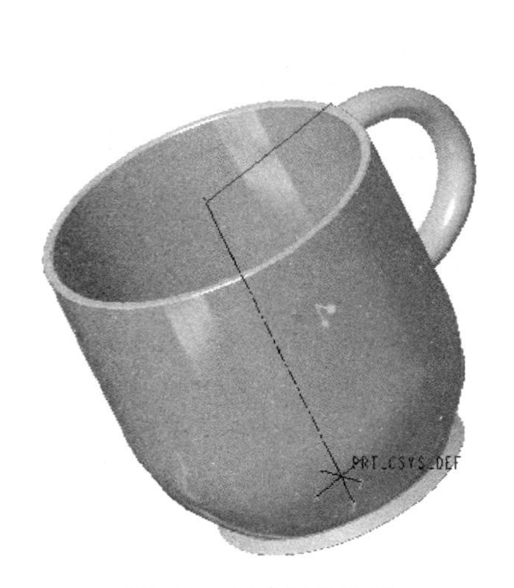

图 2-9　创建圆角特征

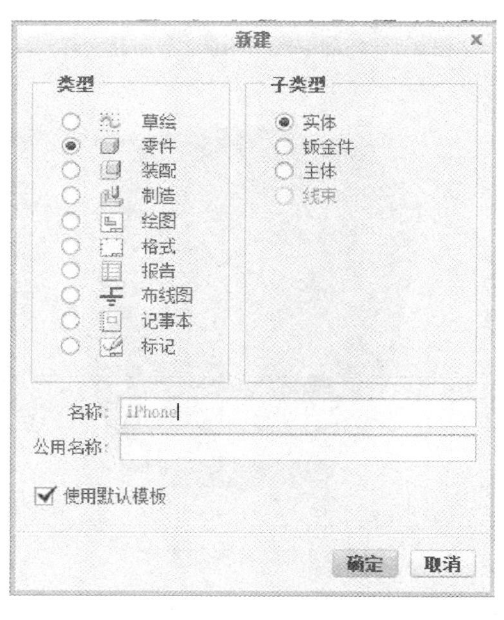

图 2-10　新建文档

④ 创建扫描特征 1　单击主界面下“模型/扫描”按钮。在“扫描”操控面板中，单击右侧“草绘”按钮，以基准面 FRONT：F3 为草绘平面，默认参照进入草绘。绘制轨迹，选中草绘，单击“草绘”操控面板中的“投影”按钮，再单击“圆角/圆形修剪”选中相邻两条边，圆角半径 12，单击“确认”按钮，草绘 2 完成，如图 2-13 所示。绘制截面，在扫描操控面板中单击“截面”按钮，绘制如图 2-14 所示形状。单击“确认”按钮，扫描 1 完成，如图 2-15 所示。

⑤ 创建草绘 3　单击主界面下“模型/草绘”按钮，以拉伸 1 为草绘平面，默认参照进入草绘。按住 Ctrl 键，选中扫描 1 的一条边，单击“草绘”命令栏中的“偏移”命令，选中环，向中心偏移 0.5，单击“确认”按钮，偏移完成，如图 2-16 所示。单击“确认”按钮，草绘 3 完成。

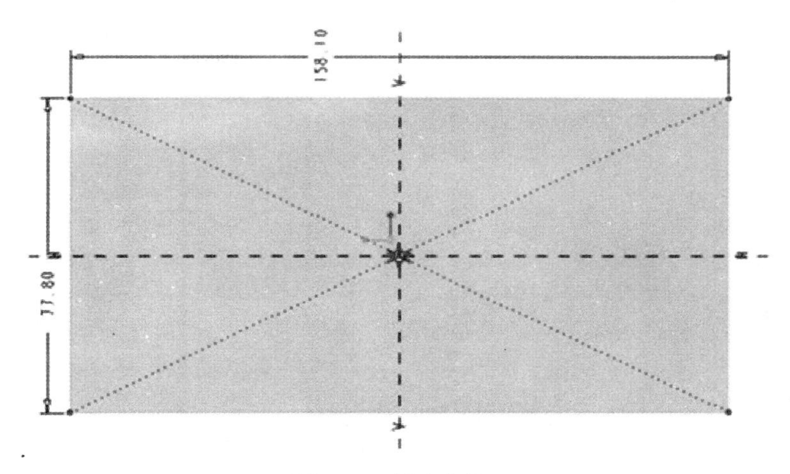

图 2-11　创建草绘 1

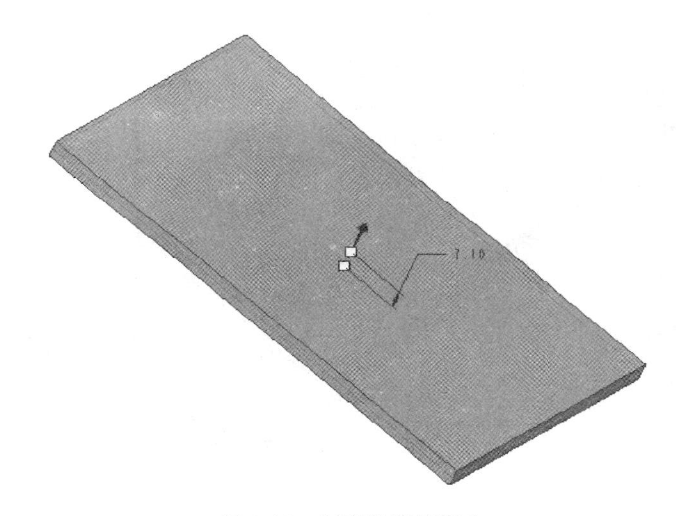

图 2-12　创建拉伸特征 1

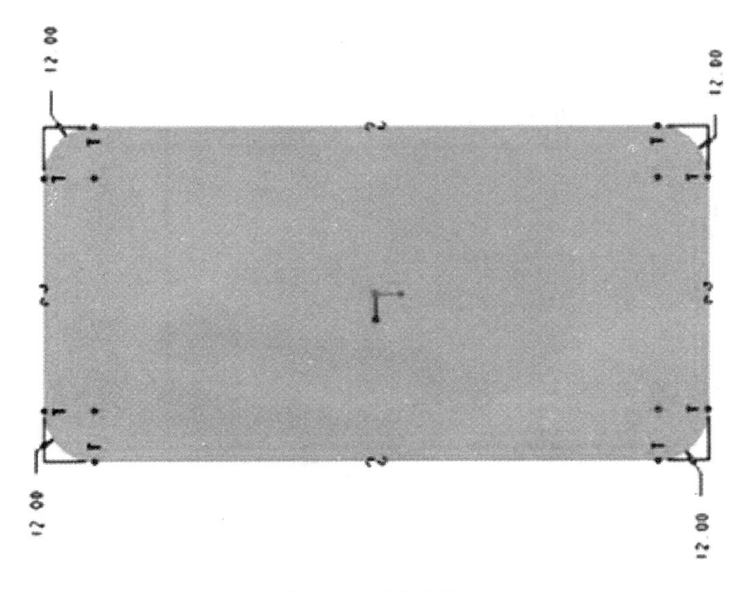

图 2-13　创建草绘 2

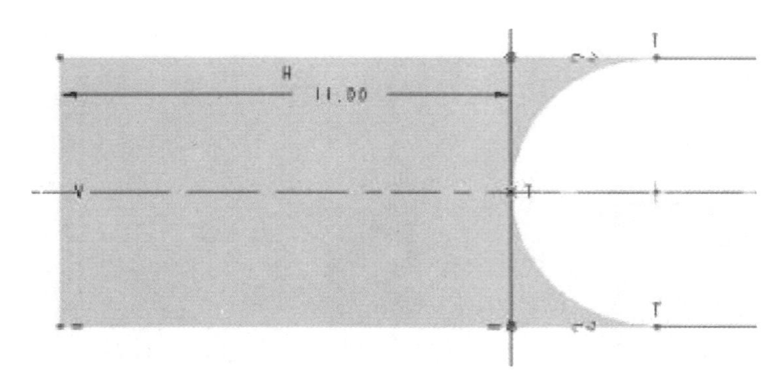

图 2-14　创建截面

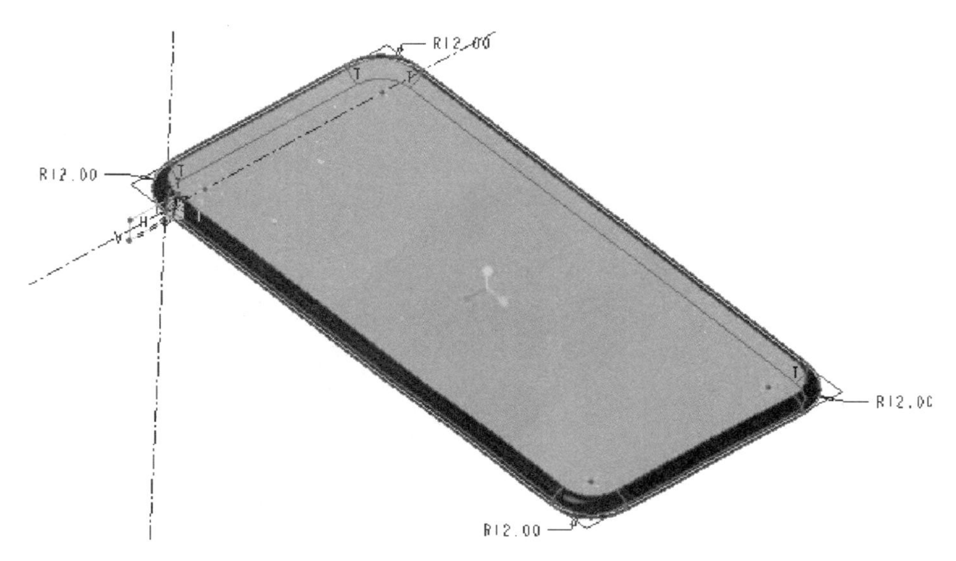

图 2-15　创建扫描特征 1

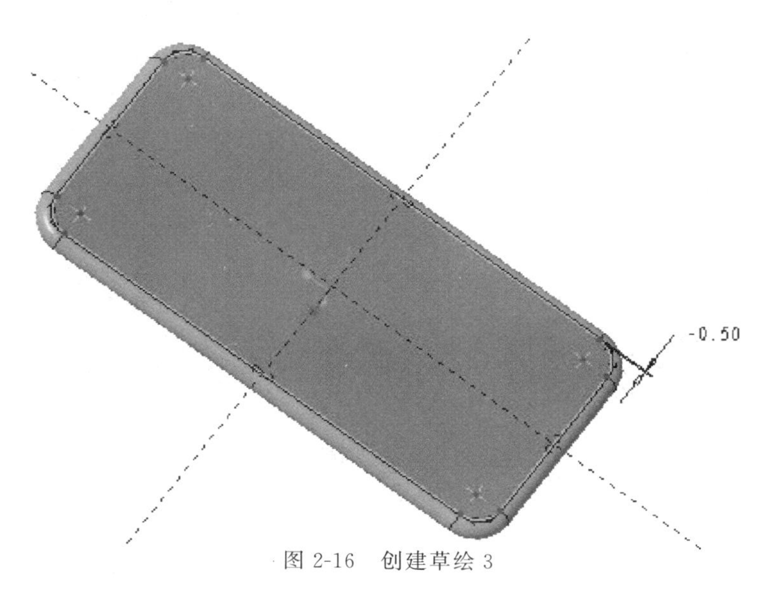

图 2-16　创建草绘 3

⑥ 创建草绘 4　单击主界面下“模型/草绘”按钮，以拉伸 1 为草绘平面，默认参照进入

草绘。选中拉伸1，单击“草绘”命令栏中的“投影”命令，单击“确认”按钮，草绘4完成，如图2-17所示。

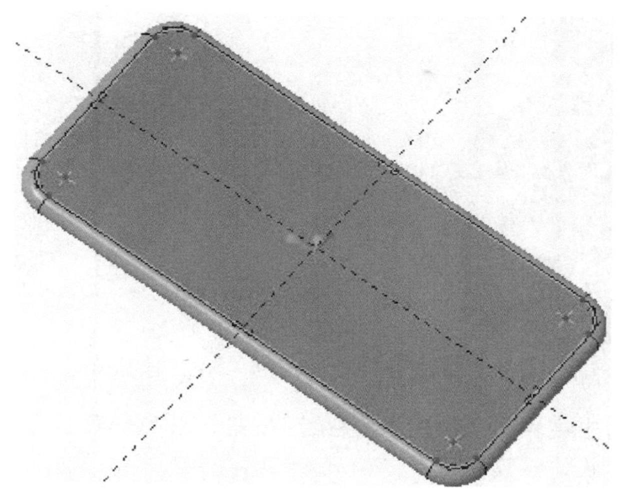

图2-17　创建草绘4

⑦ 创建拉伸特征2　单击主界面下“模型/拉伸”按钮，在“拉伸”操控面板中放置草绘4，设置拉伸类型为“实体”，拉伸方向为“单向拉伸”，拉伸深度为0.3，单击“确认”按钮，拉伸2完成，如图2-18所示。

⑧ 创建倒角1　单击主界面下“模型/倒角”按钮，选中拉伸2所要倒的边，尺寸为0.2，单击“确认”按钮，倒角1完成。

⑨ 创建草绘5　单击主界面下“模型/草绘”按钮，以拉伸2为草绘平面，默认参照进入草绘。单击“草绘”命令栏中的“中心矩形”命令，绘制121.8×68.5的矩形，单击“确认”按钮，草绘5完成，如图2-19所示。

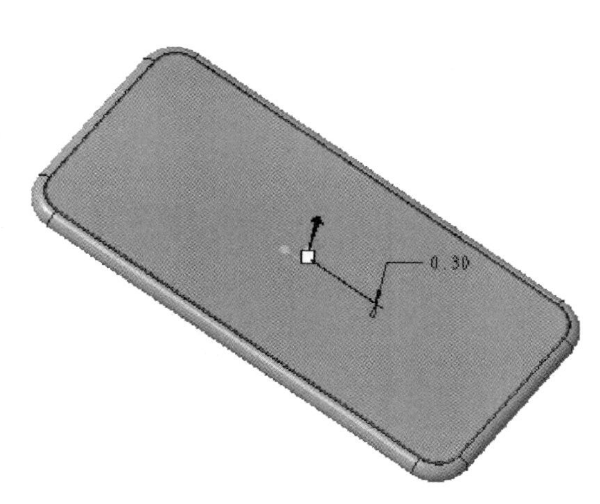

图2-18　创建拉伸特征2

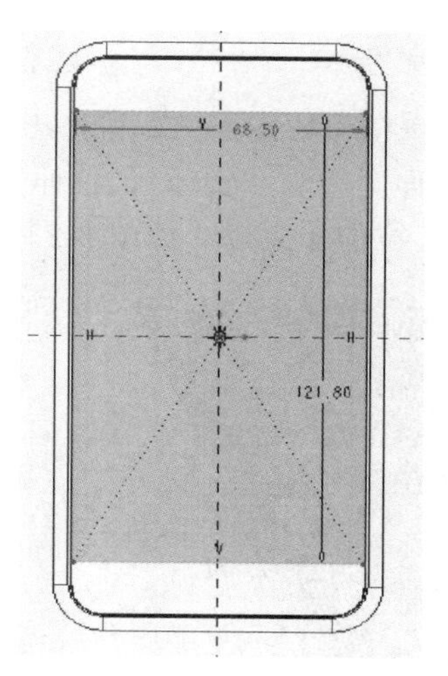

图2-19　创建草绘5

⑩ 创建拉伸特征3　单击主界面下“模型/拉伸”按钮，在“拉伸”操控面板中放置草绘5，设置拉伸类型为“实体”，拉伸方向为“单向拉伸”，拉伸深度为0.05，单击“确认”按钮，拉伸3完成，如图2-20所示。

⑪ 创建基准面DTM1　单击主界面下“基准/平面”按钮，将RIGHT：F1偏移60，单击“确认”按钮，DTM1完成，如图2-21所示。

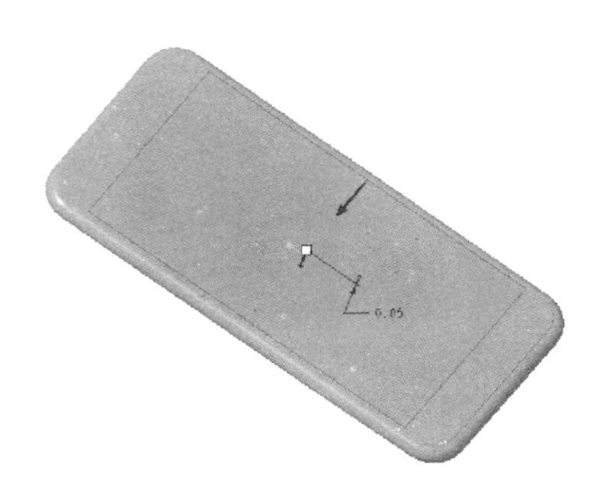

图 2-20　创建拉伸特征 3

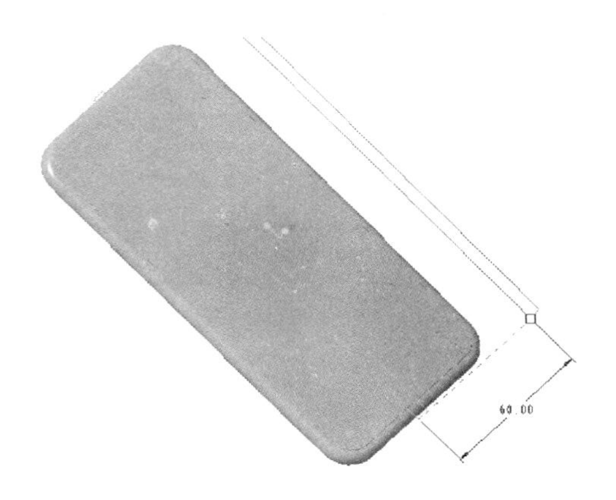

图 2-21　创建基准面 DTM1

⑫ 创建草绘 6　单击主界面下“模型/草绘”按钮，以 DTM1 为草绘平面，默认参照进入草绘。绘制如图所示形状，参数为 $d_1=38$，$d_2=50$，$r=1.60$，单击“确认”按钮，草绘 6 完成，如图 2-22 所示。

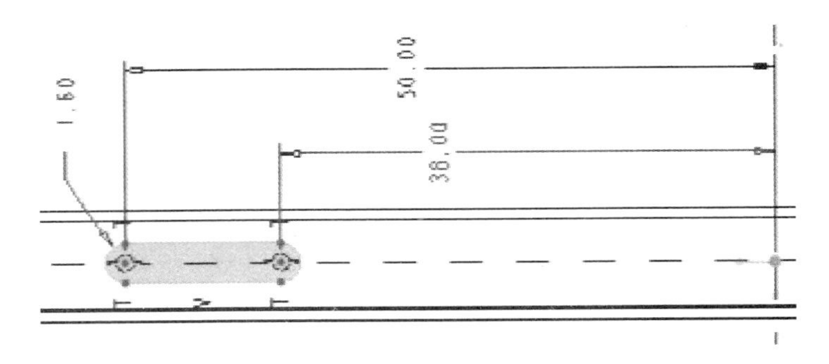

图 2-22　创建草绘 6

⑬ 创建拉伸特征 4　单击主界面下“模型/拉伸”按钮，在“拉伸”操控面板中放置草绘 6，设置拉伸类型为“实体”，拉伸方向为“单向拉伸”，去除材料，拉伸深度为 23，单击“确认”按钮，拉伸 4 完成，如图 2-23 所示。

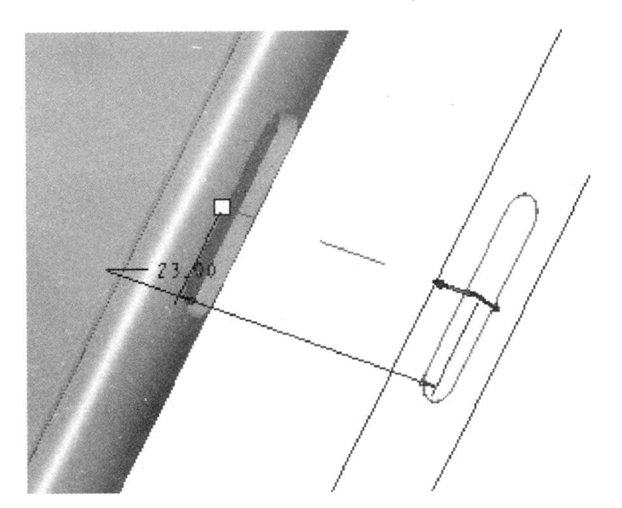

图 2-23　创建拉伸特征 4

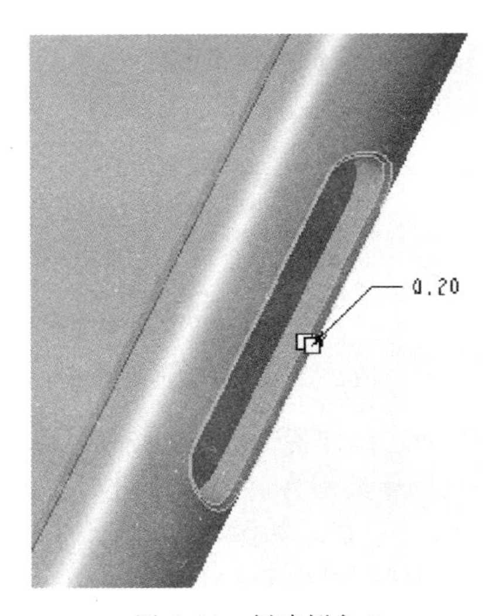

图 2-24　创建倒角 2

⑭ 创建倒角2　单击主界面下“模型/倒角”按钮，选中拉伸4所要倒的边，尺寸为0.2，单击“确认”按钮，倒角2完成，如图2-24所示。

⑮ 创建草绘7　单击主界面下“模型/草绘”按钮，以拉伸4为草绘平面，默认参照进入草绘。选中拉伸4，单击“草绘”命令栏中的“投影”命令，单击“确认”按钮，草绘7完成，如图2-25所示。

⑯ 创建拉伸特征5　单击主界面下“模型/拉伸”按钮，在拉伸操控面板中放置草绘7，设置拉伸类型为“实体”，拉伸方向为“单向拉伸”，拉伸深度为5，单击“确认”按钮，拉伸5完成，如图2-26所示。

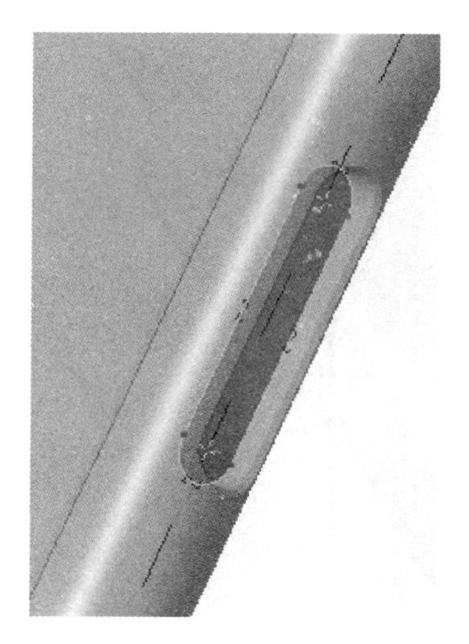

图2-25　创建草绘7

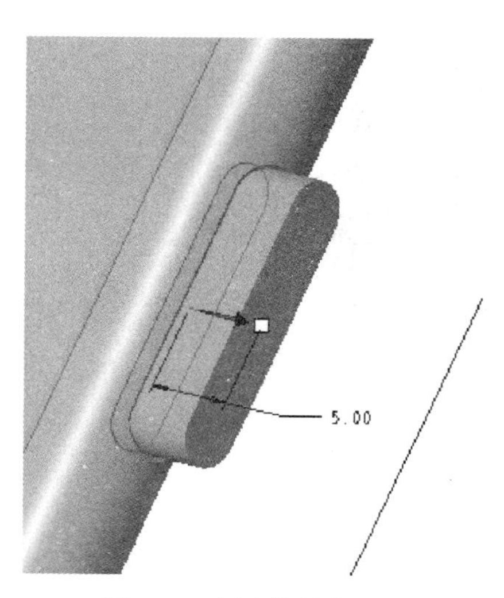

图2-26　创建拉伸特征5

⑰ 创建草绘8　单击主界面下“模型/草绘”按钮，以拉伸4为草绘平面，默认参照进入草绘。绘制如图所示形状，参数为$d_1=3$，$d_2=20$，$r_1=1.7$，$r_2=1$，单击“确认”按钮，草绘8完成，如图2-27所示。

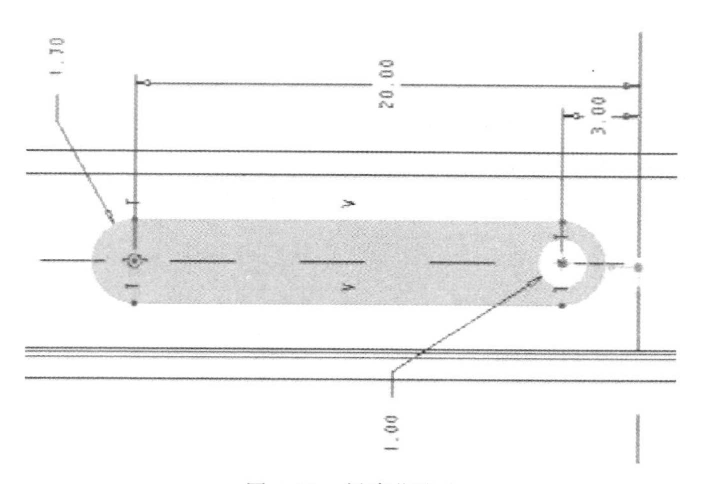

图2-27　创建草绘8

⑱ 创建草绘9　单击主界面下“模型/草绘”按钮，以DTM1为草绘平面，默认参照进入草绘。选中草绘8，单击“草绘”命令栏中的“投影”命令，单击“确认”按钮，草绘9完成。

⑲ 创建拉伸特征 6 单击主界面下“模型/拉伸”按钮，在“拉伸”操控面板中放置草绘9，设置拉伸类型为“实体”，拉伸方向为“单向拉伸”，去除材料，拉伸深度为23，单击“确认”按钮，拉伸6完成，如图2-28所示。

⑳ 创建倒角 3 单击主界面下“模型/倒角”按钮，选中拉伸6所要倒的边，尺寸为0.2，单击“确认”按钮，倒角3完成。

㉑ 创建拉伸特征 7 单击主界面下“模型/拉伸”按钮，在“拉伸”操控面板中放置草绘8，设置拉伸类型为“实体”，拉伸方向为“单向拉伸”，拉伸深度为5，单击“确认”按钮，拉伸7完成，如图2-29所示。

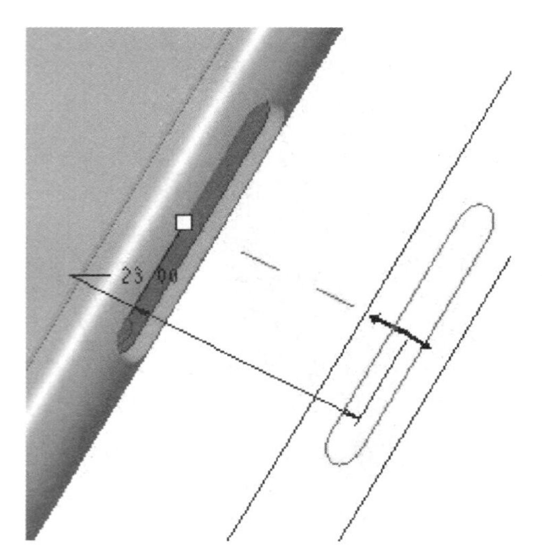

图 2-28 创建拉伸特征 6

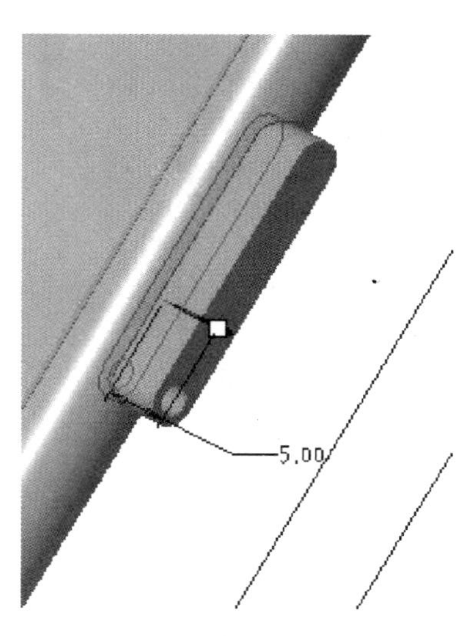

图 2-29 创建拉伸特征 7

㉒ 创建基准面 DTM2 单击主界面下“基准/平面”按钮，将TOP：F1偏移90，单击“确认”按钮，DTM2完成，如图2-30所示。

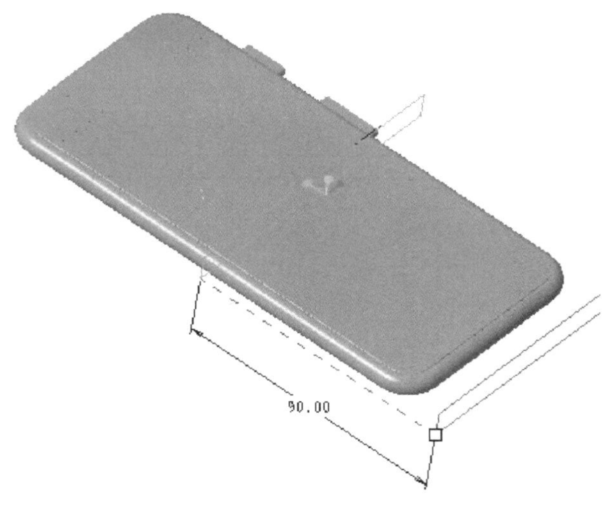

图 2-30 创建基准面 DTM2

㉓ 创建草绘 10 单击主界面下“模型/草绘”按钮，以DTM2为草绘平面，默认参照进入草绘。绘制如图所示形状，参数为 $d_1=6.5$，$r=1.80$，单击“确认”按钮，草绘10完成，如图2-31所示。

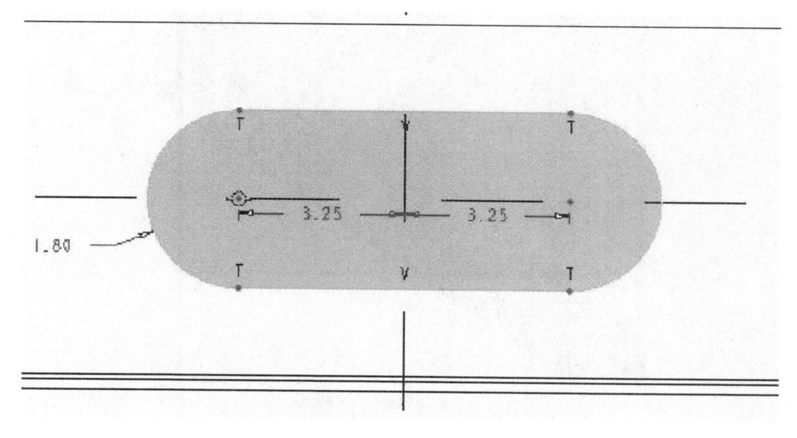

图 2-31　创建草绘 10

㉔ 创建拉伸特征 8　单击主界面下“模型/拉伸”按钮，在“拉伸”操控面板中放置草绘 10，设置拉伸类型为“实体”，拉伸方向为“单向拉伸”，去除材料，拉伸深度为 16，单击“确认”按钮，拉伸 8 完成，如图 2-32 所示。

㉕ 创建倒角 4　单击主界面下“模型/倒角”按钮，选中拉伸 8 所要倒的边，尺寸为 0.1，单击“确认”按钮，倒角 4 完成。

㉖ 创建草绘 11　单击主界面下“模型/草绘”按钮，以拉伸 8 为草绘平面，默认参照进入草绘。按 Ctrl 键选中边，单击“草绘”命令栏中的“偏移”命令，参数为 $d=-0.3$，单击“确认”按钮，草绘 11 完成，如图 2-33 所示。

㉗ 创建拉伸特征 9　单击主界面下“模型/拉伸”按钮，在“拉伸”操控面板中放置草绘 11，设置拉伸类型为“拉伸至选定的平面”，拉伸方向为“单向拉伸”，拉伸至扫描 1，单击“确认”按钮，拉伸 9 完成，如图 2-34 所示。

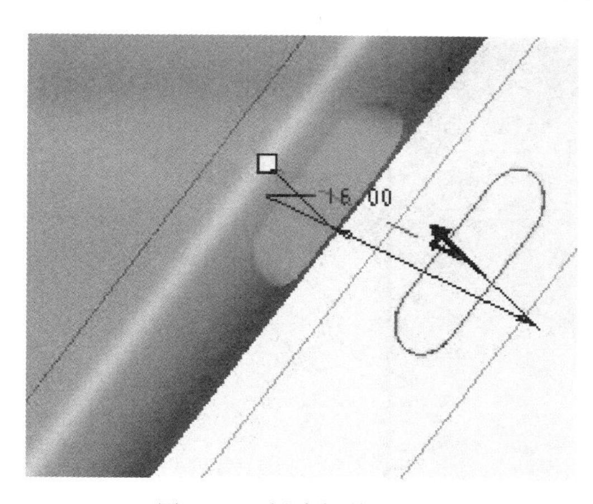

图 2-32　创建拉伸特征 8

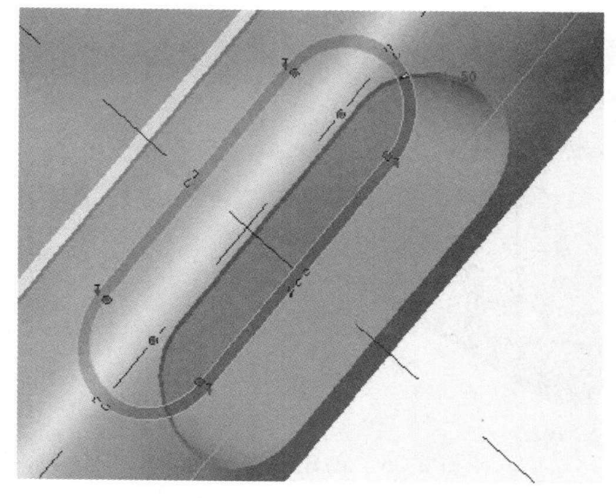

图 2-33　创建草绘 11

㉘ 创建草绘 12　单击主界面下“模型/草绘”按钮，以 DTM2 为草绘平面，默认参照进入草绘。绘制如图所示形状，参数为 $d_1=7.5$，$r=1.05$，单击“确认”按钮，草绘 12 完成，如图 2-35 所示。

㉙ 创建拉伸特征 10　单击主界面下“模型/拉伸”按钮，在“拉伸”操控面板中放置草绘 12，设置拉伸类型为“实体”，拉伸方向为“单向拉伸”，去除材料，拉伸深度为 12，单击“确认”按钮，拉伸 10 完成，如图 2-36 所示。

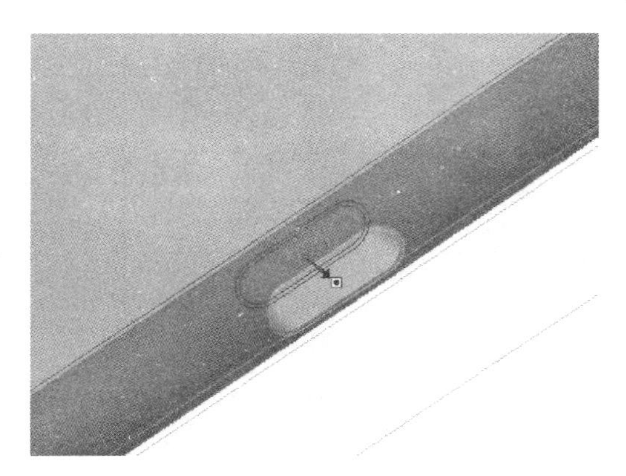

图 2-34 创建拉伸特征 9

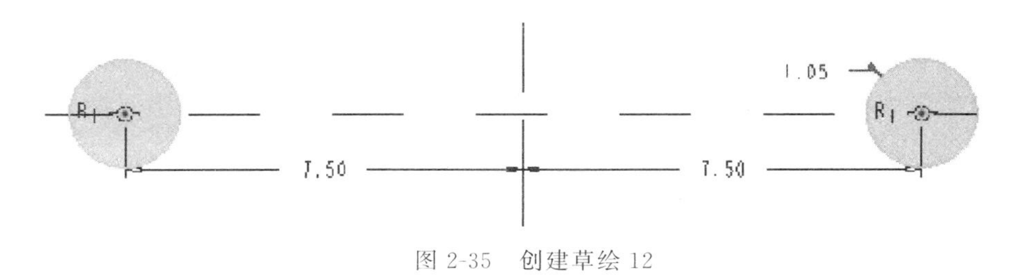

图 2-35 创建草绘 12

⑳ 创建倒角 5 单击主界面下“模型/倒角”按钮，选中拉伸 10 所要倒的边，尺寸为 0.1，单击“确认”按钮，倒角 5 完成。

㉛ 创建草绘 13 单击主界面下“模型/草绘”按钮，以 DTM2 为草绘平面，默认参照进入草绘。绘制如图所示形状，参数为 $d_1=13$，$r=0.9$，单击“确认”按钮，草绘 13 完成，如图 2-37 所示。

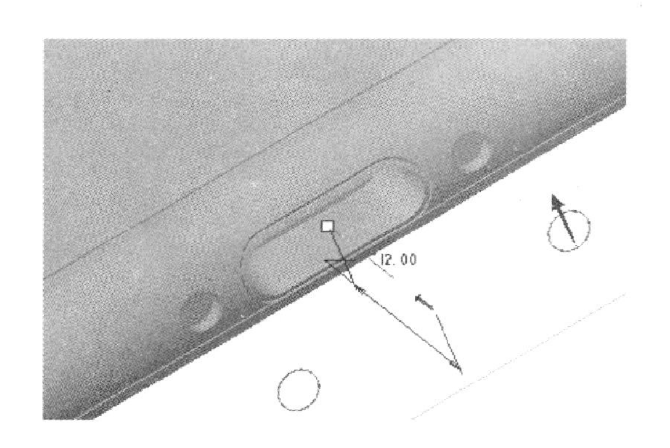

图 2-36 创建拉伸特征 10

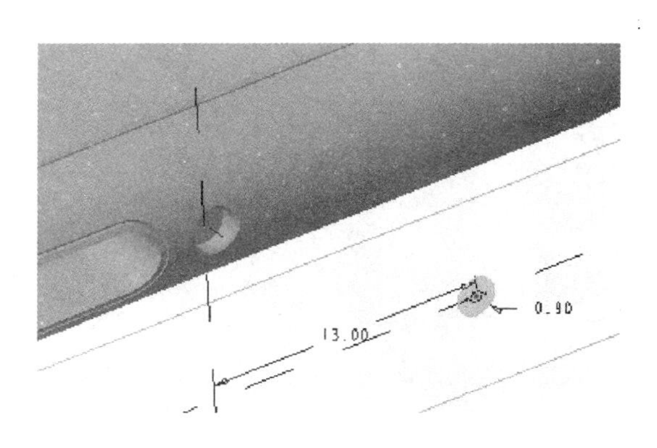

图 2-37 创建草绘 13

㉜ 创建特征阵列 1/拉伸 11 单击主界面下“模型/拉伸”按钮，在“拉伸”操控面板中放置草绘 13，设置拉伸类型为“实体”，拉伸方向为“单向拉伸”，去除材料，拉伸深度为 20，单击“确认”按钮，拉伸 11 完成。右击拉伸 11，选择阵列，使用方向定义阵列成员，第一方向选择边 F7（切割），成员数 8，间距 2.4，单击“确认”按钮，阵列 1/拉伸 11 完成，如图 2-38 所示。

㉝ 创建倒角 6 单击主界面下“模型/倒角”按钮，选中阵列 1 所要倒的边，尺寸为 0.06，单击“确认”按钮，倒角 6 完成，如图 2-39 所示。

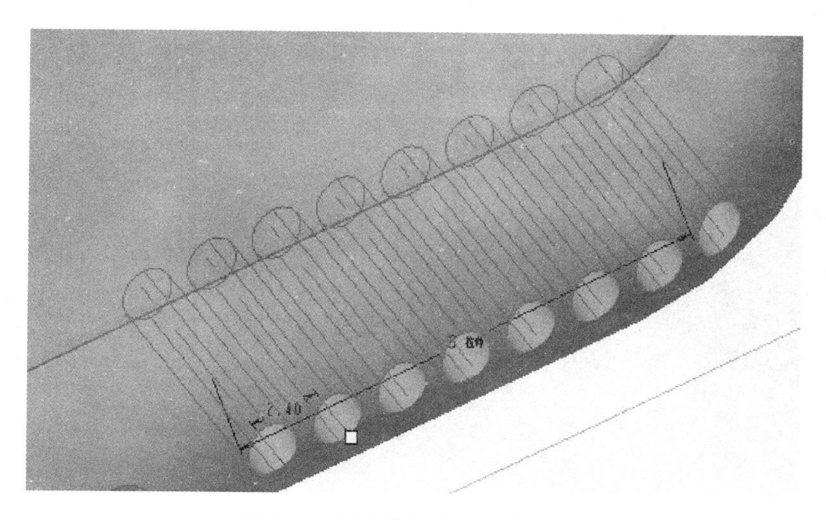

图 2-38　创建特征阵列 1/拉伸 11

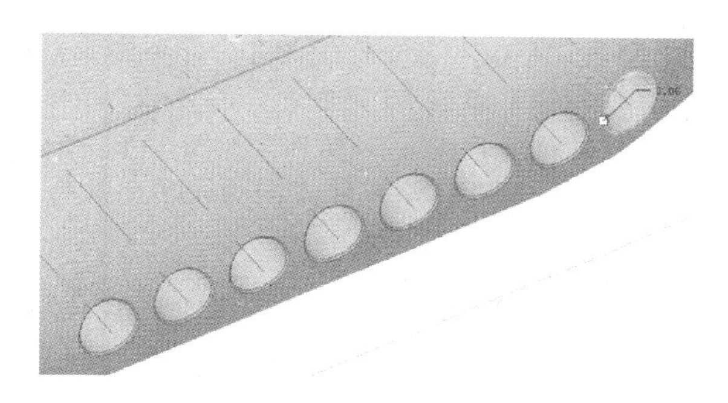

图 2-39　创建倒角 6

㉞ 创建草绘 14　单击主界面下“模型/草绘”按钮，以 DTM2 为草绘平面，默认参照进入草绘。绘制如图所示形状，参数为 $d_1=26$，$d_2=22$，$r_1=2$，$r_2=0.9$，单击“确认”按钮，草绘 14 完成，如图 2-40 所示。

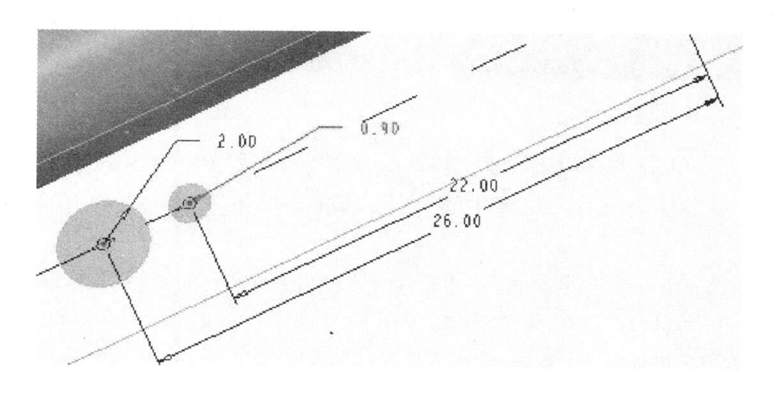

图 2-40　创建草绘 14

㉟ 创建拉伸特征 12　单击主界面下“模型/拉伸”按钮，在“拉伸”操控面板中放置草绘 14，设置拉伸类型为“实体”，拉伸方向为“单向拉伸”，去除材料，拉伸深度为 20，单击“确认”按钮，拉伸 12 完成，如图 2-41 所示。

㊱ 创建倒角 7　单击主界面下“模型/倒角”按钮，选中拉伸 12 中半径为 0.9 的圆，尺寸为 0.1；选中拉伸 12 中半径为 2 的圆，尺寸为 0.05。然后单击“确认”按钮，倒角 7 完成，如图 2-42 所示。

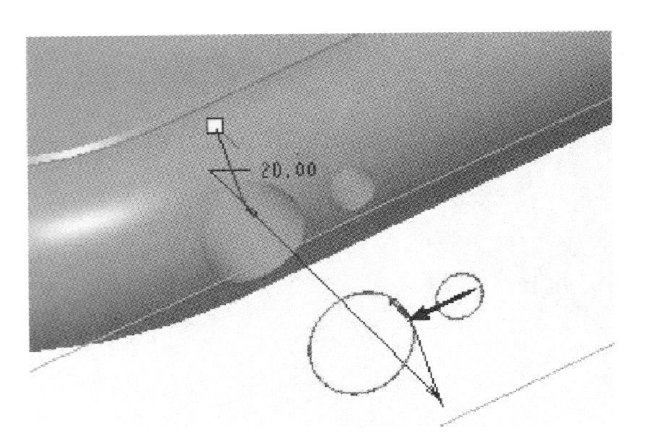

图 2-41　创建拉伸特征 12

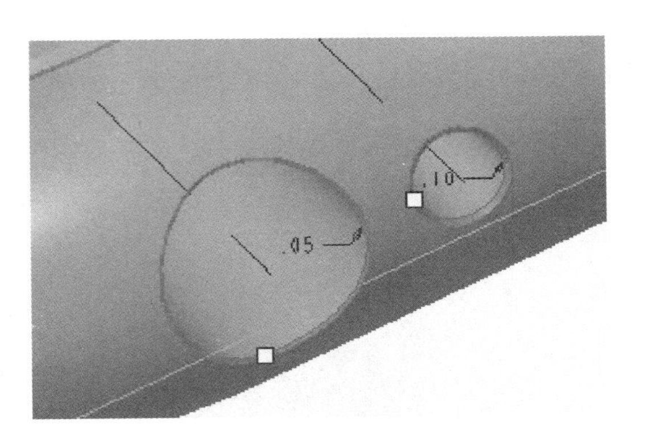

图 2-42　创建倒角 7

㊲ 创建草绘 15　单击主界面下“模型/草绘”按钮，以拉伸 12 为草绘平面，默认参照进入草绘。按 Ctrl 键选中圆，单击“草绘”命令栏中的“投影”命令，将其投影在草绘平面上，再向内偏移 0.2，单击“确认”按钮，草绘 15 完成，如图 2-43 所示。

㊳ 创建拉伸特征 13　单击主界面下“模型/拉伸”按钮，在“拉伸”操控面板中放置草绘 15，设置拉伸类型为“拉伸至选定的平面”，拉伸方向为“单向拉伸”，拉伸至曲面：F7（切割），单击“确认”按钮，拉伸 13 完成，如图 2-44 所示。

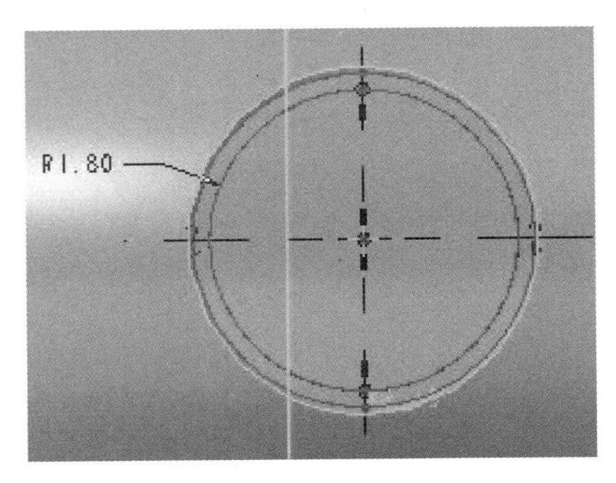

图 2-43　创建草绘 15

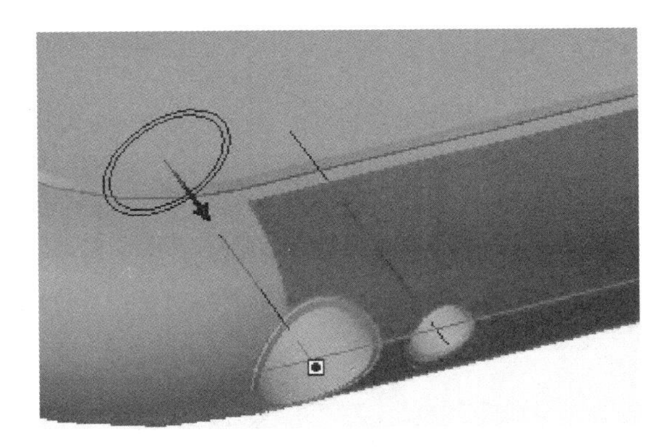

图 2-44　创建拉伸特征 13

㊴ 创建草绘 16　单击主界面下“模型/草绘”按钮，以拉伸 2 为草绘平面，默认参照进入草绘。绘制如图所示半径为 5.5，距离中线 68.5 的圆，单击“确认”按钮，草绘 16 完成，如图 2-45 所示。

㊵ 创建拉伸特征 14　单击主界面下“模型/拉伸”按钮，在“拉伸”操控面板中放置草绘 16，设置拉伸类型为“实体”，拉伸方向为“单向拉伸”，去除材料，拉伸深度为 0.5，单击“确认”按钮，拉伸 14 完成，如图 2-46 所示。

㊶ 创建倒角 8　单击主界面下“模型/倒角”按钮，选中拉伸 14 所要倒的边，尺寸为 0.5，单击“确认”按钮，倒角 8 完成，如图 2-47 所示。

㊷ 创建基准面 DTM3　单击主界面下“基准/平面”按钮，将 RIGHT：F1 偏移 80，单击“确认”按钮，DTM3 完成，如图 2-48 所示。

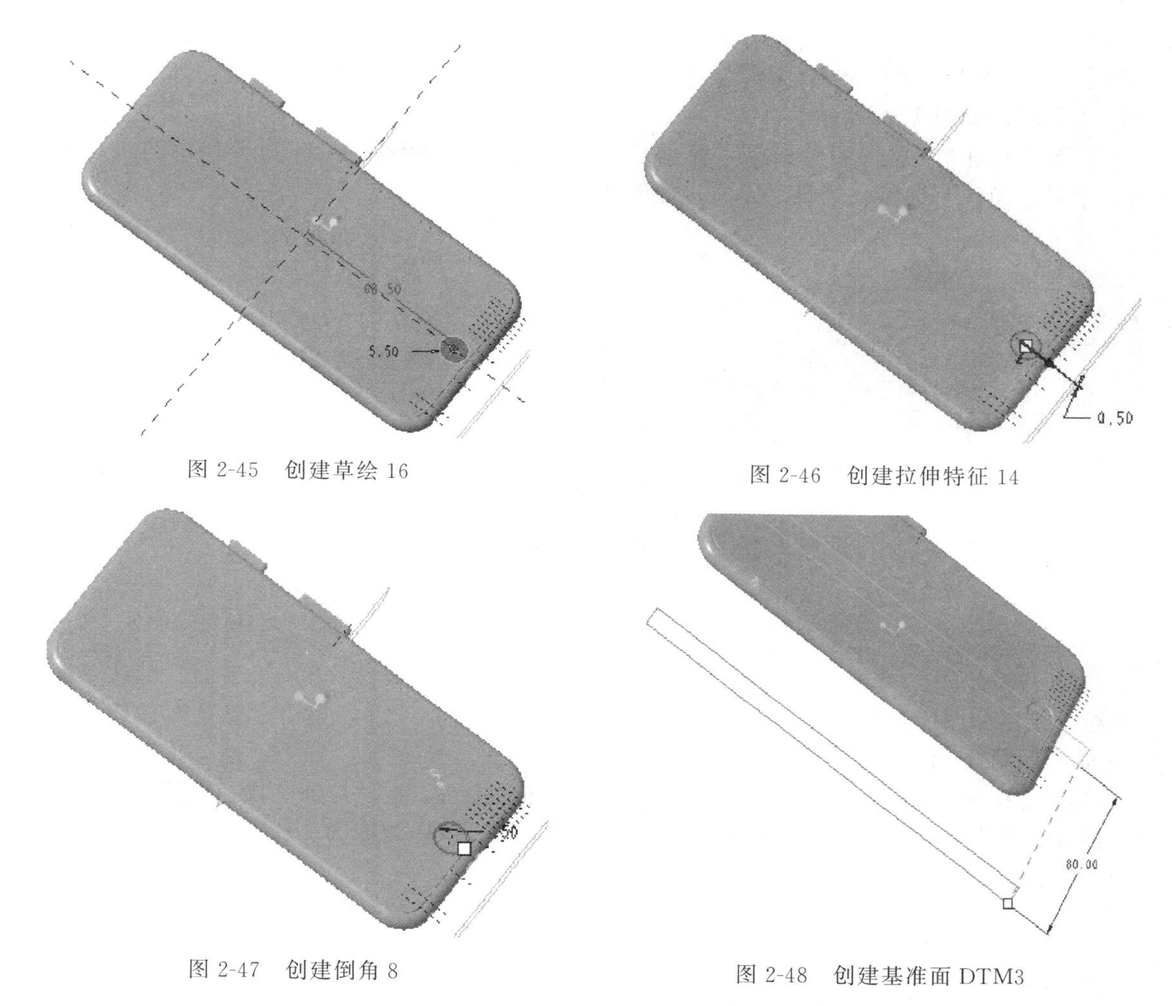

图 2-45　创建草绘 16

图 2-46　创建拉伸特征 14

图 2-47　创建倒角 8

图 2-48　创建基准面 DTM3

㊸ 创建草绘 17　单击主界面下“模型/草绘”按钮，以 DTM3 为草绘平面，默认参照进入草绘。绘制如图所示形状，参数为 $d_1=53$，$d_2=8$，$d_3=33$，$d_4=2.5$，$d_5=6$，$r_1=0.8$，$r_2=1.9$，单击“确认”按钮，草绘 17 完成，如图 2-49 所示。

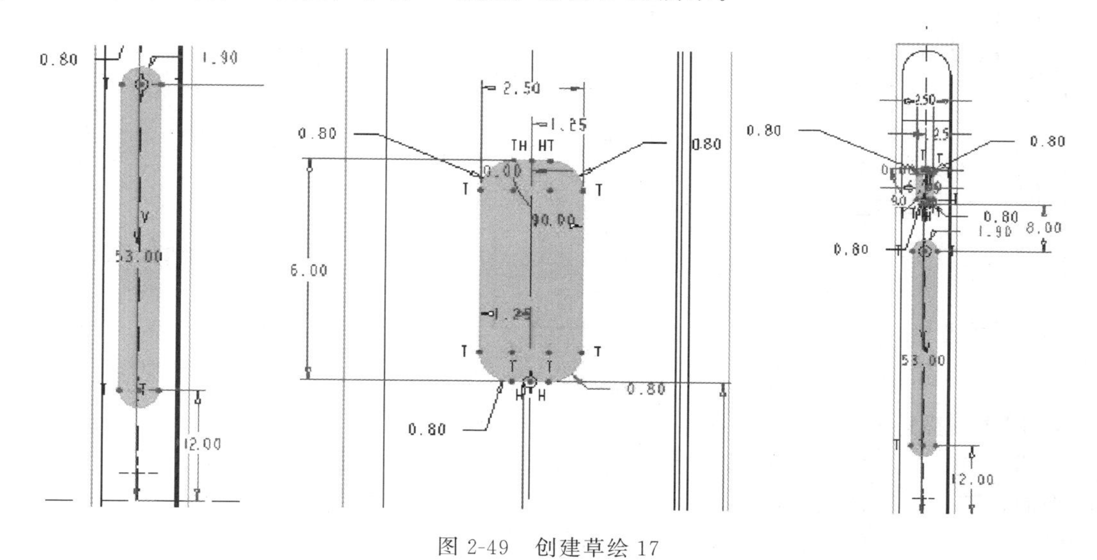

图 2-49　创建草绘 17

㊹ 创建拉伸特征 15　单击主界面下“模型/拉伸”按钮，在“拉伸”操控面板中放置草绘 17，设置拉伸类型为“实体”，拉伸方向为“单向拉伸”，拉伸深度为 45，单击“确认”按钮，拉伸 15 完成，如图 2-50 所示。

㊺ 创建倒角 9　单击主界面下“模型/倒角”按钮，选中拉伸 15 中所要倒的边，尺寸为 0.1，单击“确认”按钮，倒角 9 完成，如图 2-51 所示。

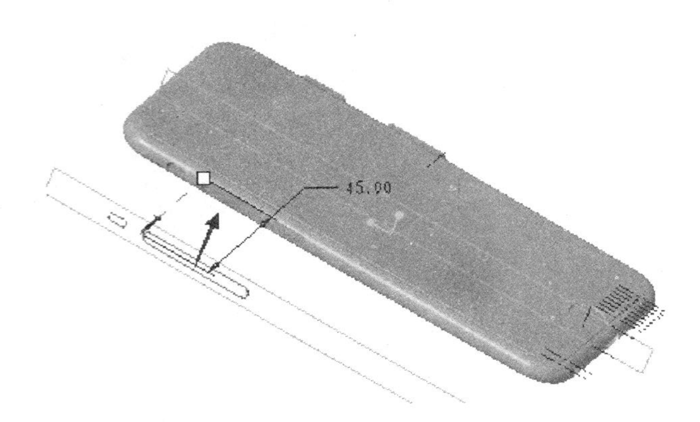

图 2-50　创建拉伸特征 15

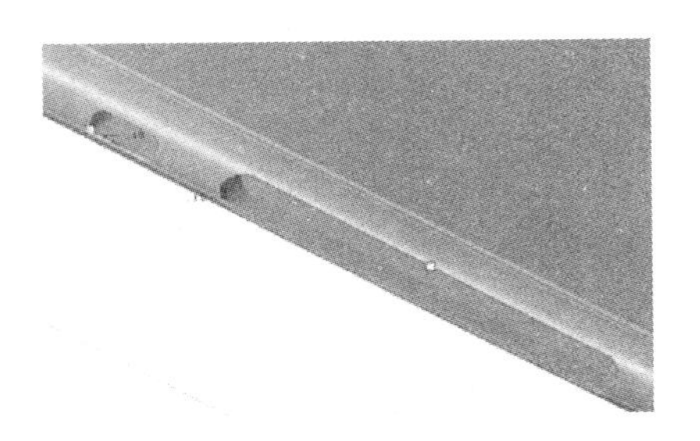

图 2-51　创建倒角 9

㊻ 创建草绘 18　单击主界面下“模型/草绘”按钮，以拉伸 15 为草绘平面，默认参照进入草绘。绘制如图所示形状，参数为 $d_1=5.5$，$d_2=13$，$r_1=0.6$，单击“确认”按钮，草绘 18 完成，如图 2-52 所示。

㊼ 创建拉伸特征 16　单击主界面下“模型/拉伸”按钮，在“拉伸”操控面板中放置草绘 18，设置拉伸类型为“实体”，拉伸方向为“单向拉伸”，拉伸深度为 10，单击“确认”按钮，拉伸 16 完成，如图 2-53 所示。

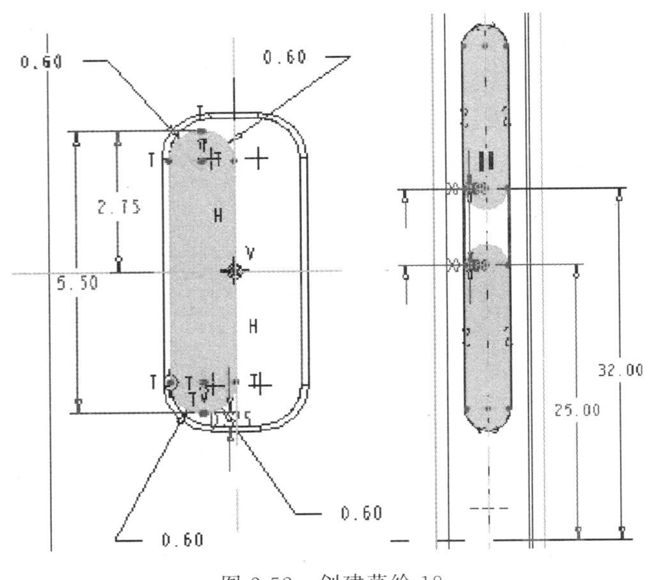

图 2-52　创建草绘 18

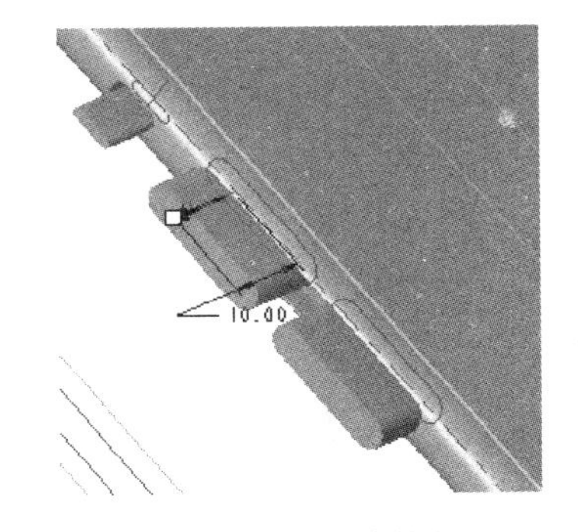

图 2-53　创建拉伸特征 16

㊽ 创建扫描特征 2　单击主界面下“模型/扫描”按钮。

a. 草绘 19。在“扫描”操控面板中，单击右侧“草绘”按钮，以基准面 FRONT：F3 为草绘平面，默认参照进入草绘。绘制轨迹，单击“草绘”操控面板中的“投影”按钮，选中“草绘”，再单击“圆角/圆形修剪”选中相邻两条边，圆角半径 12，单击“确认”按钮，草绘

19 完成。

b. 截面 1。在“扫描”操控面板中单击“截面”按钮，绘制如图所示形状，单击“确认”按钮，扫描 2 完成，如图 2-54 所示。

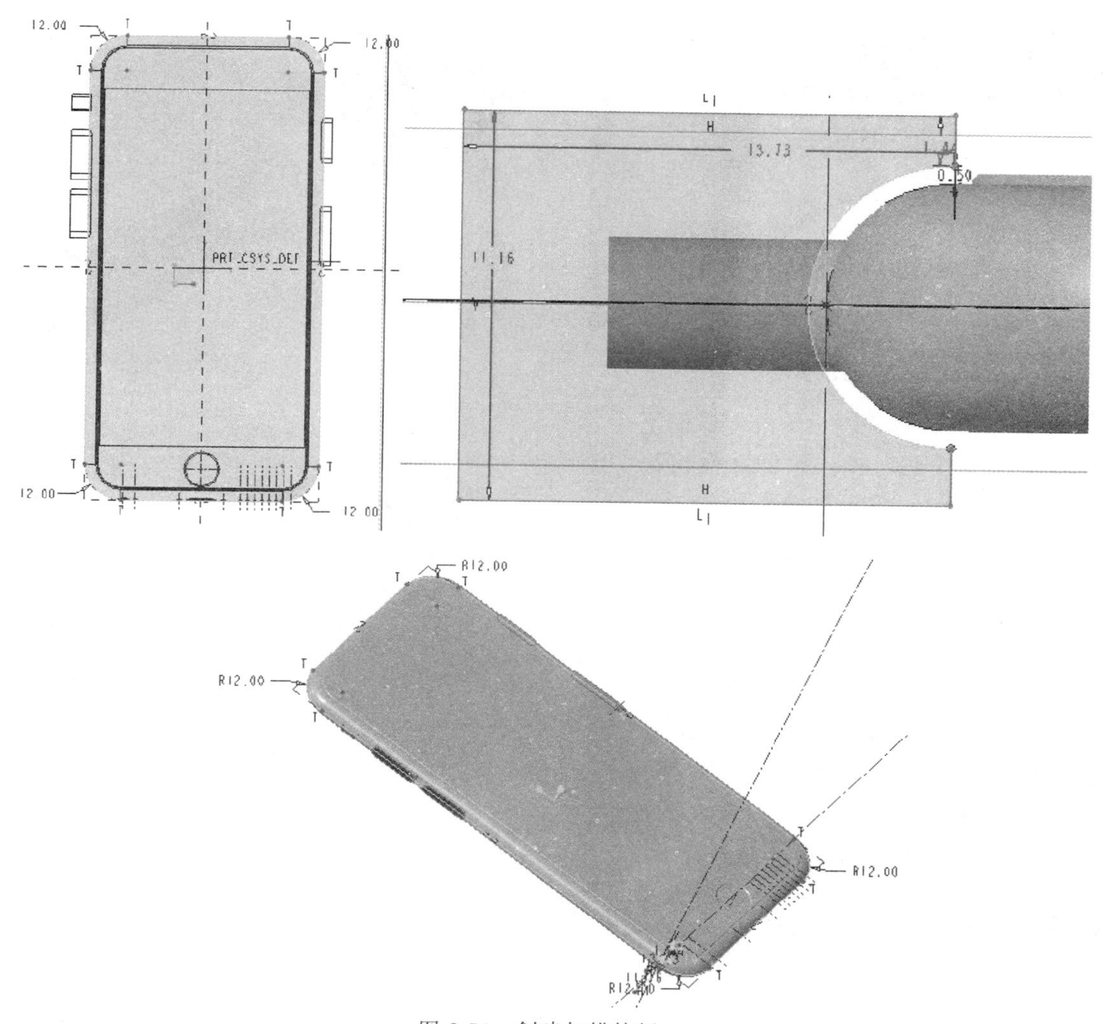

图 2-54　创建扫描特征 2

㊾ 创建倒角 10　单击主界面下“模型/倒角”按钮，选中图 2-55 中的圆，尺寸为 0.1，选中扫描 2 后形成如图 2-55 所示的边，尺寸为 0.2，单击“确认”按钮，倒角 10 完成，如图 2-55 所示。

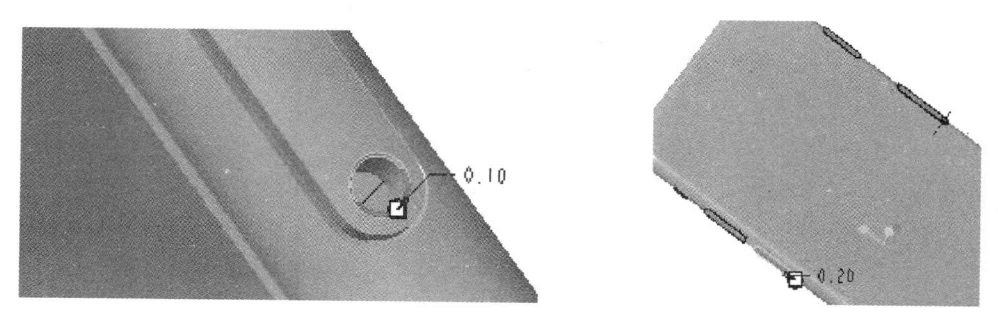

图 2-55　创建倒角 10

㊿ 创建草绘 20　单击主界面下“模型/草绘”按钮，以拉伸 15 为草绘平面，默认参照进入草绘。单击“草绘”命令栏中的“投影”命令，选中如图形状，将其投影在草绘平面上，单击“确认”按钮，草绘 20 完成，如图 2-56 所示。

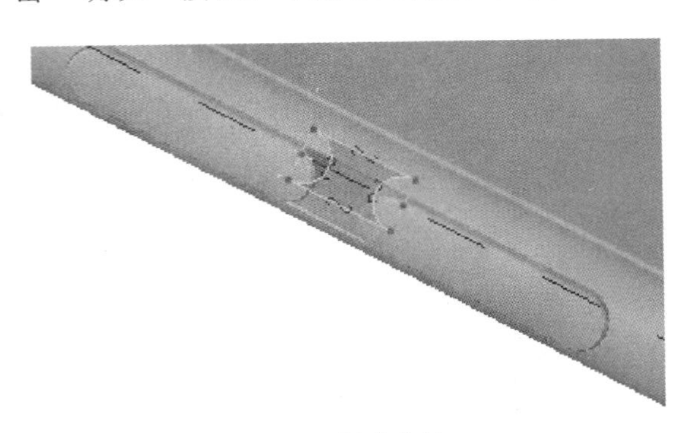

图 2-56　创建草绘 20

图 2-57　创建拉伸特征 17

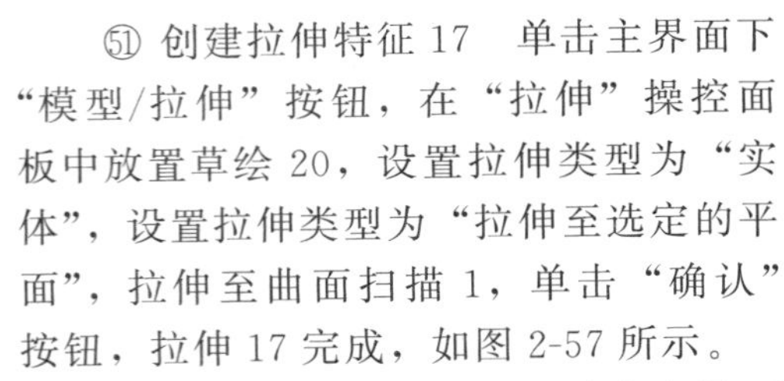

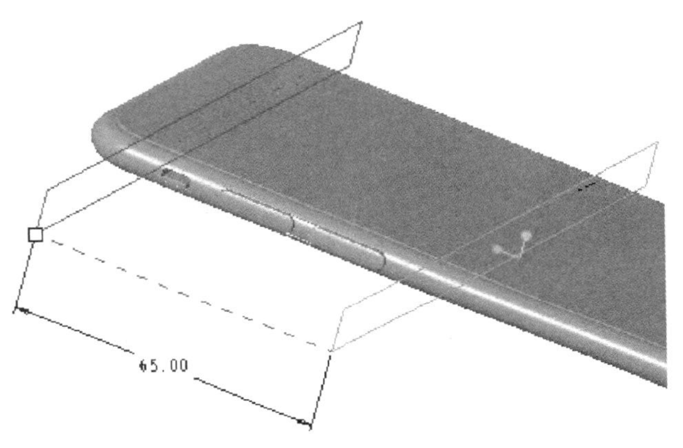

图 2-58　创建基准面 DTM4

51 创建拉伸特征 17　单击主界面下“模型/拉伸”按钮，在“拉伸”操控面板中放置草绘 20，设置拉伸类型为“实体”，设置拉伸类型为“拉伸至选定的平面”，拉伸至曲面扫描 1，单击“确认”按钮，拉伸 17 完成，如图 2-57 所示。

52 创建基准面 DTM4　单击主界面下“基准/平面”按钮，将 TOP：F2 偏移 65，单击“确认”按钮，DTM4 完成，如图 2-58 所示。

53 创建草绘 21　单击主界面下“模型/草绘”按钮，以 DTM4 为草绘平面，默认参照进入草绘。单击“草绘”命令栏中的“投影”命令，选中扫描 1 如图形状，将其投影在草绘平面上，将半圆向外偏移 0.1，绘制出如图所示形状，单击“确认”按钮，草绘 21 完成，如图 2-59 所示。

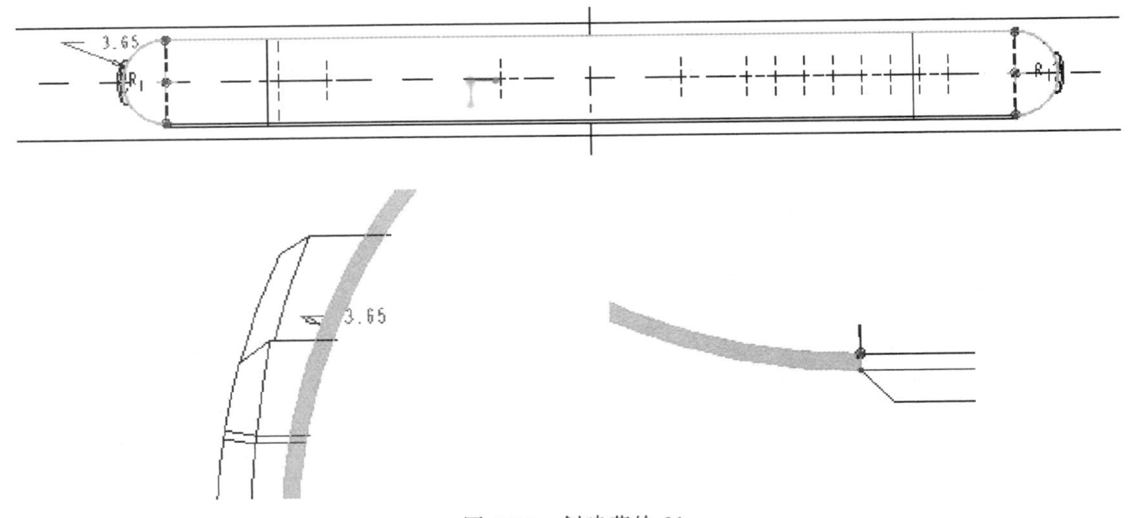

图 2-59　创建草绘 21

(54) 创建拉伸特征 18　单击主界面下“模型/拉伸”按钮，在“拉伸”操控面板中放置草绘 21，设置拉伸类型为“实体”，设置拉伸类型为“双向拉伸”，拉伸长度为 4，单击“确认”按钮，拉伸 18 完成，如图 2-60 所示。

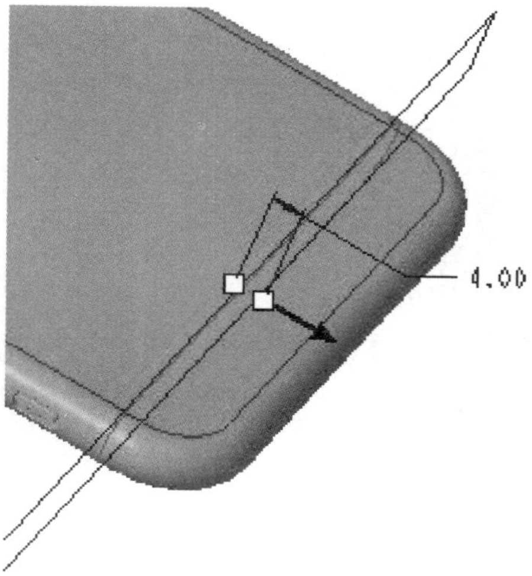

图 2-60　创建拉伸特征 18

(55) 创建扫描特征 3　单击主界面下“模型/扫描”按钮：

a. 草绘 22。在“扫描”操控面板中，单击右侧“草绘”按钮，以基准面 FRONT：F3 为草绘平面，默认参照进入草绘。绘制轨迹，单击“草绘”操控面板中的“投影”按钮，选中扫描 1，单击“确认”按钮，草绘 22 完成。

b. 截面 1。在“扫描”操控面板中单击“截面”按钮，绘制如图所示形状，单击“确认”按钮，扫描 3 完成，如图 2-61 所示。

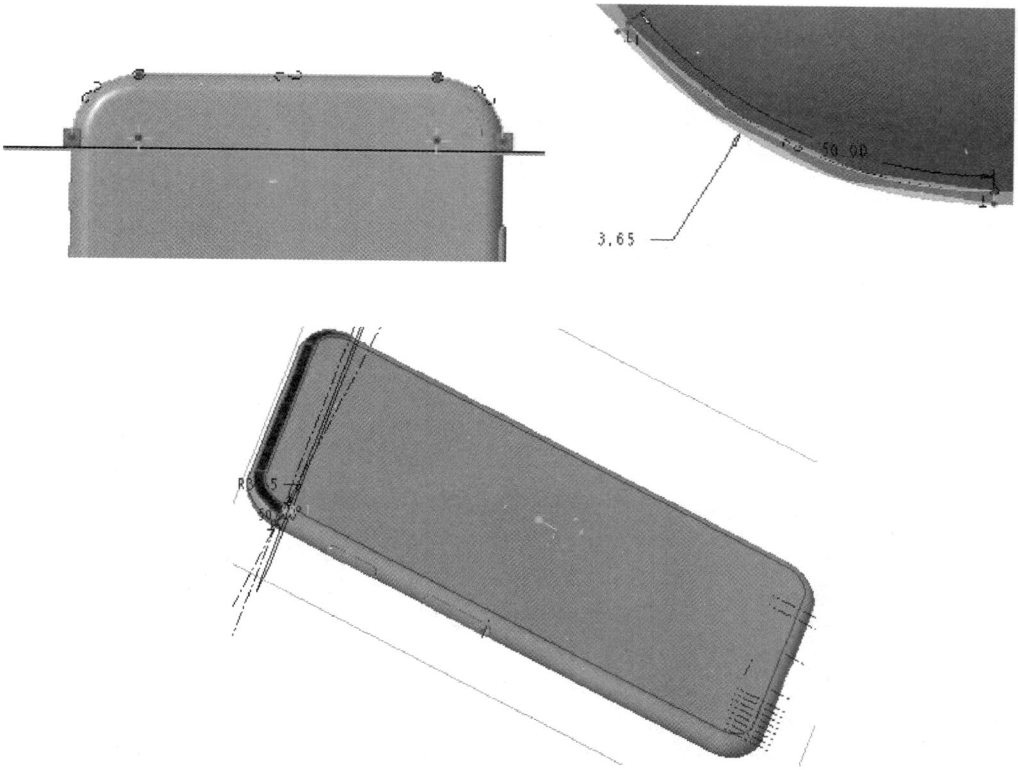

图 2-61　创建扫描特征 3

(56) 创建倒角 11　单击主界面下“模型/倒角”按钮，选中扫描 3 后形成如图 2-62 所示的边，尺寸为 0.1，单击“确认”按钮，倒角 11 完成，如图 2-62 所示。

(57) 创建草绘 23　单击主界面下“模型/草绘”按钮，以拉伸 10 为草绘平面，默认参照进入草绘。单击“草绘”命令栏中的“圆”命令，绘制 $r=0.9$ 的圆，单击“确认”按钮，草绘 23 完成，如图 2-63 所示。

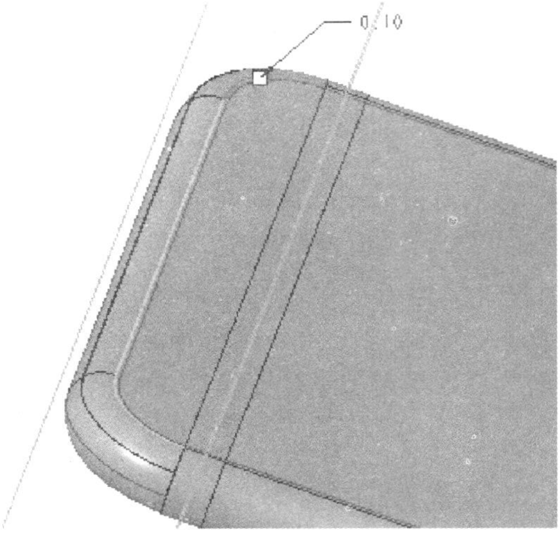

图 2-62　创建倒角 11

(58) 创建拉伸特征 19　单击主界面下“模型/拉伸”按钮，在“拉伸”操控面板中放置草绘 23，设置拉伸类型为“实体”，设置拉伸类型为“单向拉伸”，拉伸长度为 1，单击“确认”按钮，拉伸 19 完成，如图 2-64 所示。

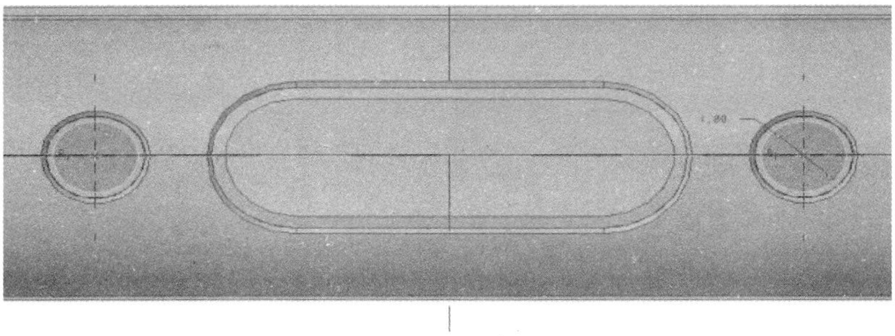

图 2-63　创建草绘 23

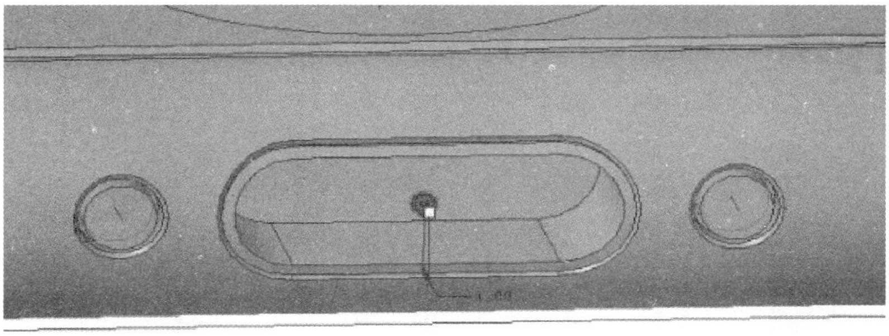

图 2-64　创建拉伸特征 19

(59) 创建草绘 24　单击主界面下“模型/草绘”按钮，以拉伸 19 为草绘平面，默认参照进入草绘。绘制如图 2-65 所示形状，$d=0.4$，单击“确认”按钮，草绘 24 完成，如图 2-65 所示。

(60) 创建拉伸特征 20　单击主界面下“模型/拉伸”按钮，在“拉伸”操控面板中放置草绘 24，设置拉伸类型为“实体”，设置拉伸类型为“单向拉伸”，拉伸长度为 0.3，单击“确认”

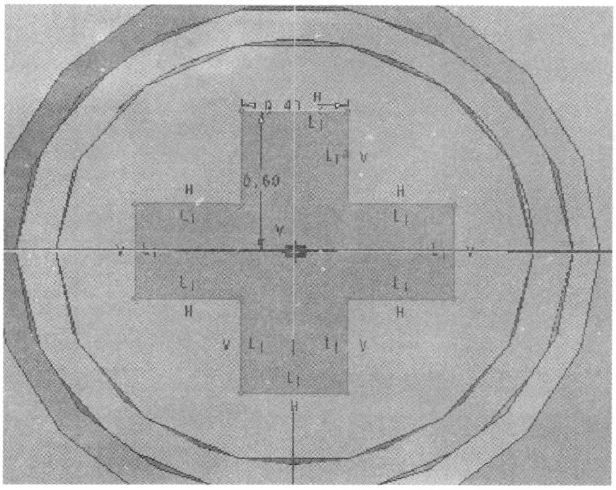

图 2-65 创建草绘 24

按钮，拉伸 20 完成，如图 2-66 所示。

(61) 创建倒角 12 单击主界面下“模型/倒角”按钮，选中图 2-67 中的边，尺寸为 0.1，单击“确认”按钮，倒角 12 完成，如图 2-67 所示。

(62) 创建镜像特征 1 选中拉伸 18 和扫描 3，单击主界面下“模型/镜像”按钮，选择 TOP 为镜像中心，单击“确认”按钮，镜像 1 完成，如图 2-68 所示。

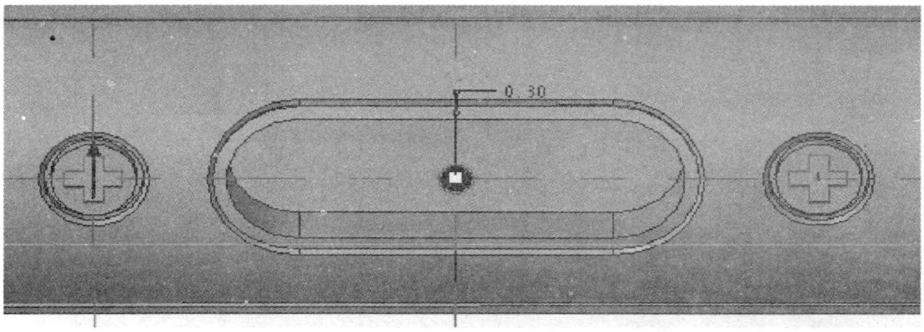

图 2-66 创建拉伸特征 20

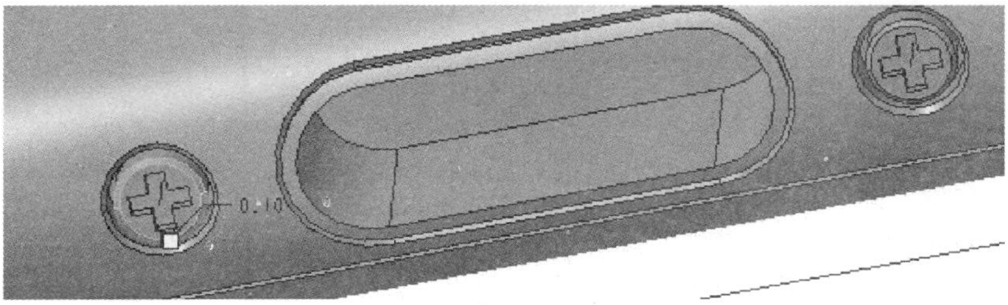

图 2-67 创建倒角 12

(63) 创建草绘 25 单击主界面下“模型/草绘”按钮，以拉伸 2 为草绘平面，默认参照进入草绘。绘制如图 2-69 所示形状，中心线距离 TOP 67mm，参数为 $d_1=7$，$d_2=13$，$d_3=4$，$r_1=1$，$r_2=1.2$，$r_3=1.8$，单击“确认”按钮，草绘 25 完成，如图 2-69 所示。

(64) 创建拉伸特征 21 单击主界面下“模型/拉伸”按钮，在“拉伸”操控面板中放置草绘 25，设置拉伸类型为“实体”，设置拉伸类型为“单向拉伸”，拉伸长度为 0.5，单击“确认”

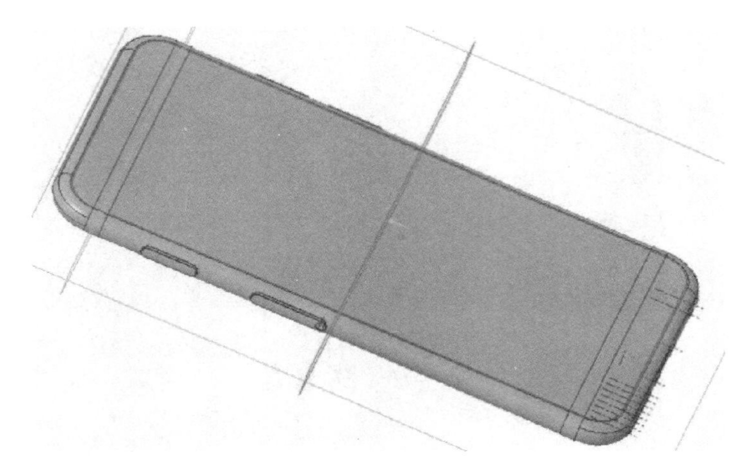

图 2-68　创建镜像特征 1

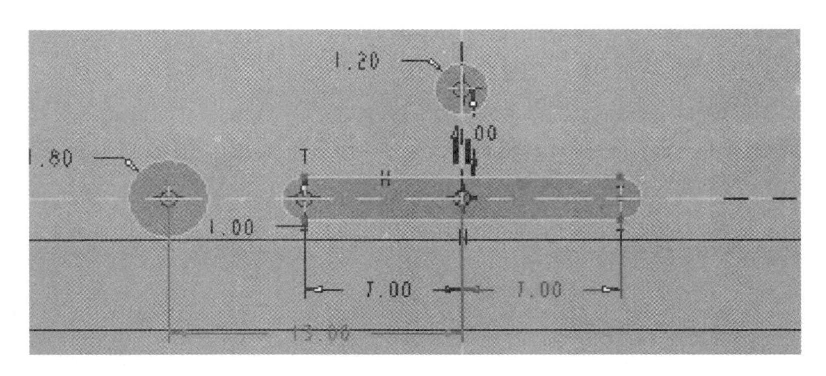

图 2-69　创建草绘 25

按钮，拉伸 21 完成，如图 2-70 所示。

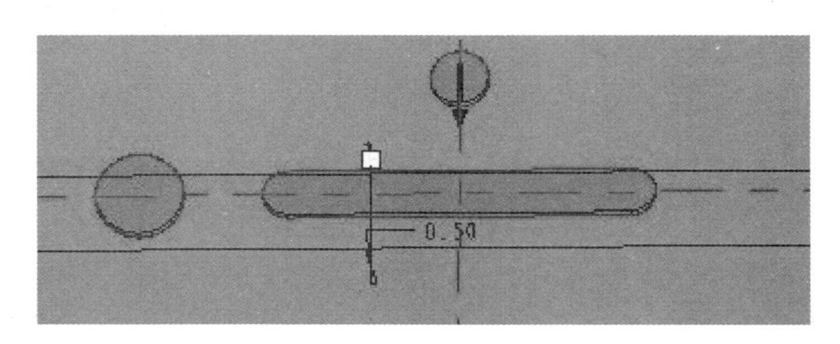

图 2-70　创建拉伸特征 21

⑥⑤ 创建草绘 26　单击主界面下“模型/草绘”按钮，以拉伸 1 为草绘平面，默认参照进入草绘。绘制如图 2-71 所示形状，单击“确认”按钮，草绘 26 完成，如图 2-71 所示。

⑥⑥ 创建拉伸特征 22　单击主界面下“模型/拉伸”按钮，在“拉伸”操控面板中放置草绘 26，设置拉伸类型为“实体”，设置拉伸类型为“单向拉伸”，拉伸长度为 0.8，单击“确认”按钮，拉伸 22 完成，如图 2-72 所示。

⑥⑦ 创建倒圆角 1　单击主界面下“模型/倒圆角”按钮，选中图 2-73 中的边，尺寸为 0.8，单击“确认”按钮，倒圆角 1 完成，如图 2-73 所示。

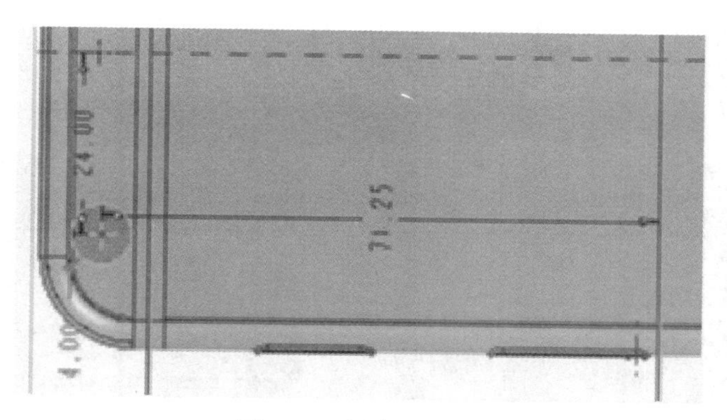

图 2-71 创建草绘 26

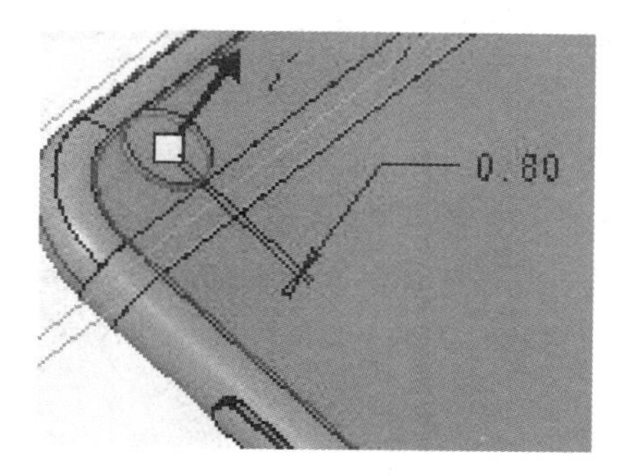

图 2-72 创建拉伸特征 22

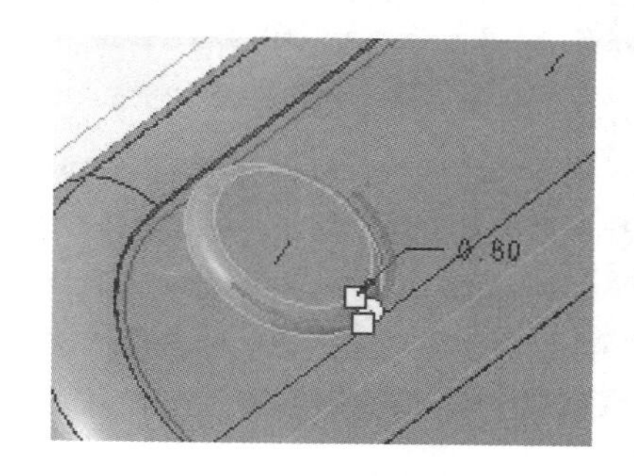

图 2-73 创建倒圆角 1

⑱ 创建草绘 27 单击主界面下“模型/草绘”按钮，以拉伸 22 为草绘平面，默认参照进入草绘。绘制如图 2-74 所示形状，参数为 $r_1=2.25$，$r_2=0.75$，单击“确认”按钮，草绘 27 完成，如图 2-74 所示。

⑲ 创建拉伸特征 23 单击主界面下“模型/拉伸”按钮，在“拉伸”操控面板中放置草绘 27，设置拉伸类型为“实体”，设置拉伸类型为“单向拉伸”，拉伸长度为 0.1，单击“确认”按钮，拉伸 23 完成，如图 2-75 所示。

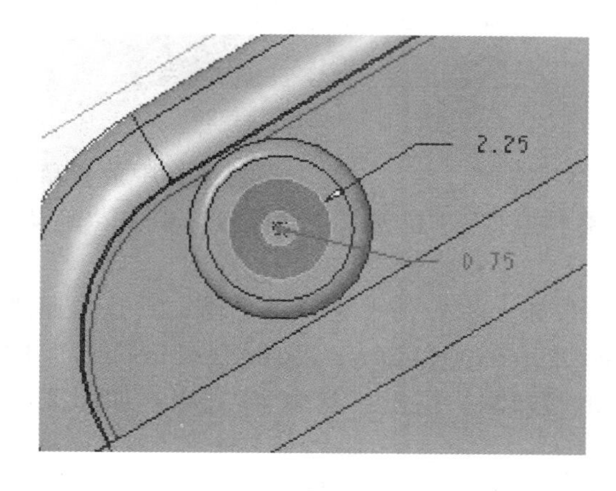

图 2-74 创建草绘 27

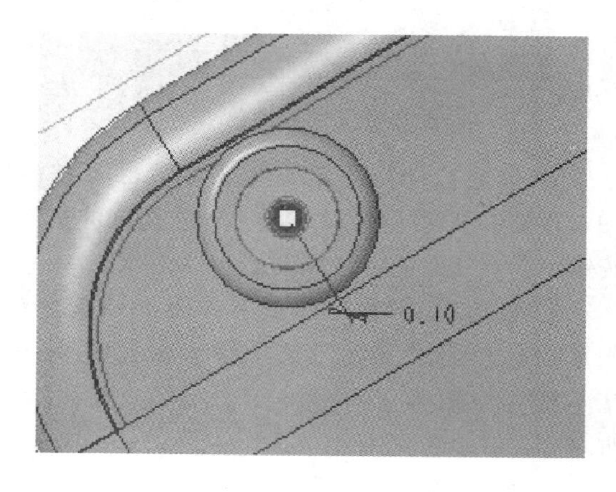

图 2-75 创建拉伸特征 23

⑳ 创建草绘 28 单击主界面下“模型/草绘”按钮，以拉伸 1 为草绘平面，默认参照进入草绘。绘制如图 2-76 所示形状，参数为 $r_1=1.8$，$r_2=0.7$，$d_1=14$，$d_2=18$，单击“确认”按钮，草绘 28 完成，如图 2-76 所示。

⑪ 创建拉伸特征 24　单击主界面下“模型/拉伸”按钮，在“拉伸”操控面板中放置草绘 28，设置拉伸类型为“实体”，设置拉伸类型为“单向拉伸”，拉伸长度为 1，单击“确认”按钮，拉伸 24 完成，如图 2-77 所示。

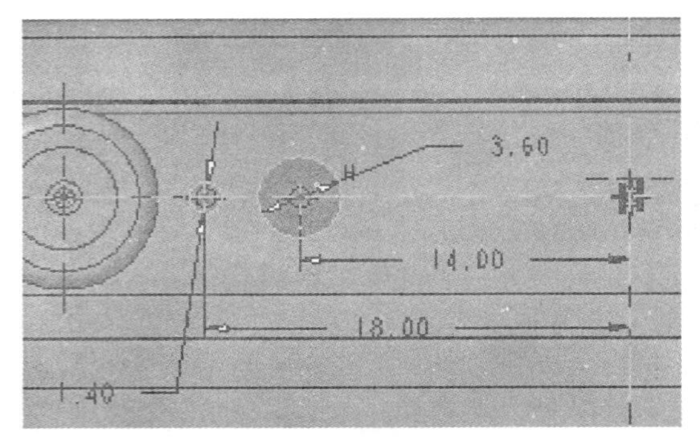

图 2-76　创建草绘 28

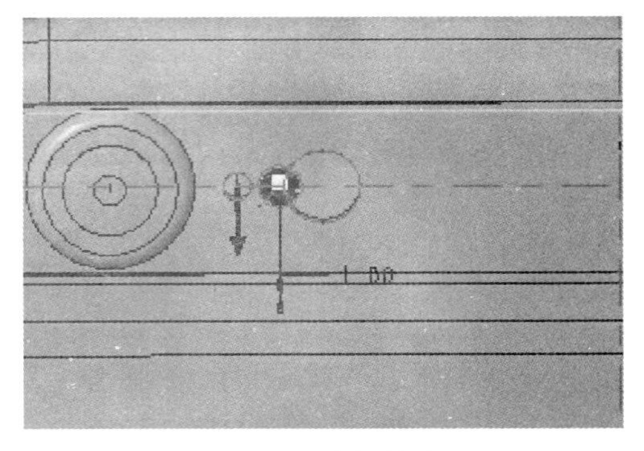

图 2-77　创建拉伸特征 24

⑫ 创建倒角 13　单击主界面下“模型/倒角”按钮，选中拉伸 24 后形成如图 2-78 所示的边，尺寸为 0.1 和 0.3，单击“确认”按钮，倒角 13 完成，如图 2-78 所示。

⑬ 创建草绘 29　单击主界面下“模型/草绘”按钮，以拉伸 1 为草绘平面，默认参照进入草绘。单击“文字”选项插入带有“iPhone”的文本框，参数为 $d_1=35$，$d_2=11.5$，$d_3=6$，单击“确认”按钮，草绘 29 完成，如图 2-79 所示。

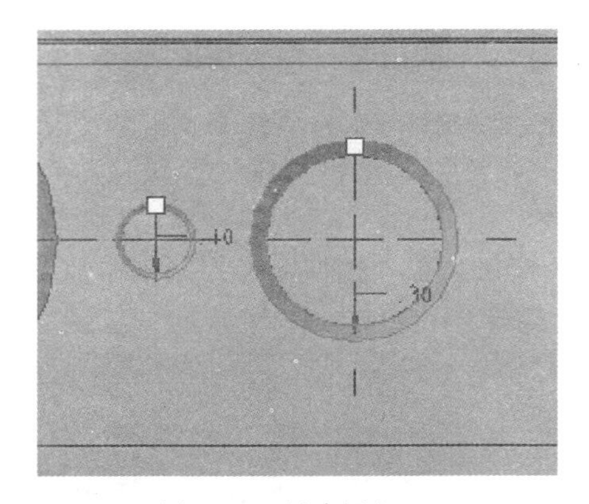

图 2-78　创建倒角 13

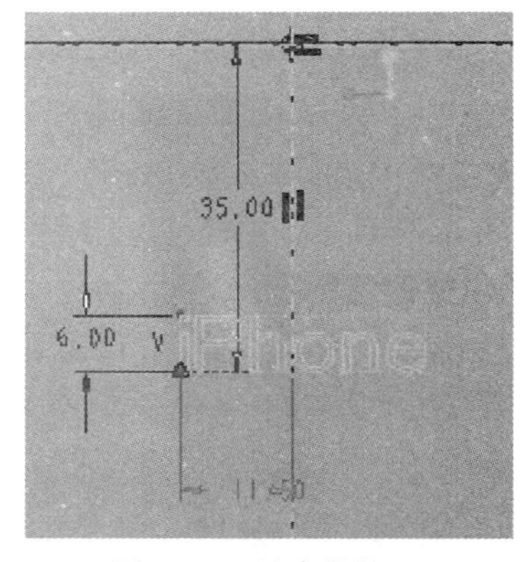

图 2-79　创建草绘 29

⑭ 创建拉伸特征 25　单击主界面下“模型/拉伸”按钮，在“拉伸”操控面板中放置草绘 29，设置拉伸类型为“实体”，设置拉伸类型为“单向拉伸”，拉伸长度为 0.1，单击“确认”按钮，拉伸 25 完成，如图 2-80 所示。

⑮ 创建草绘 30　单击主界面下“模型/草绘”按钮，以拉伸 1 为草绘平面，默认参照进入草绘。单击“文字”选项插入带有“Designed by Apple in california Assembled in china”的文本框，参数为 $d_1=42$，$d_2=25$，$d_3=1.4$，单击“确认”按钮，草绘 30 完成，如图 2-81 所示。

⑯ 创建草绘 31　单击主界面下“模型/草绘”按钮，以拉伸 1 为草绘平面，默认参照进入草绘。单击“矩形/中心矩形”选项，参数为 $d_1=15$，$d_2=30$，单击“确认”按钮，草绘 31 完成，如图 2-82 所示。

⑰ 创建 DTM5　单击主界面下“基准/平面”按钮，将拉伸 1 偏移 0，单击“确认”按钮，DTM5 完成，如图 2-83 所示。

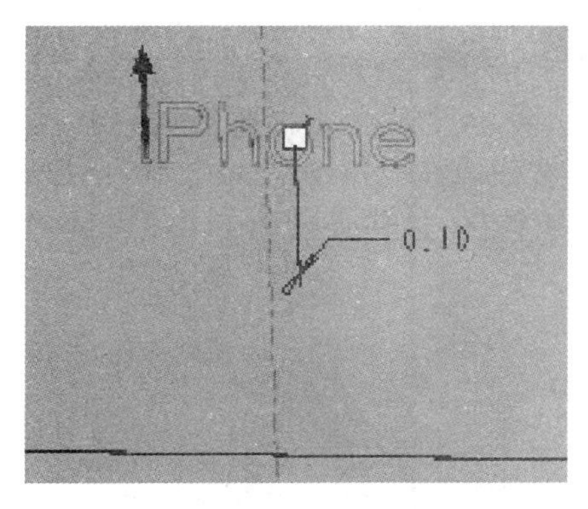

图 2-80　创建拉伸特征 25

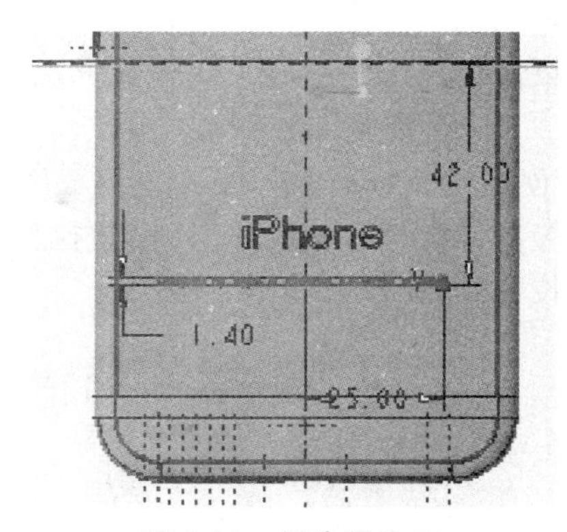

图 2-81　创建草绘 30

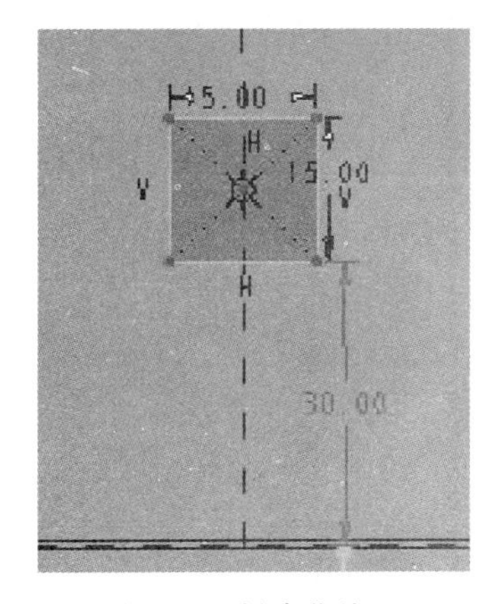

图 2-82　创建草绘 31

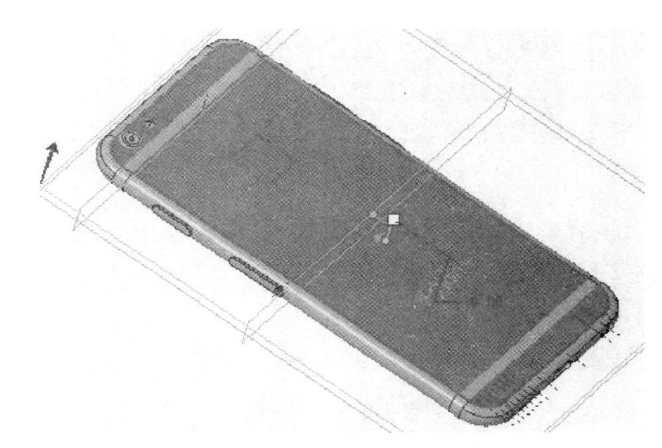

图 2-83　创建 DTM5

⑱ 创建类型 1

a. 单击主界面下“模型/曲面/样式”按钮，进入样式工具环境。

b. 单击命令栏中“设置活动平面”按钮，选中 DTM5，活动平面设置完成。

c. 单击命令栏中“曲线”按钮，在操控面板中设置曲线类型为“平面”，绘制 iPhone 标志。单击“确定”按钮，类型 1 完成，如图 2-84 所示。

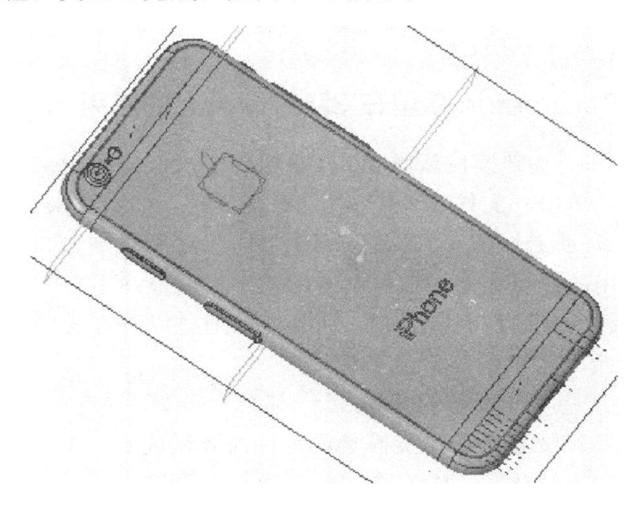

图 2-84　创建类型 1

⑲ 创建草绘32　单击主界面下“模型/草绘”按钮，以拉伸1为草绘平面，默认参照进入草绘。单击“投影”选项，选择环，选中类型1，单击“确认”按钮，草绘32完成，如图2-85所示。

⑳ 创建拉伸特征26　单击主界面下“模型/拉伸”按钮，在“拉伸”操控面板中放置草绘31，设置拉伸类型为“实体”，设置拉伸类型为“单向拉伸”，拉伸长度为0.3，单击“确认”按钮，拉伸26完成，如图2-86所示。

图2-85　创建草绘32

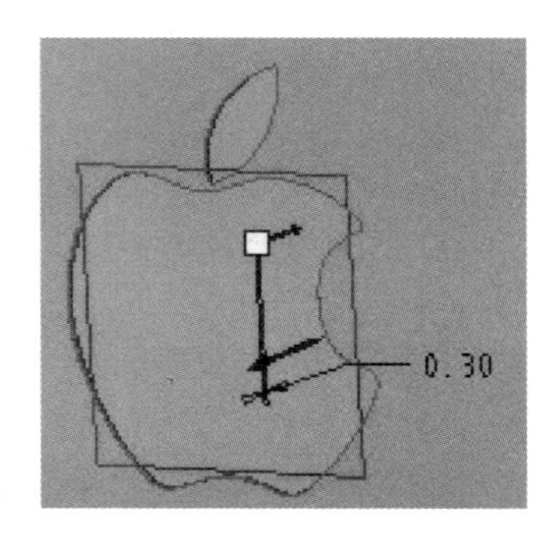

图2-86　创建拉伸特征26

㉑ 渲染　单击“渲染/外观库/编辑模型外观”，按住Alt键，选中曲面，设置颜色。结果如图2-87所示。

图2-87　渲染

2.2.5　PTC Creo Parametric模型在3D打印机上的应用

2015年Creo 3.0 M050基础模板新增3D打印功能，PTC Creo Parametric中引入了3D打印功能。用户界面位置：单击“文件”/“打印”/“3D打印”，如图2-88所示。

PTC Creo Parametric弥补了CAD系统与3D打印机之间的缺口，利用3D打印功能，设计者可以快速制作出实用的原型和使用增材制造工艺生产的最终用户产品。增材制造很快会成为与模具设计和铸造同级的普遍性制造工艺，而且能够通过以下方式提高效率。

a. 生产满足各个自定义要求的高价值零件。

b. 极大地缩短制造这些零件所需的时间。

c. 通过避免生产通常需要量产的昂贵模具或铸件而降低成本。

为了加快增材制造功能的开发，PTC与3D打印设备制造商Stratasys展开协作，通过直接在PTC Creo和支持的Stratasys 3D打印机之间进行交互的方式简化了3D打印工作流（对

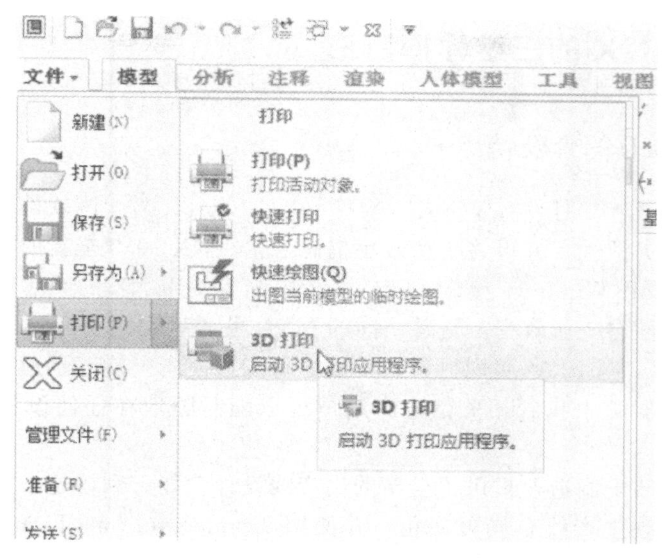

图 2-88 用户界面位置

其他打印机的支持正在计划中)。只有安装了可确保能对设计进行 3D 打印的中间软件，才能使用 PTC Creo Parametric 中的 3D 打印功能。如果连接到了支持的 Stratasys 打印机，设计者无需中间软件即可借助“3D 打印”(3D Print) 功能利用标准 PTC Creo 模型执行所有 3D 打印操作。

在 PTC Creo 3.0 M040 中，利用“3D 打印”功能可通过普通打印机执行以下操作。

a. 将 STL (stereolithography) 文件用作 3D 打印机软件输入内容来打印在 PTC Creo Parametric 中创建的零件和装配。大多数 3D 打印机都使用 STL 文件作为输入内容。

b. 为所有其他品牌的 3D 打印机或在未提供 Stratasys 打印机的情况下定义用户定义的打印机。使用用户定义的打印机时，设计者可以按下面所述准备要进行打印的模型。

- 定义打印机的托盘大小。
- 进行缩放。
- 使用拖动器在托盘上定位模型。
- 出于可视化目的，显示支撑材料的粗略估计量而不是实际支撑结构。
- 对薄壁和窄间隙进行可打印性验证。如果发现模型有问题，用户可以在零件或装配模式下修复此问题。
- 使用拖动器显示修剪的模型视图。
- 将 CAD 数据与模型在托盘上的平移和旋转一起保存为 STL 文件。所打印模型的质量可通过 STL 文件分辨率进行设定。

c. 在 PTC Creo 3.0 M040 中，如果使用的是支持的 Stratasys 打印机，则可以利用“3D 打印”功能执行以下操作。

- 为模型分配材料和颜色、将表面粗糙度定义为有光泽或无光泽以及估计所需支撑材料的最大量。
- 自动定位。
- 通过设置逐个打印每层或一次打印两层来控制打印速度。打印速度不会影响所需构建材料和支撑材料的使用量。
- 计算所需的构建材料和支撑材料量。

2.3 基于UG NX的三维建模方法

2.3.1 UG NX10.0简介及特点

西门子公司2014年10月发布了NX™软件（UG NX 10.0）。该软件具备多项新功能，能帮助提升产品开发的灵活性，并可将生产效率提高三倍。NX 10.0全新的可选触屏界面为用户提供了在运行Microsoft Windows操作系统的平板电脑上使用NX的灵活性，用户可随时随地使用NX来提高协同性与工作效率。更易访问的NX，可通过西门子Teamcenter®软件的创新界面Active Workspace与PLM实现更紧密集成的特点，使用户能够迅速找到相关信息，甚至能迅速从多个外部数据源中找到相关信息。用户可以随时随地在任何设备上联网访问Active Workspace。

NX 10.0为汽车装配制造业提供了全新的生产线设计功能。利用这一功能，工程师可以在NX 10.0中设计和实现生产线布局可视化，并使用Teamcenter®和Tecnomatix®软件来管理设计，验证、优化制造过程。

此外，对于广大中国用户而言，NX 10.0最大的变化就是支持中文名称和中文路径。NX10.0可以直接打开和新建中文文件名和中文文件夹，而且可以使用中文名和中文目录正常导出部件、STP、DWG/DXF工程图文件。

2.3.2 UG NX10.0工作界面

双击打开UG NX10.0，如图2-89所示。

图2-89 UG NX10.0加载界面

进入初始工作界面，在左上侧工具栏中，选择相应的操作，比如打开、新建文件等；在右上侧有一个收缩按钮，为了增加画图空间，可以将这个工具栏收缩起来。历史记录会显示最近一段时间完成保存过的图形。如果文件被移动或者更改名字，此处则不以缩略图显示。通常在这里用户只新建文件和打开文件。

如图 2-90 所示，单击“新建”，由于 NX10.0 支持中文路径和中文名称，因此在图 2-91 所示的对话框中，直接修改名称为零件.prt（.prt 不能删除），路径直接浏览到相应位置即可。

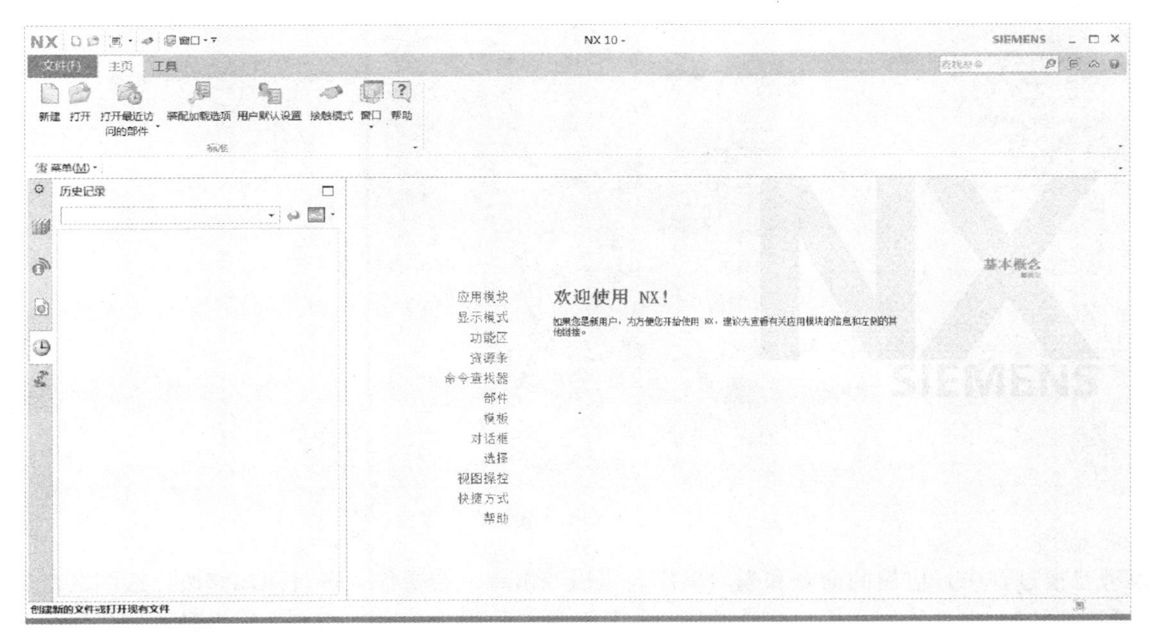

图 2-90　UG NX10.0 初始工作界面

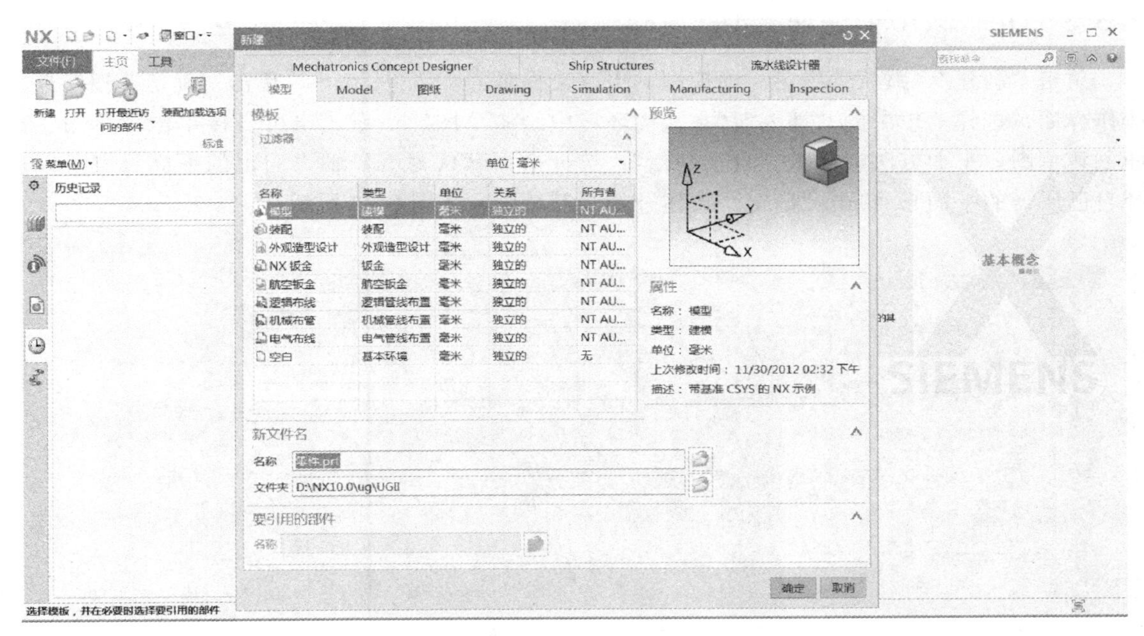

图 2-91　UG NX10.0 创建界面

修改好以后，单击“确定”按钮，即进入软件操作界面，如图 2-92 所示。

在标题栏里有一些基本工具，常用的就是保存和撤销（前撤和后撤）、重复上一个命令等，直接单击即可。在工具栏里分列了不同的选项卡，每个选项卡按照分类提供了很多工具，都是单击执行。在状态栏里主要是一些设置捕捉、过滤器、实体着色等（是一些辅助），一般情况下使用默认。在资源条里包括导航器、装配约束、历史记录、浏览器等，其中部件导航器记录

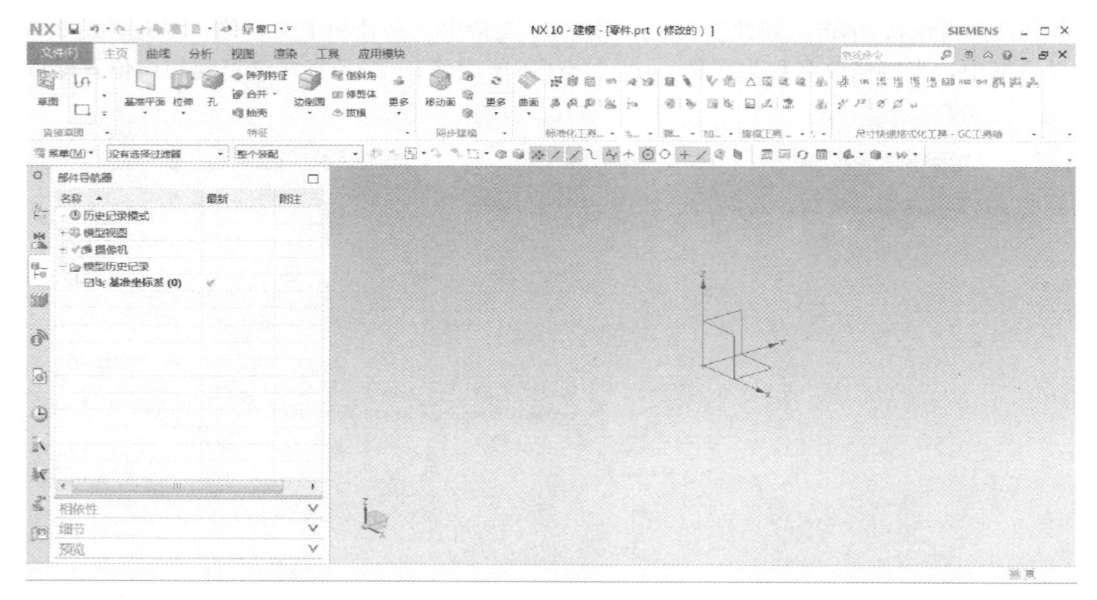

图 2-92　UG NX10. 0 软件操作界面

模型建模过程中，应用的命令和先后顺序，可以双击每一个操作，进行回滚修改。绘图区是软件操作区域，也是软件和用户交流的窗口。信息区提示操作信息。基准坐标系显示软件操作的绝对零点位置和方向。

2. 3. 3　UG NX10. 0 快速上手

单击“新建”，默认选择第一项模型，更改文件名为“零件 . prt”，单击“确定”按钮进入操作界面。选择菜单中的“插入”/“在人物环境中绘制草图”命令，也可直接单击“草图”按钮创建草图，平面方法默认为“自动判断”，选择平面默认为 *XY* 轴方向上的平面（也可以选择自己所需的平面），单击“确定”按钮开始绘制草图，如图 2-93 所示。

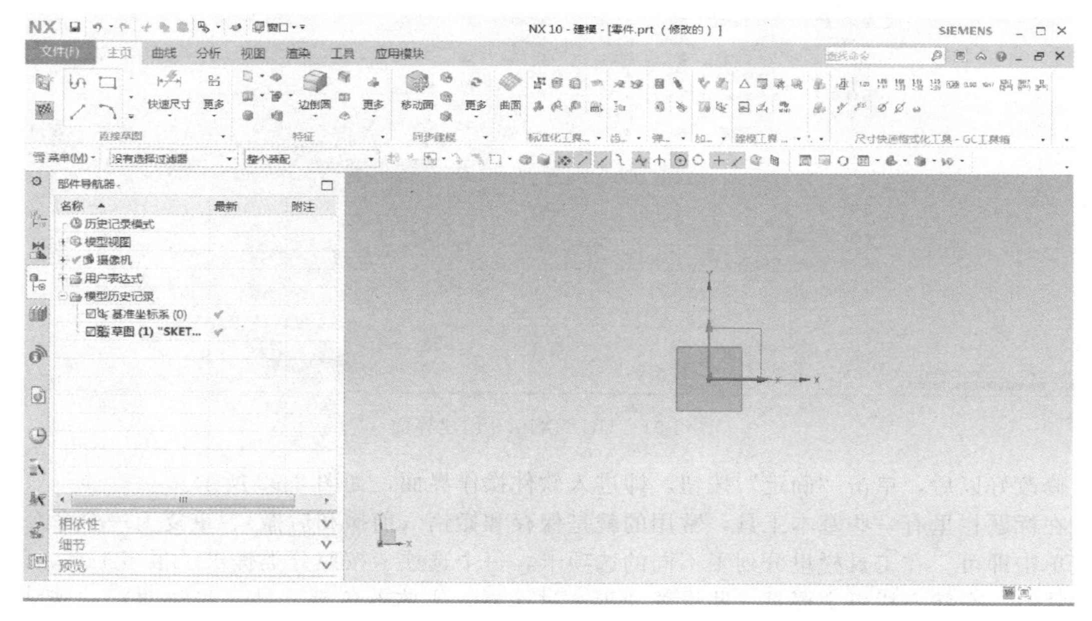

图 2-93　绘制草图界面

单击菜单中的“插入”/“草图曲线”/“圆”命令，选择坐标原点为圆心，输入直径，单击鼠标左键确认，绘制出一个圆形草图，如图 2-94 所示。

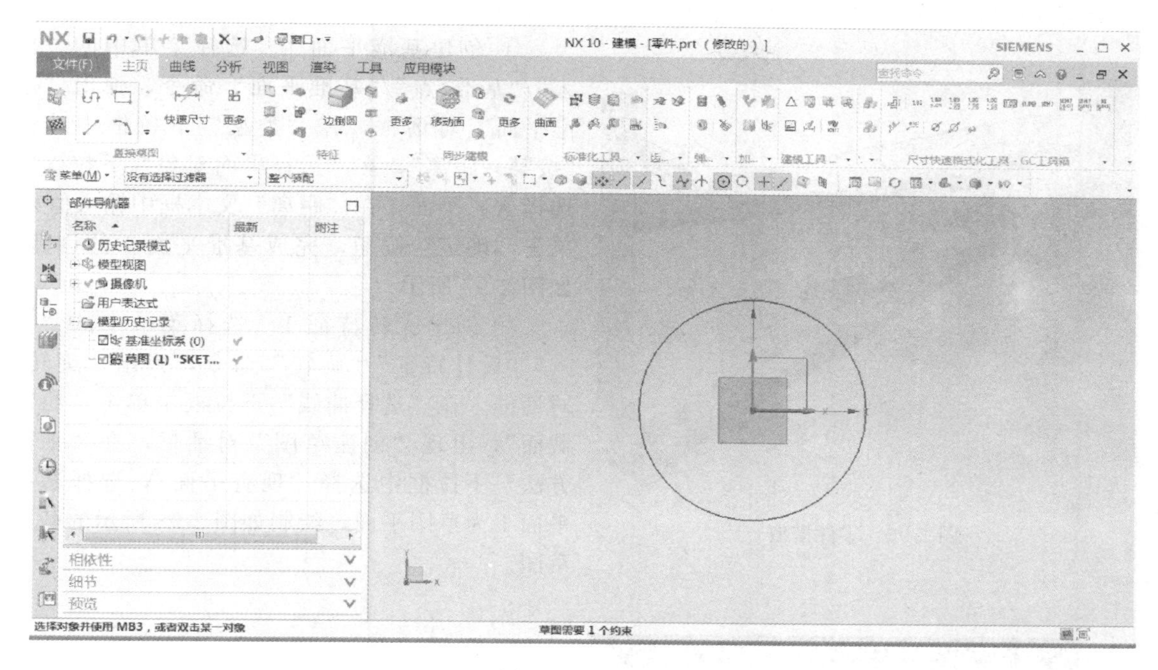

图 2-94　绘制圆

单击“完成草图”，退出草图绘制，单击菜单中的“插入”/“特征设计”/“拉伸”命令。方向默认，可选择相反方向。输入“距离”，单击“确定”按钮，即建立圆柱体特征，如图 2-95 所示。

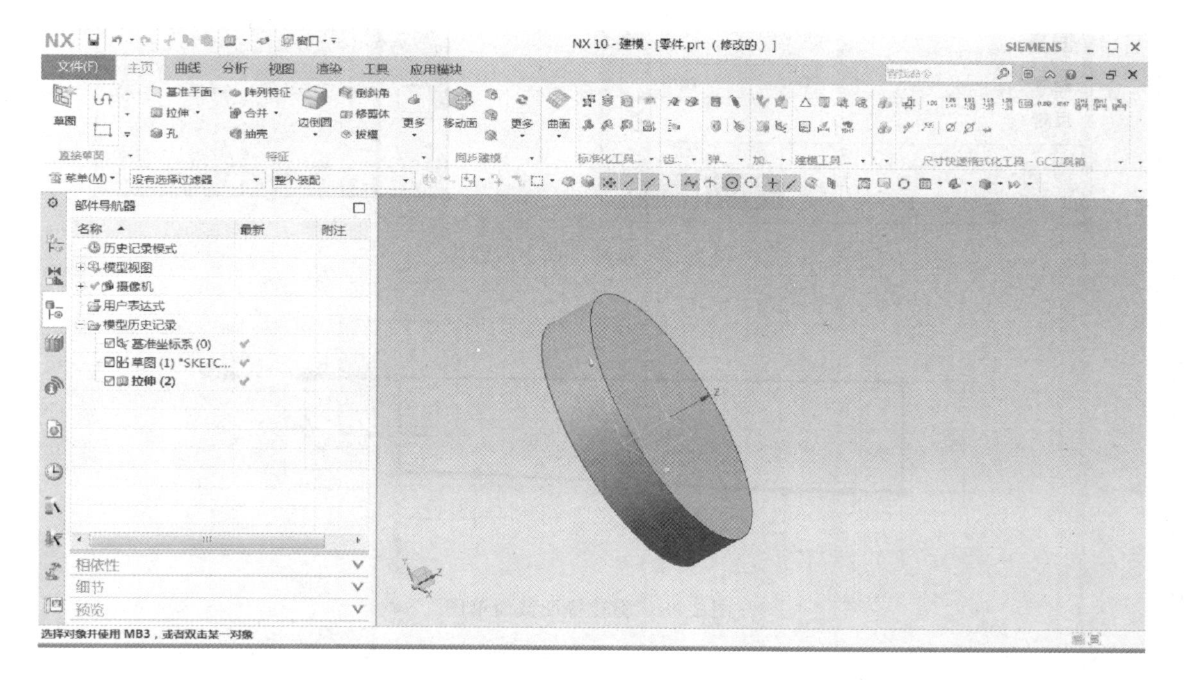

图 2-95　拉伸草图

2.3.4 三维建模实例

此实例为自行车车架的三维建模设计，零件模型如图 2-96 所示。

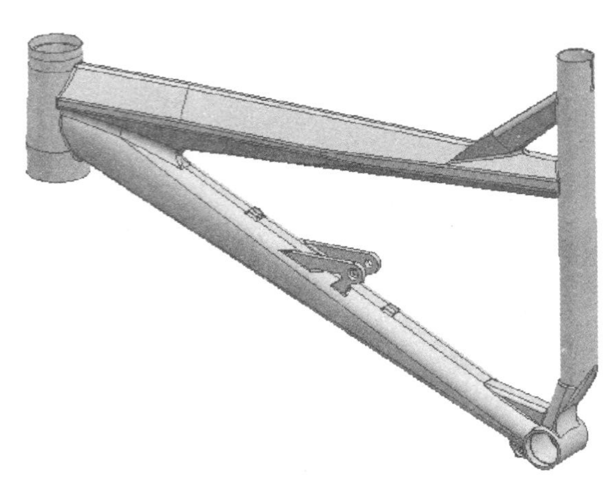

图 2-96 零件模型

① 创建基准平面 1　选择菜单中的“插入”/“基准/点”/“基准平面”命令，弹出“基准平面”对话框，在“类型”下拉框中选择“按某一距离”，在“选择平面对象”下拉框中选择 XY 平面，在“距离”文本框中输入值 0，单击“确定”按钮，完成基准平面 1 的创建，如图 2-97 所示。

② 创建旋转特征 1　选择菜单中的“插入”/“设计特征”/“旋转”命令，弹出“旋转”对话框，在“选择曲线”下拉框中单击“绘制截面”，出现“创建草图”对话框，在“平面方法”下拉框中选择“现有平面”，选择基准平面 1 为草图平面，绘制如图 2-98 所示的截面草图。

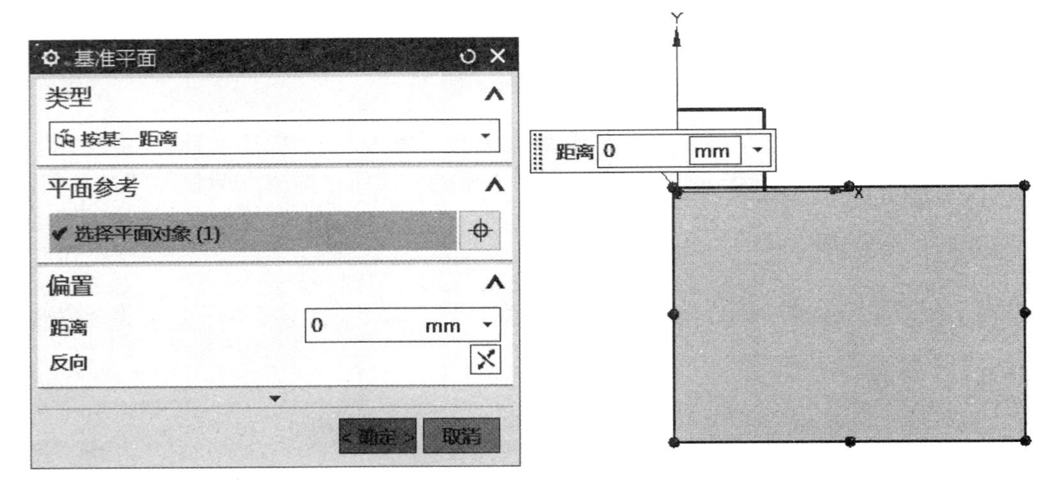

图 2-97 基准平面 1 的创建

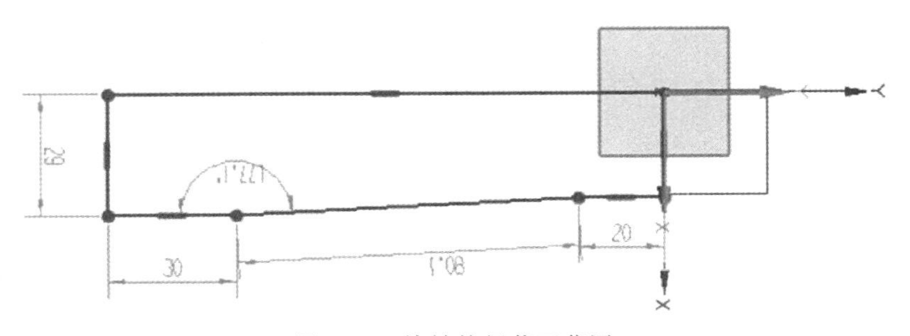

图 2-98 旋转特征截面草图

单击“完成草图”将弹出“旋转”对话框，单击 Y 轴选定“指定矢量”下拉框，然后单击“确定”按钮，完成旋转特征 1 的创建，如图 2-99 所示。

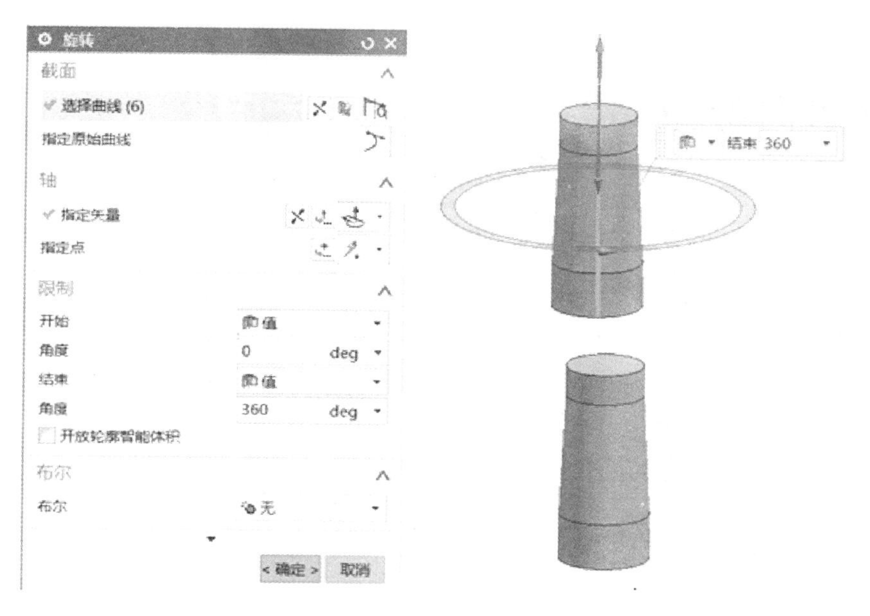

图 2-99　旋转特征 1 的创建

③ 创建基准平面 2　选择菜单中的“插入”/“草图”命令，在基准平面 1 上绘制如图 2-100 所示草图。

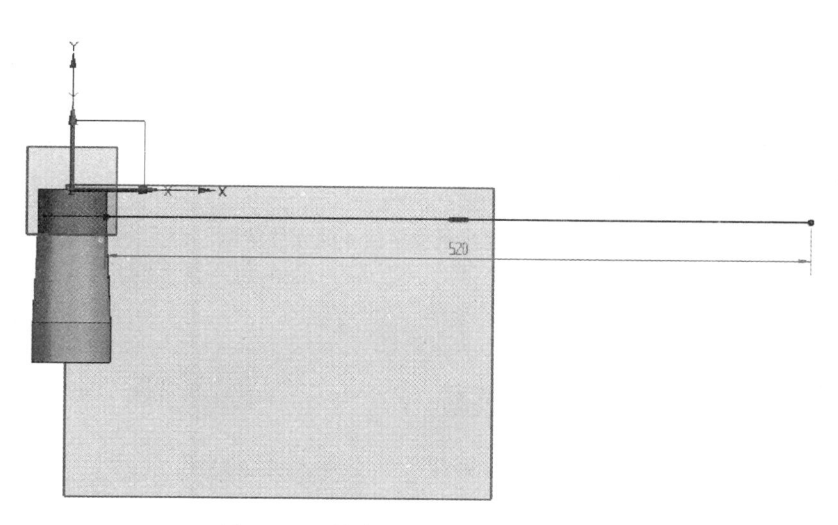

图 2-100　创建基准平面 2 的直线草图

选择菜单中的“插入”/“基准/点”/“基准平面”命令，在“类型”下拉框中选择“曲线和点”，在“子类型”下拉框中选择“一点”，选择如图 2-101 所示的点，创建基准平面 2。

④ 创建基准平面 3　选择菜单中的“插入”/“草图”命令，在基准平面 1 上绘制如图 2-102 所示草图。

选择菜单中的“插入”/“基准/点”/“基准平面”命令，在“类型”下拉框中选择“曲线和点”，在“子类型”下拉框中选择“一点”，选择如图 2-103 所示的点，创建基准平面 3。

⑤ 创建基准平面 4　选择菜单中的“插入”/“基准/点”/“基准平面”命令，在“类型”下拉框中选择“曲线上”，在“曲线”下拉框中选择如图 2-104 所示曲线。在“位置”下拉框中选择“弧长”，在“弧长”文本框中输入 511，在“方向”下拉框中选择“垂直于路径”，单

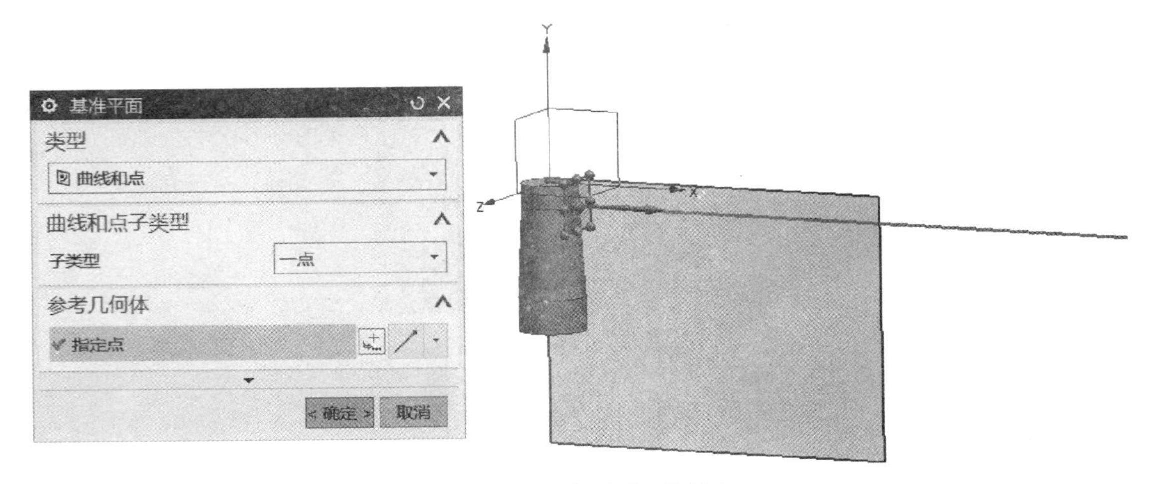

图 2-101　基准平面 2 的创建

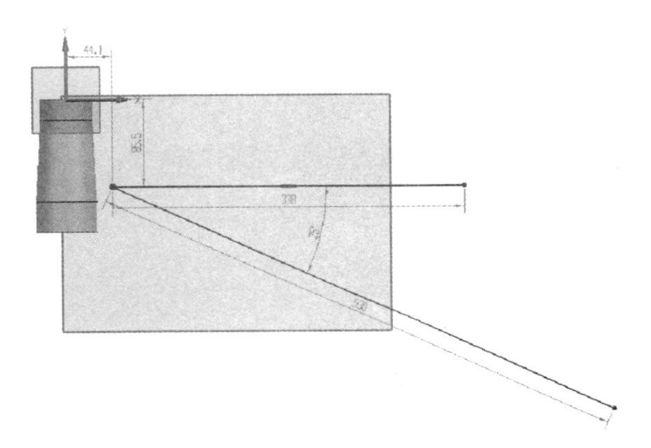

图 2-102　创建基准平面 3 的直线草图

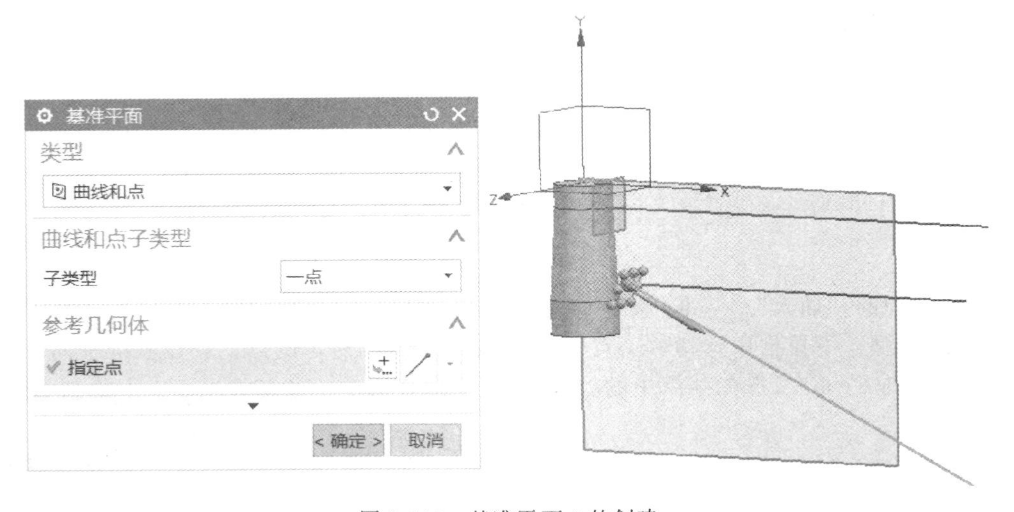

图 2-103　基准平面 3 的创建

击“确定”按钮，创建基准平面 4。

⑥ 创建拉伸特征 1　选择菜单中的“插入”/“设计特征”/“拉伸”命令，弹出“拉伸”对话

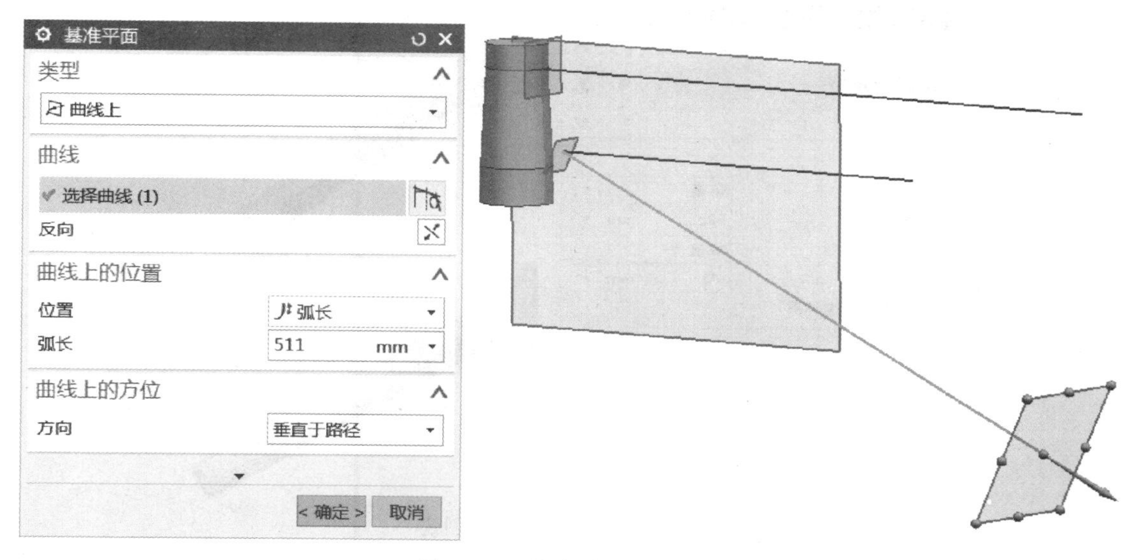

图 2-104　基准平面 4 的创建

框，在基准平面 3 上绘制如图 2-105 所示的截面草图。

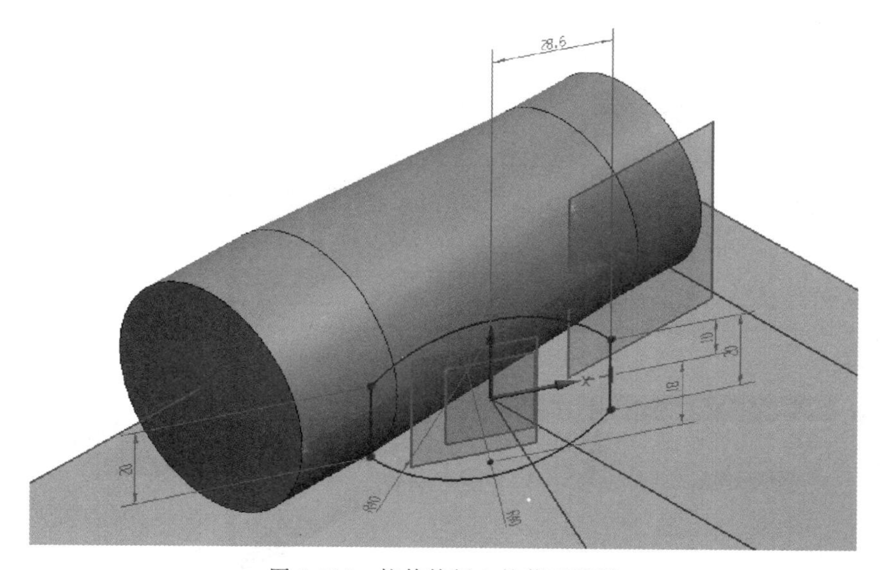

图 2-105　拉伸特征 1 的截面草图

完成草图，在“开始距离”文本框中输入 522，在“结束距离”文本框中输入-42，在“布尔”下拉框中选择“求和”，“选择体”选择会重合的特征，创建拉伸特征 1，如图 2-106 所示。

⑦ 创建拉伸特征 2　选择菜单中的“插入”/“设计特征”/“拉伸”命令，弹出“拉伸”对话框，在基准平面 2 上绘制如图 2-107 所示的截面草图。

完成草图，在“开始距离”文本框中输入 520，在“结束距离”文本框中输入-16，在“布尔”下拉框中选择“求和”，“选择体”选择会重合的特征，创建拉伸特征 2，如图 2-108 所示。

⑧ 创建拉伸特征 3　选择菜单中的“插入” / “设计特征” / “拉伸”命令，在 *XY* 平面上绘制如图 2-109 所示截面草图。

在“开始距离”文本框中输入-40，在“结束距离”文本框中输入 26，在“布尔”下拉框中选择“求差”，“选择体”下拉框单击拉伸特征 1，创建拉伸特征 3，如图 2-110 所示。

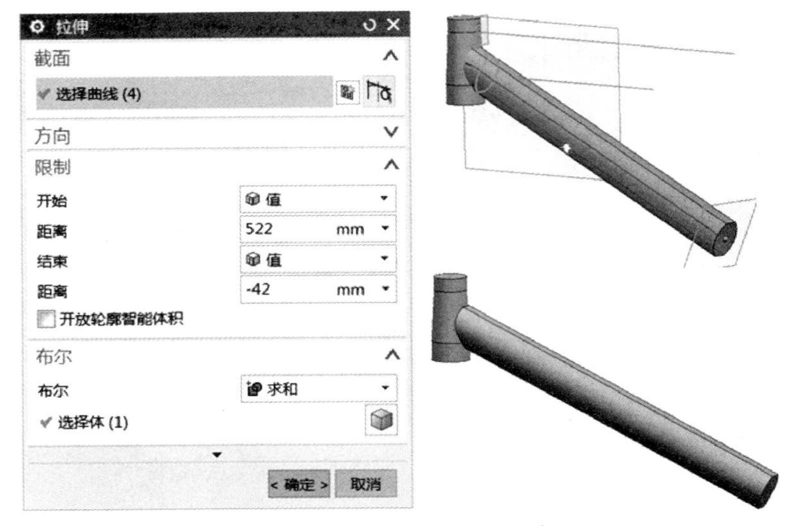

图 2-106　拉伸特征 1 的创建

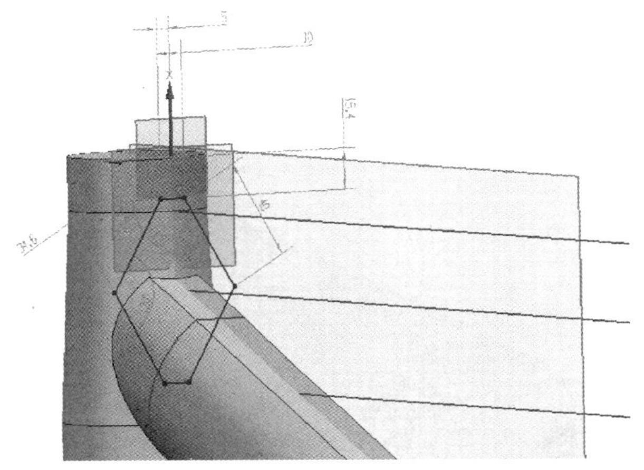

图 2-107　拉伸特征 2 的截面草图

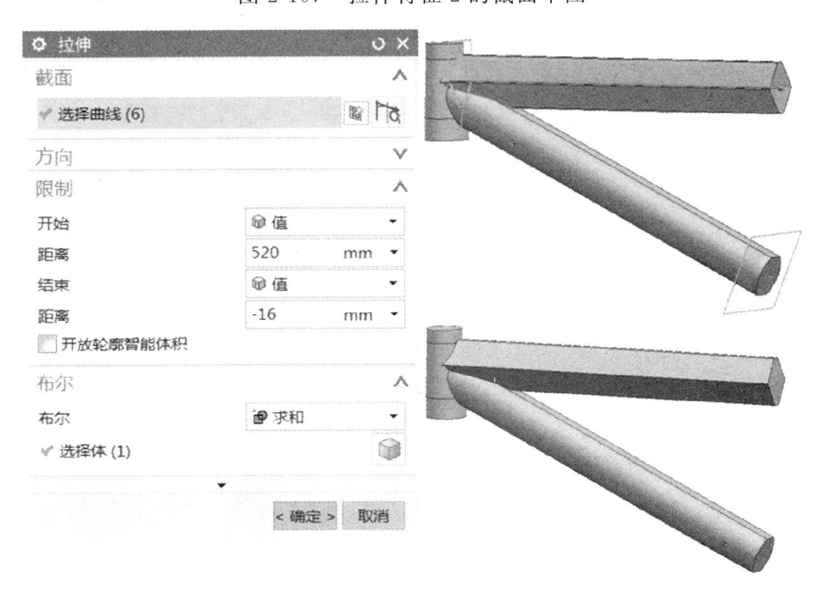

图 2-108　拉伸特征 2 的创建

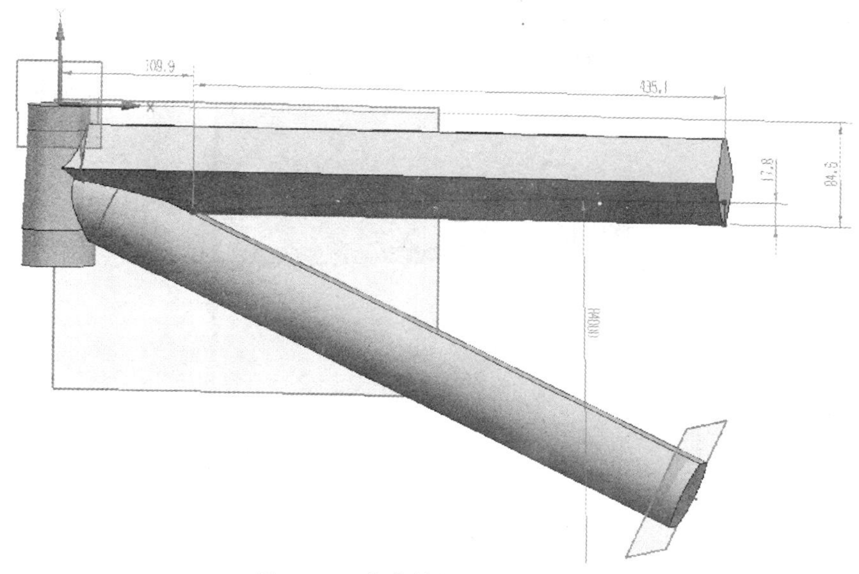

图 2-109　拉伸特征 3 的截面草图

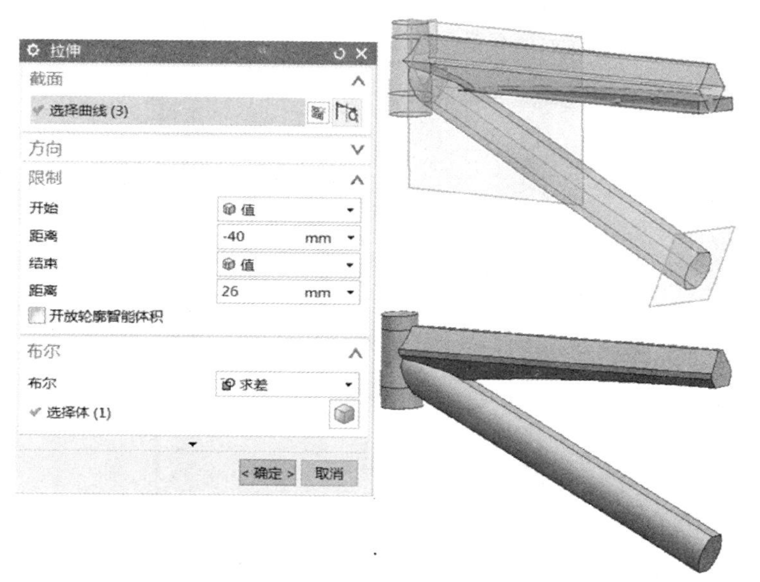

图 2-110　拉伸特征 3 的创建

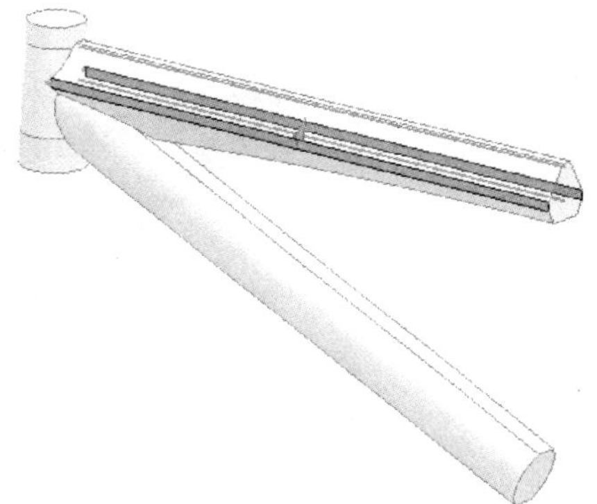

图 2-111　倒斜角特征 1 选择的边

⑨ 创建倒斜角特征 1　选择菜单中的“插入”/“细节特征”/“倒斜角”命令，弹出“倒斜角”对话框，选择如图 2-111 所示两条边。

在“横截面”下拉框中选择“对称”，在“距离”文本框中输入 5，创建倒斜角特征 1，如图 2-112 所示。

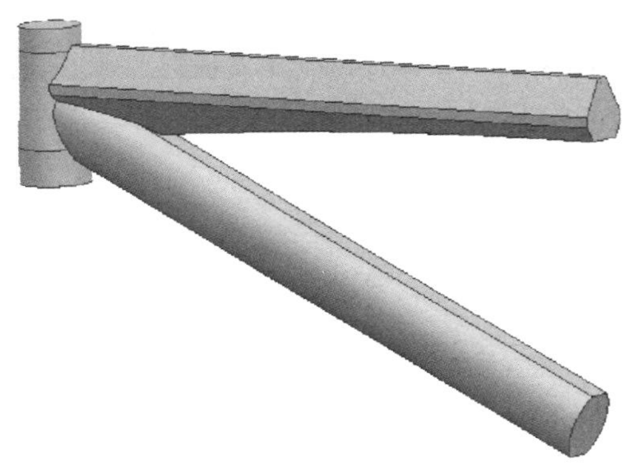

图 2-112　倒斜角特征 1 的创建

⑩ 创建倒斜角特征 2　选择菜单中的“插入”/“细节特征”/“倒斜角”命令，弹出“倒斜角”对话框，选择如图 2-113 所示两条边。

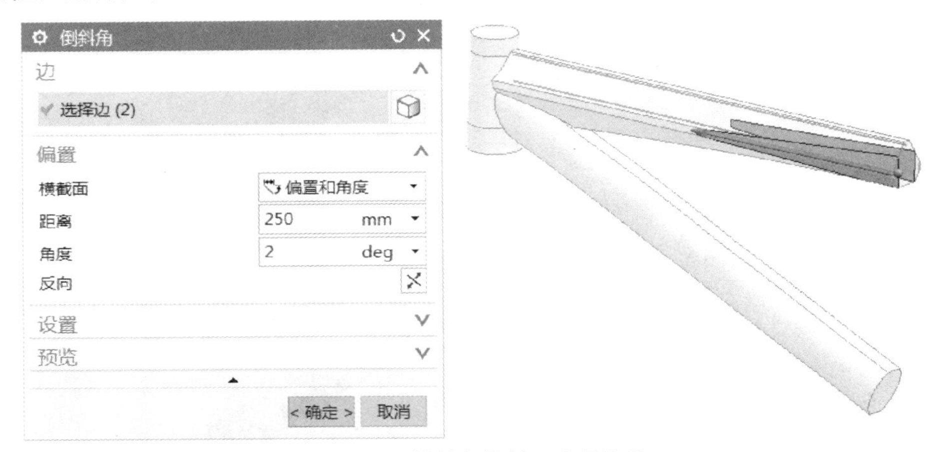

图 2-113　倒斜角特征 2 选择的边

在“横截面”下拉框中选择“偏置和角度”，在“距离”文本框中输入 250，在“角度”文本框中输入 2，方向如图 2-114 所示，创建倒斜角特征 2。

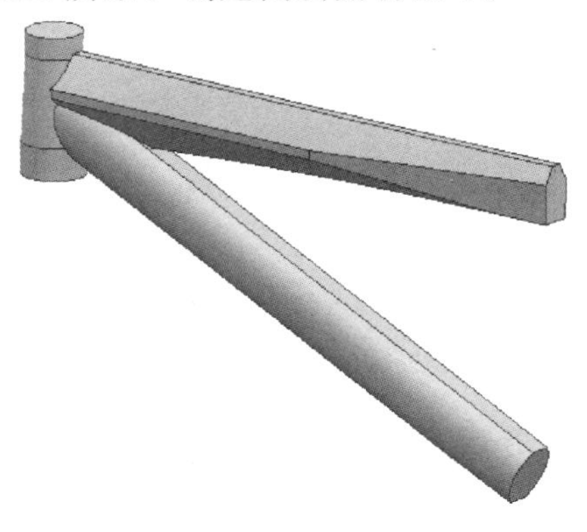

图 2-114　倒斜角特征 2 的创建

⑪ 创建倒斜角特征 3　选择菜单中的“插入”/“细节特征”/“倒斜角”命令，弹出“倒斜角”对话框，选择如图 2-115 所示的边。

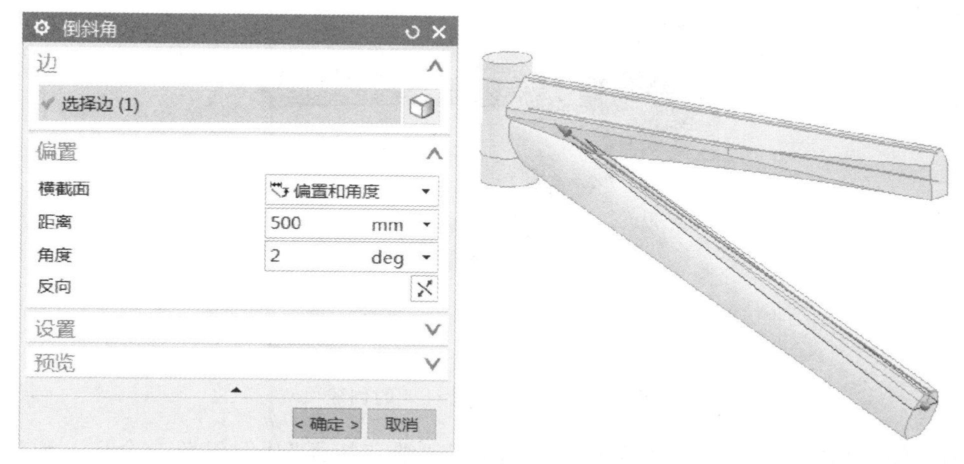

图 2-115　倒斜角特征 3 选择的边

在“横截面”下拉框中选择“偏置和角度”，在“距离”文本框中输入 500，在“角度”文本框中输入 2，方向如图 2-116 所示，创建倒斜角特征 3。

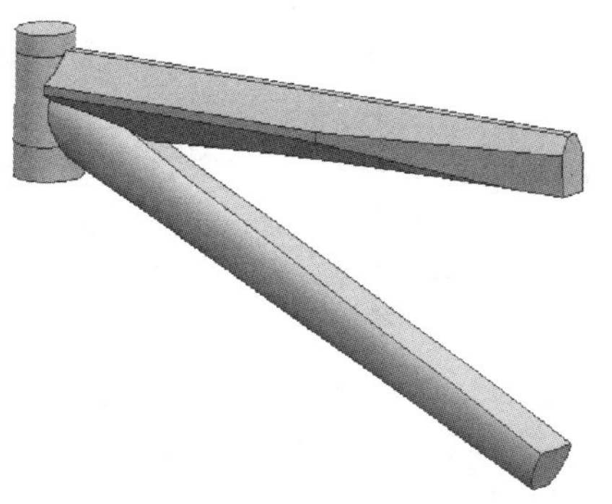

图 2-116　倒斜角特征 3 的创建

⑫ 创建倒斜角特征 4　选择菜单中的“插入”/“细节特征”/“倒斜角”命令，弹出“倒斜角”对话框，选择如图 2-117 所示的边。

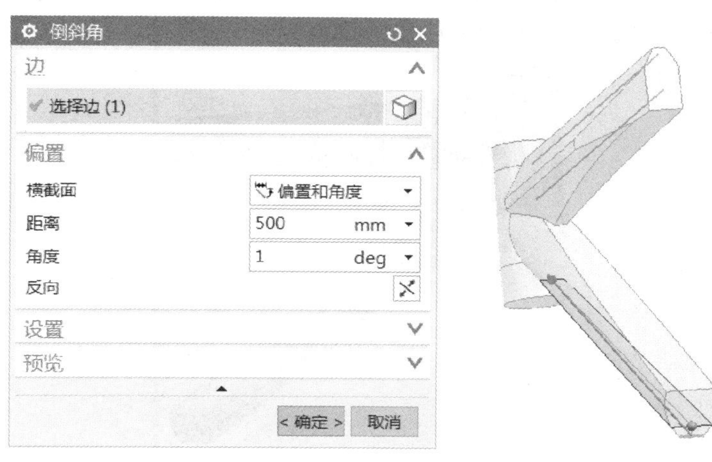

图 2-117　倒斜角特征 4 选择的边

在“横截面”下拉框中选择“偏置和角度”，在“距离”文本框中输入 500，在“角度”文本框中输入 1，方向如图 2-118 所示，创建倒斜角特征 4。

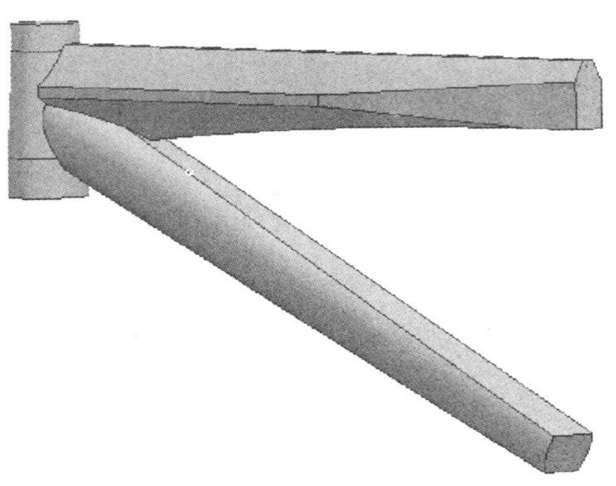

图 2-118　倒斜角特征 4 的创建

⑬ 创建倒斜角特征 5　选择菜单中的“插入”/“细节特征”/“倒斜角”命令，弹出“倒斜角”对话框，选择如图 2-119 所示的边。

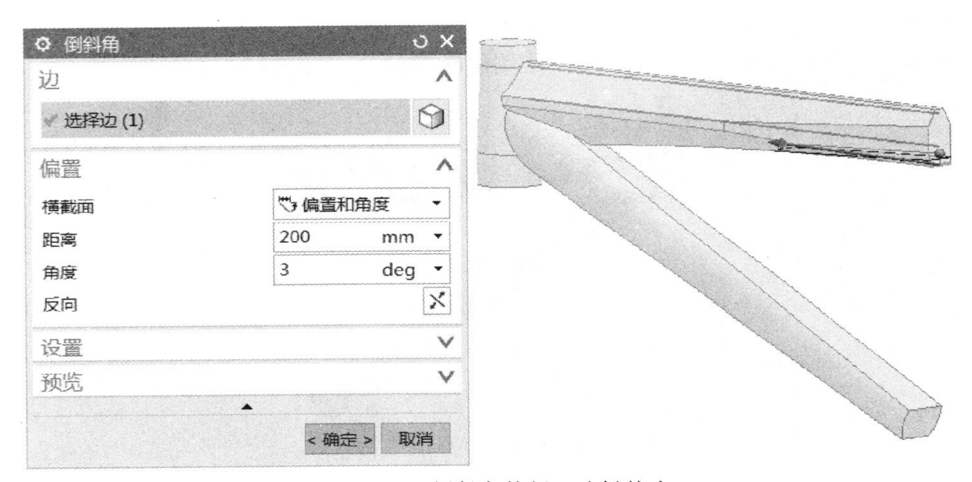

图 2-119　倒斜角特征 5 选择的边

在“横截面”下拉框中选择“偏置和角度”，在“距离”文本框中输入 200，在“角度”文本框中输入 3，方向如图 2-120 所示，创建倒斜角特征 5。

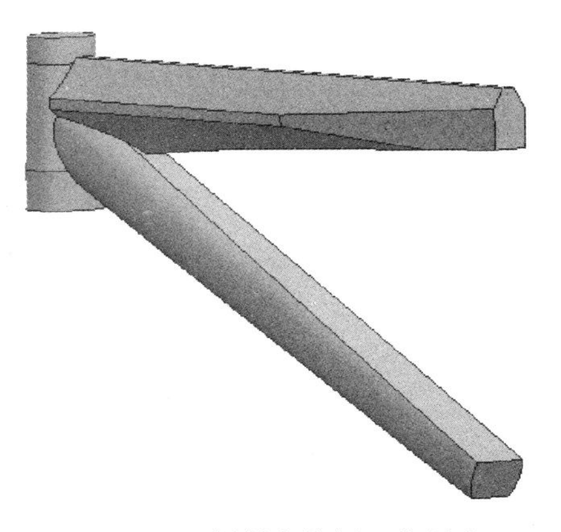

图 2-120　倒斜角特征 5 的创建

⑭ 创建倒斜角特征 6　选择菜单中的“插入”/“细节特征”/“倒斜角”命令，弹出“倒斜角”对话框，选择如图 2-121 所示的边。

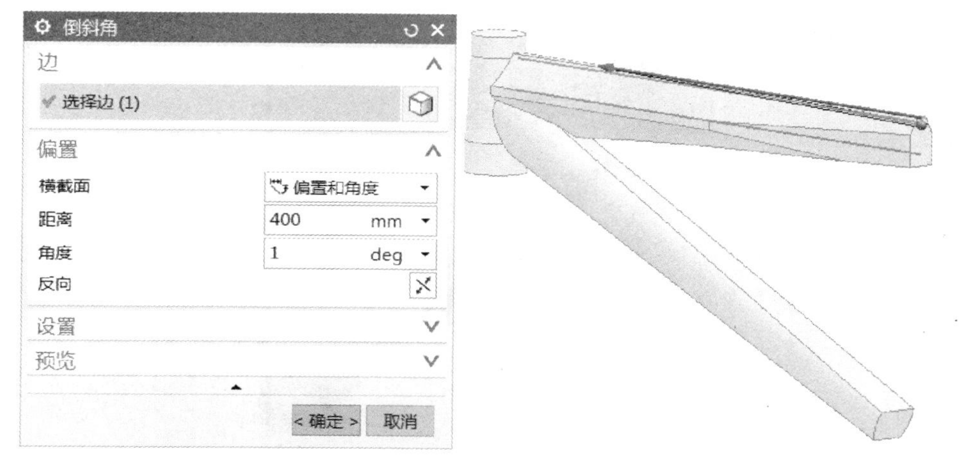

图 2-121　倒斜角特征 6 选择的边

在“横截面”下拉框中选择“偏置和角度”，在“距离”文本框中输入 400，在“角度”文本框中输入 1，方向如图 2-122 所示，创建倒斜角特征 6。

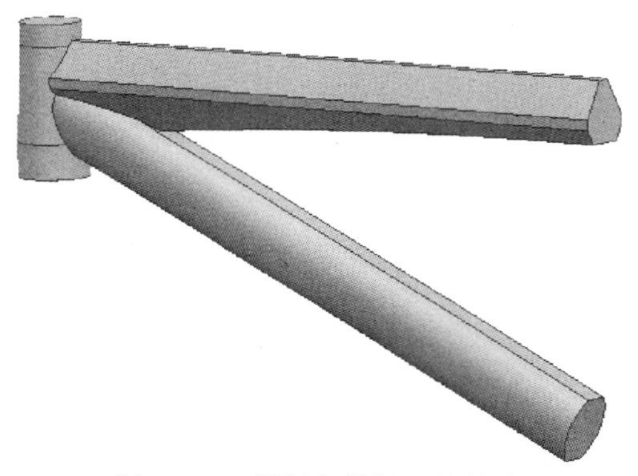

图 2-122　倒斜角特征 6 的创建

⑮ 创建倒斜角特征 7　选择菜单中的“插入” / “细节特征” / “倒斜角”命令，弹出“倒斜角”对话框，选择如图 2-123 所示两条边。

图 2-123　倒斜角特征 7 选择的边

在“横截面”下拉框中选择“对称”，在“距离”文本框中输入 12，创建倒斜角特征 7，如图 2-124 所示。

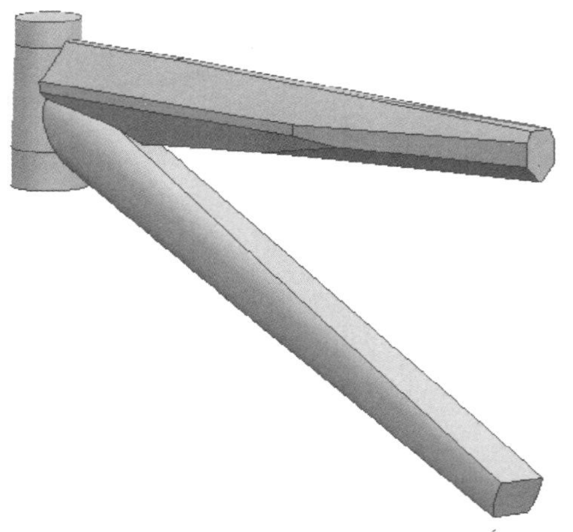

图 2-124　倒斜角特征 7 的创建

⑯ 创建倒斜角特征 8　选择菜单中的“插入”/“细节特征”/“倒斜角”命令，弹出“倒斜角”对话框，选择如图 2-125 所示的边。

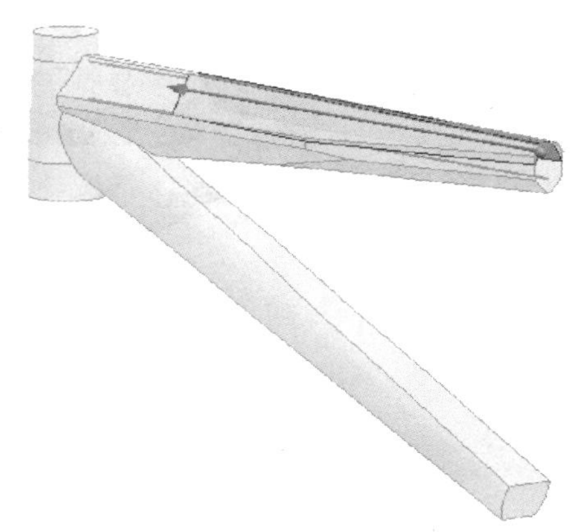

图 2-125　倒斜角特征 8 选择的边

在“横截面”下拉框中选择“偏置和角度”，在“距离”文本框中输入 400，在“角度”文本框中输入 0.5，方向如图 2-126 所示，创建倒斜角特征 8。

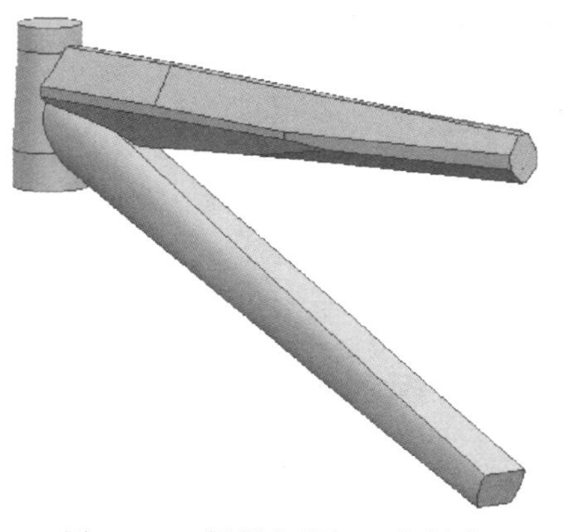

图 2-126　倒斜角特征 8 的创建

⑰ 创建基准平面5 选择菜单中的“插入”/“草图”命令，在 XY 平面上创建如图 2-127 所示的草图。

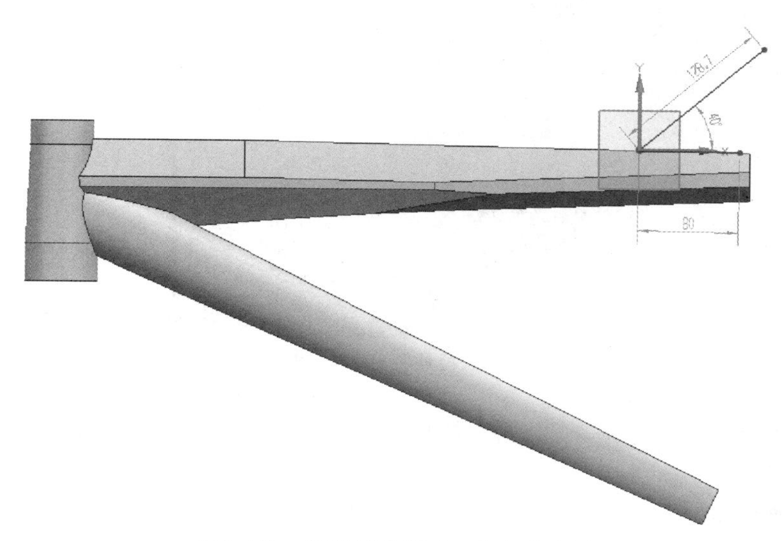

图 2-127 创建基准平面 5 的直线草图

完成草图后，选择菜单中的“插入”/“基准/点”/“基准平面”命令，弹出“基准平面”对话框，在“类型”下拉框中选择“曲线和点”，在“子类型”下拉框中选择“一点”，在“指定点”下拉框中单击选择草图中的交点，单击“确定”按钮，完成基准平面 5 的创建，如图 2-128 所示。

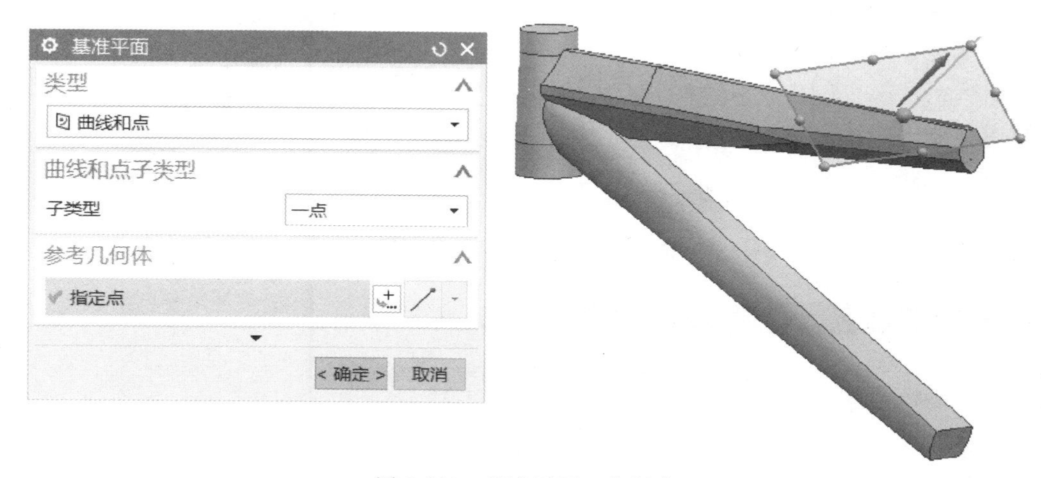

图 2-128 基准平面 5 的创建

⑱ 创建拉伸特征 4 选择菜单中的“插入”/“设计特征”/“拉伸”命令，弹出“拉伸”对话框，在基准平面 5 上绘制如图 2-129 所示的截面草图。

完成草图，在“开始距离”文本框中输入-38，在“结束距离”文本框中输入 124，在“布尔”下拉框中选择“求和”，“选择体”选择会重合的特征，创建拉伸特征 4，如图 2-130 所示。

⑲ 创建倒斜角特征 9 选择菜单中的“插入”/“细节特征”/“倒斜角”命令，弹出“倒斜角”对话框，选择如图 2-131 所示的两条边。

在“横截面”下拉框中选择“偏置和角度”，在“距离”文本框中输入 120，在“角度”文本框中输入 3，方向如图 2-132 所示，创建倒斜角特征 9。

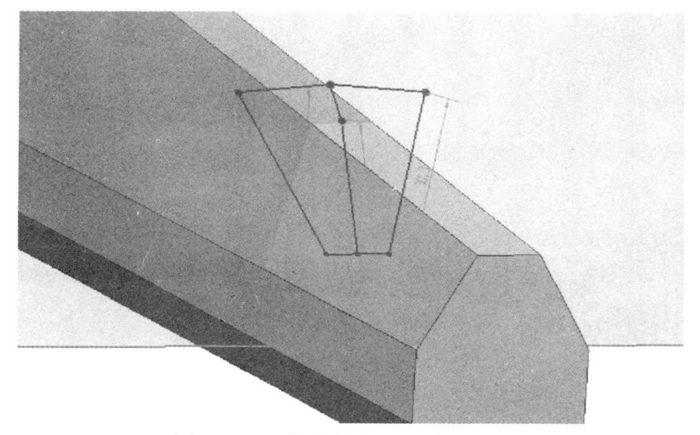

图 2-129　拉伸特征 4 的截面草图

图 2-130　拉伸特征 4 的创建

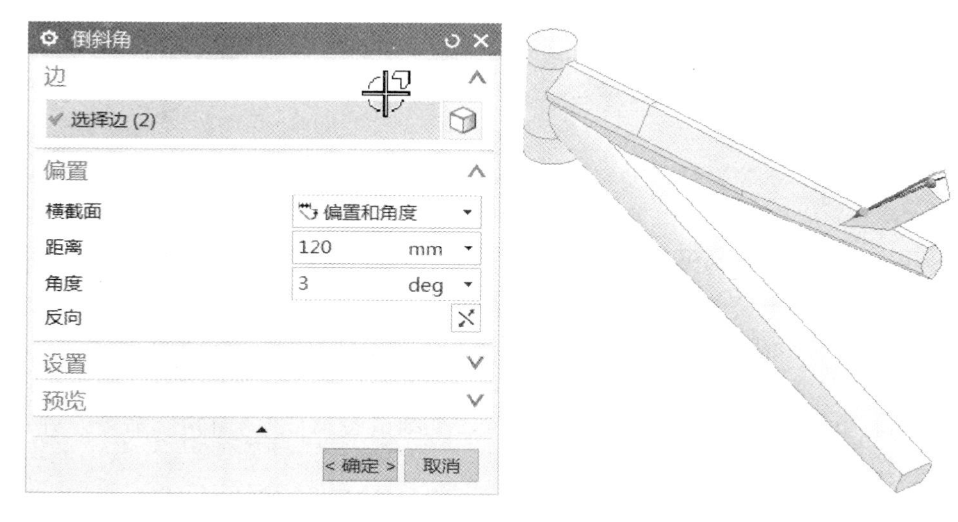

图 2-131　倒斜角特征 9 选择的边

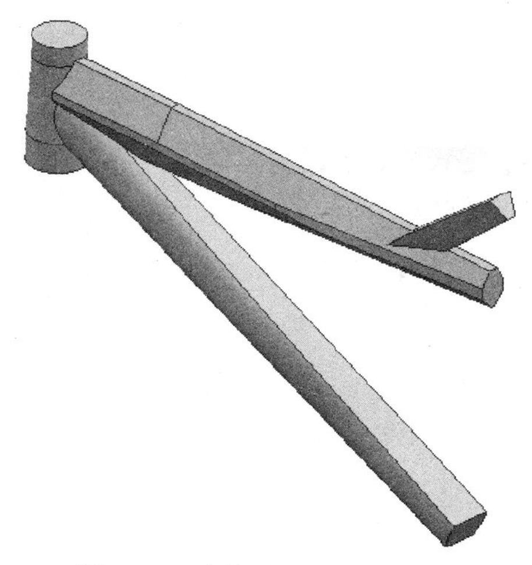

图 2-132 倒斜角特征 9 的创建

⑳ 创建倒斜角特征 10 选择菜单中的“插入”/“细节特征”/“倒斜角”命令，弹出“倒斜角”对话框，选择如图 2-133 所示的两条边。

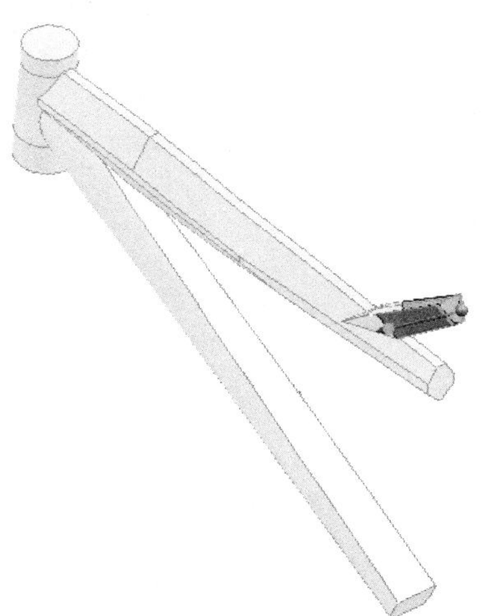

图 2-133 倒斜角特征 10 选择的边

在“横截面”下拉框中选择“偏置和角度”，在“距离”文本框中输入 100，在“角度”文本框中输入 1，方向如图 2-134 所示，创建倒斜角特征 10。

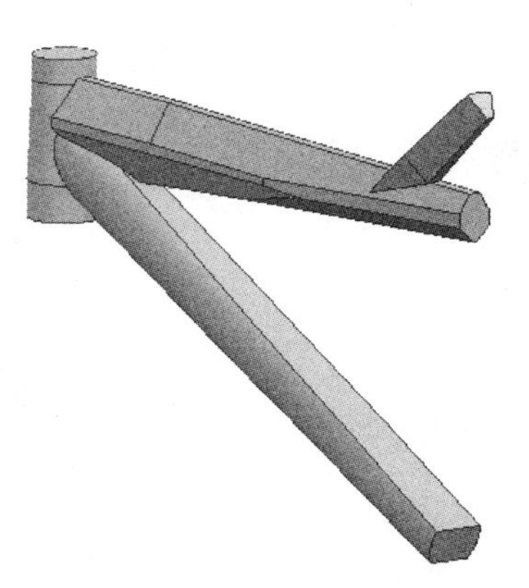

图 2-134 倒斜角特征 10 的创建

㉑ 创建边倒圆特征 1 选择菜单中的“插入”/“细节特征”/“边倒圆”命令，弹出“边倒圆”对话框，在“混合面连续性”下拉框中选择“G1（相切）”，在“选择边”下拉框中选择如图 2-135 所示的两条边。

在“形状”下拉框中选择“圆形”，在“半径 1”文本框中输入 5，创建边倒圆特征 1，如图 2-136 所示。

㉒ 创建边倒圆特征 2 选择菜单中的“插入”/“细节特征”/“边倒圆”命令，弹出“边倒圆”对话框，在“混合面连续性”下拉框中选择“G1（相切）”，在“选择边”下拉框中选

择如图 2-137 所示的两条边。

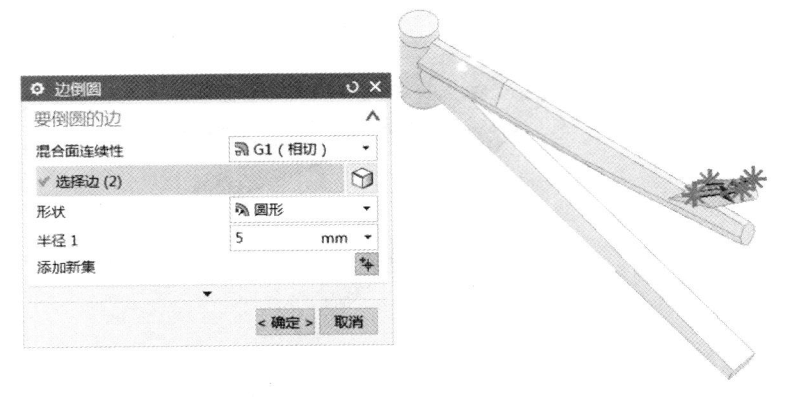

图 2-135　边倒圆特征 1 选择的边

图 2-136　边倒圆特征 1 的创建

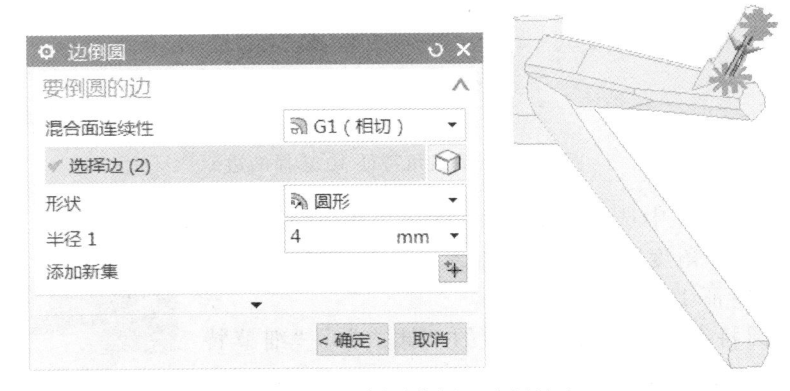

图 2-137　边倒圆特征 2 选择的边

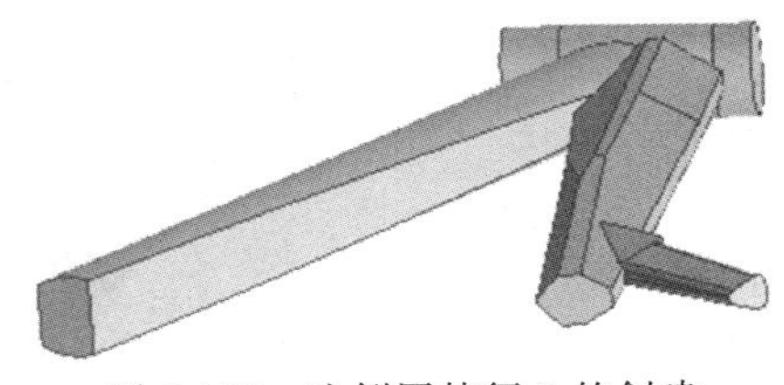

图 2-138　边倒圆特征 2 的创建

在“形状”下拉框中选择“圆形”，在“半径 1”文本框中输入 4，创建边倒圆特征 2，如图 2-138 所示。

㉓ 创建拉伸特征 5　选择菜单中的“插入”/“设计特征”/“拉伸”命令，弹出“拉伸”对话框，单击“绘制截面”，在“创建草图”对话框中的“平面方法”下拉框中选择“自动判断”，如图 2-139 所示选择平面建立坐

标系，绘制截面草图。

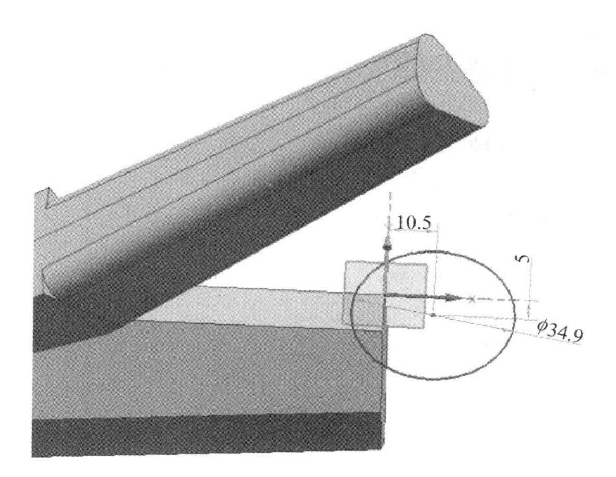

图 2-139　拉伸特征 5 的截面草图

完成草图，在“开始距离”文本框中输入-220，在“结束距离”文本框中输入 110，在“布尔”下拉框中选择“求和”，“选择体”选择会重合的特征，创建拉伸特征 5，如图 2-140 所示。

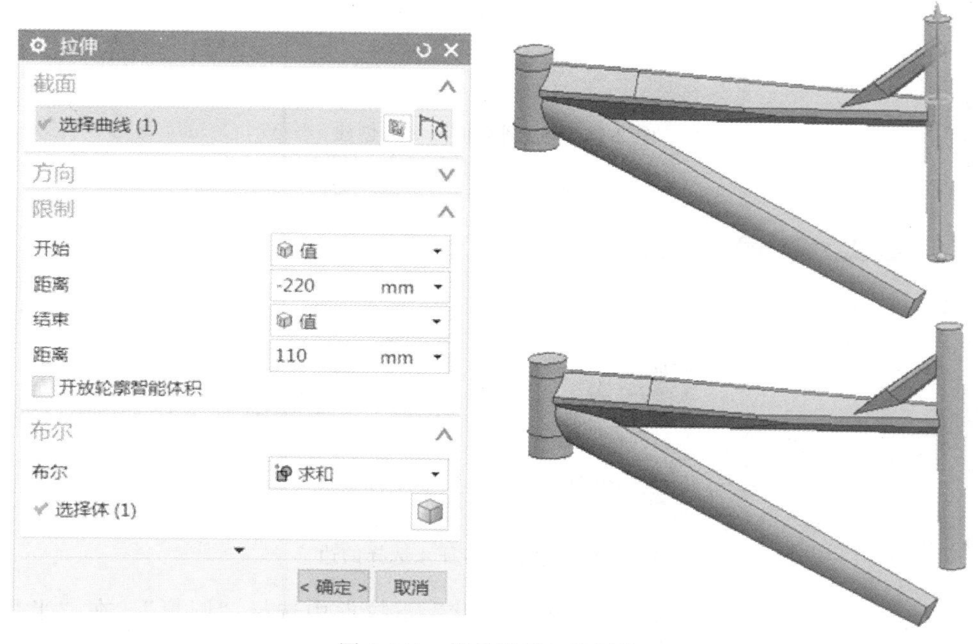

图 2-140　拉伸特征 5 的创建

㉔ 创建边倒圆特征 3　选择菜单中的“插入”/“细节特征”/“边倒圆”命令，弹出“边倒圆”对话框，在“混合面连续性”下拉框中选择“G1（相切）”，在“选择边”下拉框中选择如图 2-141 所示的六条边。

在“形状”下拉框中选择“圆形”，在“半径 1”文本框中输入 4，创建边倒圆特征 3，如图 2-142 所示。

㉕ 创建边倒圆特征 4　选择菜单中的“插入”/“细节特征”/“边倒圆”命令，弹出“边倒圆”对话框，在“混合面连续性”下拉框中选择“G1（相切）”，在“选择边”下拉框中选

择如图 2-143 所示的两条边。

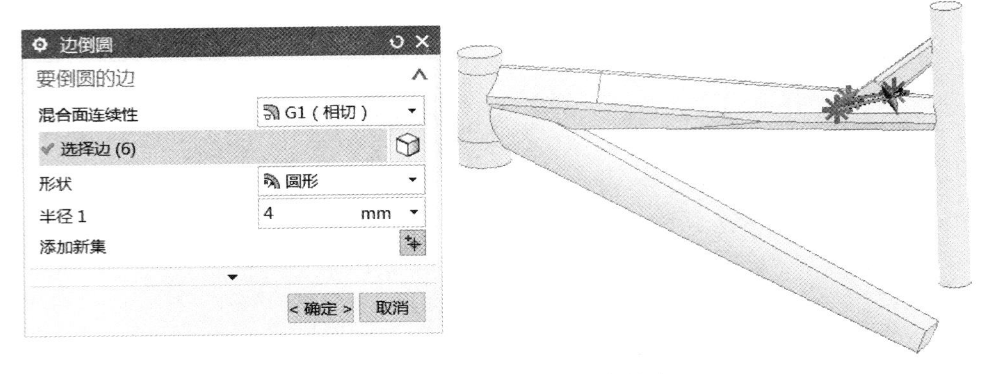

图 2-141　边倒圆特征 3 选择的边

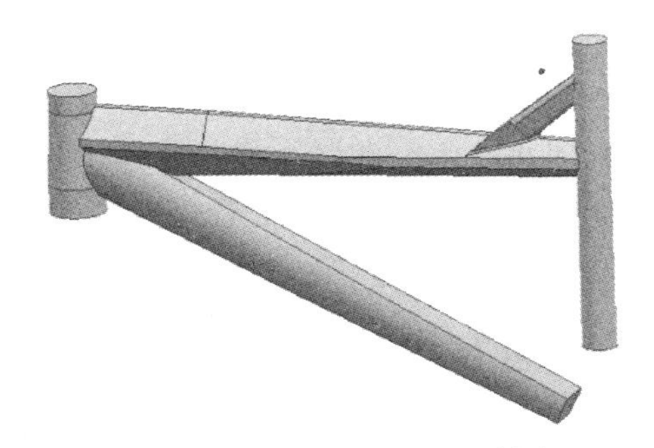

图 2-142　边倒圆特征 3 的创建

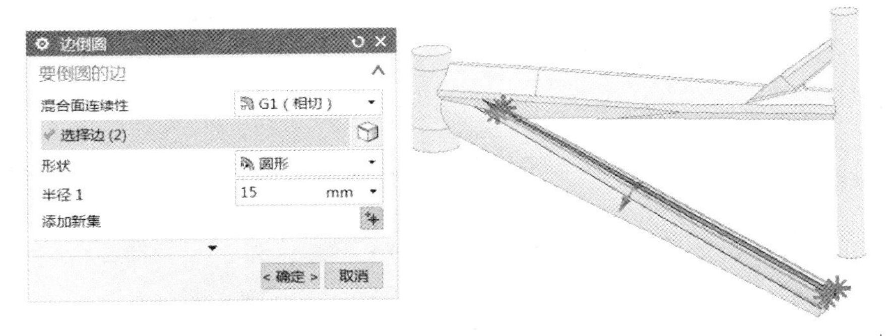

图 2-143　边倒圆特征 4 选择的边

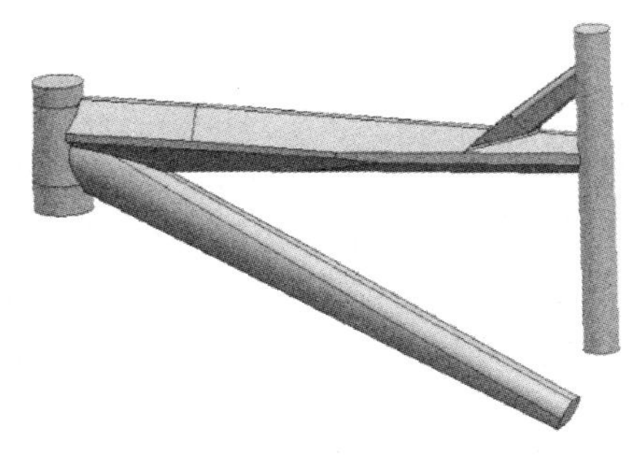

图 2-144　边倒圆特征 4 的创建

在“形状”下拉框中选择“圆形”，在“半径 1”文本框中输入 15，创建边倒圆特征 4，如图 2-144 所示。

㉖ 创建边倒圆特征 5　选择菜单中的“插入”/“细节特征”/“边倒圆”命令，弹出“边倒圆”对话框，在“混合面连续性”下拉框中选择“G1（相切）”，在“选择边”下拉框中选择如图 2-145 所示的两条边。

在“形状”下拉框中选择“圆形”，在“半径 1”文本框中输入 15，创建边倒圆特征 5，如图 2-146 所示。

㉗ 创建拉伸特征 6　选择菜单中的“插入”/“设计

特征”/“拉伸”命令，弹出“拉伸”对话框，在 XY 平面绘制如图 2-147 所示的截面草图。

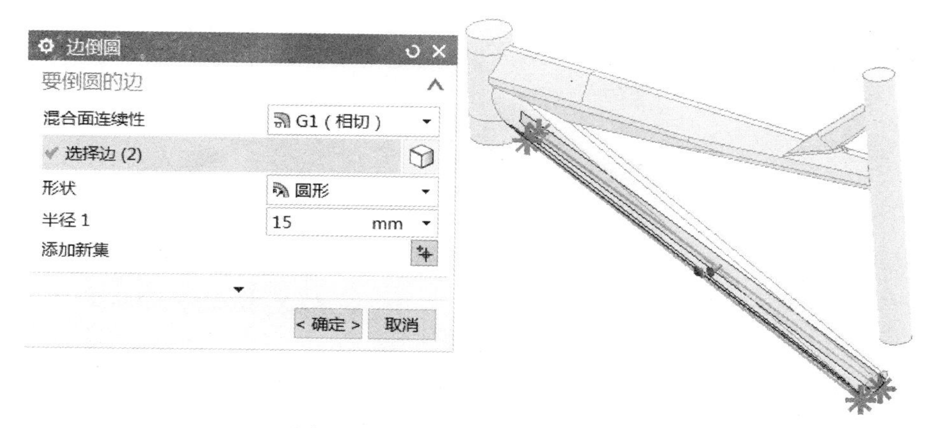

图 2-145　边倒圆特征 5 选择的边

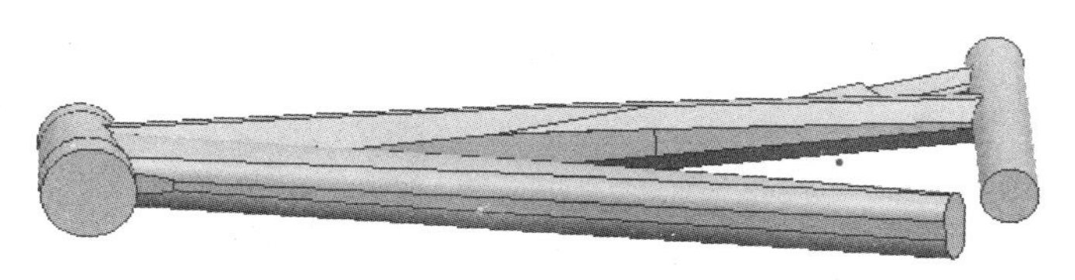

图 2-146　边倒圆特征 5 的创建

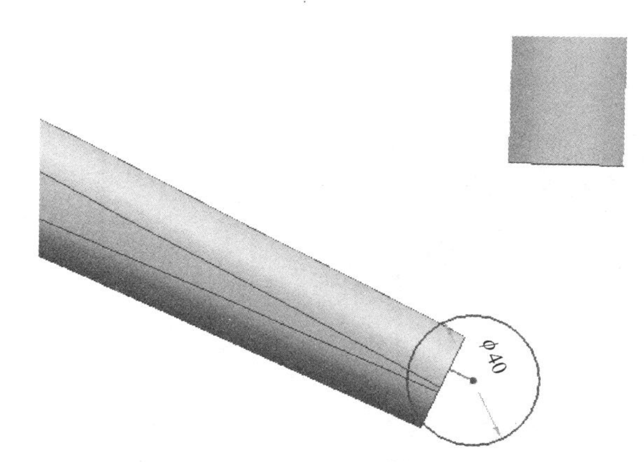

图 2-147　拉伸特征 6 的截面草图

完成草图，在“开始距离”文本框中输入-25，在“结束距离”文本框中输入 25，在“布尔”下拉框中选择“求和”，“选择体”选择会重合的特征，创建拉伸特征 6，如图 2-148 所示。

㉘ 创建拉伸特征 7　选择菜单中的“插入”/“设计特征”/“拉伸”命令，弹出“拉伸”对话框，在 XY 平面绘制如图 2-149 所示的截面草图。

完成草图，在“开始距离”文本框中输入-18，在“结束距离”文本框中输入 18，在“布尔”下拉框中选择“求和”，“选择体”选择会重合的特征，创建拉伸特征 7，如图 2-150 所示。

㉙ 创建拉伸特征 8　选择菜单中的“插入”/“设计特征”/“拉伸”命令，弹出“拉伸”对话框，在 XY 平面绘制如图 2-151 所示的截面草图。

完成草图，在“开始距离”文本框中输入-10，在“结束距离”文本框中输入 10，在“布尔”下拉框中选择“求和”，“选择体”选择会重合的特征，创建拉伸特征 8，如图 2-152 所示。

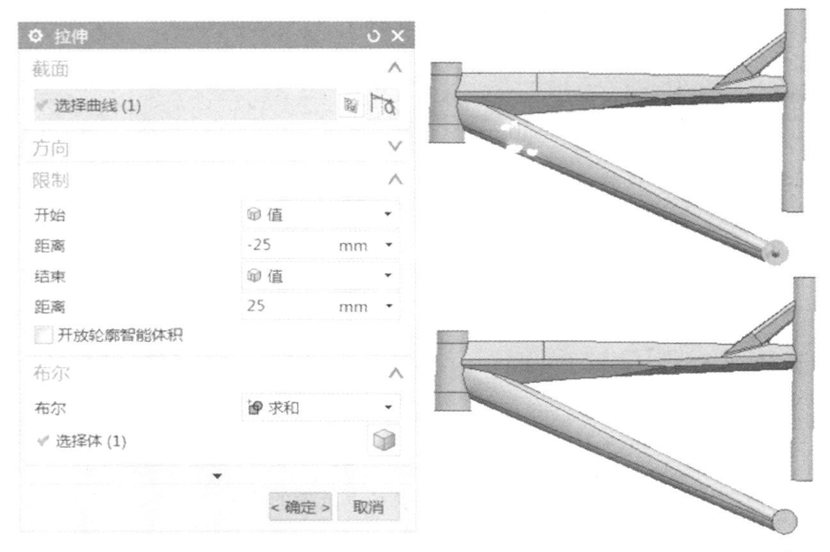

图 2-148　拉伸特征 6 的创建

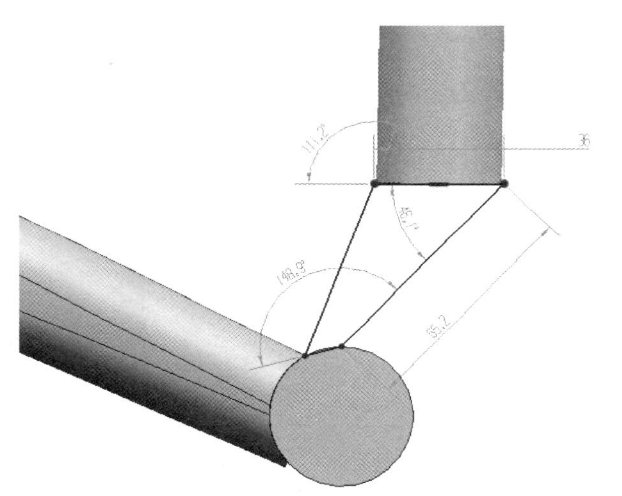

图 2-149　拉伸特征 7 的截面草图

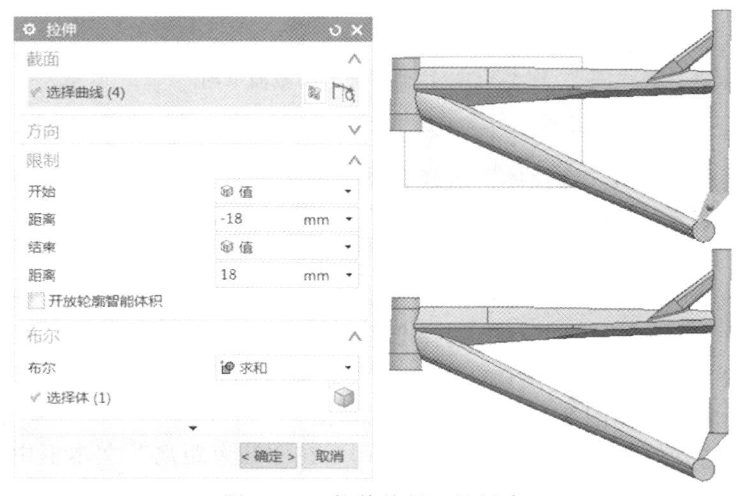

图 2-150　拉伸特征 7 的创建

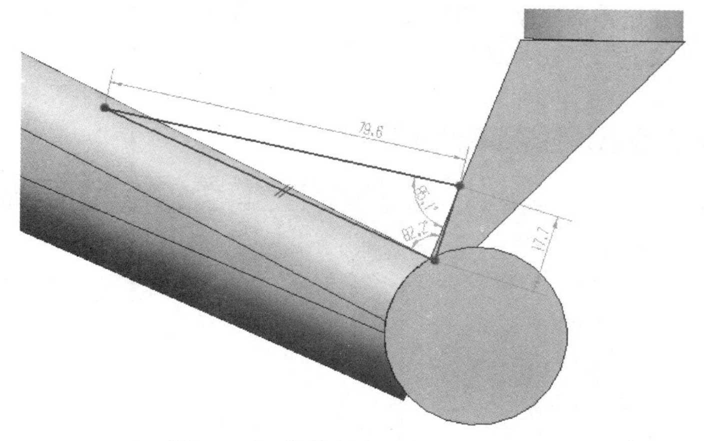

图 2-151　拉伸特征 8 的截面草图

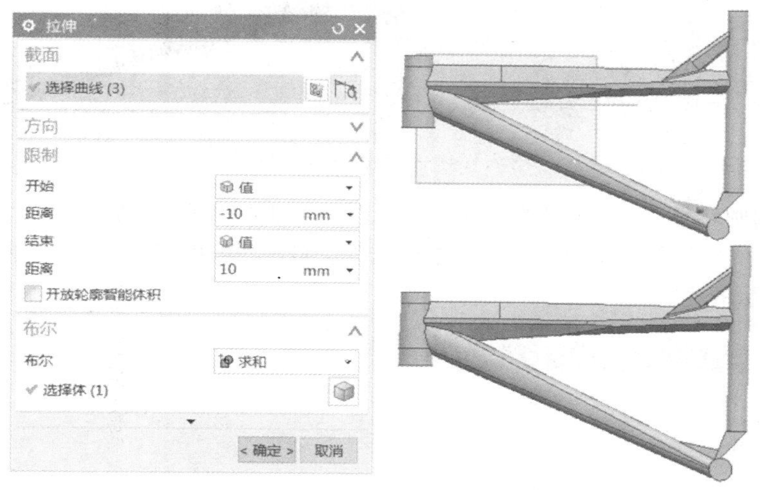

图 2-152　拉伸特征 8 的创建

㉚ 创建拉伸特征 9　选择菜单中的“插入”/“设计特征”/“拉伸”命令，弹出“拉伸”对话框，单击“绘制截面”，在“创建草图”对话框中的“平面方法”下拉框中选择“自动判断”，如图 2-153 所示选择平面建立坐标系，绘制截面草图。

图 2-153　拉伸特征 9 的截面草图

完成草图，在“开始距离”文本框中输入9，在“结束距离”文本框中输入-370，在“布尔”下拉框中选择“求差”，“选择体”选择会重合的特征，创建拉伸特征9，如图2-154所示。

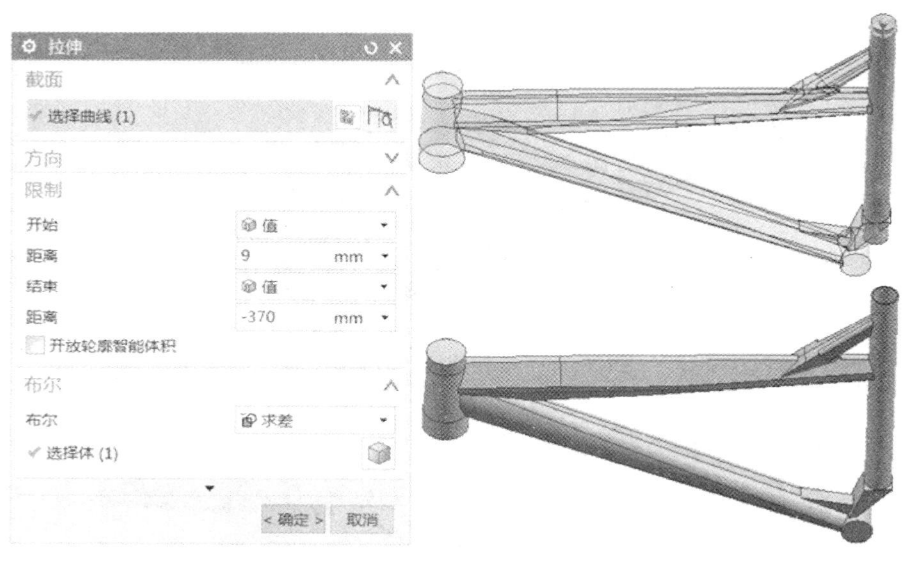

图2-154 拉伸特征9的创建

㉛ 创建边倒圆特征6 选择菜单中的“插入”/“细节特征”/“边倒圆”命令，弹出“边倒圆”对话框，在“混合面连续性”下拉框中选择“G1（相切）”，在“选择边”下拉框中选择如图2-155所示的边。

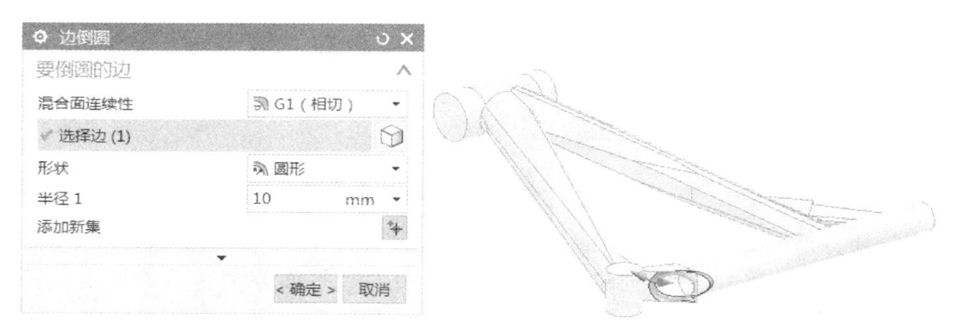

图2-155 边倒圆特征6的选择边

在“形状”下拉框中选择“圆形”，在“半径1”文本框中输入10，创建边倒圆特征6，如图2-156所示。

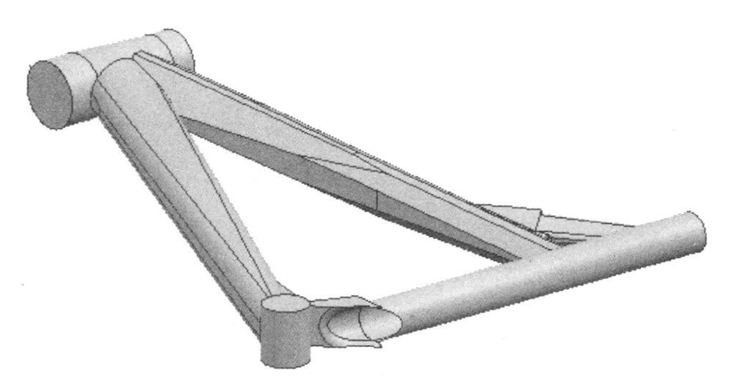

图2-156 边倒圆特征6的创建

㉜ 创建拉伸特征 10　选择菜单中的“插入”/“设计特征”/“拉伸”命令，弹出“拉伸”对话框，在 XY 平面绘制如图 2-157 所示的截面草图。

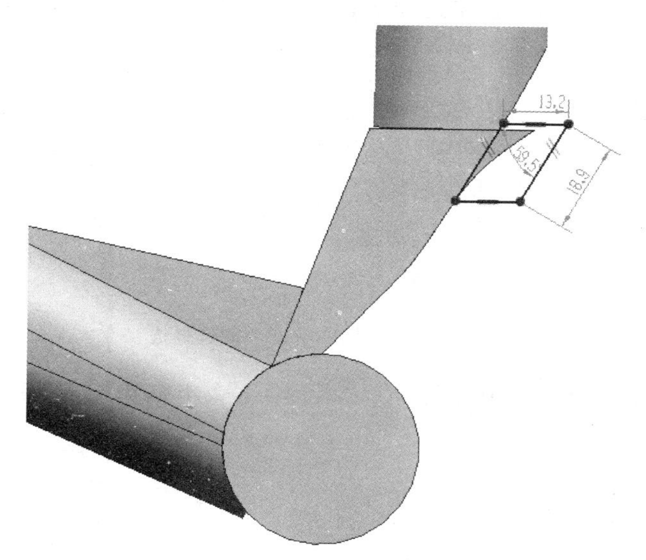

图 2-157　拉伸特征 10 的截面草图

完成草图，在“开始距离”文本框中输入-77，在“结束距离”文本框中输入 52，在“布尔”下拉框中选择“求差”，“选择体”选择会重合的特征，创建拉伸特征 10，如图 2-158 所示。

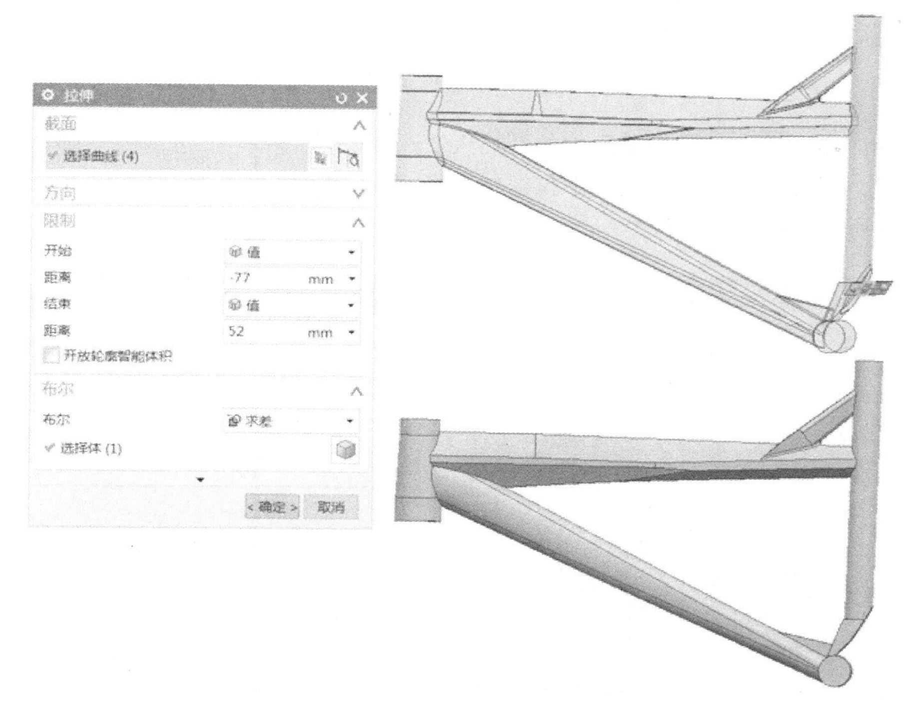

图 2-158　拉伸特征 10 的创建

㉝ 创建边倒圆特征 7　选择菜单中的“插入”/“细节特征”/“边倒圆”命令，弹出“边倒圆”对话框，在“混合面连续性”下拉框中选择“G1（相切）”，在“选择边”下拉框中选

择如图 2-159 所示的两条边。

图 2-159　边倒圆特征 7 的选择边

在“形状”下拉框中选择“圆形”，在“半径 1”文本框中输入 15，创建边倒圆特征 7，如图 2-160 所示。

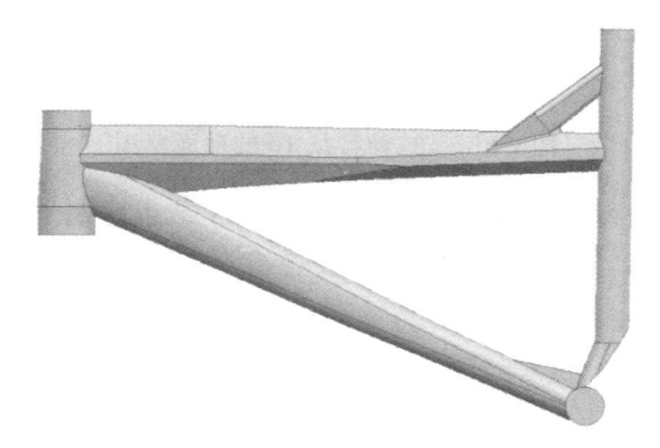

图 2-160　边倒圆特征 7 的创建

㉞ 创建边倒圆特征 8　选择菜单中的“插入”/“细节特征”/“边倒圆”命令，弹出“边倒圆”对话框，在“混合面连续性”下拉框中选择“G1（相切）”，在“选择边”下拉框中选择如图 2-161 所示的两条边。

图 2-161　边倒圆特征 8 的选择边

在“形状”下拉框中选择“圆形”，在“半径 1”文本框中输入 4，创建边倒圆特征 8，如图 2-162 所示。

㉟ 创建边倒圆特征 9　选择菜单中的“插入”/“细节特征”/“边倒圆”命令，弹出“边倒圆”对话框，在“混合面连续性”下拉框中选择“G1（相切）”，在“选择边”下拉框中选

择如图 2-163 所示的边。

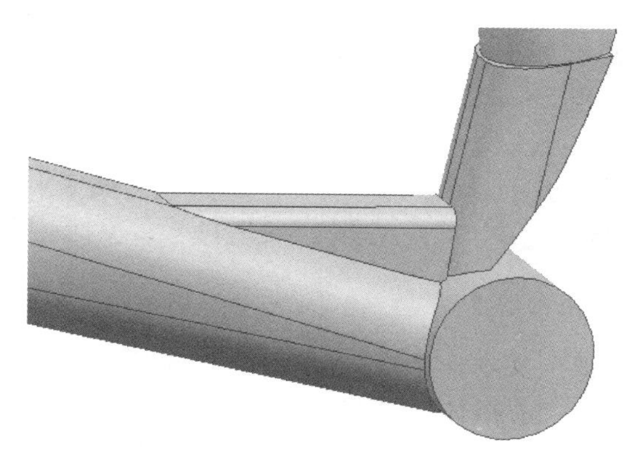

图 2-162　边倒圆特征 8 的创建

在“形状”下拉框中选择“圆形”，在“半径 1”文本框中输入 2，创建边倒圆特征 9，如图 2-164 所示。

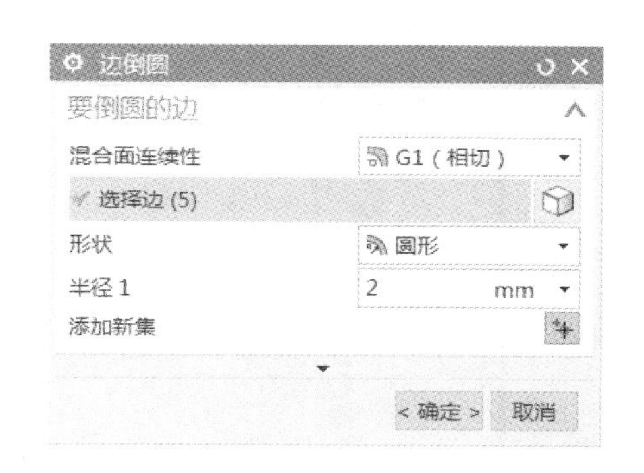

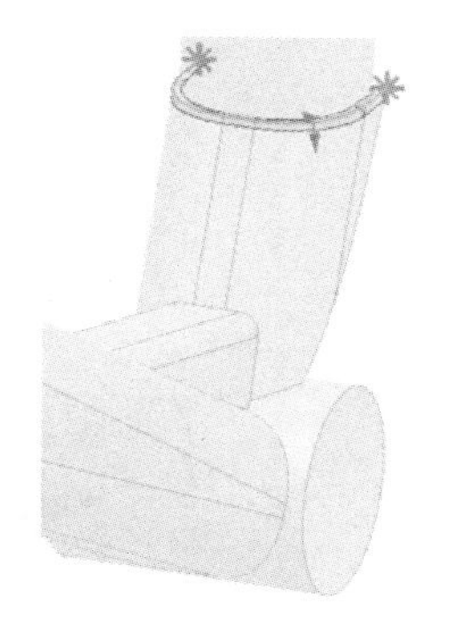

图 2-163　边倒圆特征 9 的选择边

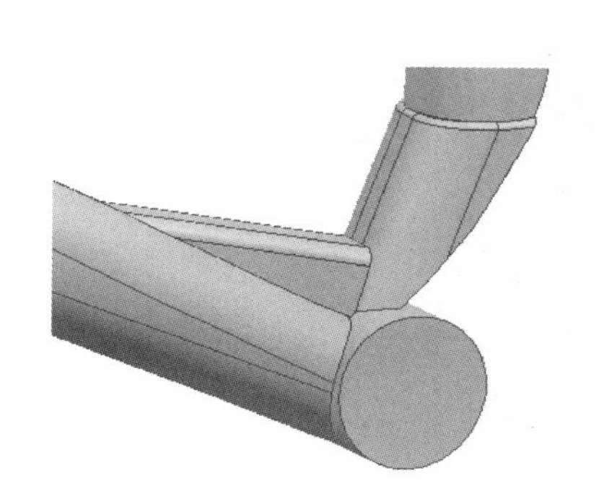

图 2-164　边倒圆特征 9 的创建

㊱ 创建边倒圆特征 10　选择菜单中的“插入”/“细节特征”/“边倒圆”命令，弹出“边倒圆”对话框，在“混合面连续性”下拉框中选择“G1（相切）”，在“选择边”下拉框中选择如图 2-165 所示的边。

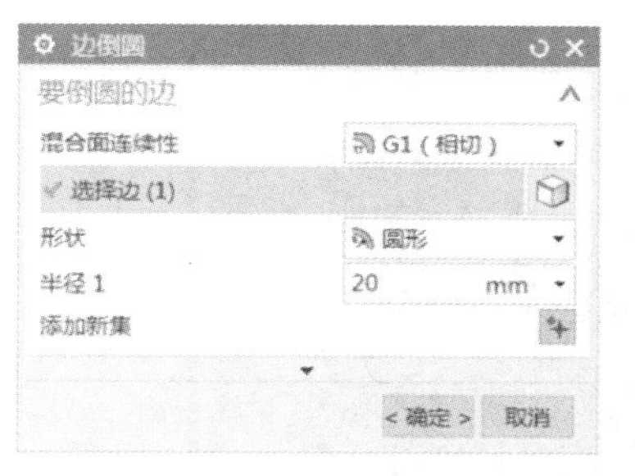

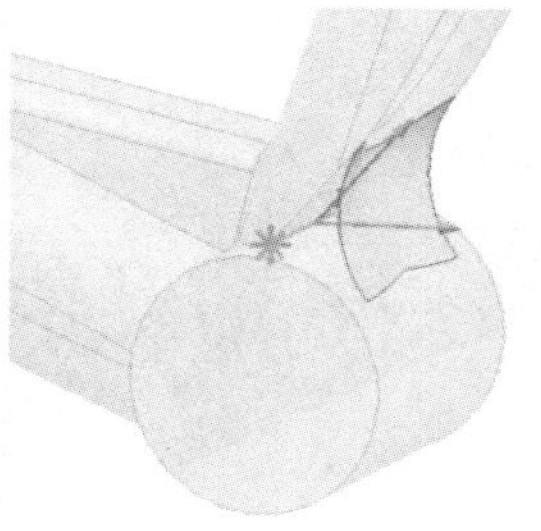

图 2-165　边倒圆特征 10 的选择边

在“形状”下拉框中选择“圆形”，在“半径 1”文本框中输入 20，创建边倒圆特征 10，如图 2-166 所示。

㊲ 创建拉伸特征 11　选择菜单中的“插入”/“设计特征”/“拉伸”命令，弹出“拉伸”对话框，在 *XY* 平面绘制如图 2-167 所示的截面草图。

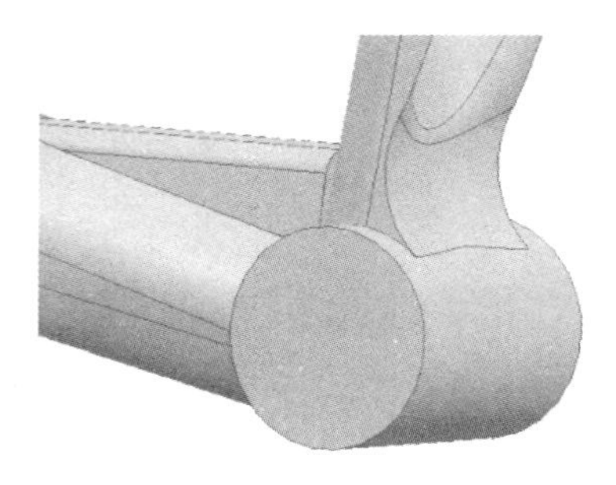

图 2-166　边倒圆特征 10 的创建

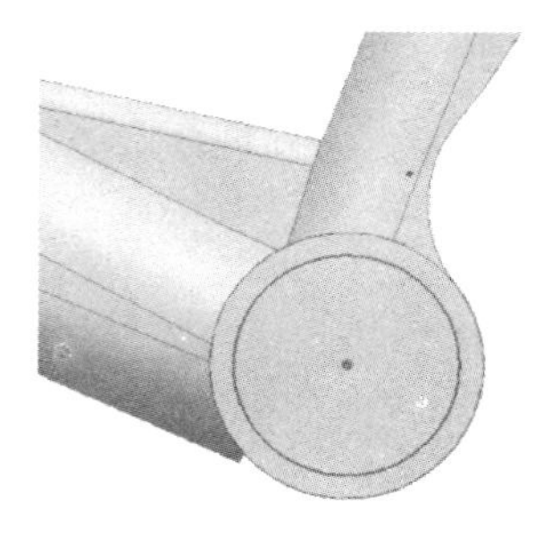

图 2-167　拉伸特征 11 的截面草图

完成草图，在“开始距离”文本框中输入-77，在“结束距离”文本框中输入 52，在“布尔”下拉框中选择“求差”，“选择体”选择会重合的特征，创建拉伸特征 11，如图 2-168 所示。

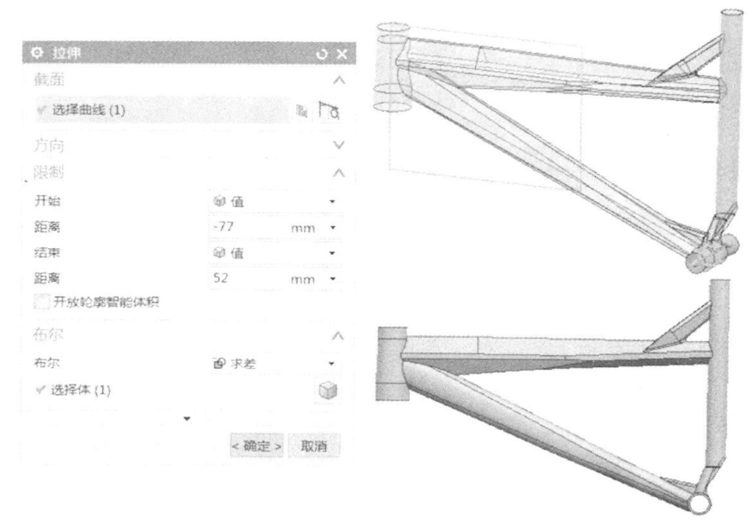

图 2-168　拉伸特征 11 的创建

㊳ 创建拉伸特征 12　选择菜单中的“插入”/“设计特征”/“拉伸”命令，弹出“拉伸”对话框，在 XY 平面绘制如图 2-169 所示的截面草图。

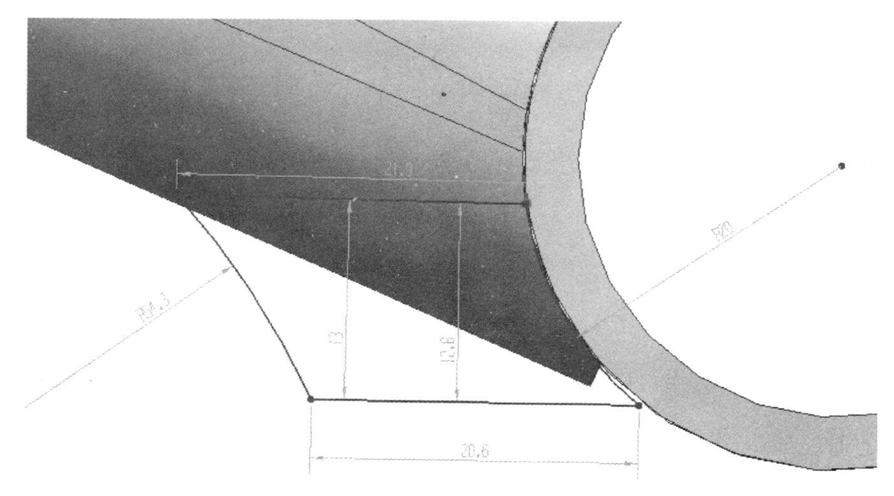

图 2-169　拉伸特征 12 的截面草图

完成草图，在“开始距离”文本框中输入-18，在“结束距离”文本框中输入 18，在“布尔”下拉框中选择“求和”，“选择体”选择会重合的特征，创建拉伸特征 12，如图 2-170 所示。

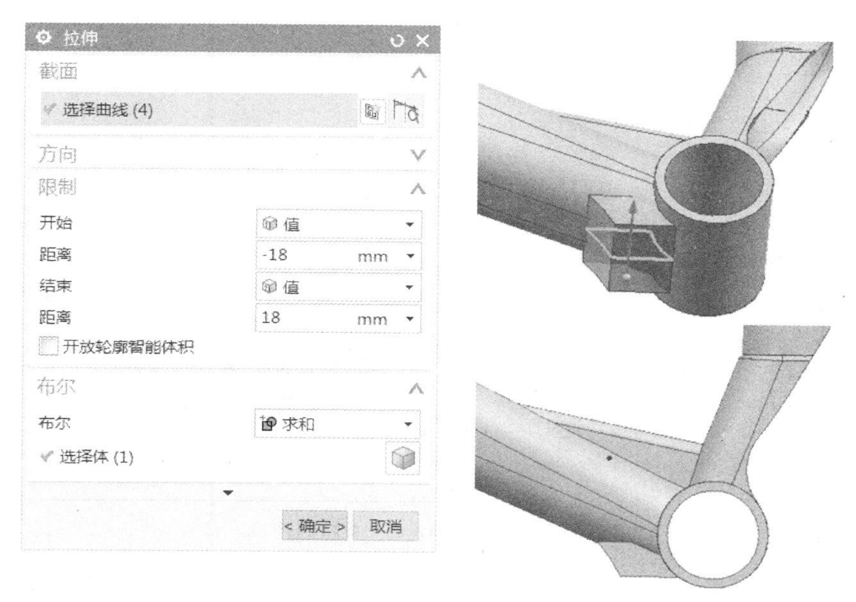

图 2-170　拉伸特征 12 的创建

㊴ 创建拉伸特征 13　选择菜单中的“插入”/“设计特征”/“拉伸”命令，弹出“拉伸”对话框，单击“绘制截面”，在“创建草图”对话框中的“平面方法”下拉框中选择“现有平面”，如图 2-171 所示选择平面建立坐标系，绘制截面草图。

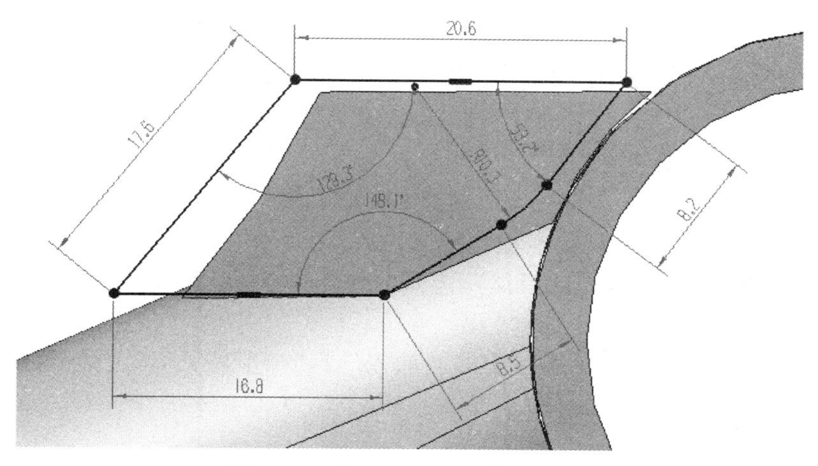

图 2-171　拉伸特征 13 的截面草图

完成草图，在“开始距离”文本框中输入-24，在“结束距离”文本框中输入-12，在“布尔”下拉框中选择“求差”，“选择体”选择会重合的特征，创建拉伸特征 13，如图 2-172 所示。

㊵ 创建拉伸特征 14　选择菜单中的“插入”/“设计特征”/“拉伸”命令，弹出“拉伸”对话框，单击“绘制截面”，在“创建草图”对话框中的“平面方法”下拉框中选择“现有平面”，如图 2-173 所示选择平面建立坐标系，绘制截面草图。

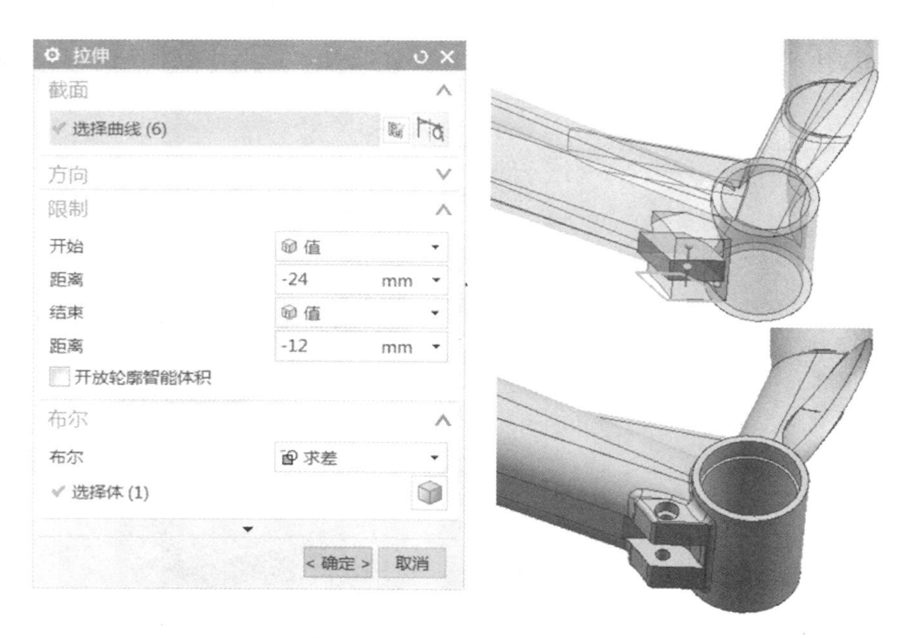

图 2-172　拉伸特征 13 的创建

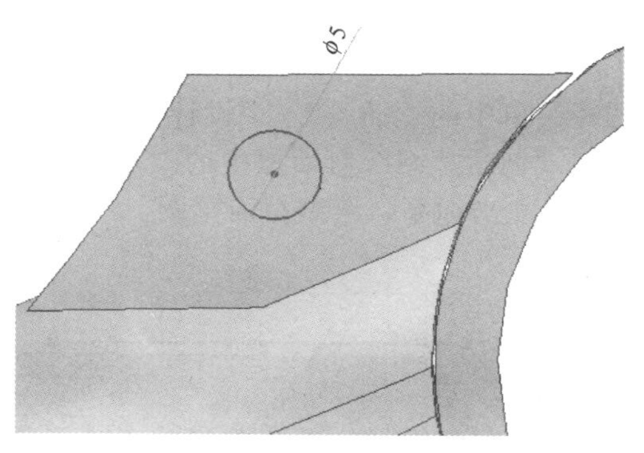

图 2-173　拉伸特征 14 的截面草图

完成草图，在“开始距离”文本框中输入-43，在“结束距离”文本框中输入 5.5，在“布尔”下拉框中选择“求差”，“选择体”选择会重合的特征，创建拉伸特征 14，如图 2-174 所示。

㊶ 创建边倒圆特征 11　选择菜单中的“插入”/“细节特征”/“边倒圆”命令，弹出“边倒圆”对话框，在“混合面连续性”下拉框中选择“G1（相切）”，在“选择边”下拉框中选择如图 2-175 所示的边。

在“形状”下拉框中选择“圆形”，在“半径 1”文本框中输入 1，创建边倒圆特征 11，如图 2-176 所示。

㊷ 创建边倒圆特征 12　选择菜单中的“插入”/“细节特征”/“边倒圆”命令，弹出“边倒圆”对话框，在“混合面连续性”下拉框中选择“G1（相切）”，在“选择边”下拉框中选择如图 2-177 所示的边。

在“形状”下拉框中选择“圆形”，在“半径 1”文本框中输入 1，创建边倒圆特征 12，如图 2-178 所示。

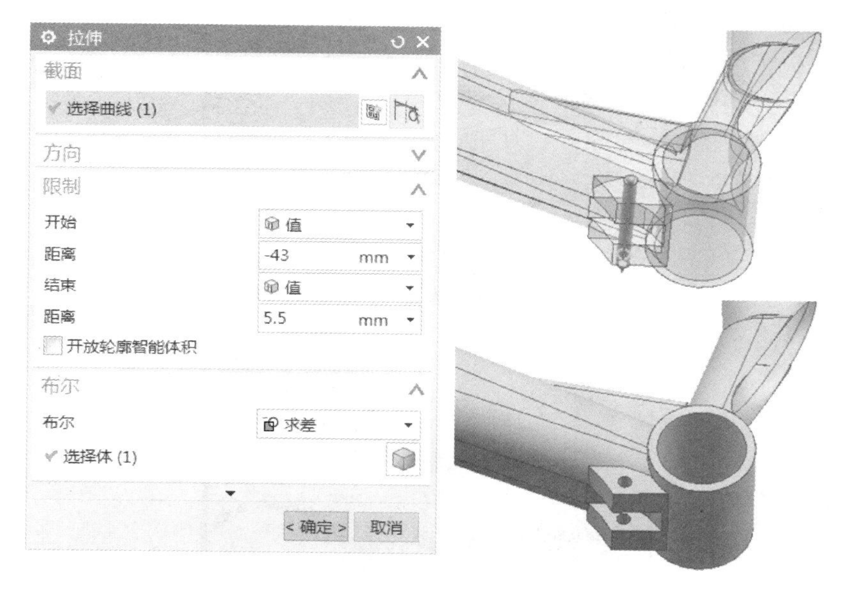

图 2-174　拉伸特征 14 的创建

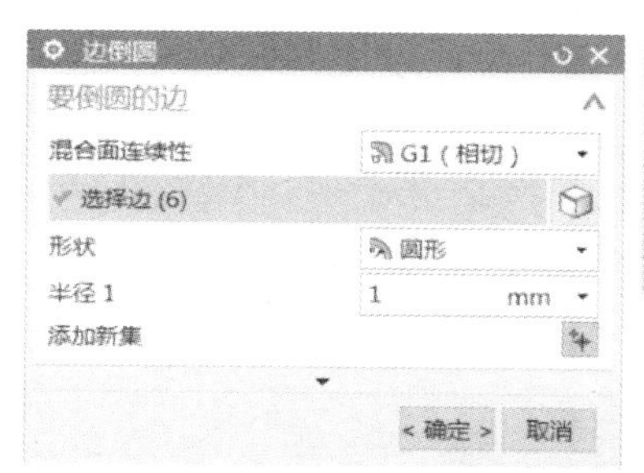

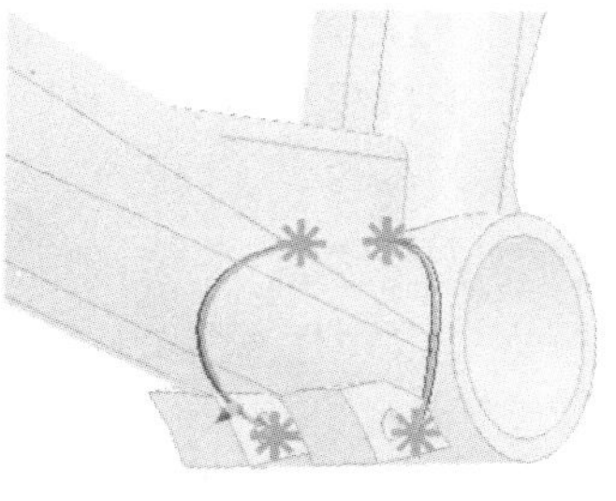

图 2-175　边倒圆特征 11 的选择边

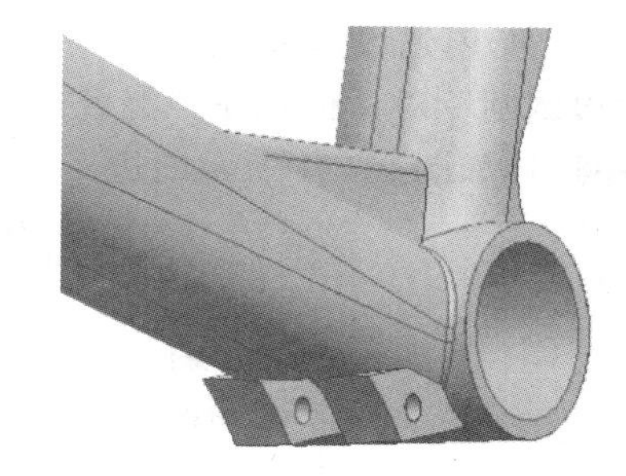

图 2-176　边倒圆特征 11 的创建

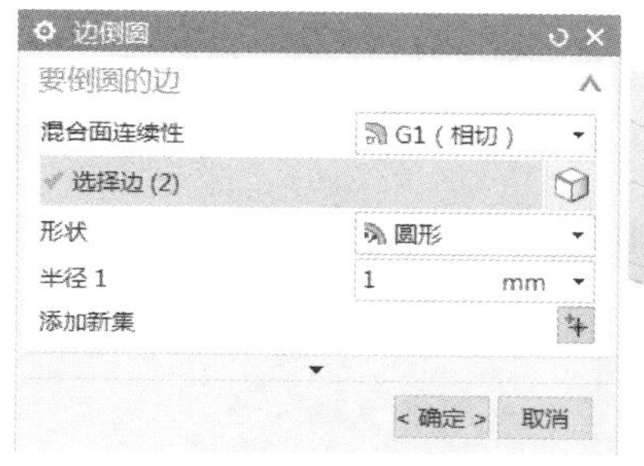

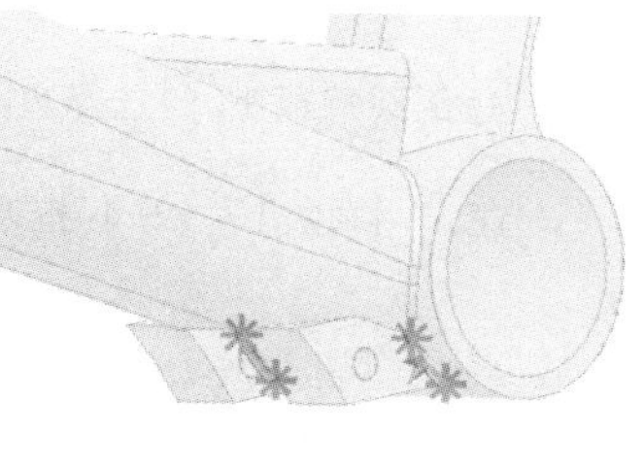

图 2-177　边倒圆特征 12 的选择边

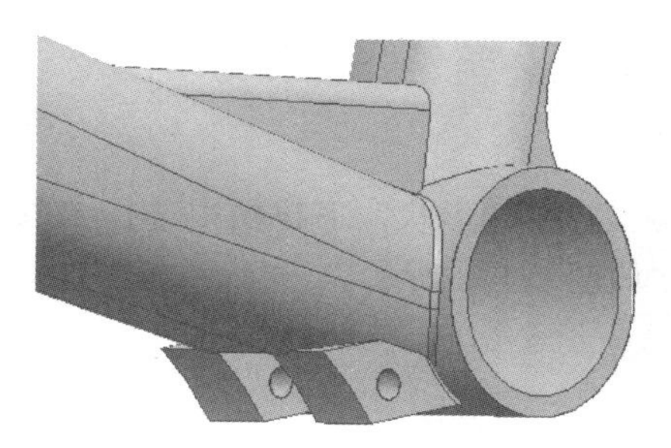

图 2-178　边倒圆特征 12 的创建

㊸ **创建边倒圆特征 13**　选择菜单中的“插入”/“细节特征”/“边倒圆”命令，弹出“边倒圆”对话框，在“混合面连续性”下拉框中选择“G1（相切）”，在“选择边”下拉框中选择如图 2-179 所示的边。

在“形状”下拉框中选择“圆形”，在“半径 1”文本框中输入 2，创建边倒圆特征 13，如图 2-180 所示。

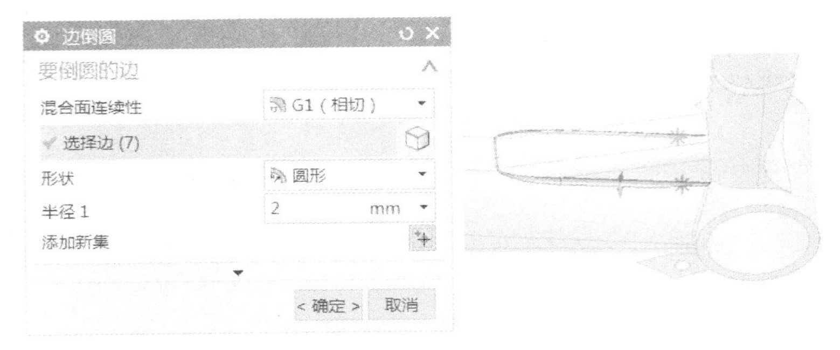

图 2-179　边倒圆特征 13 的选择边

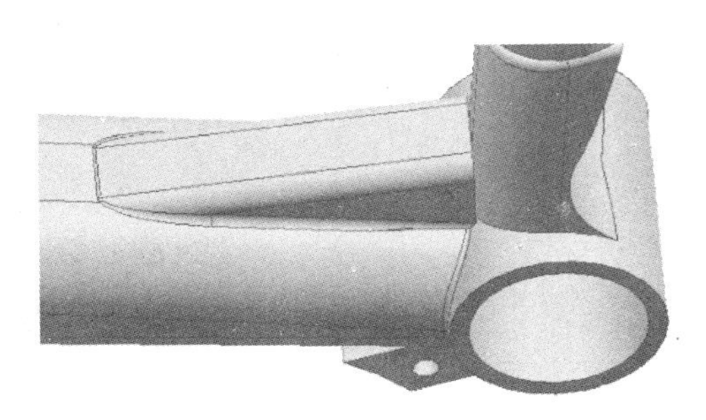

图 2-180　边倒圆特征 13 的创建

㊹ 创建边倒圆特征 14　选择菜单中的“插入”/“细节特征”/“边倒圆”命令，弹出“边倒圆”对话框，在“混合面连续性”下拉框中选择“G1（相切）”，在“选择边”下拉框中选择如图 2-181 所示的边。

图 2-181　边倒圆特征 14 的选择边

在“形状”下拉框中选择“圆形”，在“半径 1”文本框中输入 1，创建边倒圆特征 14，如图 2-182 所示。

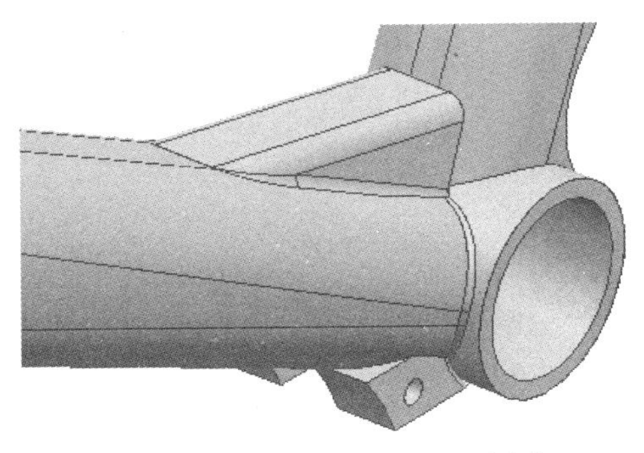

图 2-182　边倒圆特征 14 的创建

㊺ 创建边倒圆特征 15　选择菜单中的“插入”/“细节特征”/“边倒圆”命令，弹出“边倒圆”对话框，在“混合面连续性”下拉框中选择“G1（相切）”，在“选择边”下拉框中选择如图 2-183 所示的边。

在“形状”下拉框中选择“圆形”，在“半径 1”文本框中输入 1，创建边倒圆特征 15，如图 2-184 所示。

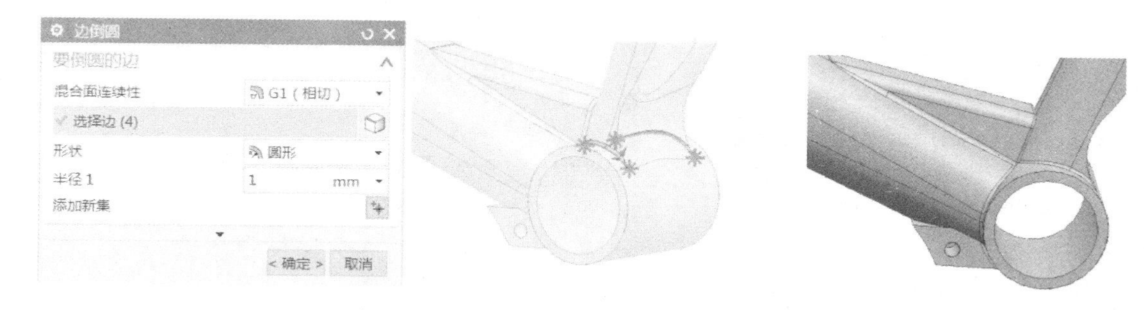

图 2-183　边倒圆特征 15 的选择边　　图 2-184　边倒圆特征 15 的创建

㊻ 创建拉伸特征 15　选择菜单中的“插入”/“设计特征”/“拉伸”命令，弹出“拉伸”对话框，在 *XY* 平面绘制如图 2-185 所示的截面草图。

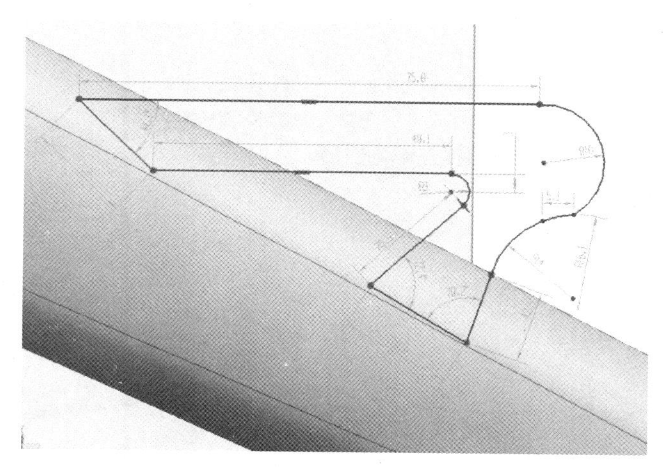

图 2-185　拉伸特征 15 的截面草图

完成草图，在“开始距离”文本框中输入 17，在“结束距离”文本框中输入 11，在“布尔”下拉框中选择“求和”，“选择体”选择会重合的特征，创建拉伸特征 15，如图 2-186 所示。

㊼ 创建镜像特征 1　选择菜单中的“插入”/“关联复制”/“镜像特征”命令，弹出“镜像特征”对话框，在“选择特征（1）”下拉框中选择拉伸特征 15，在“刨”下拉框中选择“现有平面”，在“选择平面（1）”下拉框中选择基准平面 1，创建镜像特征 1，如图 2-187 所示。

㊽ 创建拉伸特征 16　选择菜单中的“插入”/“设计特征”/“拉伸”命令，弹出“拉伸”对话框，单击“绘制截面”，在“创建草图”对话框中的“平面方法”下拉框中选择“现有平面”，如图 2-188 所示选择平面建立坐标系，绘制截面草图。

完成草图，在“开始距离”文本框中输入-43，在“结束距离”文本框中输入 6.5，在“布尔”下拉框中选择“求差”，“选择体”选择会重合的特征，创建拉伸特征 16，如图 2-189

所示。

图 2-186　拉伸特征 15 的创建

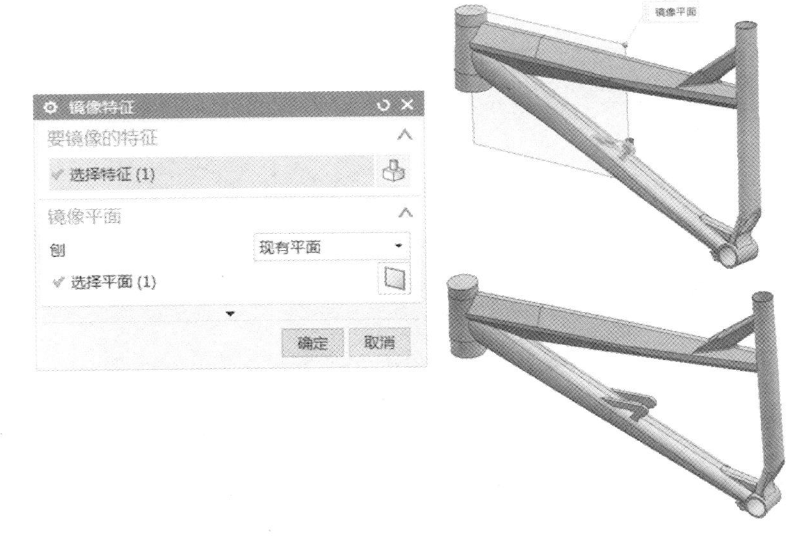

图 2-187　镜像特征 1 的创建

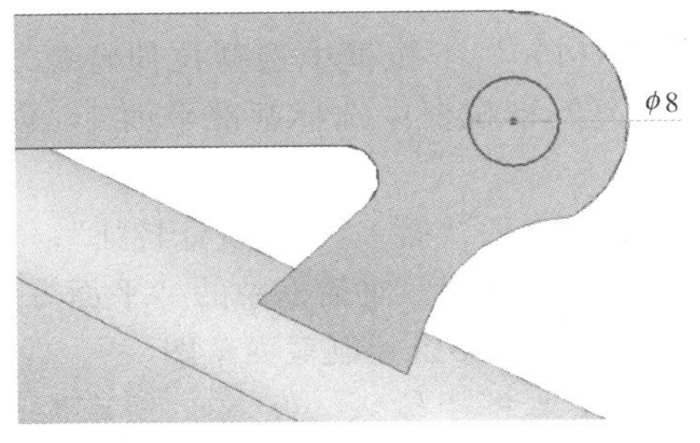

图 2-188　拉伸特征 16 的截面草图

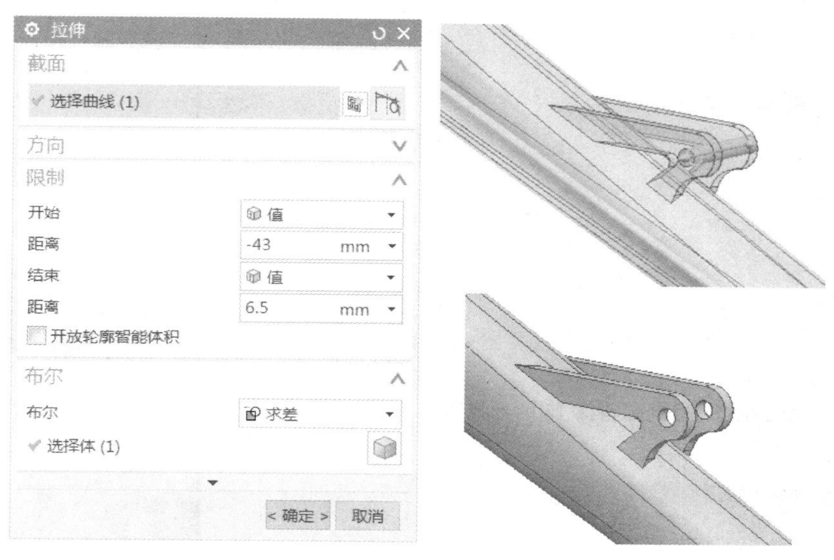

图 2-189　拉伸特征 16 的创建

⑲ 创建边倒圆特征 16　选择菜单中的“插入”/“细节特征”/“边倒圆”命令，弹出“边倒圆”对话框，在“混合面连续性”下拉框中选择“G1（相切）”，在“选择边”下拉框中选择如图 2-190 所示的边。

在“形状”下拉框中选择“圆形”，在“半径 1”文本框中输入 2，创建边倒圆特征 16，如 2-191 所示。

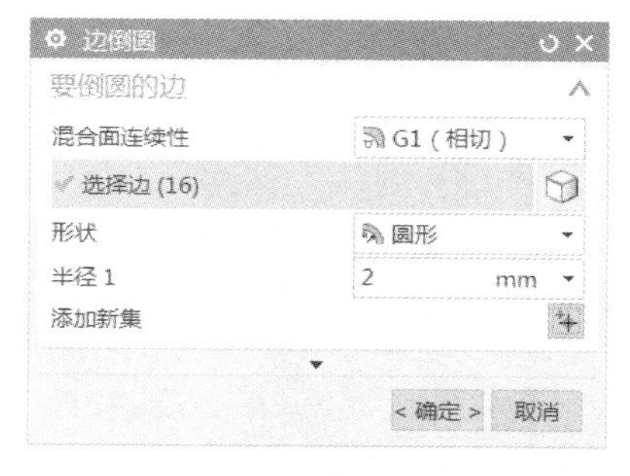

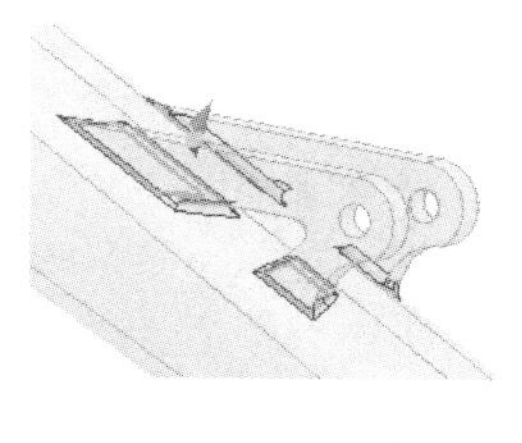

图 2-190　边倒圆特征 16 的选择边

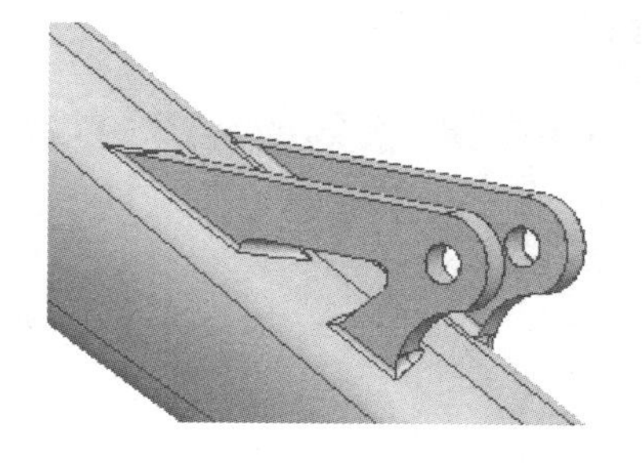

图 2-191　边倒圆特征 16 的创建

⑳ 创建边倒圆特征 17　选择菜单中的“插入”/“细节特征”/“边倒圆”命令，弹出“边倒圆”对话框，在“混合面连续性”下拉框中选择“G1（相切）”，在“选择边”下拉框中选择如图 2-192 所示的边。

在“形状”下拉框中选择“圆形”，在“半径 1”文本框中输入 3，创建边倒圆特征 17，如图 2-193 所示。

㉑ 创建边倒圆特征 18　选择菜单中的“插入”/“细节特征”/“边倒圆”命令，弹出“边倒圆”对话框，在“混合面连续性”下拉框中选择“G1（相切）”，在“选择边”下拉框中选择如图 2-194 所示的边。

在“形状”下拉框中选择“圆形”，在“半径 1”文本框中输入 3，创建边倒圆特征 18，如图 2-195 所示。

㉒ 创建边倒圆特征 19　选择菜单中的“插入”/“细节特征”/“边倒圆”命令，弹出

“边倒圆”对话框，在“混合面连续性”下拉框中选择“G1（相切）”，在“选择边”下拉框中选择如图 2-196 所示的边。

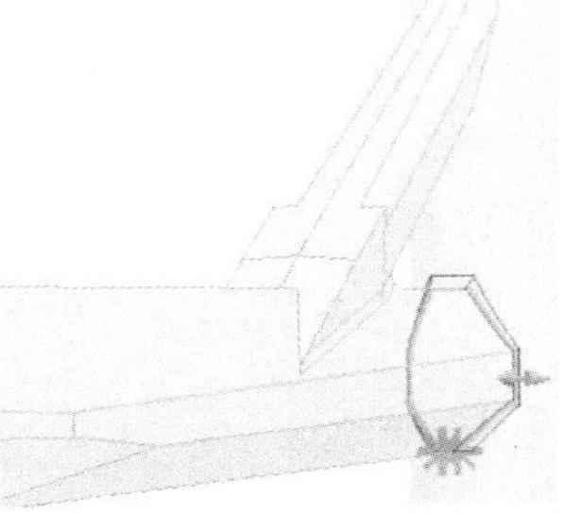
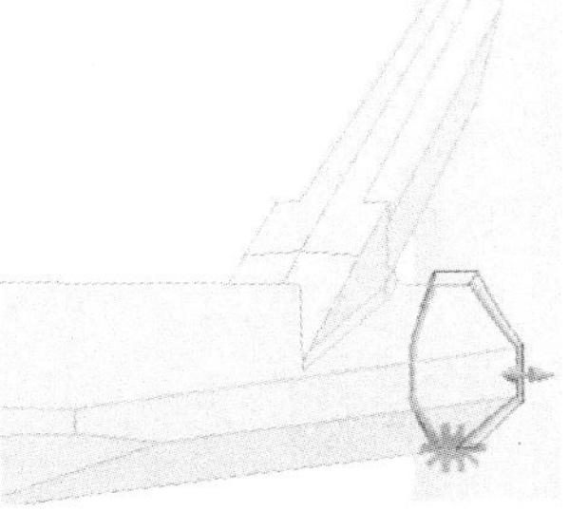

图 2-192　边倒圆特征 17 的选择边

图 2-193　边倒圆特征 17 的创建

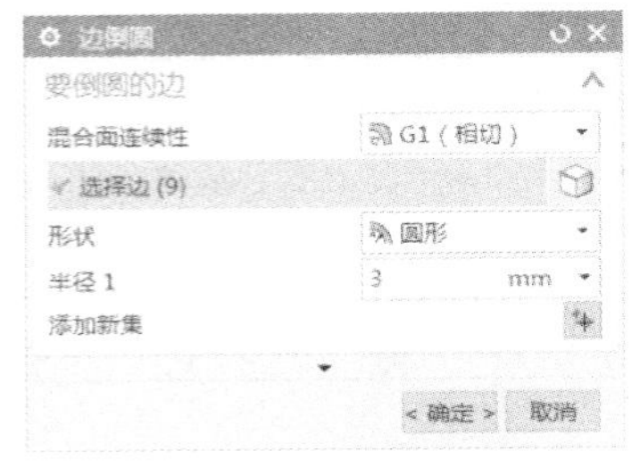

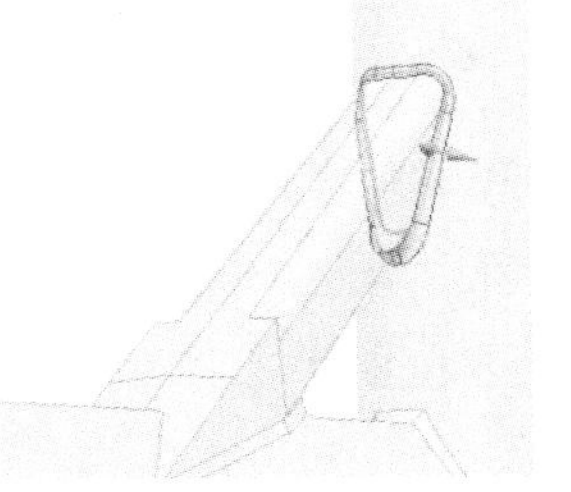

图 2-194　边倒圆特征 18 的选择边

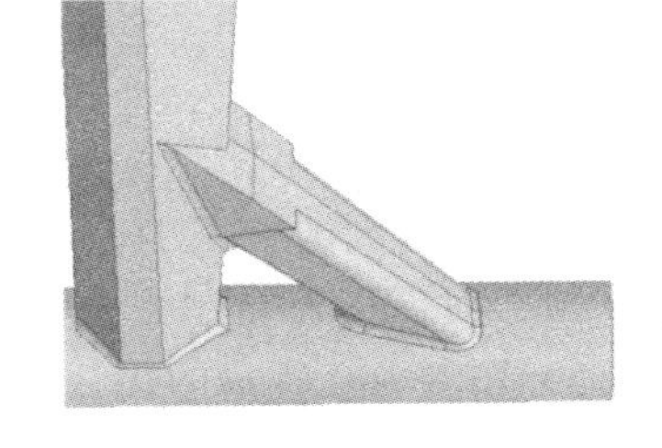

图 2-195　边倒圆特征 18 的创建

在“形状”下拉框中选择“圆形”，在“半径 1”文本框中输入 3，创建边倒圆特征 19，如图 2-197 所示。

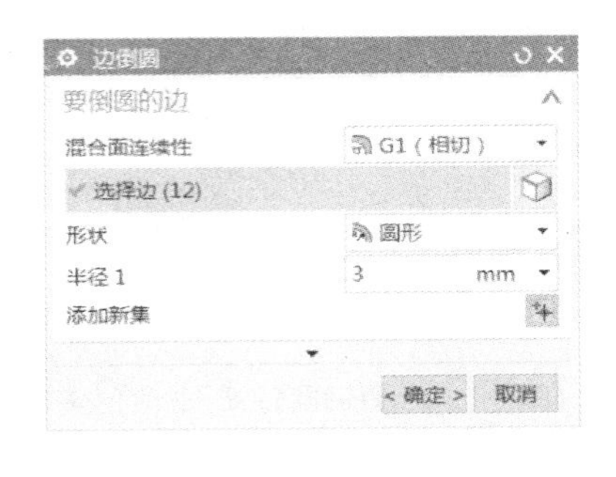

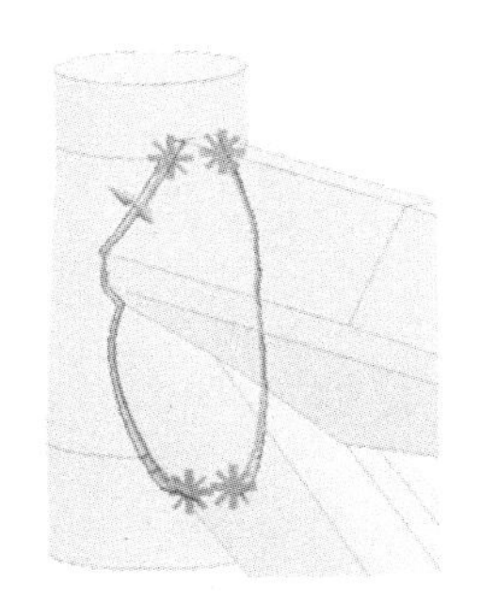

图 2-196　边倒圆特征 19 的选择边

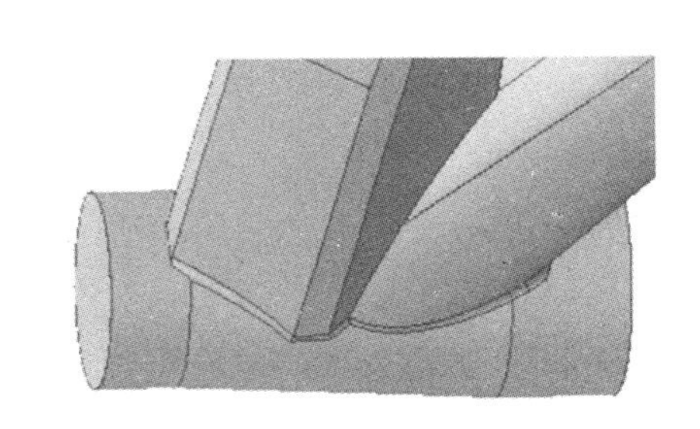

图 2-197　边倒圆特征 19 的创建

㊸ 创建倒斜角特征 11　选择菜单中的“插入”/“细节特征”/“倒斜角”命令，弹出“倒斜角”对话框，选择如图 2-198 所示的边。

在“横截面”下拉框中选择“对称”，在“距离”文本框中输入 3，创建倒斜角特征 11，如图 2-199 所示。

㊹ 创建边倒圆特征 20　选择菜单中的“插入”/“细节特征”/“边倒圆”命令，弹出“边倒圆”对话框，在“混合面连续性”下拉框中选择“G1（相切）”，在“选择边”下拉框中选择如图 2-200 所示的边。

在“形状”下拉框中选择“圆形”，在“半径 1”文本框中输入 1，创建边倒圆特征 20，如图 2-201 所示。

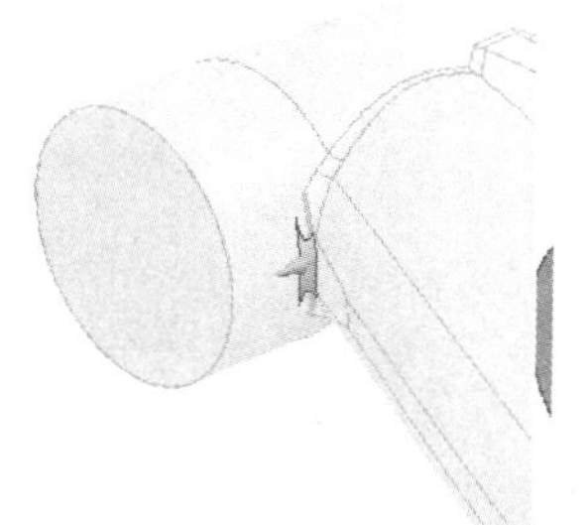

图 2-198　倒斜角特征 11 选择的边

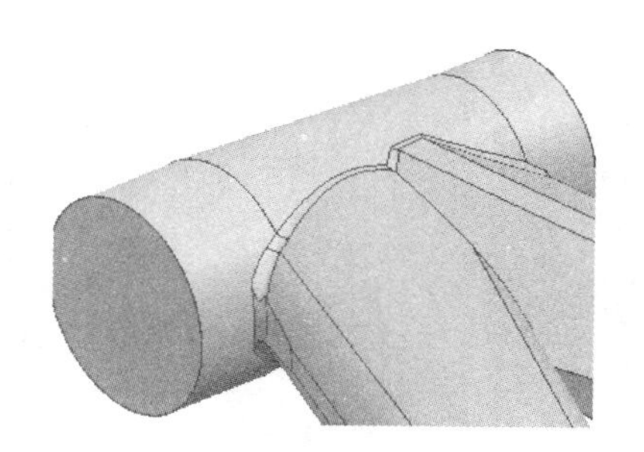

图 2-199　倒斜角特征 11 的创建

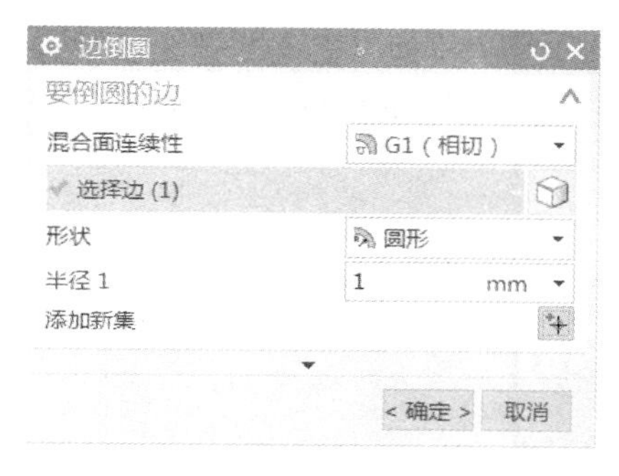

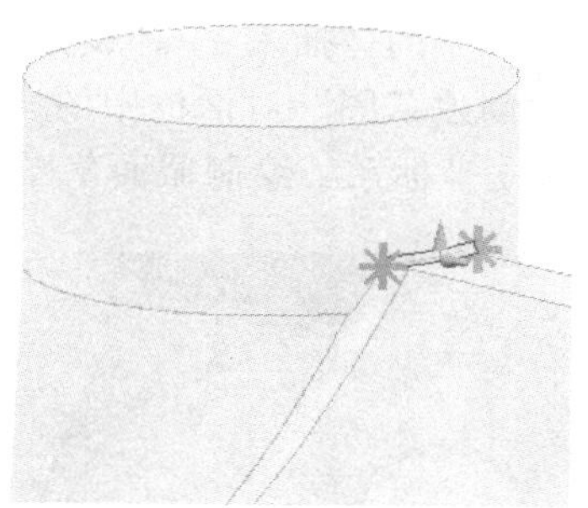

图 2-200　边倒圆特征 20 的选择边

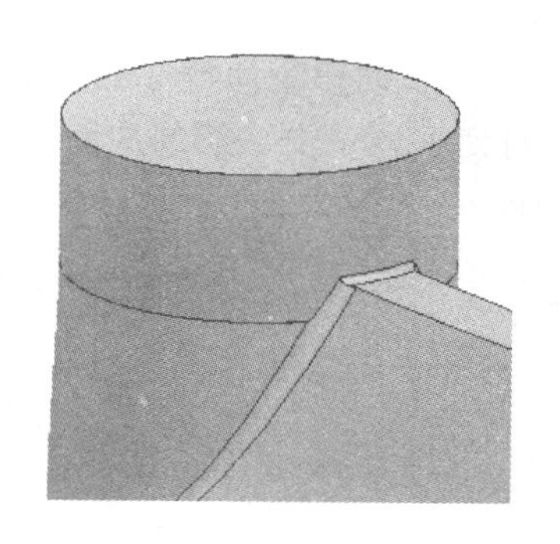

图 2-201　边倒圆特征 20 的创建

㊺ 创建边倒圆特征 21　选择菜单中的“插入”/“细节特征”/“边倒圆”命令，弹出“边倒圆”对话框，在“混合面连续性”下拉框中选择“G1（相切）”，在“选择边”下拉框中选择如图 2-202 所示的边。

在“形状”下拉框中选择“圆形”，在“半径 1”文本框中输入 10，创建边倒圆特征 21，如图 2-203 所示。

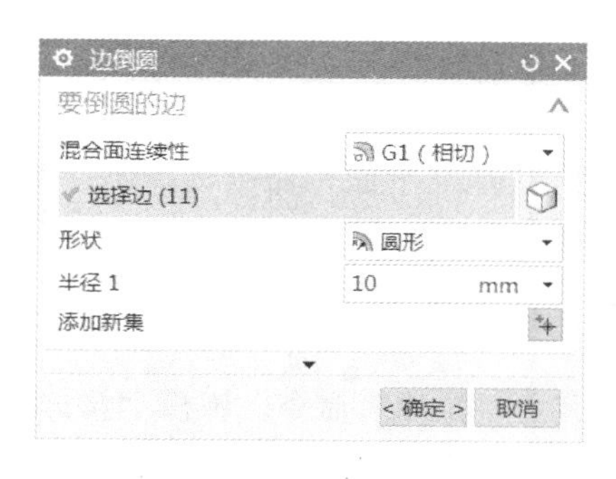

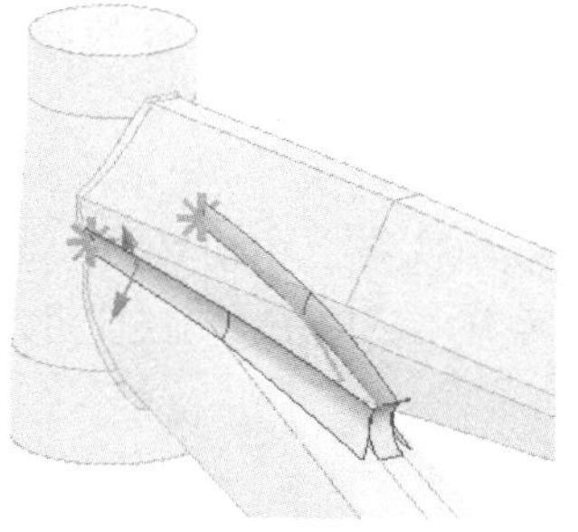

图 2-202　边倒圆特征 21 的选择边

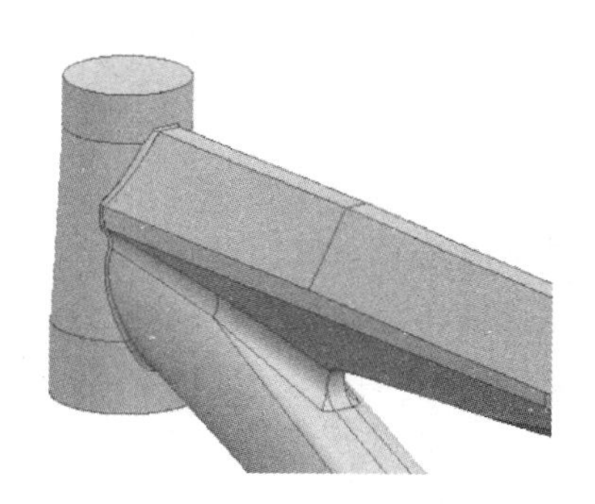

图 2-203　边倒圆 21 的创建

㊻ 创建倒斜角特征 12　选择菜单中的“插入”/“细节特征”/“倒斜角”命令，弹出“倒斜角”对话框，选择如图 2-204 所示的边。

在“横截面”下拉框中选择“偏置和角度”，在“距离”文本框中输入 2，在“角度”文本框中输入 45，方向如图 2-205 所示，创建倒斜角特征 12。

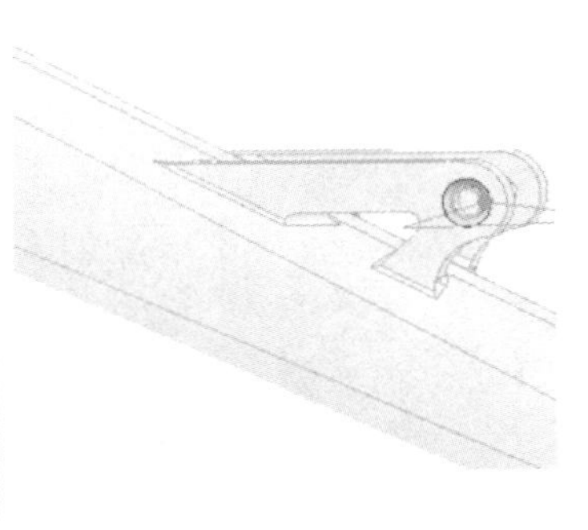

图 2-204　倒斜角特征 12 选择的边

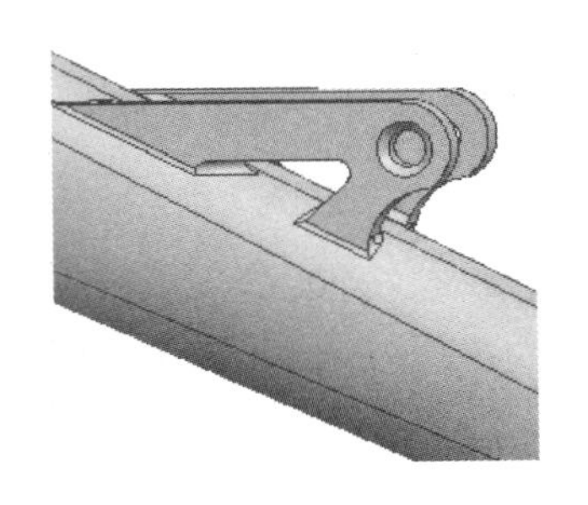

图 2-205　倒斜角特征 12 的创建

⑰ 创建拉伸特征 17　选择菜单中的“插入”/“设计特征”/“拉伸”命令，弹出“拉伸”对话框，单击“绘制截面”，在“创建草图”对话框中的“平面方法”下拉框中选择“现有平面”，如图 2-206 所示选择平面建立坐标系，绘制截面草图。

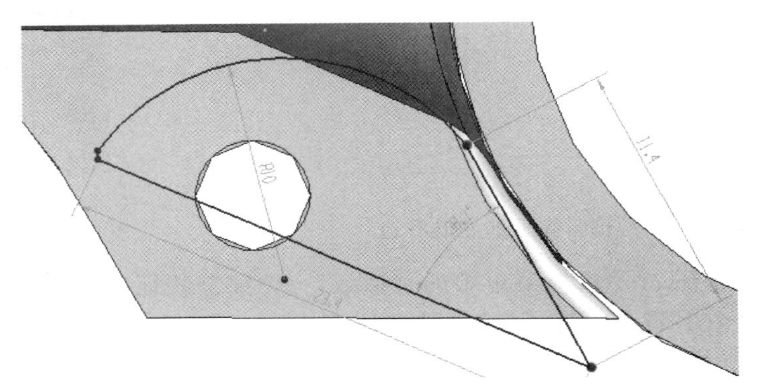

图 2-206　拉伸特征 17 的截面草图

完成草图，在“开始距离”文本框中输入-12，在“结束距离”文本框中输入-24，在“布尔”下拉框中选择“求差”，“选择体”选择会重合的特征，创建拉伸特征 17，如图 2-207 所示。

㊽ 创建基准平面 6　选择菜单中的“插入”/“基准/点”/“基准平面”命令，弹出“基准平面”对话框，在“类型”下拉框中选择“相切”，在“子类型”下拉框中选择“一个面”，在“选择对象”下拉框中选择拉伸特征 5，单击“确定”按钮，完成基准平面 6 的创建，如图 2-208 所示。

㊾ 创建拉伸特征 18　选择菜单中的“插入”/“设计特征”/“拉伸”命令，弹出“拉伸”对话框，单击“绘制截面”，在“创建草图”对话框中的“平面方法”下拉框中选择“现有平面”，选择基准平面 6 绘制如图 2-209 所示截面草图。

完成草图，在“开始距离”文本框中输入 4，在“结束距离”文本框中输入-8，在“布尔”下拉框中选择“求差”，“选择体”选择会重合的特征，创建拉伸特征 18，如图 2-210 所示。

㊿ 创建旋转特征 2　选择菜单中的“插入”/“设计特征”/“旋转”命令，弹出“旋转”对话框，在“选择曲线”下拉框中单击“绘制截面”，出现“创建草图”对话框，在“平面方

法”下拉框中选择“现有平面”，选择基准平面 1 为草图平面，绘制图 2-211 所示的截面草图。

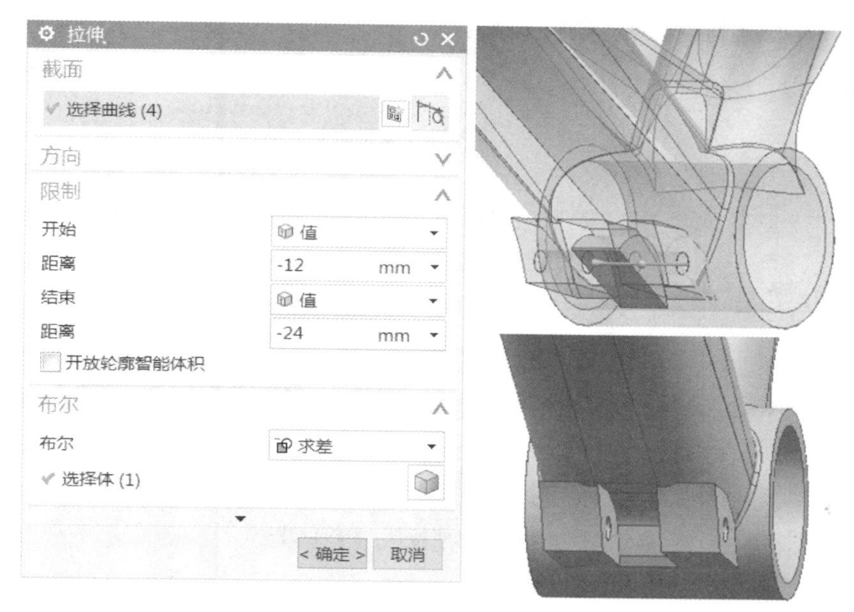

图 2-207　拉伸特征 17 的创建

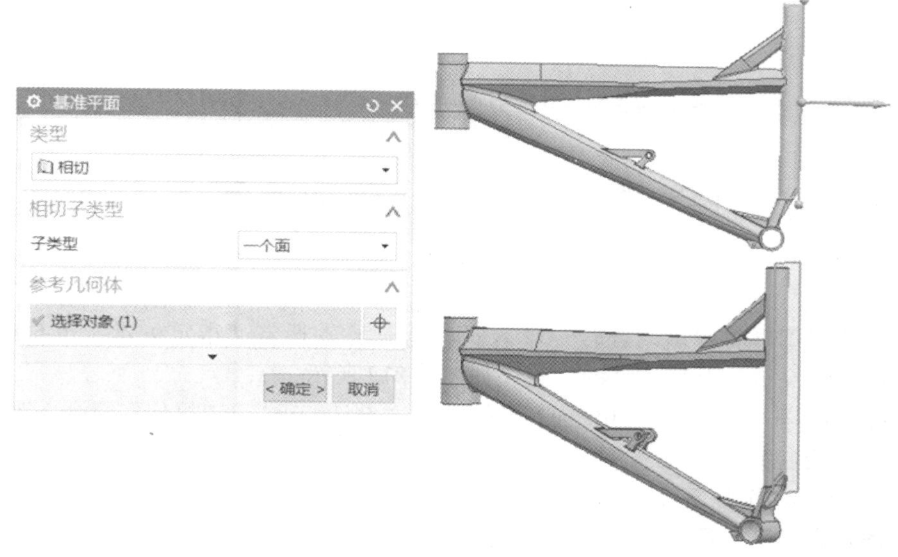

图 2-208　基准平面 6 的创建

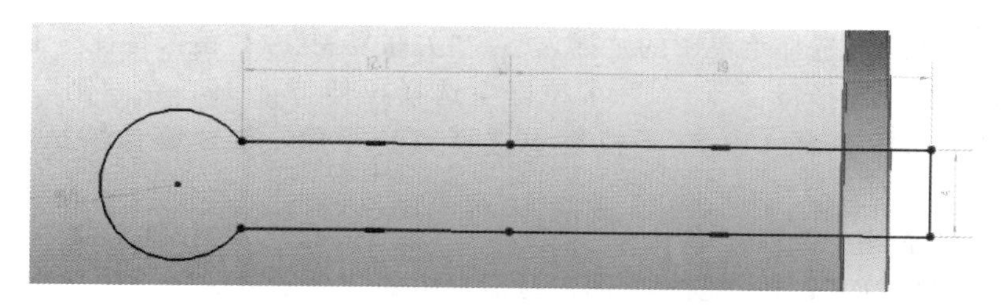

图 2-209　拉伸特征 18 的截面草图

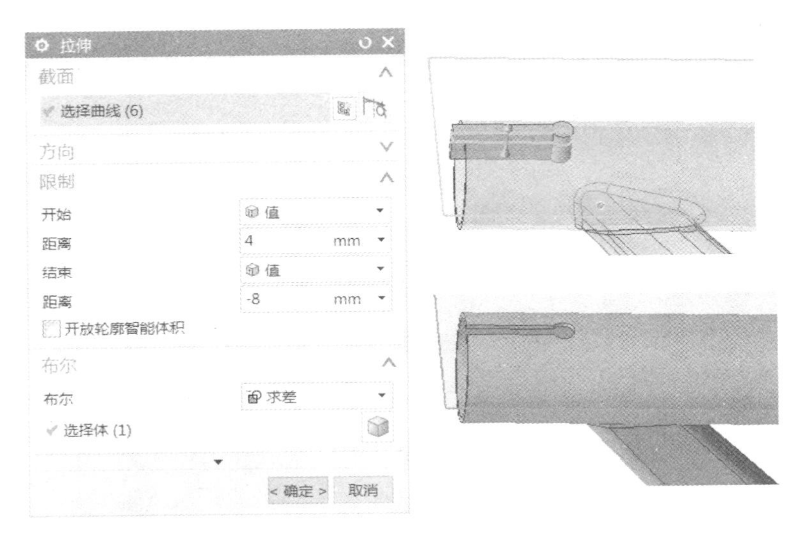

图 2-210　拉伸特征 18 的创建

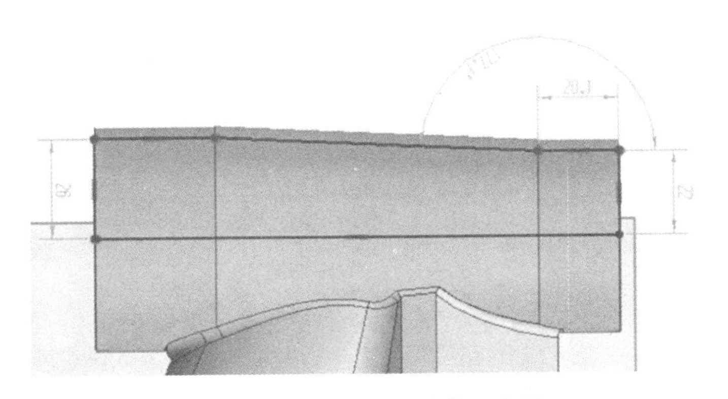

图 2-211　旋转特征 2 的截面草图

单击“完成草图”将弹出“旋转”对话框，单击 Y 轴选定“指定矢量”下拉框，然后单击“确定”按钮，完成旋转特征 2 的创建，如图 2-212 所示。

㉑ 创建拉伸特征 19　选择菜单中的“插入”/“设计特征”/“拉伸”命令，弹出“拉伸”对话框，单击“绘制截面”，在“创建草图”对话框中的“平面方法”下拉框中选择“现有平面”，如图 2-213 所示选择平面建立坐标系，绘制截面草图。

完成草图，在“开始距离”文本框中输入 31，在“结束距离”文本框中输入-8，在“布尔”下拉框中选择“求差”，“选择体”选择会重合的特征，创建拉伸特征 19，如图 2-214 所示。

㊷ 创建镜像特征 2　选择菜单中的“插入”/“关联复制”/“镜像特征”命令，弹出“镜像特征”对话框，在“选择特征（1）”下拉框中选择拉伸特征 19，在“刨”下拉框中选择“现有平面”，在“选择平面（1）”下拉框中选择 XY 平面，创建镜像特征 2，如图 2-215 所示。

㊸ 创建拉伸特征 20　选择菜单中的“插入”/“设计特征”/“拉伸”命令，弹出“拉伸”对话框，单击“绘制截面”，在“创建草图”对话框中的“平面方法”下拉框中选择“现有平面”，如图 2-216 所示选择平面建立坐标系，绘制截面草图。

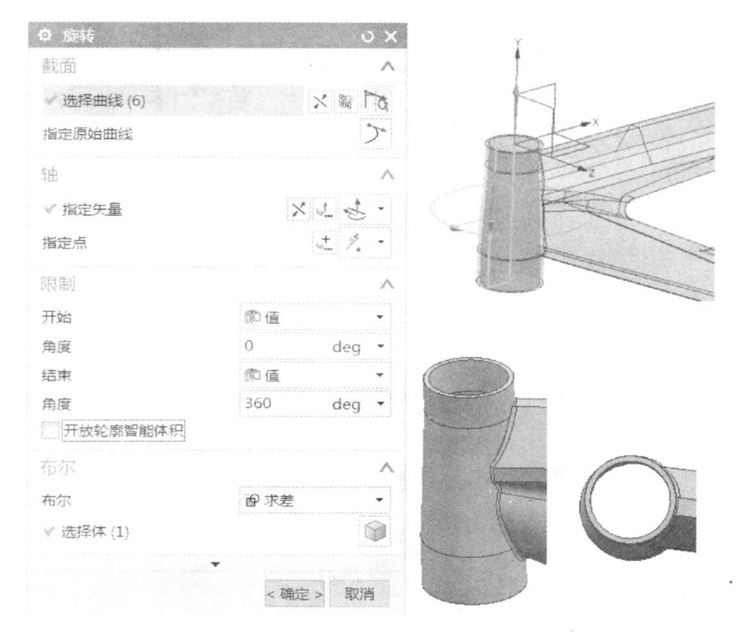

图 2-212　旋转特征 2 的创建

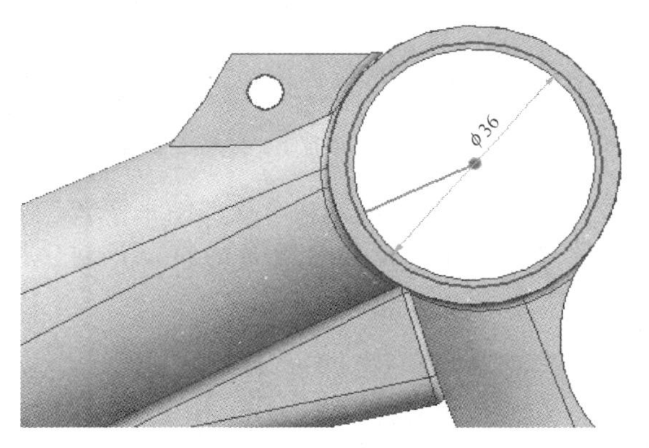

图 2-213　拉伸特征 19 的截面草图

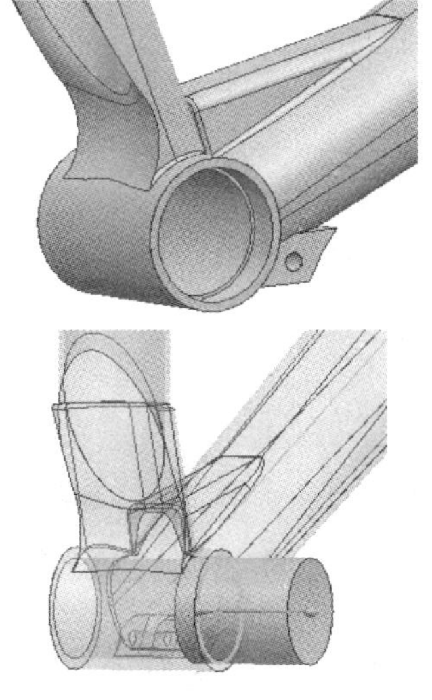

图 2-214　拉伸特征 19 的创建

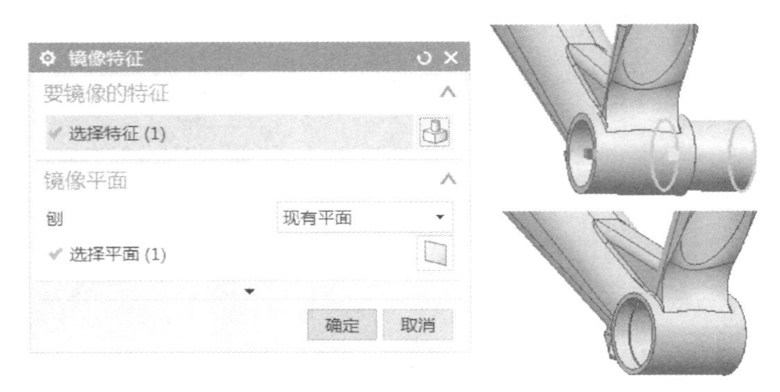

图 2-215　镜像特征 2 的创建

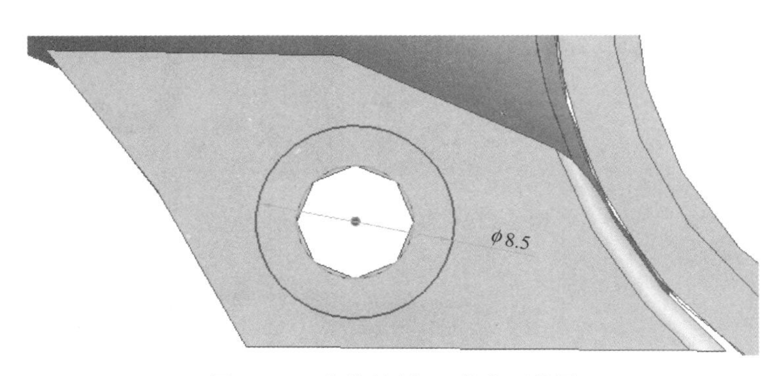

图 2-216　拉伸特征 20 的截面草图

完成草图，在“开始距离”文本框中输入-5，在“结束距离”文本框中输入 0，在“布尔”下拉框中选择“求差”，“选择体”选择会重合的特征，创建拉伸特征 20，如图 2-217 所示。

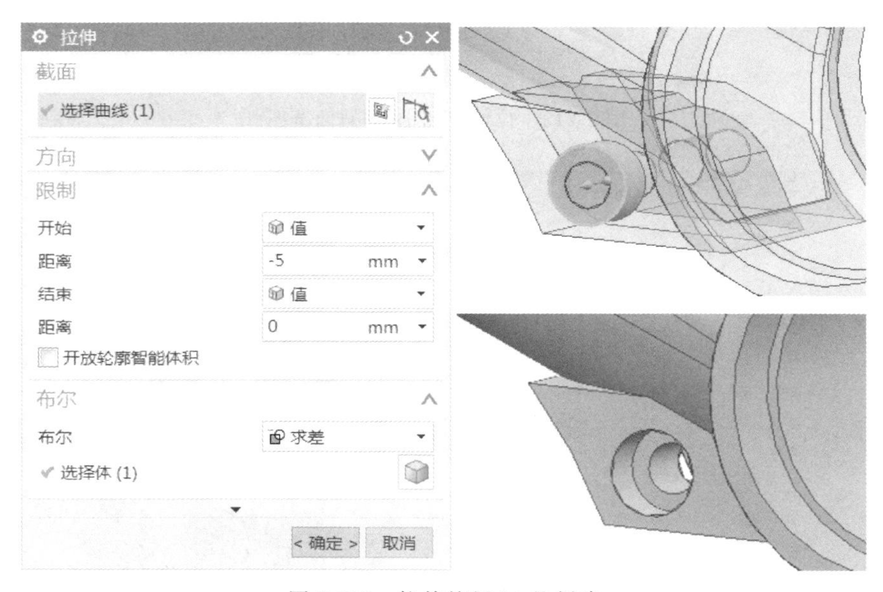

图 2-217　拉伸特征 20 的创建

㊹ 创建边倒圆特征 22　选择菜单中的“插入”/“细节特征”/“边倒圆”命令，弹出“边倒圆”对话框，在“混合面连续性”下拉框中选择“G1（相切）”，在“选择边”下拉框

中选择如图 2-218 所示的边。

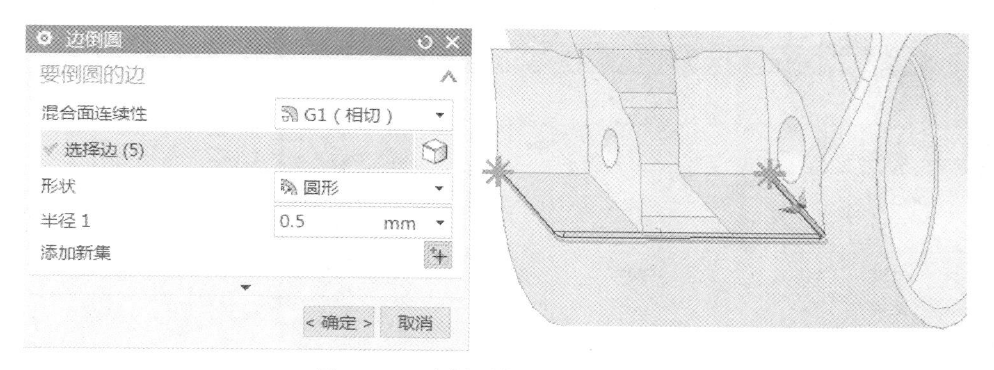

图 2-218　边倒圆特征 22 的选择边

在“形状”下拉框中选择“圆形”，在“半径 1”文本框中输入 0.5，创建边倒圆特征 22，如图 2-219 所示。

⑥⑤ 创建拉伸特征 21　选择菜单中的“插入”/“设计特征”/“拉伸”命令，弹出“拉伸”对话框，单击“绘制截面”，在“创建草图”对话框中的“平面方法”下拉框中选择“现有平面”，如图 2-220 所示选择平面建立坐标系，绘制截面草图。

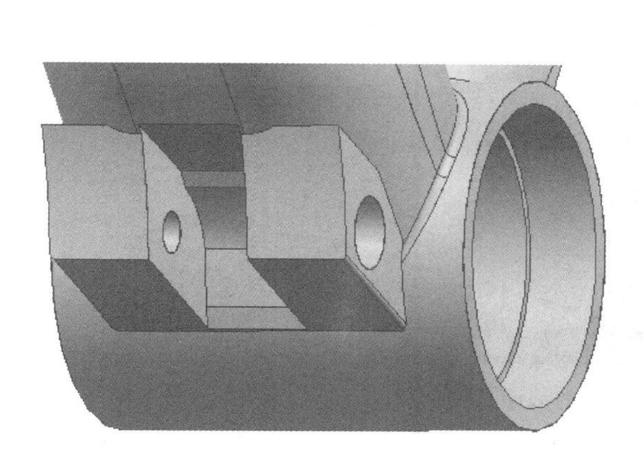

图 2-219　边倒圆特征 22 的创建

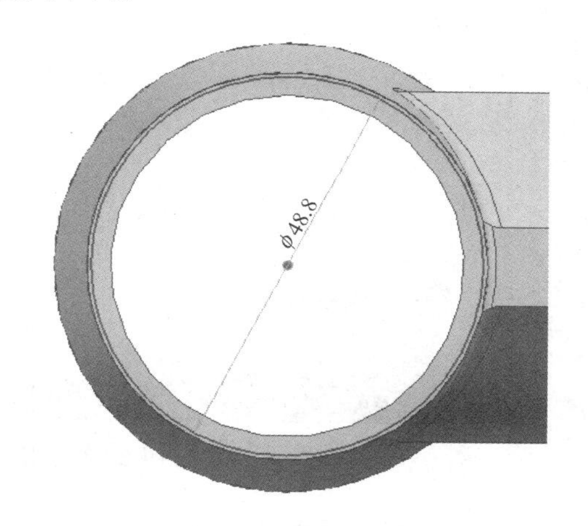

图 2-220　拉伸特征 21 的截面草图

完成草图，在“开始距离”文本框中输入 0，在“结束距离”文本框中输入-9，在“布尔”下拉框中选择“求差”，“选择体”选择会重合的特征，创建拉伸特征 21，如图 2-221 所示。

⑥⑥ 创建拉伸特征 22　选择菜单中的“插入”/“设计特征”/“拉伸”命令，弹出“拉伸”对话框，单击“绘制截面”，在“创建草图”对话框中的“平面方法”下拉框中选择“现有平面”，如图 2-222 所示选择平面建立坐标系，绘制截面草图。

完成草图，在“开始距离”文本框中输入 0，在“结束距离”文本框中输入 5，在“布尔”下拉框中选择“求和”，“选择体”选择会重合的特征，创建拉伸特征 22，如图 2-223 所示。

⑥⑦ 创建基准平面 7　选择菜单中的“插入”/“基准/点”/“基准平面”命令，弹出“基准平面”对话框，在“类型”下拉框中选择“按某一距离”，选择参考平面如图所示，在“距离”文本框中输入 75，单击“确定”按钮，完成基准平面 7 的创建，如图 2-224 所示。

⑥⑧ 创建镜像特征 3　选择菜单中的“插入”/“关联复制”/“镜像特征”命令，弹出“镜像特征”对话框，在“选择特征（1）”下拉框中选择拉伸特征 22，在“刨”下拉框中选择“现有平面”，在“选择平面（1）”下拉框中选择基准平面 7，创建镜像特征 3，如图 2-225

所示。

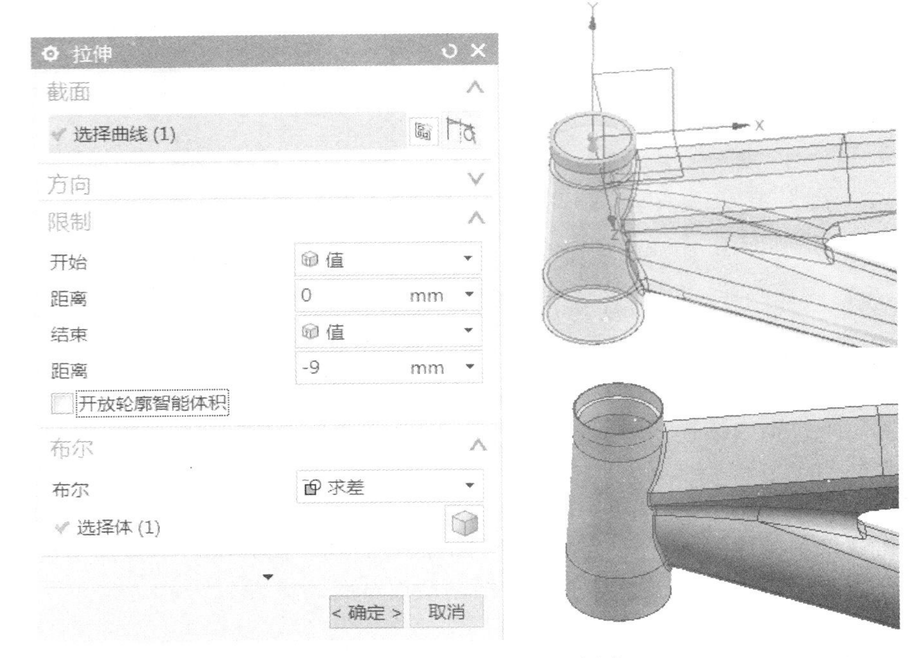

图 2-221　拉伸特征 21 的创建

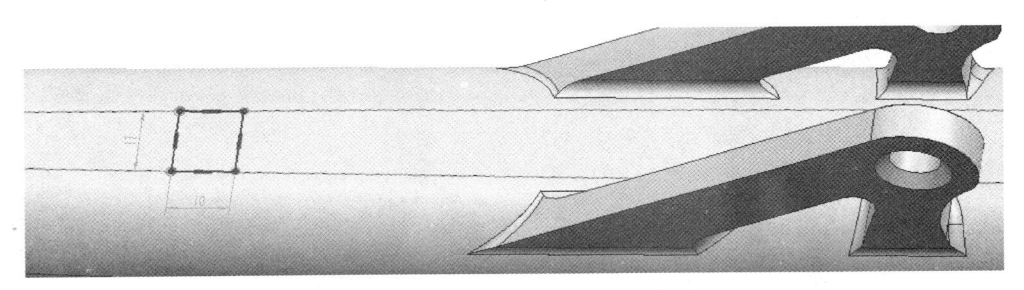

图 2-222　拉伸特征 22 的截面草图

图 2-223　拉伸特征 22 的创建

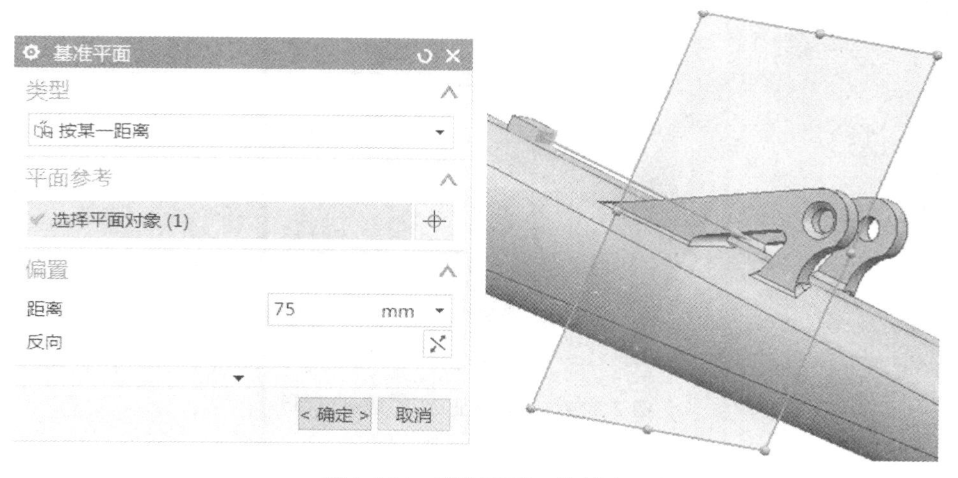

图 2-224　基准平面 7 的创建

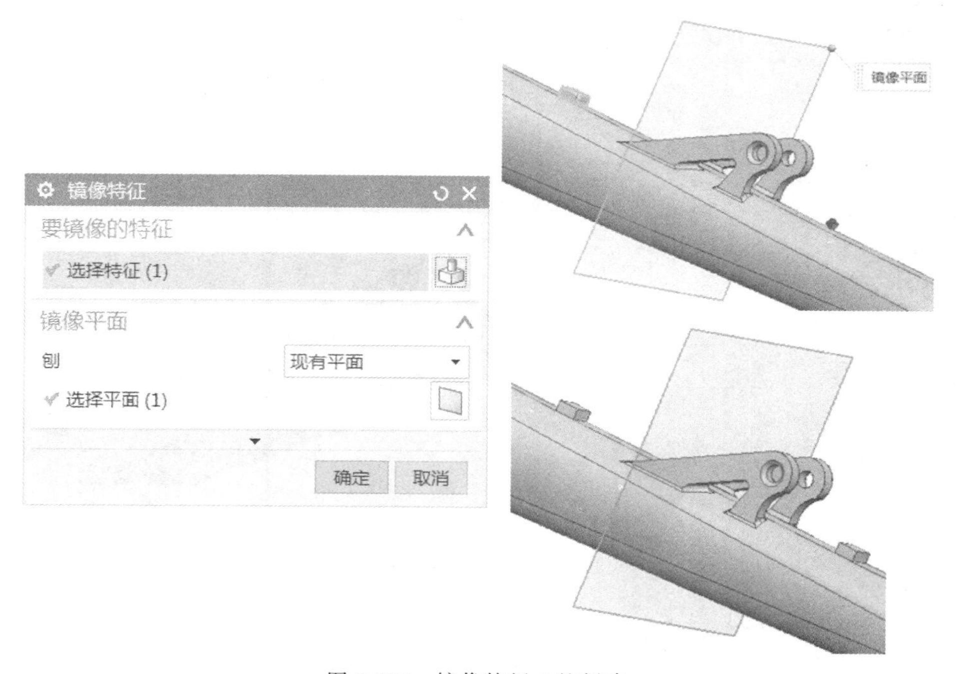

图 2-225　镜像特征 3 的创建

⑲ 创建拉伸特征 23　选择菜单中的“插入”/“设计特征”/“拉伸”命令，弹出“拉伸”对话框，单击“绘制截面”，在“创建草图”对话框中的“平面方法”下拉框中选择“现有平面”，如图 2-226 所示选择平面建立坐标系，绘制截面草图。

完成草图，在“开始距离”文本框中输入-12，在“结束距离”文本框中输入 176，在“布尔”下拉框中选择“求差”，“选择体”选择会重合的特征，创建拉伸特征 23，如图 2-227 所示。

⑳ 创建边倒圆特征 23　选择菜单中的“插入”/“细节特征”/“边倒圆”命令，弹出“边倒圆”对话框，在“混合面连续性”下拉框中选择“G1（相切）”，在“选择边”下拉框中选择拉伸特征 22 的两条边。

在“形状”下拉框中选择“圆形”，在“半径 1”文本框中输入 2，选择如图 2-228 所示，创建边倒圆特征 23。

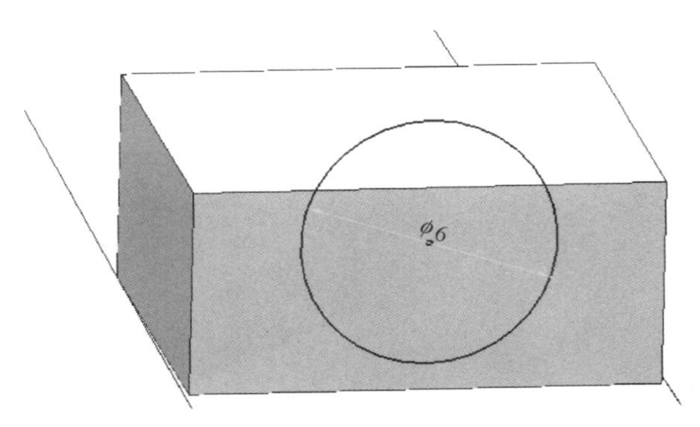

图 2-226　拉伸特征 23 的截面草图

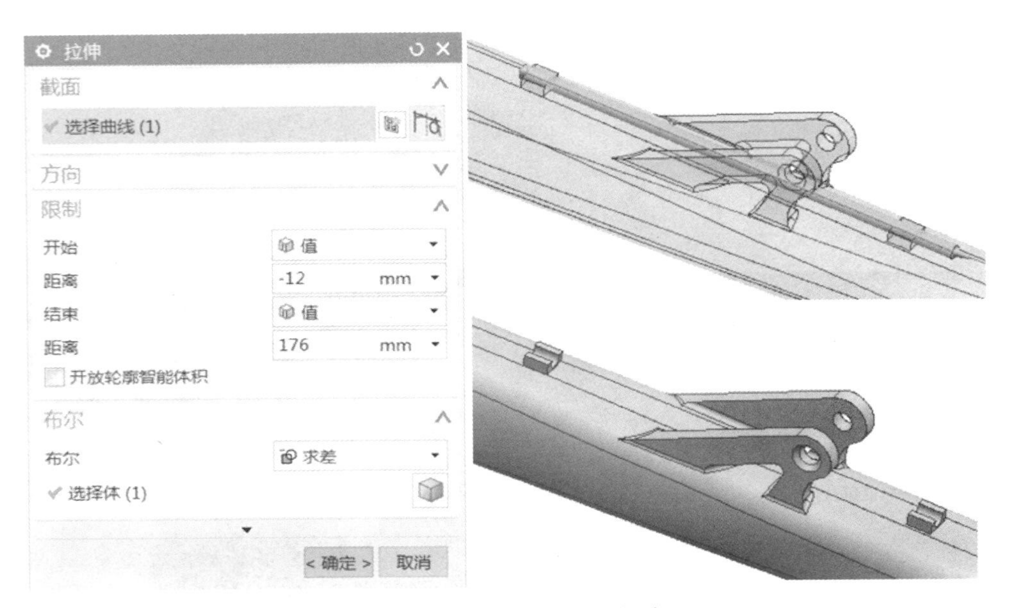

图 2-227　拉伸特征 23 的创建

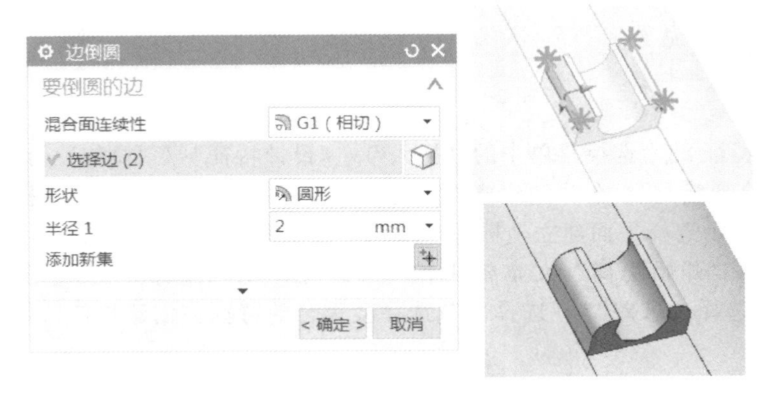

图 2-228　边倒圆特征 23 的选择边及创建

⑪ 创建边倒圆特征 24　选择菜单中的“插入”/“细节特征”/“边倒圆”命令，弹出“边倒圆”对话框，在“混合面连续性”下拉框中选择“G1（相切）”，在“选择边”下拉框

中选择拉伸特征 22 及其镜像特征 3 的边。

在“形状”下拉框中选择“圆形”，在“半径 1”文本框中输入 2.5，创建边倒圆特征 24，如图 2-229 所示。

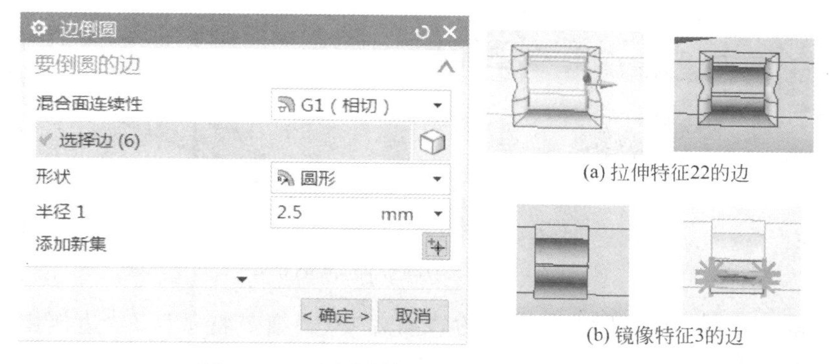

图 2-229　边倒圆特征 24 的选择边及创建

⑫ 创建边倒圆特征 25　选择菜单中的“插入”/“细节特征”/“边倒圆”命令，弹出“边倒圆”对话框，在“混合面连续性”下拉框中选择“G1（相切）”，在“选择边”下拉框中选择镜像特征 3 的边。

在“形状”下拉框中选择“圆形”，在“半径 1”文本框中输入 2.5，创建边倒圆特征 25，如图 2-230 所示。

图 2-230　边倒圆特征 25 的创建

⑬ 创建边倒圆特征 26　选择菜单中的“插入”/“细节特征”/“边倒圆”命令，弹出“边倒圆”对话框，在“混合面连续性”下拉框中选择“G1（相切）”，在“选择边”下拉框中选择如图 2-231 所示的边。

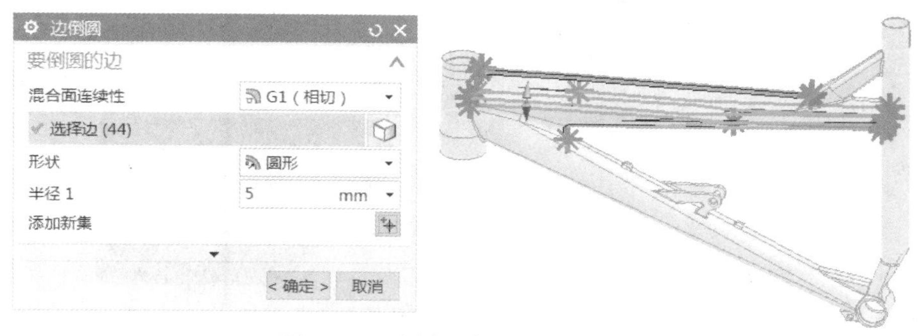

图 2-231　边倒圆特征 26 的选择边

在“形状”下拉框中选择“圆形”，在“半径 1”文本框中输入 5，创建边倒圆特征 26，如图 2-232 所示。

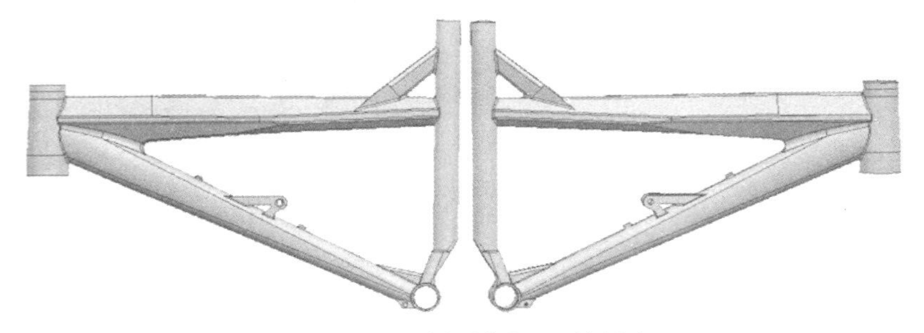

图 2-232 边倒圆特征 26 的创建

⑭ 创建边倒圆特征 27 选择菜单中的“插入”/“细节特征”/“边倒圆”命令，弹出“边倒圆”对话框，在“混合面连续性”下拉框中选择“G1（相切）”，在“选择边”下拉框中选择边。

在“形状”下拉框中选择“圆形”，在“半径 1”文本框中输入 5，创建边倒圆特征 27，如图 2-233 所示。

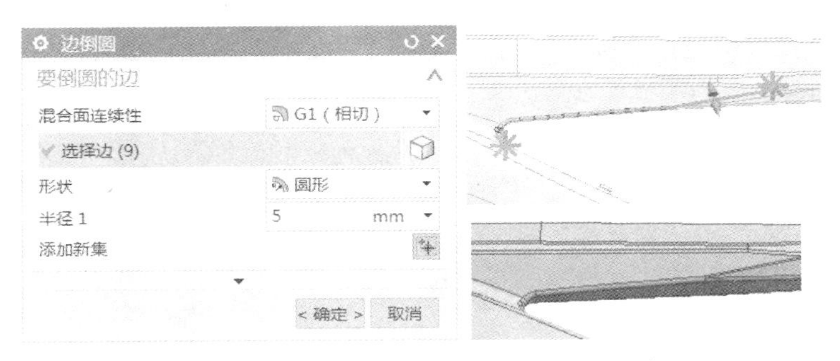

图 2-233 边倒圆特征 27 的选择边及创建

⑮ 创建边倒圆特征 28 选择菜单中的“插入”/“细节特征”/“边倒圆”命令，弹出“边倒圆”对话框，在“混合面连续性”下拉框中选择“G1（相切）”，在“选择边”下拉框中选择边。

在“形状”下拉框中选择“圆形”，在“半径 1”文本框中输入 2，创建边倒圆特征 28，如图 2-234 所示。

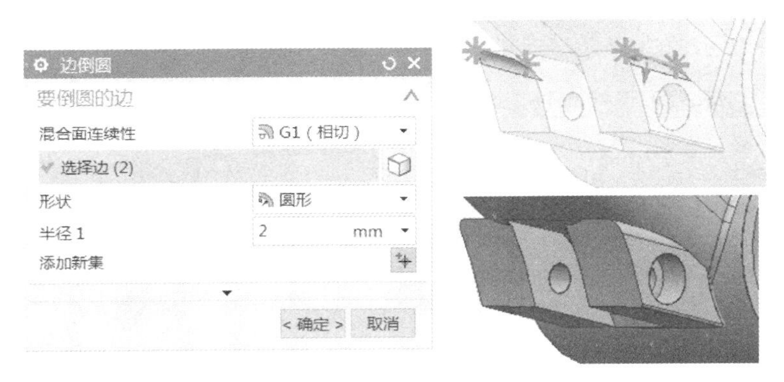

图 2-234 边倒圆特征 28 的选择边及创建

⑯ 创建边倒圆特征 29　选择菜单中的“插入”/“细节特征”/“边倒圆”命令，弹出“边倒圆”对话框，在“混合面连续性”下拉框中选择“G1（相切）”，在“选择边”下拉框中选择边。

在“形状”下拉框中选择“圆形”，在“半径 1”文本框中输入 2，创建边倒圆特征 29，如图 2-235 所示。

图 2-235　边倒圆特征 29 的选择边及创建

⑰ 创建边倒圆特征 30　选择菜单中的“插入”/“细节特征”/“边倒圆”命令，弹出“边倒圆”对话框，在“混合面连续性”下拉框中选择“G1（相切）”，在“选择边”下拉框中选择边。

在“形状”下拉框中选择“圆形”，在“半径 1”文本框中输入 3，创建边倒圆特征 30，如图 2-236 所示。

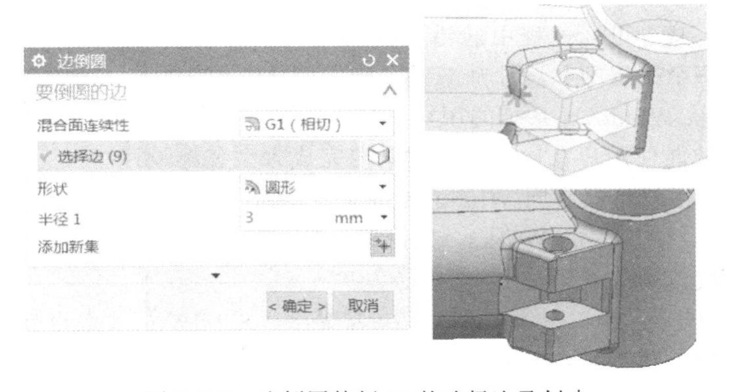

图 2-236　边倒圆特征 30 的选择边及创建

至此，完成了整个车架部分的三维建模。自行车其他部分的建模在这里不进行介绍，装配后的整车模型如图 2-237 所示。

图 2-237　自行车模型

2.3.5 UG NX10.0 模型在 3D 打印机上的应用

三维软件主要通过 STL、CLI、IGES、STEP、LMI 等文件转换格式与快速成形软件对接，其中 STL 格式应用最多。STL 格式优点是生成简单、算法简单、输入文件广泛、模型易于分割。STL 格式原理是通过对三维模型表面三角网格化获得，即用小三角面片去逼近自由曲面，而逼近精度由曲面到三角形面的距离误差或曲面到三角形边的弦高差控制。

使用 UG NX10.0 软件模型的实体建模，经过导出、STL 数据转换后的零件模型全部被三角形网格化，这样三角网格化 STL 模型数据就可输入快速成形软件中进行处理，将 UG 软件模型的 STL 文件载入到快速成形软件中，可以通过旋转、自动布局等指令将模型工件确定合适的方位，设置好 3D 打印参数。快速成形系统自动将零件的高度尺寸分成若干层，每一层叠加一定的厚度，从底层开始分层制造，层叠堆积完成模型打印。

2.4 基于 SolidWorks 的三维建模方法

2.4.1 SolidWorks 简介

SolidWorks 软件是世界上第一个基于 Windows 开发的三维 CAD 系统，该软件具有以下特点。

a. SolidWorks 软件功能强大，组件繁多。SolidWorks 具有功能强大、易学易用、技术创新三大特点，这使得 SolidWorks 成为领先、主流的三维 CAD 解决方案。SolidWorks 能够提供不同的设计方案，减少设计过程中的错误以及提高产品质量。SolidWorks 不仅提供如此强大的功能，而且对每个工程师和设计师来说，操作简单方便，易学易用。

b. 对于熟悉微软 Windows 系统的用户，基本上就可以用 SolidWorks 进行设计了。SolidWorks 独有的拖拽功能使用户在比较短的时间内完成大型装配设计。

c. Solidworks 资源管理器是同 Windows 资源管理器一样的 CAD 文件管理器，用它可以方便地管理 CAD 文件。使用 SolidWorks，用户能在较短的时间内完成更多的工作，能够更快地将高质量的产品投放市场。

d. 在目前市场上所见到的三维 CAD 解决方案中，SolidWorks 是设计过程比较简单且方便的软件之一。正如美国著名咨询公司 Daratech 所评论：“在基于 Windows 平台的三维 CAD 软件中，Solidworks 是最著名的品牌，是市场快速增长的领导者。”

e. 在强大的设计功能和易学易用的操作（包括 Windows 风格的拖/放、点/击、剪切/粘贴）协同下使用 SolidWorks，整个产品设计是百分之百可以编辑的，零件设计、装配设计和工程图之间的是全相关的。

2.4.2 SolidWorks 工作界面

SolidWorks 工作界面完全采用了 Windows 界面风格，和其他 Windows 应用程序的操作方法一样。图 2-238 是一个典型的 SolidWorks 零件的设计窗口，该图向用户展示了 SolidWorks 工作界面的几大组成部分，如菜单栏、工具栏、状态栏、FeatureManager 设计树等。

下面简单地介绍一下 SolidWorks 的几大组成部分，以及各个部分的作用。

① 菜单栏　通过菜单栏可以找到 SolidWorks 提供的许多命令。当用户将光标移动到 SolidWorks 徽标（也就是伸缩菜单栏）时，就会将菜单栏弹出，如图 2-239 所示。

图 2-238 典型的 SolidWorks 零件的设计窗口

图 2-239 菜单栏

这个菜单栏是不固定的，如果想要将菜单栏长期地显示出来，单击图钉按钮（在菜单栏的最后）即可。

在菜单栏中，同样也可以使用搜索功能，直接在搜索知识库框单击鼠标，输入要搜索的信息就可以了，如图 2-240 所示。

图 2-240 搜索功能

② 工具栏 工具栏可以使用户快速找到最常用的命令，它是根据不同的功能来组织的，而且可以根据需要自定义工具栏的按钮、移动工具栏的位置或者重新排列工具栏。许多工具栏编制为一个弹出的按钮，这些弹出按钮有一个按钮图标和一个可以选择其他类型的下拉图标，最后使用的图标会保留在弹出按钮上，如图 2-241 所示。

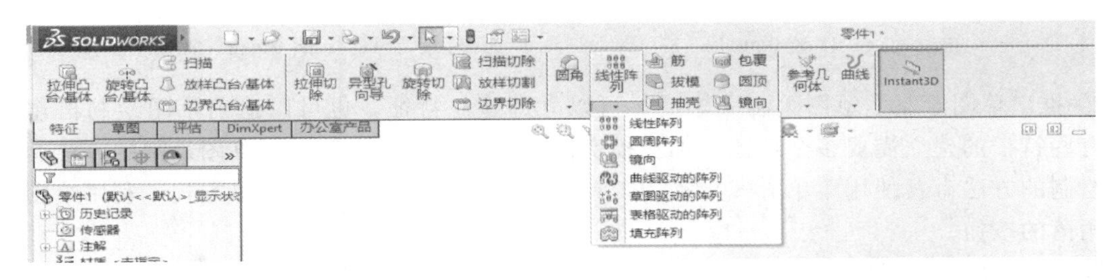

图 2-241 工具栏

③ FeatureManager 设计树　FeatureManager 是 SolidWorks 软件中一个独特的部分，它形象地显示出零件或装配体中的所有特征。当一个特征创建好后，就被添加到 FeatureManager 设计树中。因此，FeatureManager 设计树显示出建模操作的先后顺序。通过 FeatureManager 设计树，可以编辑零件中包含的特征，如图 2-242 所示。

图 2-242　FeatureManager 设计树

在默认情况下，许多 FeatureManager 项目（图标和文件夹）是隐藏的。在 FeatureManger 设计树窗口上方，只有一个文件夹（注解）是一直显示的。通过图 2-242 所示的几个模块，用户就可以很好地了解模型的设计思路及操作步骤。

④ 任务窗口　在任务窗口中设置了 SolidWorks 资源、设计库、文件搜索器、搜索、查看调色板、外观/布景、自定义属性选项，如图 2-243 所示。

可以从任务窗口的标准件库中，找到标准件直接插入到图形中，它可以很方便地帮用户提高绘图的速度。

⑤ 搜索　搜索选项被用来通过零件名称搜索系统中文件（前提是安装 Windows 桌面搜索引擎），或者从 SolidWorks 帮助文档、知识库及社区论坛中查找信息。

2.4.3　SolidWorks 快速上手

零件是 SolidWorks 系统中最主要的对象。传统的 CAD 设计方法是由平面（二维）到立体（三维）的，工程师首先设计出图样，工艺人员或加工人员根据图样还原实际零件；然而在 SolidWorks 系统是工程师直接设计出三维实体零件，根据需要生成相关的工程图。下面对 SolidWorks 的一些基本功能进行简单介绍。

（1）草图的绘制

① 进入草图绘制　绘制 2D 草图，必须进入草图绘制状态。草图必须在平面上绘制，这个平面可以是基准面，也可以是三维模型上的平面。由于开始进入草图绘制状态时没有三维模型，因此必须指定基面。绘制草图时必须首先认识草图绘制的工具，常用的是“草图”面板和“草图”工具栏，如图 2-244 所示。

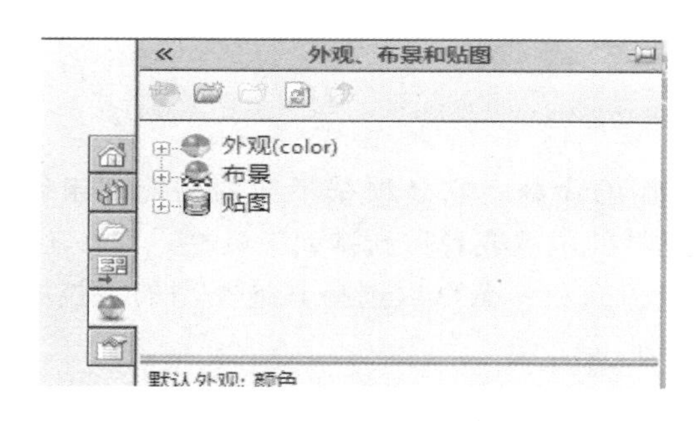

图 2-243　任务窗口

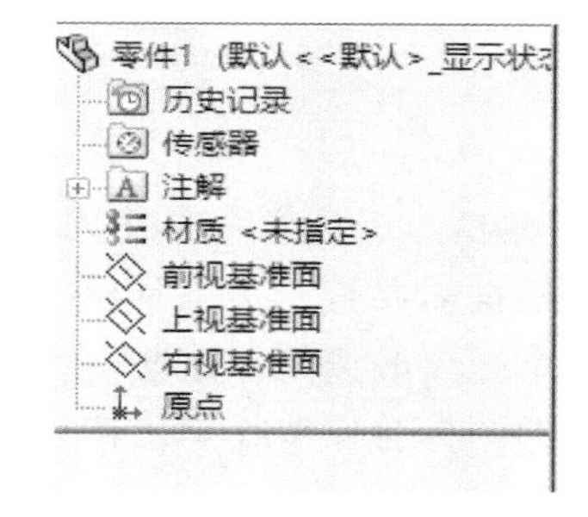

图 2-244　面板

② 推出草图绘制　草图绘制完毕后，可以立即建立特征，也可以退出草图绘制再建立特征。有些特征的建立需要多个草图，如扫描实体等，因此需要了解退出草图绘制的方法。退出草图绘制的方法有：使用菜单方式，利用工具栏按钮方式，利用快捷菜单方式，利用绘图区域确认角落的按钮。

③ 草图绘制的工具　草图绘制工具栏主要包括四大类，分别是草图绘制、实体绘制工具、标注几何关系和草图编辑工具。草图绘制工具栏如图 2-245 所示。

图 2-245 草图绘制工具栏

（2）草图的特征

① 拉伸 拉伸是比较常用的建立特征的方法。它的特点是将一个或多个轮廓沿着特定方向生长/切除出特征实体。单击“特征”工具栏中的“拉伸凸台/基体”按钮，或者单击“插入”/“凸台/基体”/“拉伸”命令，就会弹出“凸台-拉伸”属性管理器，如图 2-246 所示。

② 旋转 旋转特征是由草图截面绕选定的作为旋转中心的直线或轴线旋转而成的一类特征。通常是绘制一个截面，然后指定旋转的中心线。单击“特征”工具栏中的“旋转凸台/基体”按钮，或单击“插入”/“凸台/基体”/“旋转”命令，弹出“旋转”属性管理器，如图 2-247 所示。

③ 扫描 扫描是指用两个各自的草图基准面不共面且也不平行的草图作为基础，一个是截面轮廓，另一个是扫描路径，轮廓沿路径“移动”，终止于路径的两个端点。单击“特征”工具栏中的“扫描”按钮，或单击“插入”/“凸台/基体”/“扫描”命令，弹出图 2-248 所示的“扫描”属性管理器。

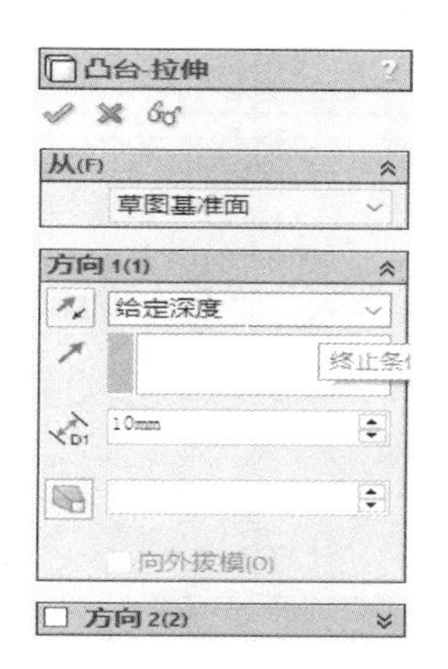

图 2-246 凸台-拉伸

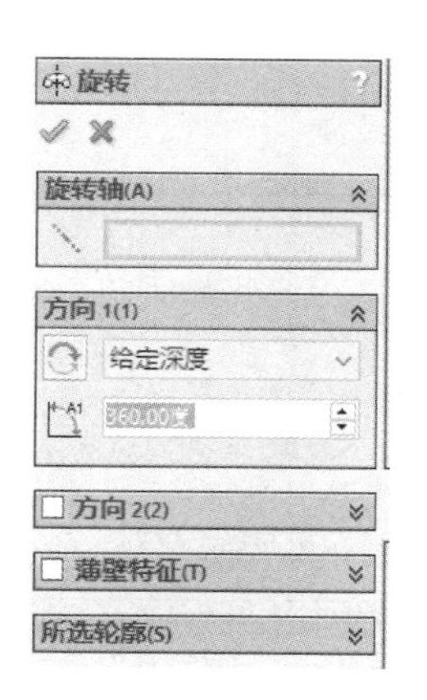

图 2-247 旋转

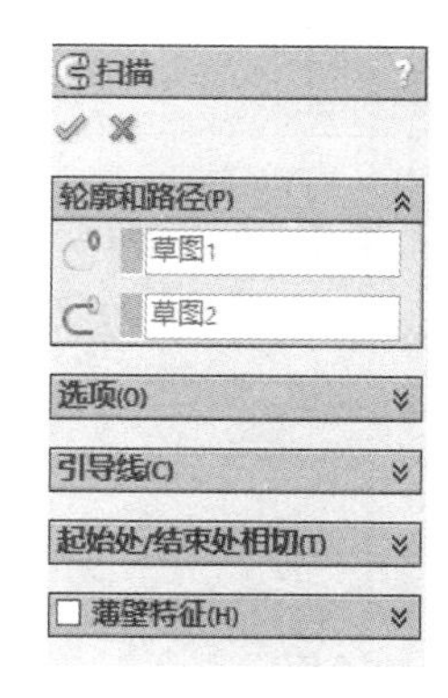

图 2-248 扫描

（3）基于特征的特征

① 倒角 SolidWorks 提供的倒角功能有边倒角和拐角倒角两种。边倒角是从选定边处去除材料，拐角倒角则是从实体的拐角处去除材料。单击“特征”工具栏中的“倒角”按钮，或单击“插入”/“特征”/“倒角”命令，弹出如图 2-249 所示的“倒角”属性管理器。

② 抽壳 抽壳可以删除实体中的抽壳面，然后掏空实体的内部，留下指定壁厚的壳。在抽壳之前增加到实体的所有特征都会被掏空。因此，抽壳时特征创建的次序非常重要。在默认情况下，抽壳创建具有相同壁厚的实体，但设计者也可以单独指定某些表面的厚度，使创建后的实体壁厚不相等。单击“特征”工具栏中的“抽壳”按钮，或单击“插入”/“特征”/“抽壳”命令，弹出如图 2-250 所示的“抽壳”属性管理器。

③ 筋 筋特征是零件建模过程中的常用特征，它只能用于增加材料的特征，不能生成切

除特征。筋特征用于创建附属于零件的肋片或辐板。筋实际上是由开环的草图轮廓生成的特殊类型的拉伸特征，它在轮廓与现有零件之间添加指定方向和厚度的材料。单击“特征”工具栏中的“拔模”按钮，单击“插入”/“特征”/“拔模”命令，弹出如图 2-251 所示的“拔模”属性管理器。

④ 孔　孔特征是机械设计中的常见特征。SolidWorks 将孔特征分成两种类型——简单直孔和异形孔。其中异形孔包括柱形沉头孔、锥形沉头孔、通用孔和螺纹孔。单击“特征”工具栏中的“简单直孔”按钮，或单击“插入”/“特征”/“钻孔”/“简单直孔”命令，弹出如图 2-252 所示的“孔”属性管理器。

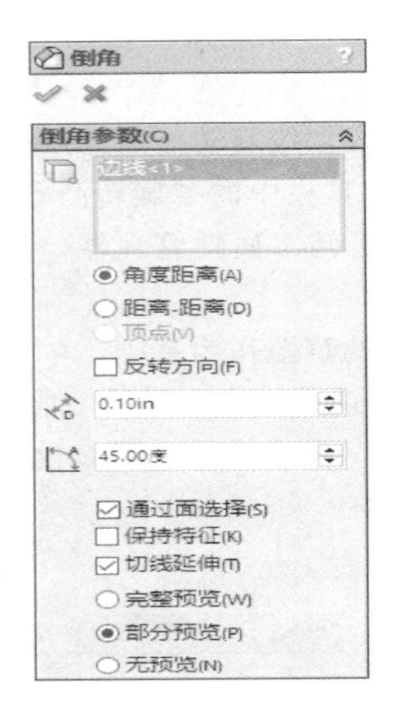

图 2-249　倒角

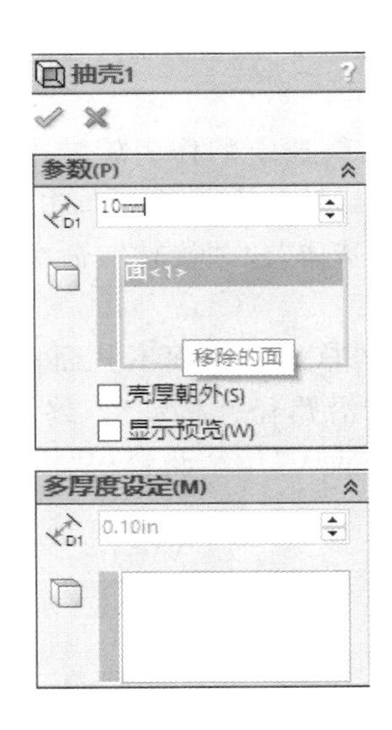

图 2-250　抽壳

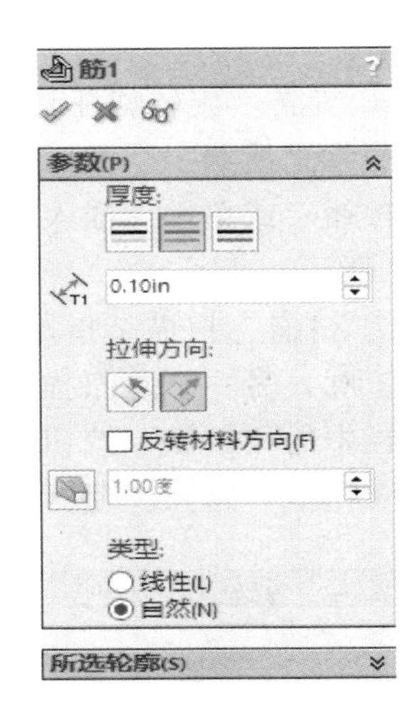

图 2-251　筋

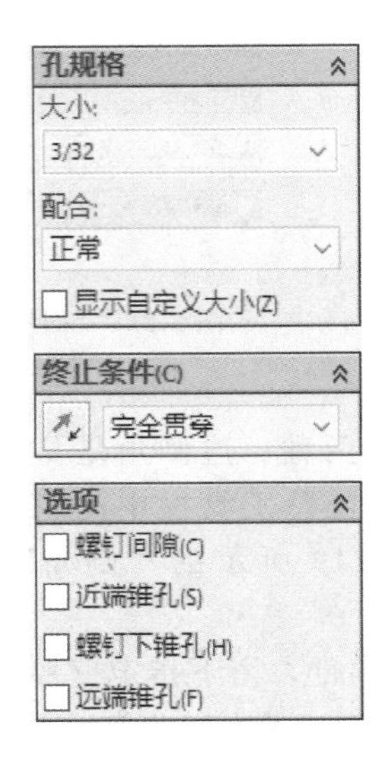

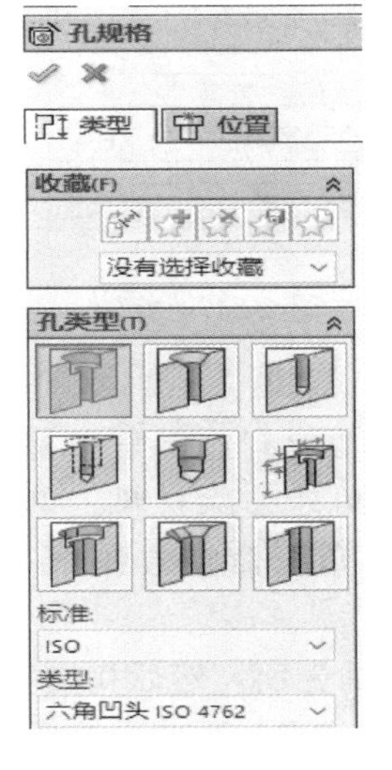

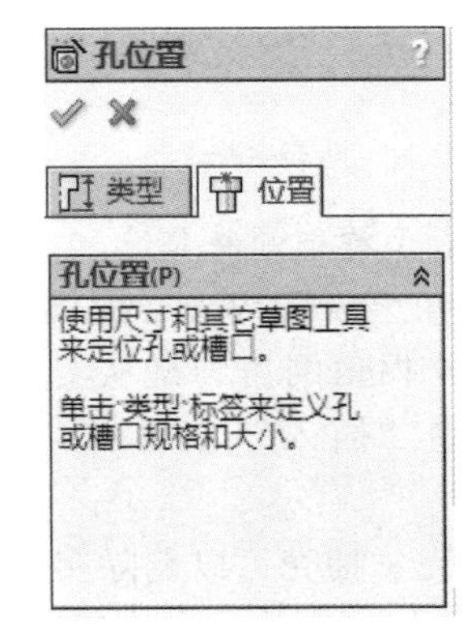

图 2-252　孔

⑤ 线性阵列　线性阵列用于将任意特征作为原始样本特征，通过指定阵列尺寸产生多个类似的子样本特征。特征阵列完成后，原始样本特征和子样本特征成为一个整体，用户可将它们作为一个特征进行相关的操作，如删除，修改等。单击“特征”工具栏中的“线性阵列”按

钮，或单击“插入”/“阵列/镜像”/“线性阵列”命令，弹出如图 2-253 所示的“线性阵列”属性管理器。

⑥ 镜像　如果零件结构是对称的，用户可以只创建一半零件模型，然后使用特征镜像的办法生成整个零件。如果修改了原始特征，则镜像的复制也将更新，以反映其变更。单击“特征”工具栏中的“镜像”按钮，或单击“插入”/“阵列/镜像”/“镜像”命令，弹出图 2-254 所示的“镜像”属性管理器。

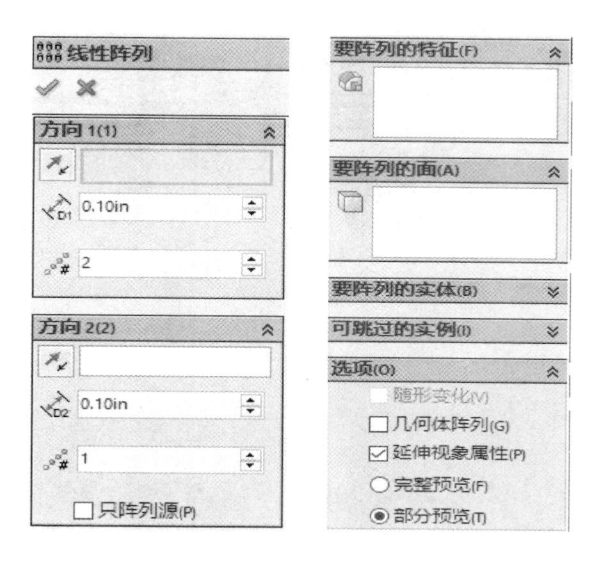

图 2-253　线性阵列

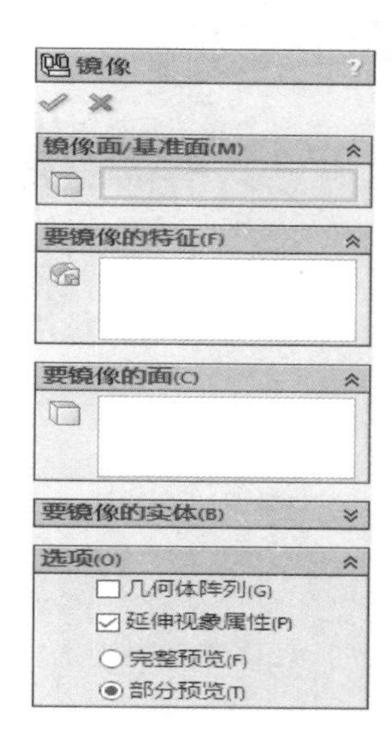

图 2-254　镜像

（4）装配体的应用

① 建立装配体文件　装配体的设计方法有自上而下设计和自下而上设计两种，也可以将这两种方法结合起来使用。无论采用哪种方法，其目标都是配合这些零件，以便生成装配体或子装配体。

② 零部件压缩与轻化　对于零件数目较多或零件复杂的装配体，根据某段时间内的工作范围，用户可以指定合适的零部件压缩状态，这样可以减少工作时装入和计算的数据量。装配体的显示和重建会更快，用户也可以更有效地使用系统资源。

③ 装配体爆炸视图　为了便于直观地观察装配体零件和零件之间的关系，经常需要分离装配体中的零部件，以形象地分析它们之间的相互关系。装配体的爆炸视图可以分离其中的零部件，以便查看这个装配体。装配体爆炸后，不能给装配体添加配合。一个爆炸视图包括一个或多个爆炸步骤。每一个爆炸视图保存在所生成的装配体配置中，每一个配置都可以有一个爆炸视图。

④ 动画制作　运动算例是装配体模型运动的图形模拟。设计人员可以将诸如光源和相机透视图之类的视觉属性融合到运动算例中。运动算例不更改装配体模型或其属性。

2.4.4　三维建模实例

本实例为绘制军用飞机的模型，采用的是 SolidWorks2014，如图 2-255 所示。

① 新建文件　启动 SolidWorks2014，单击“文件”/“新建”命令，在弹出的“新建 SolidWorks 文件”对话框中单击“零件”按钮，然后单击“确定”按钮，创建一个新的零件文件，如图 2-256 所示。

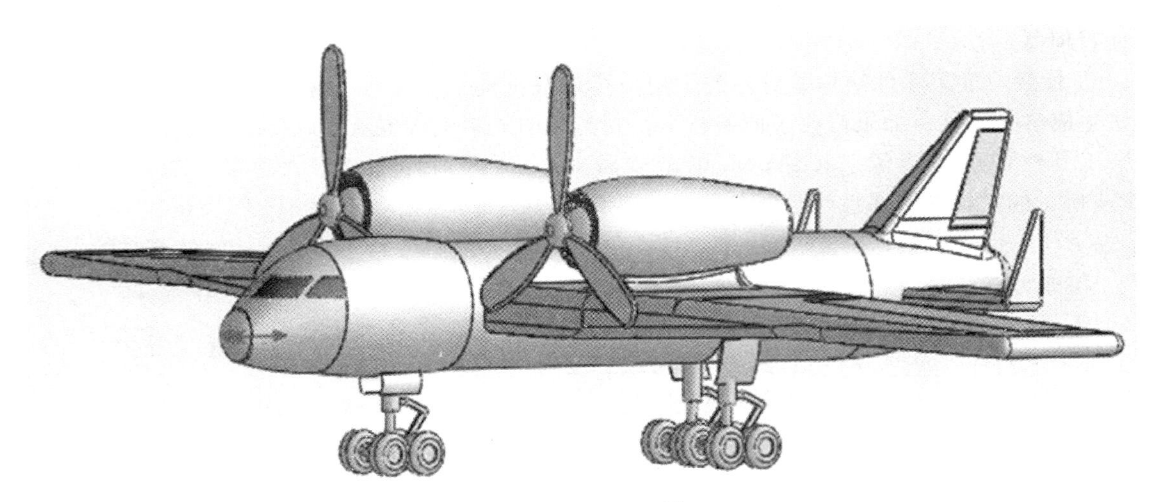

图 2-255 军用飞机模型

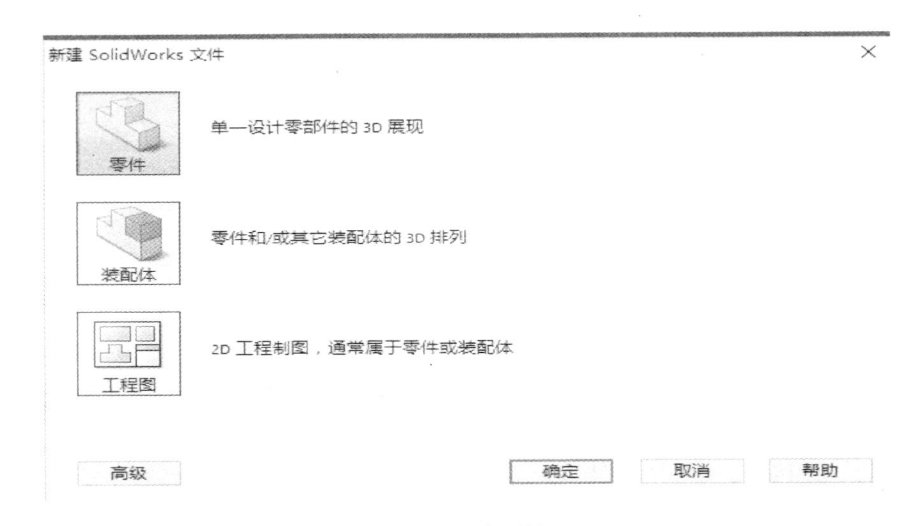

图 2-256 新建零件界面

② 绘制草图 在左侧的“FeatureManager 设计树”中用鼠标选择“前视基准面”作为绘制图形的基准面。单击“草图”工具栏中的“圆”按钮，绘制一个圆心在原点上的圆，如图 2-257 所示。

③ 创建基准面 单击“插入”/“参考几何体”/“基准面”命令，弹出“基准面”属性管理器。对参数进行设置后，单击属性管理器中的“确定”按钮，这样一个新的基准面 1 就创建好了，如图 2-258 所示。以同样的方法再创建 7 个与前视基准面平行的新基准面，分别与前视基准面相距 120mm、320mm、480mm、680mm、840mm、960mm、1200mm。

④ 创建圆 在以上创建的基准面上分别绘制 ϕ67.22、ϕ160、ϕ160、ϕ160、ϕ160、ϕ160、ϕ160、ϕ77.2 的圆。

⑤ 创建放样特征 单击“特征”工具栏中的“放样凸台/基体”按钮，在弹出的“放样”属性管理器中，对相关参数进行设置，选择上一步绘制的所有圆作为放样轮廓，单击“确定”按钮，完成放样特征的创建，如图 2-259 所示。

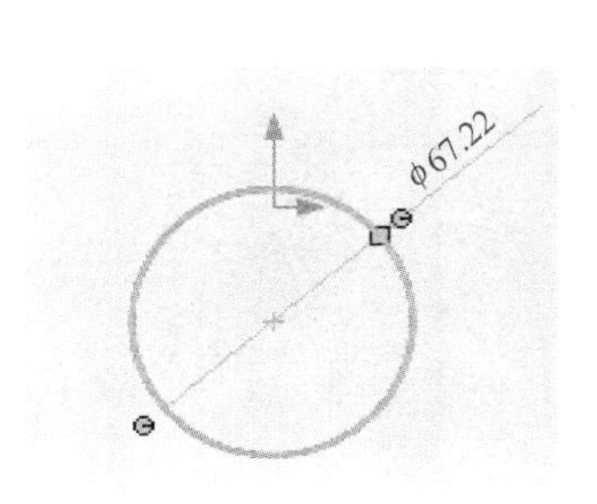

图 2-257　绘制圆

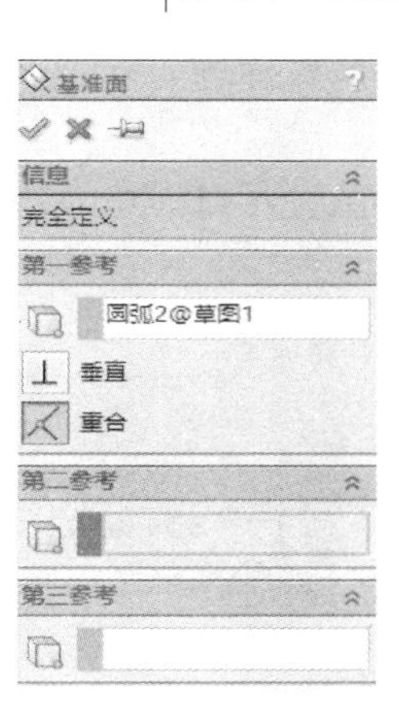

图 2-258　插入基准面

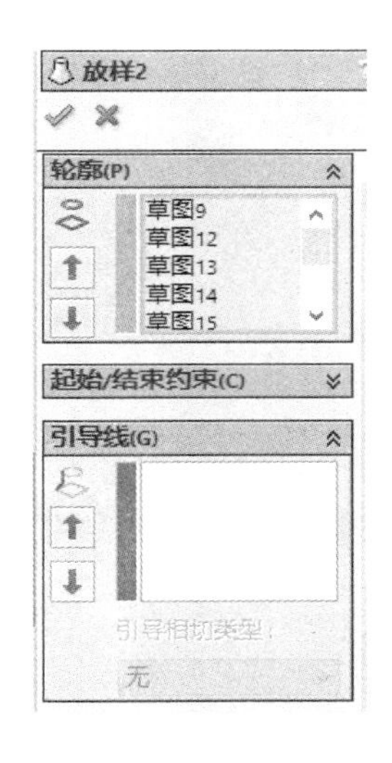

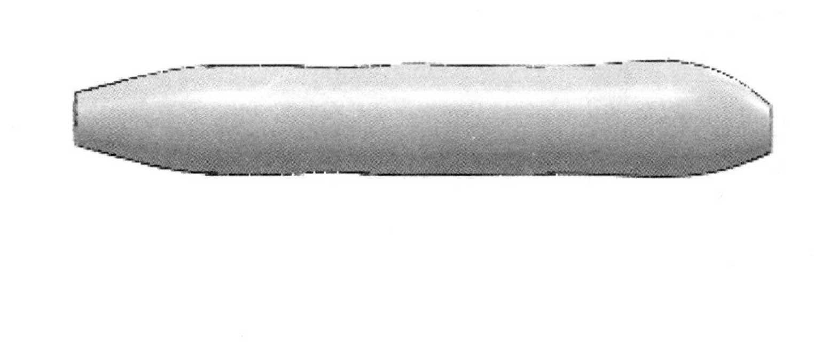

图 2-259　创建放样特征

⑥ 创建圆顶特征　单击“特征”工具栏中的“圆顶”按钮，在弹出的“圆顶”属性管理器中，选择上一步创建的实体的前端面为基准，对相关的参数进行设置，然后单击“确定”按钮，完成圆顶特征的创建，如图 2-260 所示。

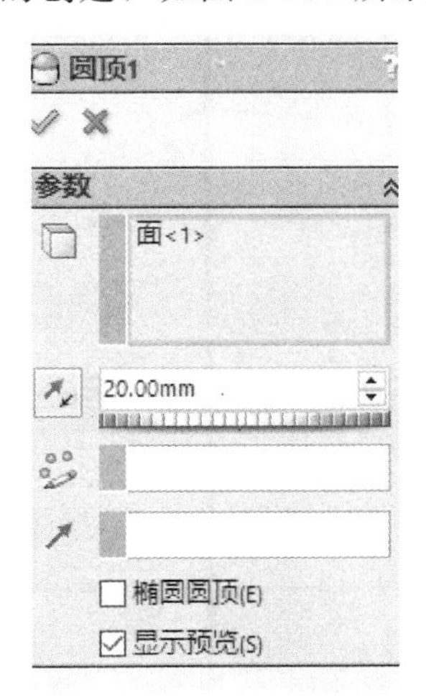

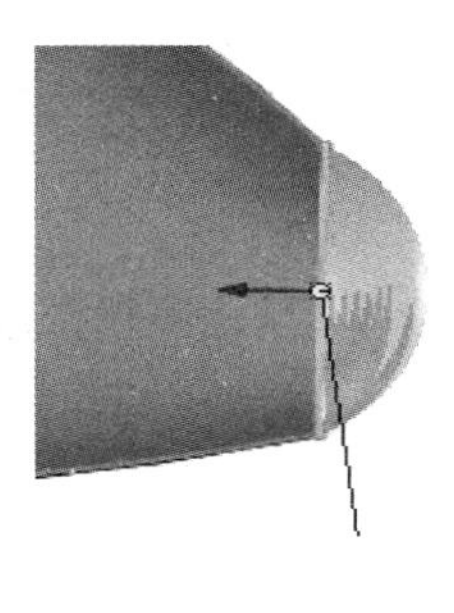

图 2-260　创建圆顶特征

⑦ 创建新的基准面　该基准面过飞机的中心，同时平行于前视基准面，垂直于上视基准面。

⑧ 绘制草图　在新创建的基准面上绘制如图2-261所示的草图，作为飞机翼的轮廓。

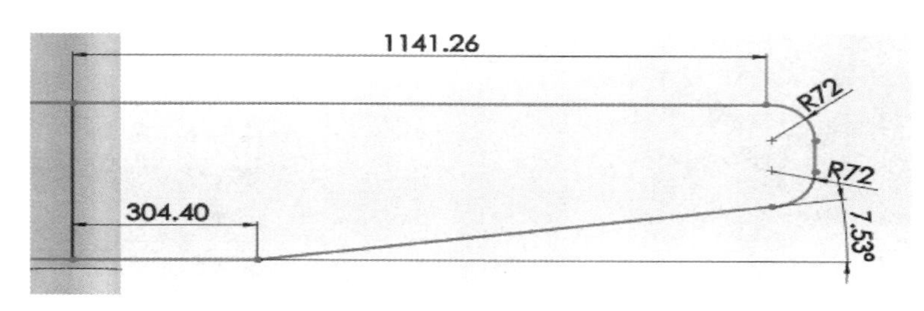

图2-261　绘制草图

⑨ 拉伸实体　单击“特征”工具栏中的“拉伸凸台/基体”按钮，在弹出的“凸台-拉伸”属性管理器中设置相关的参数，选择上一步绘制的草图作为拉伸的对象，单击“确定”按钮，生成机翼，如图2-262所示。

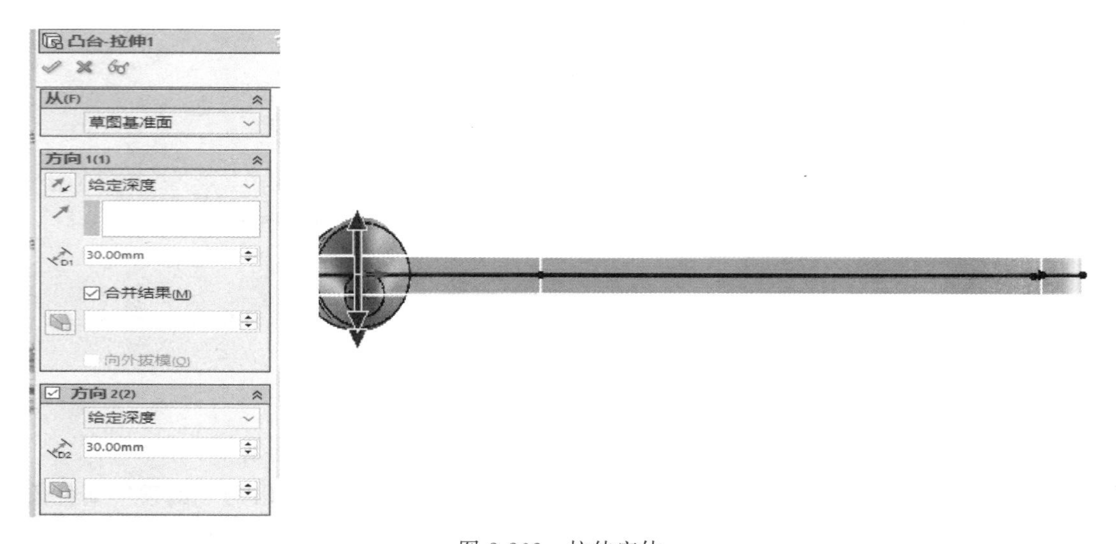

图2-262　拉伸实体

⑩ 绘制草图　在前视基准面绘制如图2-263所示的草图，作为飞机翼的拉伸切除的轮廓。

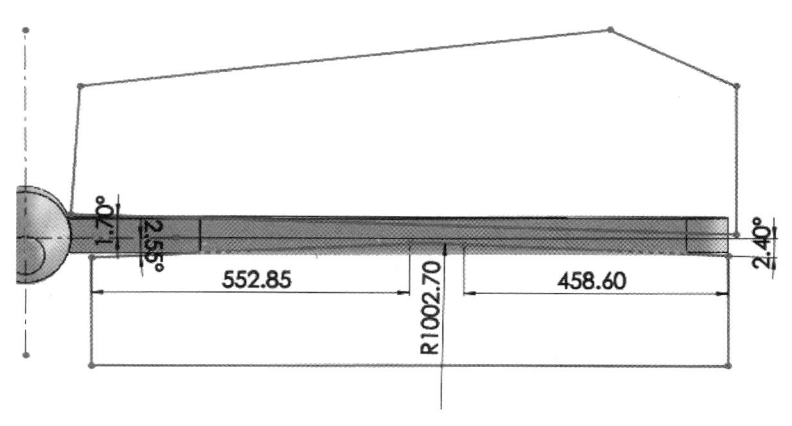

图2-263　绘制草图

⑪ 拉伸切除　单击“特征”工具栏中的“拉伸切除”按钮，在弹出的“拉伸-切除”属性管理器中设置相关的参数，选择上一步绘制的草图作为拉伸切除的轮廓，然后单击“确定”按钮，完成了对机翼的部分切除，如图 2-264 所示。

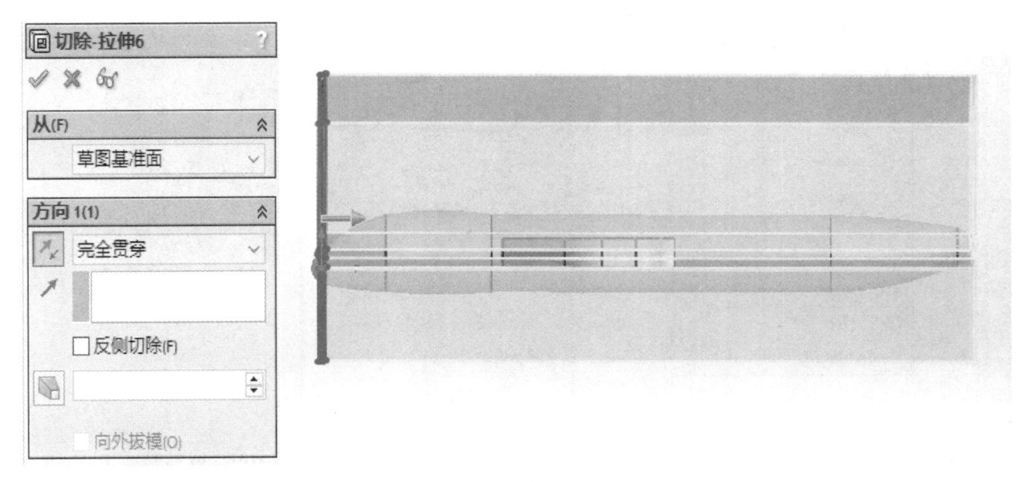

图 2-264　拉伸切除

⑫ 倒角实体　单击“特征”工具栏中的“圆角按钮”，在弹出的“倒角”属性管理器中设置参数，选择机翼的相关边线进行倒角，然后单击“确定”按钮，如图 2-265 所示。

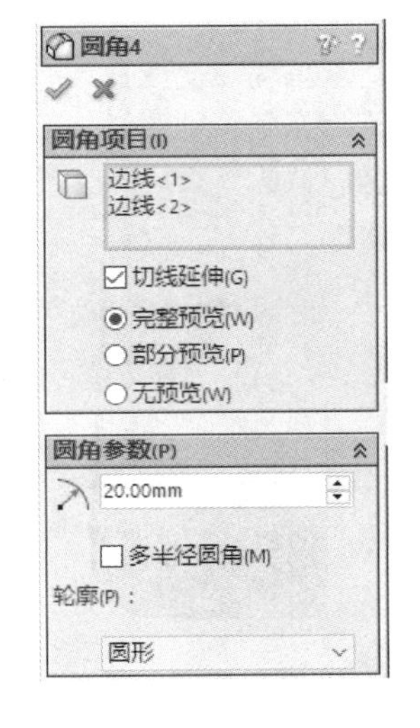

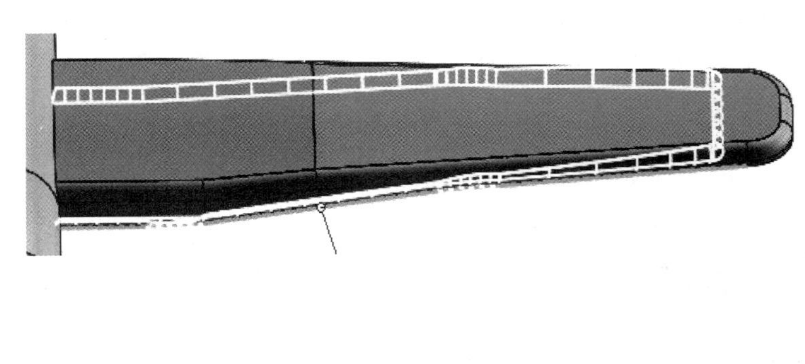

图 2-265　倒角实体

⑬ 镜像特征　单击“特征”工具栏中的“镜像”按钮，弹出“镜像”属性管理器。选择“右视基准面”为镜像面，在视图中选择上一步创建的拉伸特征为要镜像的特征，然后单击“确定”按钮。

⑭ 绘制草图　在飞机的机尾部分绘制如图 2-266 的草图，该草图在上视基准面上绘制。

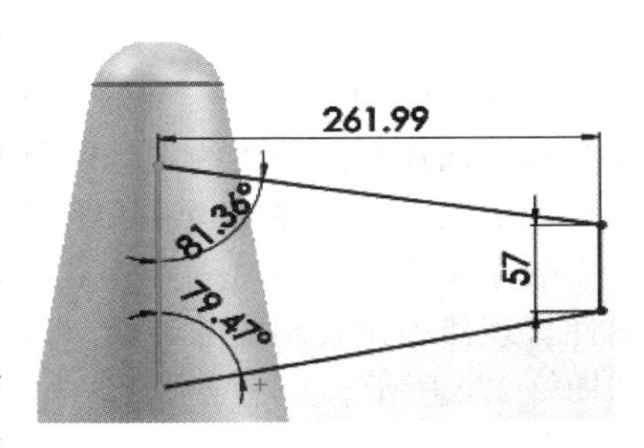

图 2-266　绘制草图

⑮ 拉伸实体　单击“特征”工具栏中的“拉伸凸台/基体”按钮，在弹出的“凸台-拉伸”属性管理器中设置相关的参数，选择上一步绘制的草图作为拉伸的对象，单击

“确定”按钮，如图 2-267 所示。

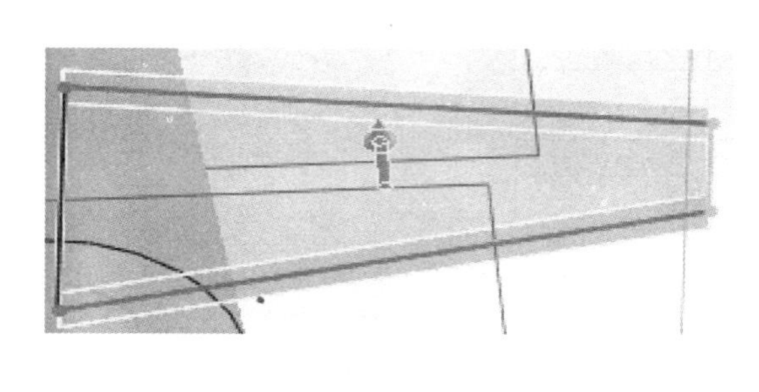

图 2-267　凸台拉伸

⑯ 绘制草图　以上一步拉伸实体的右端面为基准面绘制如图 2-268 的草图。

⑰ 拉伸实体　单击“特征”工具栏中的“拉伸凸台/基体”按钮，在弹出的“凸台-拉伸”属性管理器中设置相关的参数，选择上一步绘制的草图作为拉伸的对象，单击“确定”按钮，如图 2-269 所示。

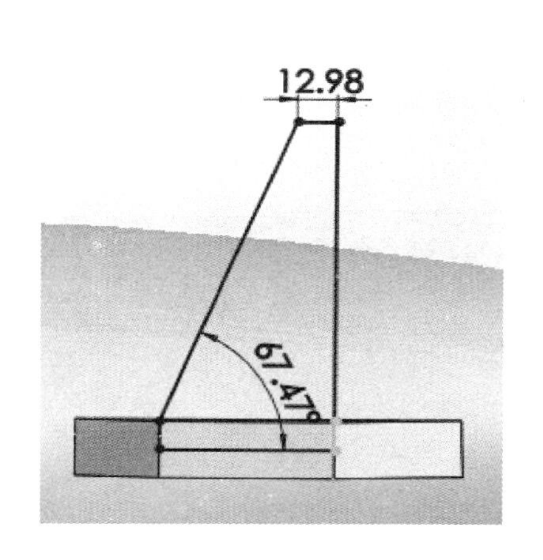

图 2-268　绘制草图

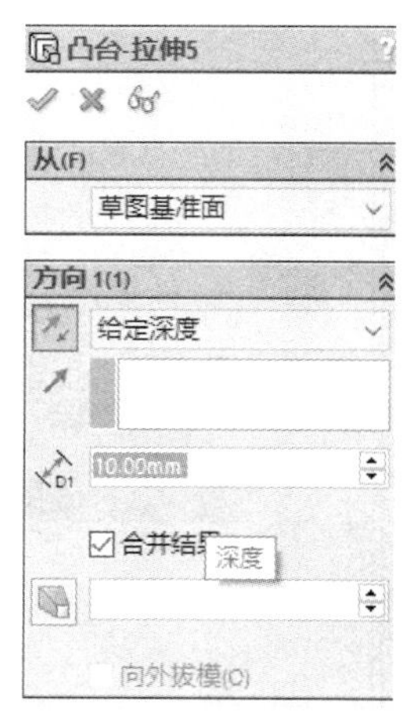

图 2-269　凸台拉伸

⑱ 镜像特征　单击“特征”工具栏中的“镜像”按钮，弹出“镜像”属性管理器。选择“右视基准面”为镜像面，在视图中选择需要镜像的对象，然后单击“确定”按钮。

⑲ 倒角实体　单击“特征”工具栏中的“圆角按钮”，在弹出的“倒角”属性管理器中设置参数，选择相关的边线进行倒角，然后单击“确定”按钮。最后的实体如图 2-270 所示。

⑳ 绘制草图　在机尾部分绘制如图 2-271 所示的草图，该草图在右视基准面绘制。

㉑ 拉伸实体　单击“特征”工具栏中的“拉伸凸台/基体”按钮，在弹出的“凸台-拉伸”属性管理器中设置相关的参数，选择上一步绘制的草图作为拉伸的对象，单击“确定”按钮，如图 2-272 所示。

㉒ 绘制草图　在前视基准面上绘制如图 2-273 所示的草图，作为下一步拉伸切除创建实体的轮廓。

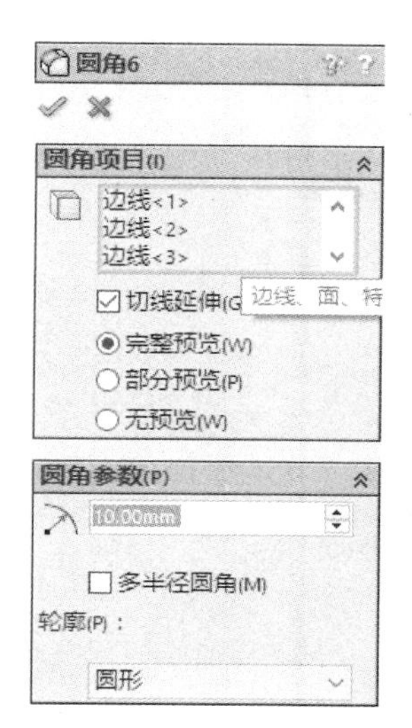

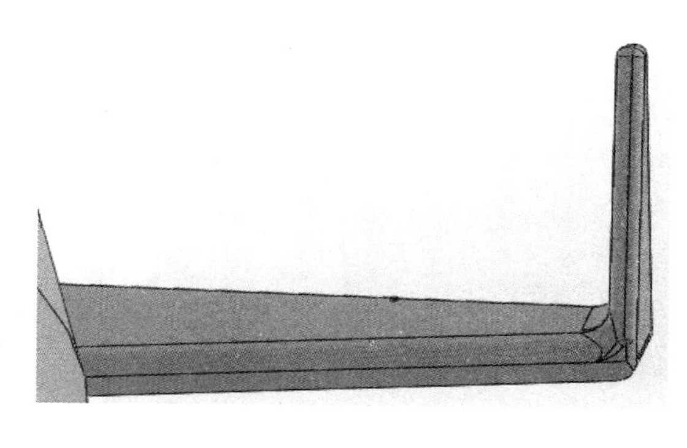

图 2-270　倒角实体

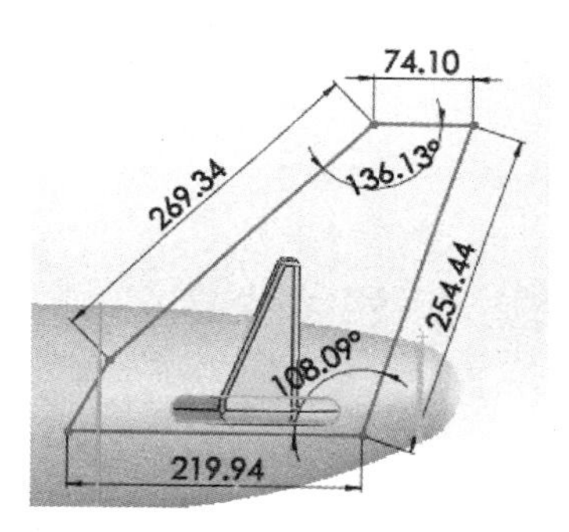

图 2-271　绘制草图

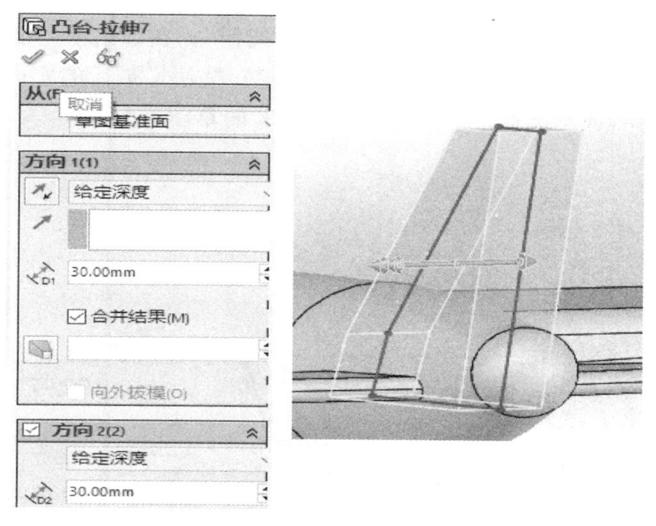

图 2-272　凸台拉伸

㉓ 拉伸切除　单击"特征"工具栏中的"拉伸切除"按钮，在弹出的"拉伸-切除"属性管理器中设置相关的参数，选择上一步绘制的草图作为拉伸切除的轮廓，然后单击"确定"按

钮，如图 2-274 所示。

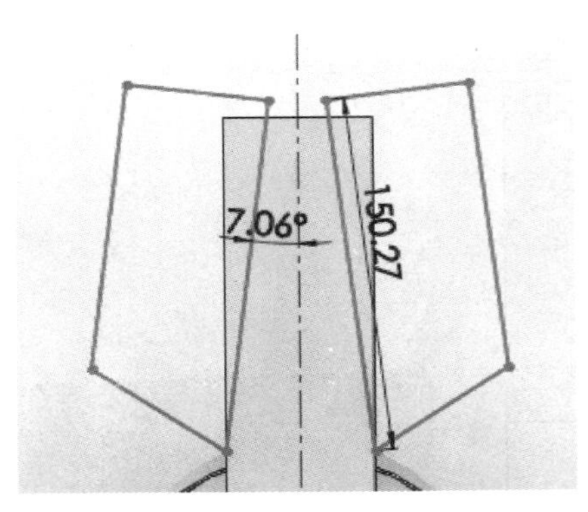

图 2-273　绘制草图

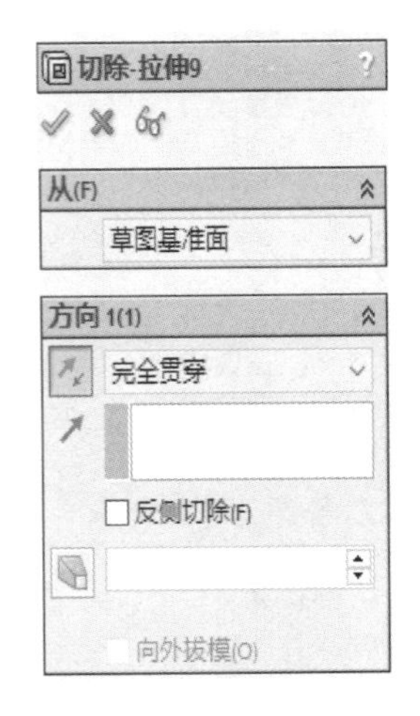

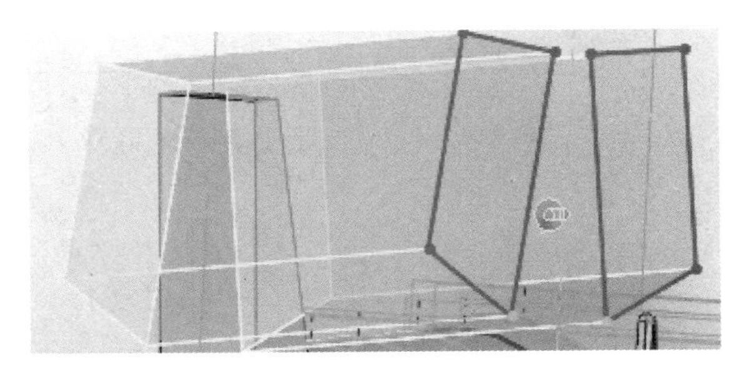

图 2-274　拉伸切除

㉔ 倒角实体　单击“特征”工具栏中的“圆角按钮”，在弹出的“倒角”属性管理器中设置参数，选择相关的边线进行倒角，然后单击“确定”按钮，最后的实体如图 2-275 所示。

㉕ 绘制草图　在右视基准面上，绘制如图 2-276 的草图。

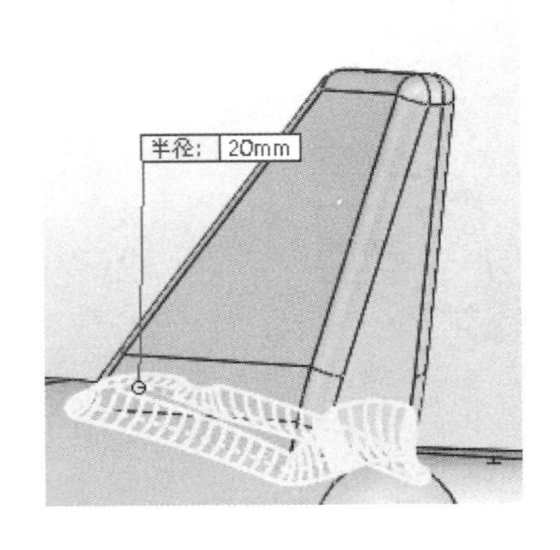

图 2-275　倒角实体

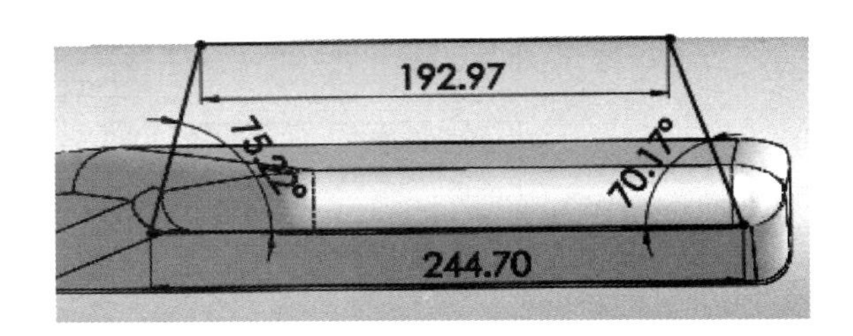

图 2-276　绘制草图

㉖ 拉伸实体　单击“特征”工具栏中的“拉伸凸台/基体”按钮，在弹出的“凸台-拉伸”属性管理器中设置相关的参数，选择上一步绘制的草图作为拉伸的对象，单击“确定”按钮，如图 2-277 所示。

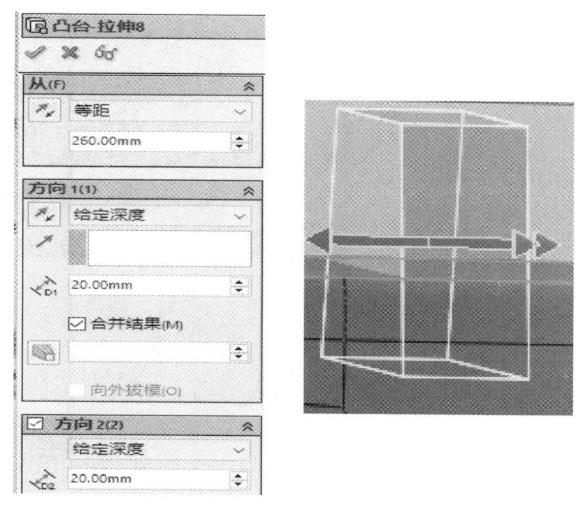

图 2-277　凸台拉伸

㉗ 插入基准面　插入三个与前视基准面平行的基准面，这三个基准面分别与前视基准面相距 360mm、440mm、680mm。

㉘ 绘制圆　在上一步插入的三个基准面上分别绘制三个直径为 96mm、126mm、82mm 的圆，并保证三个圆的圆心在同一条轴上，作为创建发动机放样特征的轮廓。

㉙ 创建放样特征　单击“特征”工具栏中的“放样凸台/基体”按钮，弹出“放样”属性管理器。在绘图区选择刚刚绘制的草图作为放样轮廓，进行设置后单击“确定”按钮，完成放样特征的创建，如图 2-278 所示。

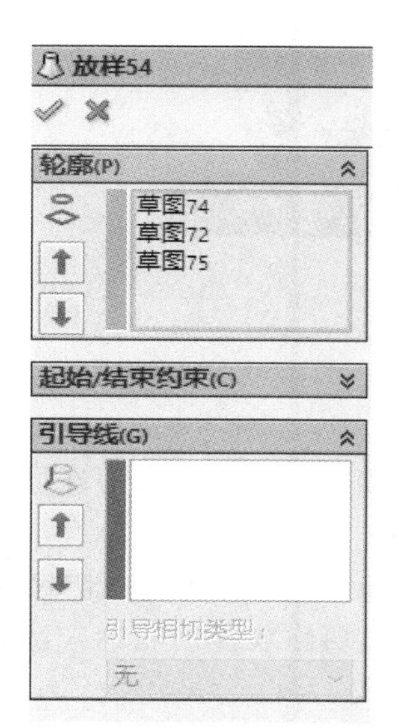

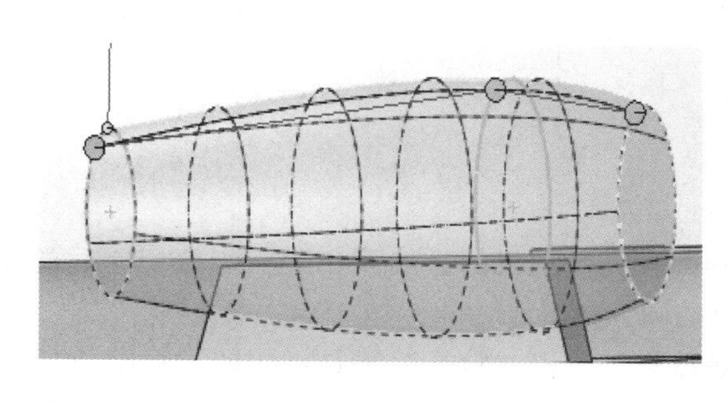

图 2-278　创建放样特征

㉚ 倒角实体　单击“特征”工具栏中的“圆角按钮”，在弹出的“倒角”属性管理器中设置参数，选择相关的边线进行倒角，然后单击“确定”按钮，如图 2-279 所示。

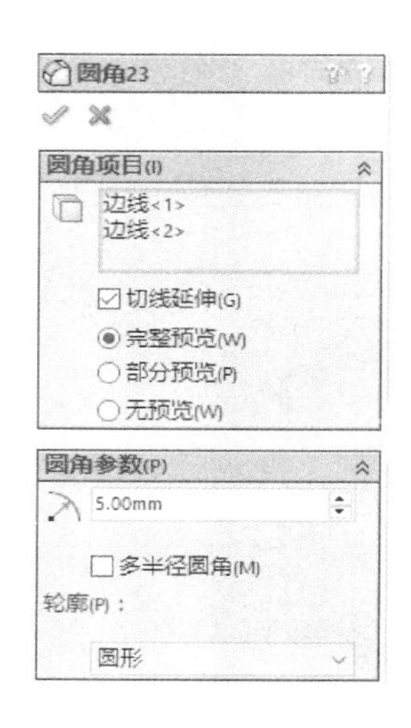

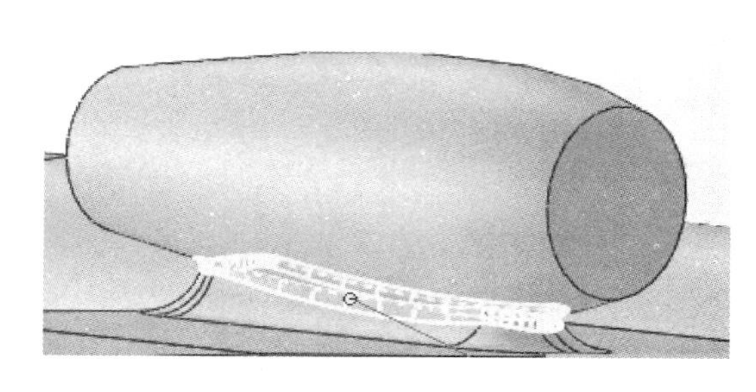

图 2-279　倒角实体

㉛ 绘制圆　在创建的发动机实体的前端面绘制一个直径为 88mm 的圆。

㉜ 拉伸切除　单击“特征”工具栏中的“拉伸切除”按钮，在弹出的“拉伸-切除”属性管理器中设置相关的参数，选择上一步绘制的草图作为拉伸切除的轮廓，然后单击“确定”按钮，如图 2-280 所示。

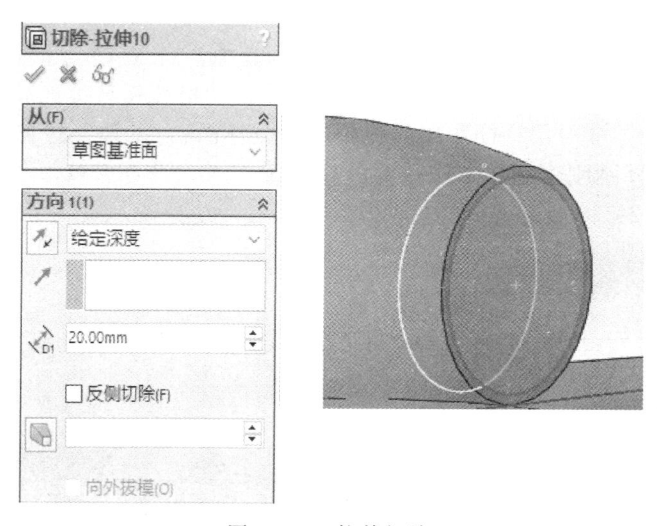

图 2-280　拉伸切除

㉝ 绘制圆　在发动机的后端面和上一步被切除后的端面上绘制两个圆心在同一轴线且直径为 50mm 的圆。

㉞ 切除放样　单击“特征”工具栏中的“切除放样”按钮，在弹出的“切除-放样”属性管理器中设置相关的参数，选择上一步绘制的两个草图作为切除放样的轮廓，然后单击“确定”按钮，如图 2-281 所示。

㉟ 绘制草图　在上一步被放样切除后剩余实体的前端面绘制如图 2-282 的草图。

㊱ 拉伸实体　单击“特征”工具栏中的“拉伸凸台/基体”按钮，在弹出的“凸台-拉伸”属性管理器中设置相关的参数，选择上一步绘制的草图作为拉伸的对象，单击“确定”按钮，如图 2-283 所示。

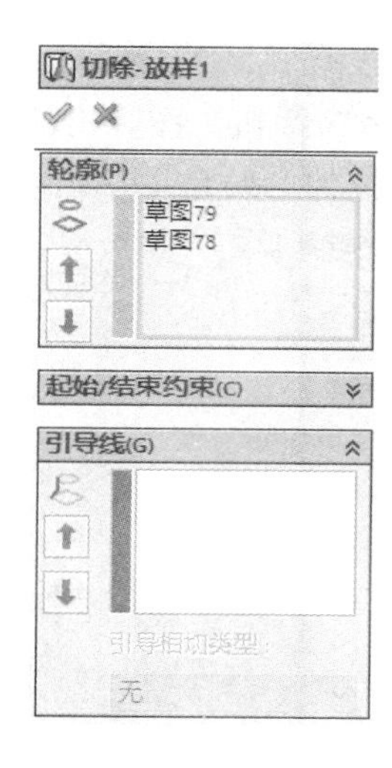

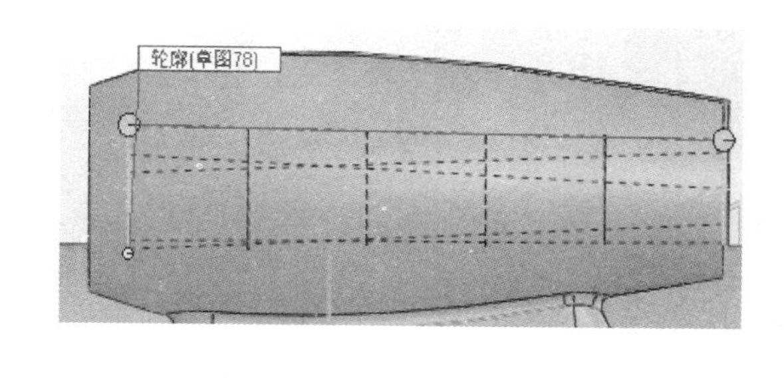

图 2-281　切除放样

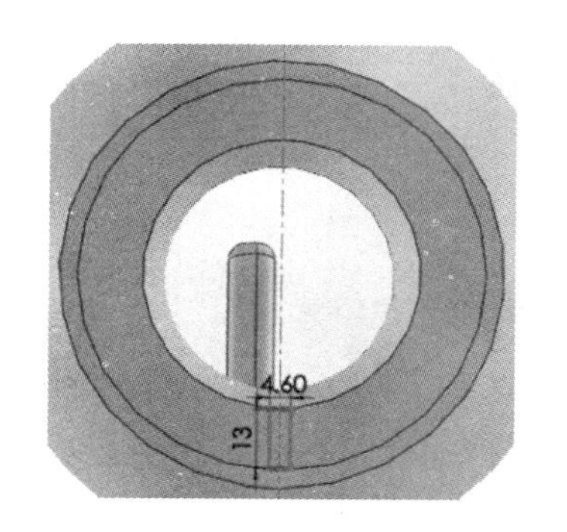

图 2-282　绘制草图

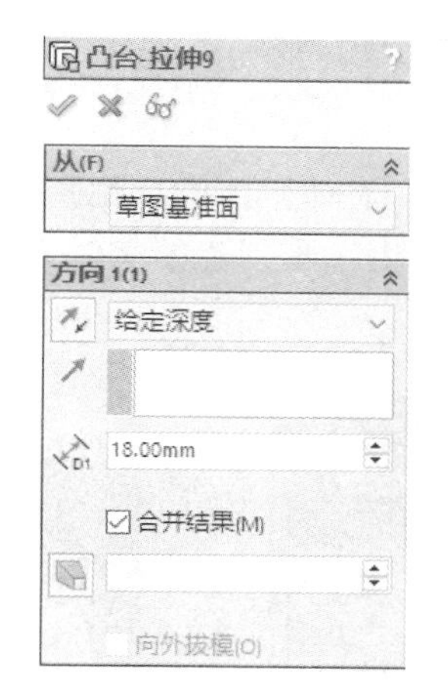

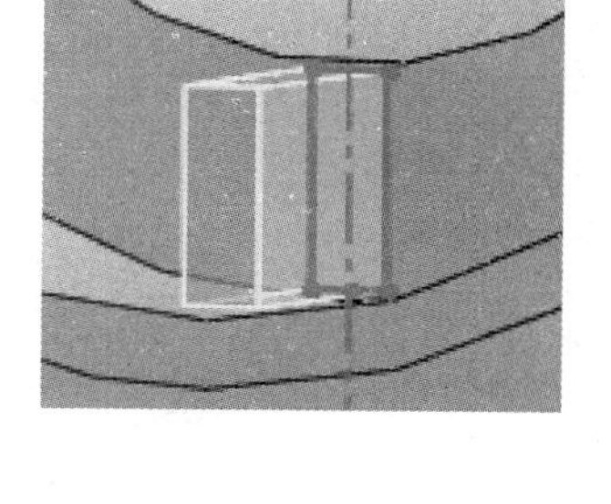

图 2-283　凸台拉伸

㊲ 圆周阵列　单击“特征”工具栏中的“圆周阵列”按钮，在弹出的“圆周阵列”属性管理器中设置相关的参数，选择上一步创建的实体为圆周阵列的对象，单击“确定”按钮，如图 2-284 所示。

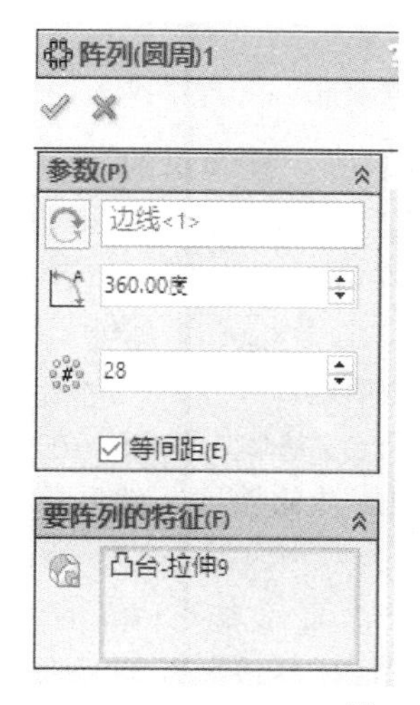

图 2-284　圆周阵列

㊳ 绘制草图 在发动机的后端面绘制如图 2-285 所示的草图。

㊴ 拉伸实体 单击“特征”工具栏中的“拉伸凸台/基体”按钮，在弹出的“凸台-拉伸”属性管理器中设置相关的参数，选择上一步绘制的草图作为拉伸的对象，单击“确定”按钮，如图 2-286 所示。

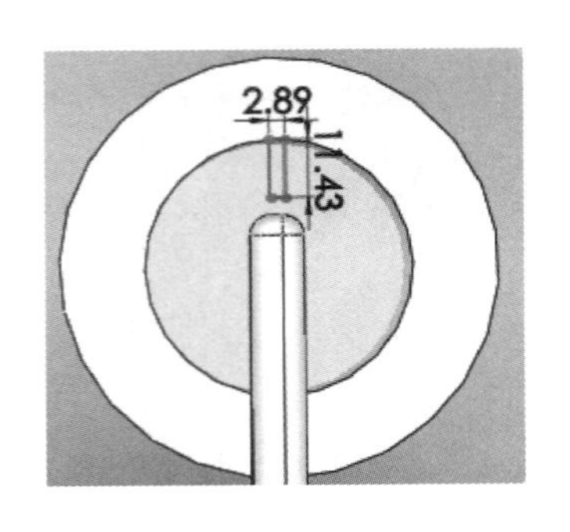

图 2-285 绘制草图

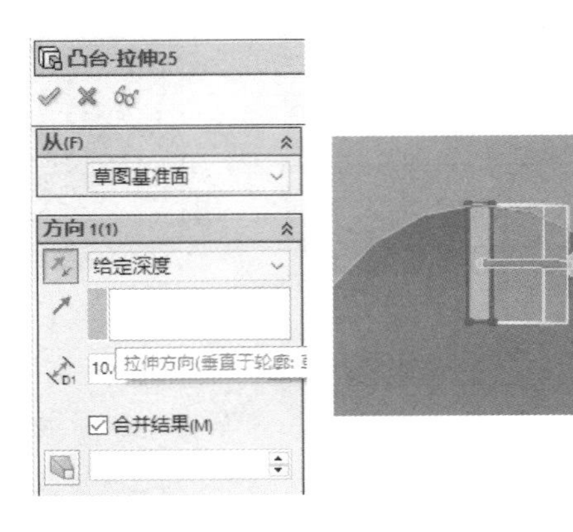

图 2-286 凸台拉伸

㊵ 圆周阵列 单击“特征”工具栏中的“圆周阵列”按钮，在弹出的“圆周阵列”属性管理器中设置相关的参数，选择上一步创建的实体为圆周阵列的对象，单击“确定”按钮，如图 2-287 所示。

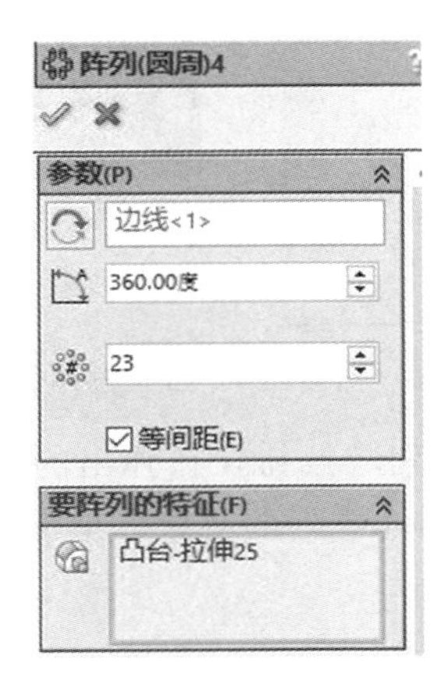

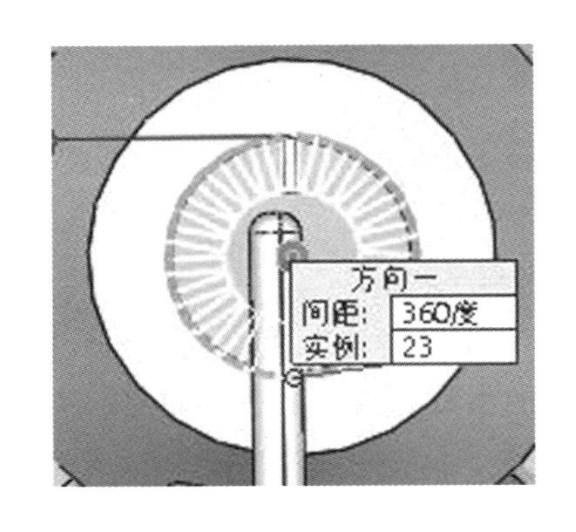

图 2-287 圆周阵列

㊶ 倒角实体 单击“特征”工具栏中的“圆角按钮”，在弹出的“倒角”属性管理器中设置参数，选择相关的边线进行倒角，然后单击“确定”按钮，如图 2-288 所示。

㊷ 插入基准面 插入新的基准面，该基准面与右视基准面平行，且该基准面与右视基准面相距 262mm。

㊸ 绘制草图 在新的基准面上绘制如图 2-289 的草图。

㊹ 旋转实体 单击“特征”工具栏中的“旋转凸台/基体”按钮，在弹出的“旋转”属性管理器中设置相关参数，选择上一步绘制的草图作为旋转的轮廓，然后单击“确定”按钮，如图 2-290 所示。

㊺ 绘制圆 在上一步创建的实体的前端面绘制一个直径为 11mm 的圆。

㊻ 拉伸实体 单击“特征”工具栏中的“拉伸凸台/基体”按钮，在弹出的“凸台-拉伸”属性管理器中设置相关的参数，选择上一步绘制的草图作为拉伸的对象，单击“确定”按钮，

如图 2-291 所示。

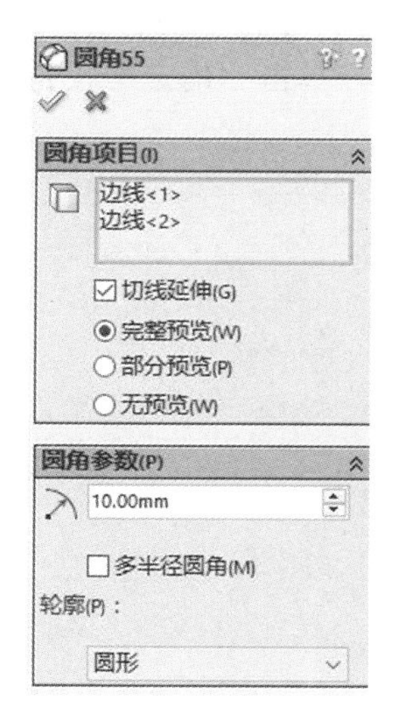

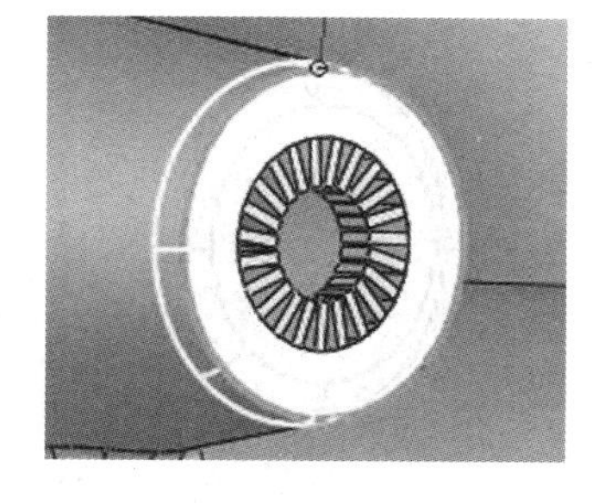

图 2-288　倒角实体

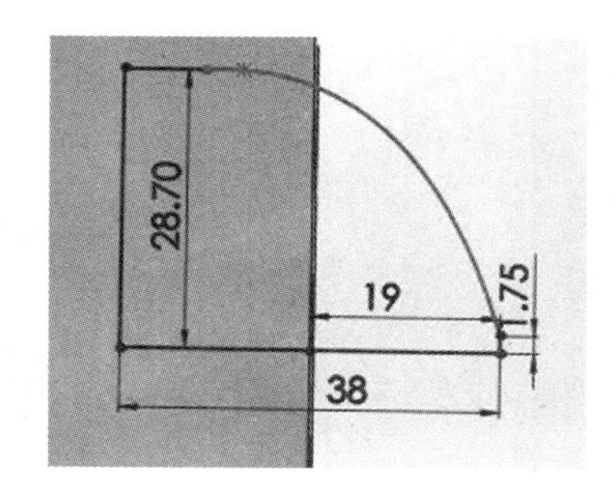

图 2-289　绘制草图

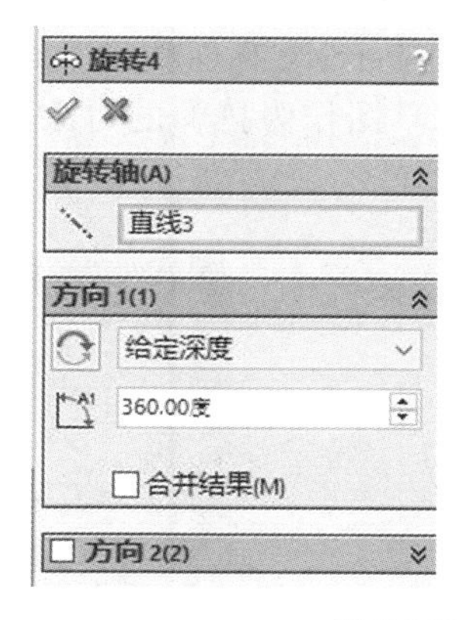

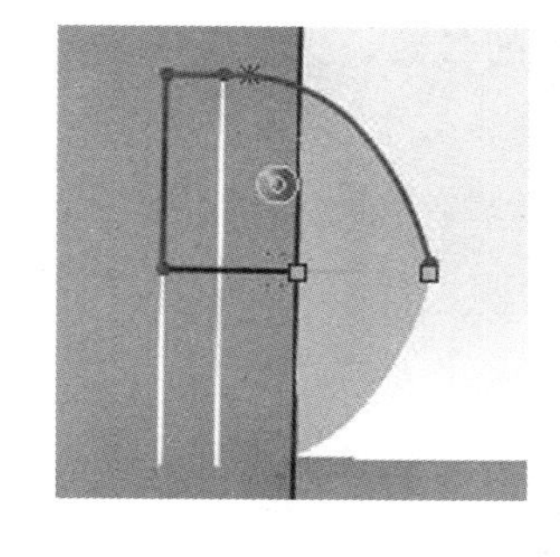

图 2-290　旋转实体

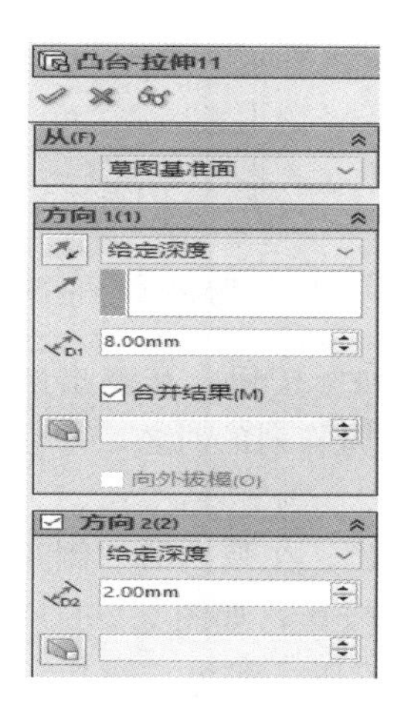

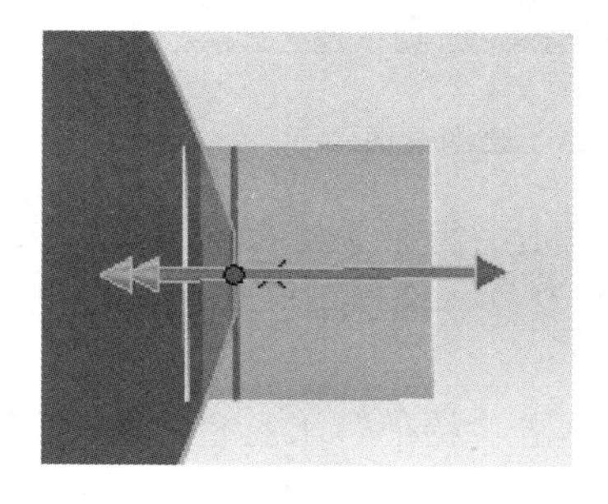

图 2-291　凸台拉伸

㊼ 绘制圆　在上一步创建的实体的前端面绘制一个直径为44mm的圆。

㊽ 拉伸实体　单击“特征”工具栏中的“拉伸凸台/基体”按钮，在弹出的“凸台-拉伸”属性管理器中设置相关的参数，选择上一步绘制的草图作为拉伸的对象，单击“确定”按钮，如图2-292所示。

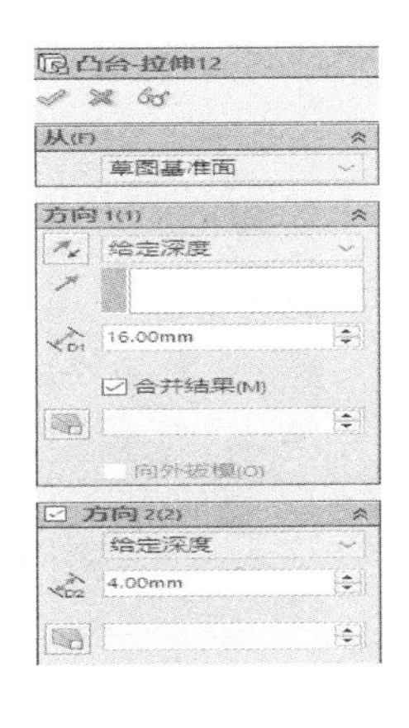

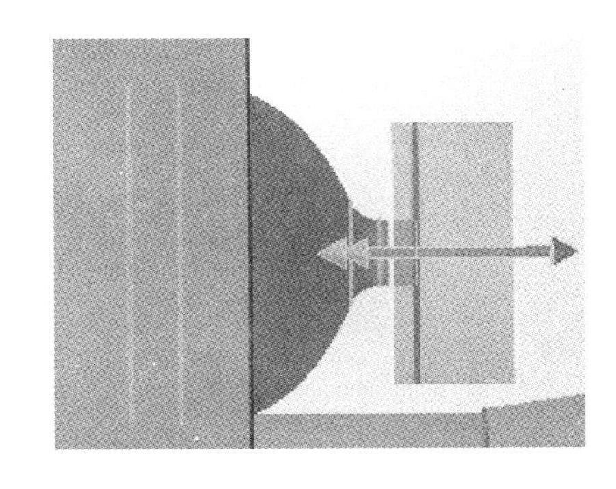

图2-292　凸台拉伸

㊾ 绘制草图　在上一步创建的实体的后端面为基准面，绘制如图2-293所示的草图。

㊿ 拉伸实体　单击“特征”工具栏中的“拉伸凸台/基体”按钮，在弹出的“凸台-拉伸”属性管理器中设置相关的参数，选择上一步绘制的草图作为拉伸的对象，单击“确定”按钮，如图2-294所示。

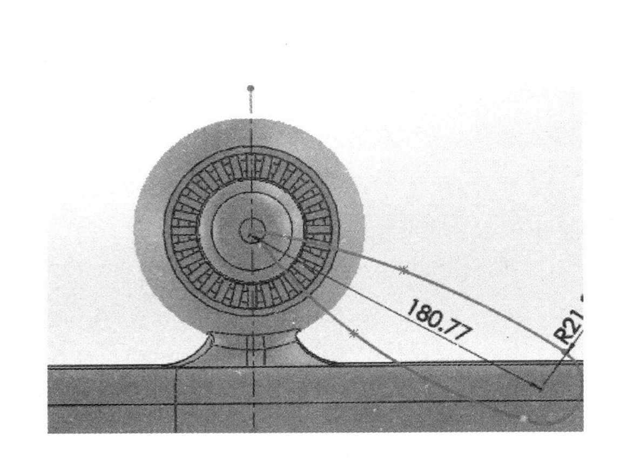

图2-293　绘制草图

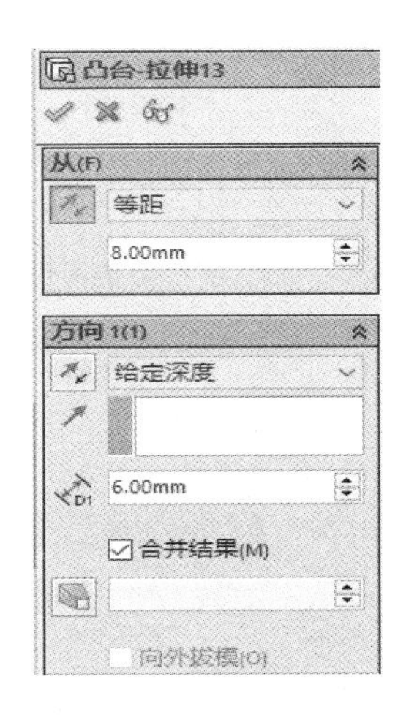

图2-294　凸台拉伸

㉛ 圆周阵列　单击“特征”工具栏中的“圆周阵列”按钮，在弹出的“圆周阵列”属性管理器中设置相关的参数，选择上一步创建的实体为圆周阵列的对象，单击“确定”按钮，如图2-295所示。

㉜ 倒角实体　单击“特征”工具栏中的“圆角按钮”，在弹出的“倒角”属性管理器中设置参数，选择相关的边线进行倒角，然后单击“确定”按钮，如图2-296所示。

㉝ 镜像特征　单击“特征”工具栏中的“镜像”按钮，弹出“镜像”属性管理器。选择“右视基准面”为镜像面，在视图中选择需要镜像的实体，然后单击“确定”按钮。

㉞ 绘制草图　在上视基准面绘制如图2-297所示的草图。

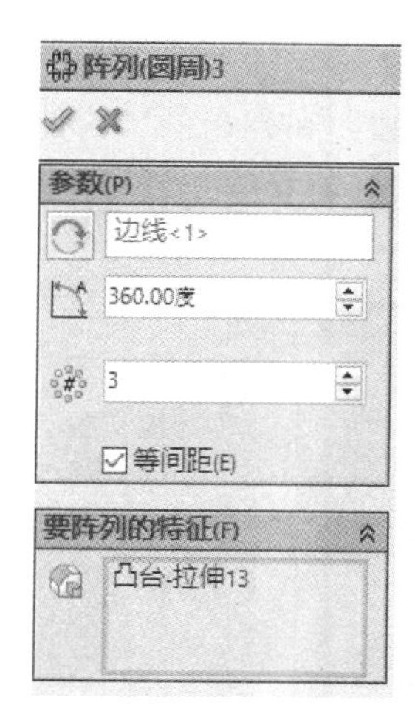

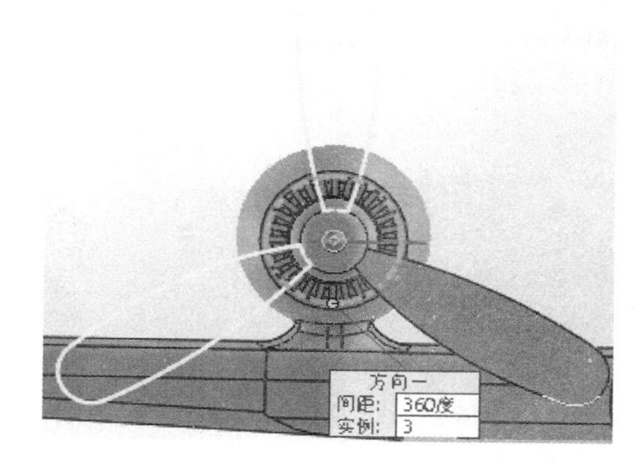

图 2-295　圆周阵列

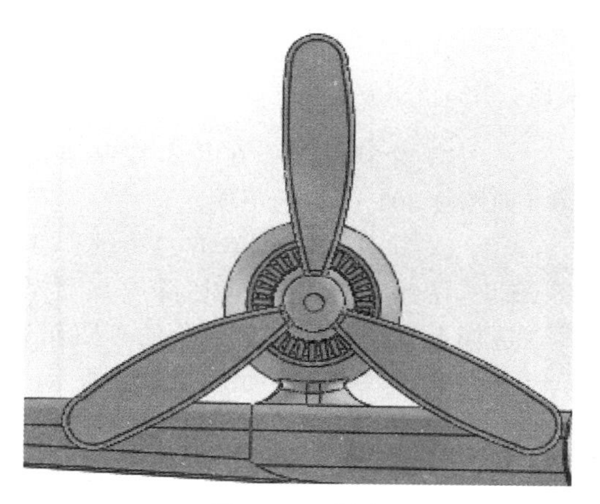

图 2-296　倒角

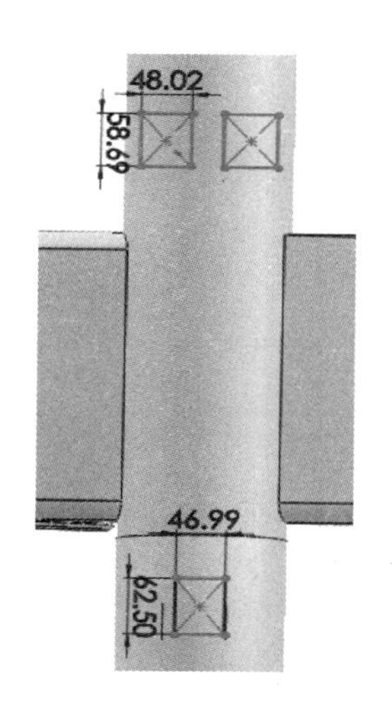

图 2-297　绘制草图

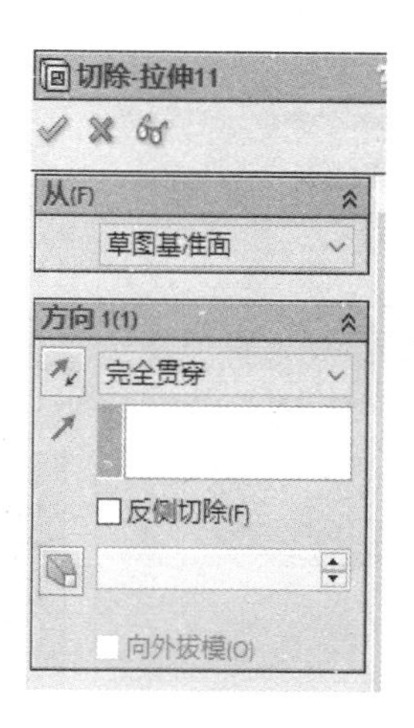

图 2-298　拉伸切除

㊺ 拉伸切除　单击“特征”工具栏中的“拉伸切除”按钮，在弹出的“拉伸-切除”属性管理器中设置相关的参数，选择上一步绘制的草图作为拉伸切除的轮廓，然后单击“确定”按

钮，如图 2-298 所示。

(56) 绘制草图　在前视基准面上绘制如图 2-299 所示的草图。

(57) 拉伸切除　单击“特征”工具栏中的“拉伸切除”按钮，在弹出的“拉伸-切除”属性管理器中设置相关的参数，选择上一步绘制的草图作为拉伸切除的轮廓，然后单击“确定”按钮，如图 2-300 所示。

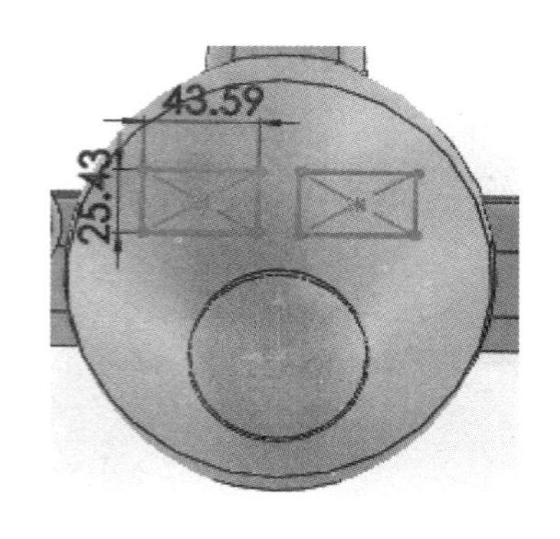

图 2-299　绘制草图

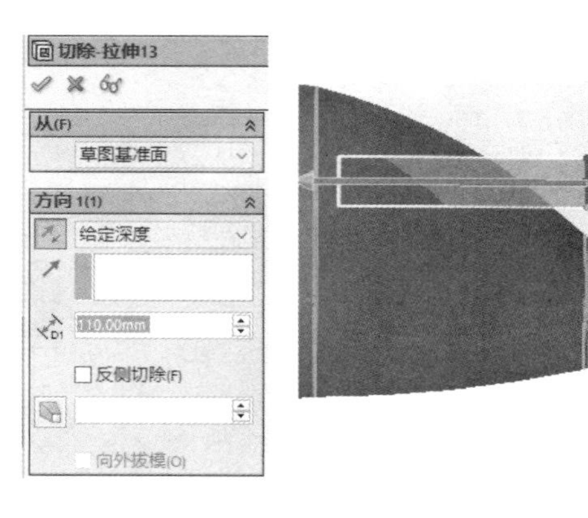

图 2-300　拉伸切除

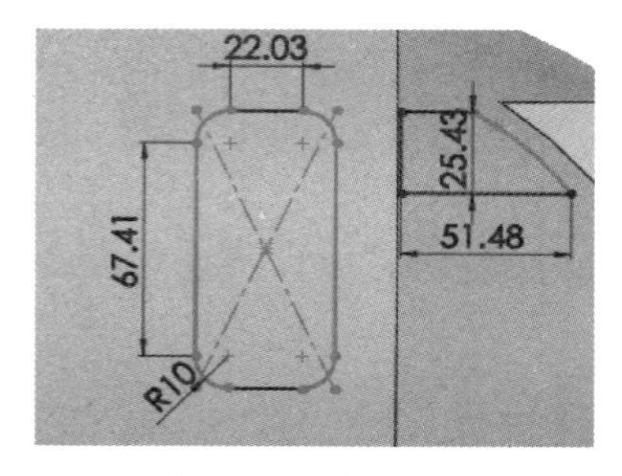

图 2-301　绘制草图

(58) 绘制草图　在与右视基准面平行的某一基准面上绘制如图 2-301 所示的草图。

(59) 拉伸切除　单击“特征”工具栏中的“拉伸切除”按钮，在弹出的“拉伸-切除”属性管理器中设置相关的参数，选择上步绘制的右半部分的草图作为拉伸切除的轮廓，然后单击“确定”按钮，如图 2-302 所示。

(60) 拉伸切除　单击“特征”工具栏中的“拉伸切除”按钮，在弹出的“拉伸-切除”属性管理器中设置相关的参数，选择上一步绘制的左半部分草图作为拉伸切除的轮廓，然后单击“确定”按钮，如图 2-303 所示。

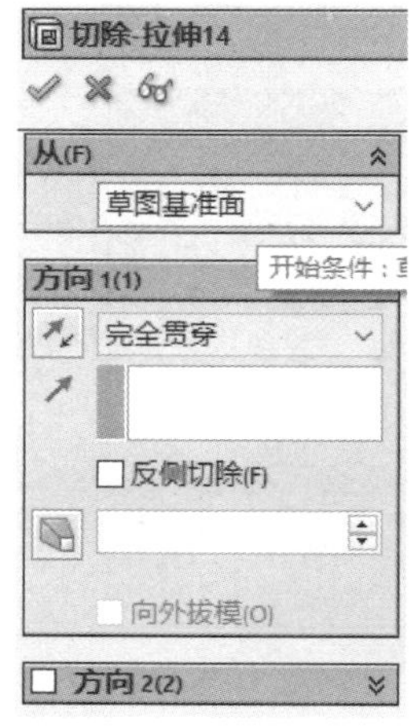

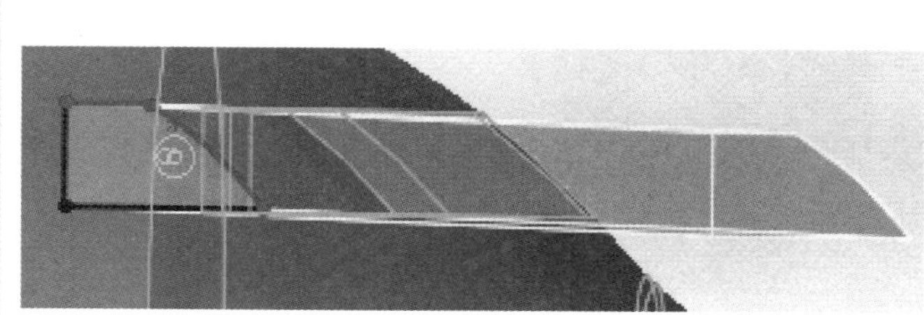

图 2-302　拉伸切除

(61) 曲面填充　单击“插入”/“曲面”/“填充”命令，在弹出的“曲面填充”属性管理中设置相关的参数，然后单击“确定”按钮，如图 2-304 所示（将其他需要填充的面采用同样方法

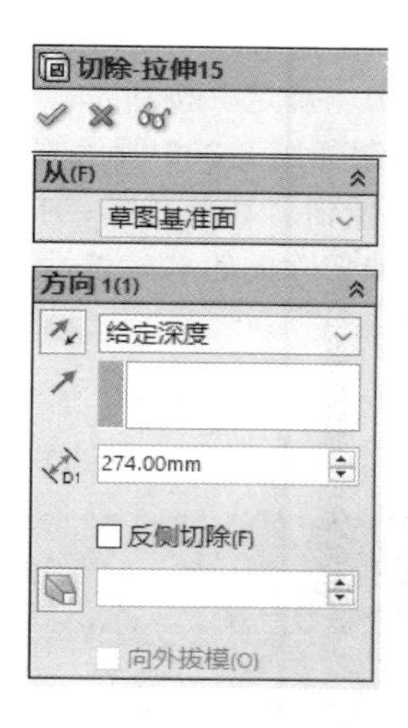

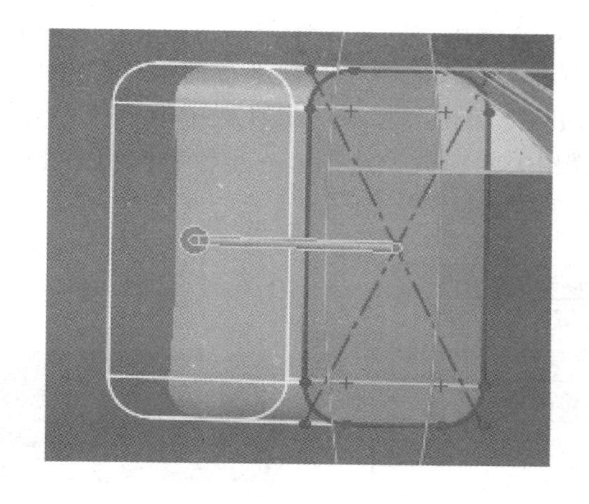

图 2-303　拉伸切除

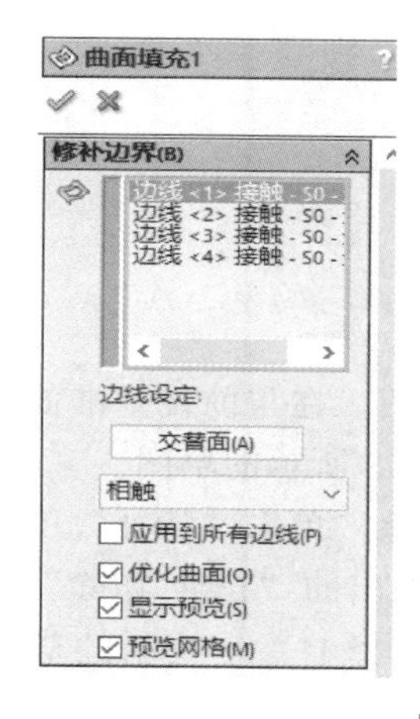

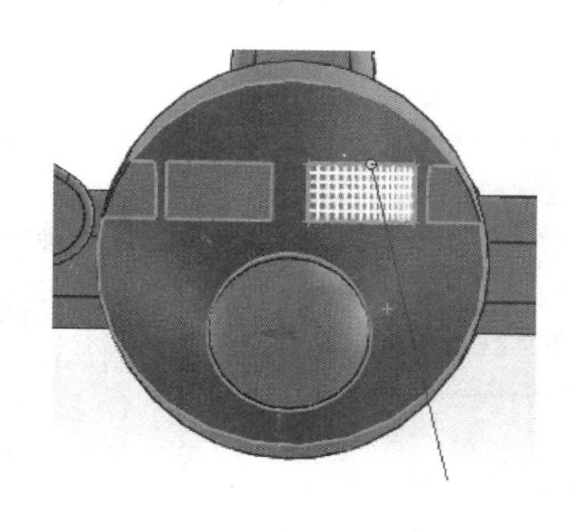

图 2-304　曲面填充

将其填充）。

㊷ 加厚　单击“插入”/“凸台/基体”/“加厚”命令，在弹出的“加厚”属性管理器中设置相关的参数，选择机门为需要加厚的实体，然后单击“确定”按钮，如图 2-305 所示。

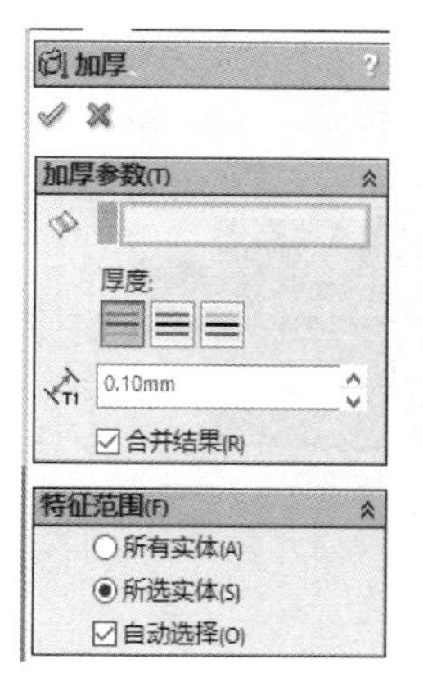

图 2-305　加厚

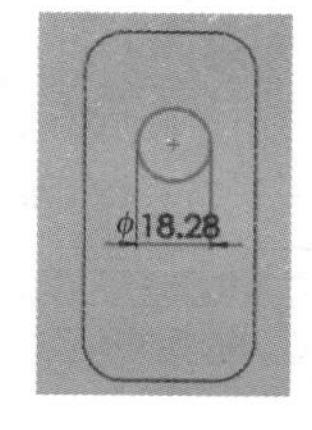

图 2-306　绘制草图

㊸ 倒角实体　单击“特征”工具栏中的“圆角按钮”，在弹出的“倒角”属性管理器中设置相关的参数，选择机门的边框作为倒角的对象，然后单击“确定”按钮。

㊹ 绘制草图　在与右视基准面平行的某一基准面上绘制如图 2-306 所示的草图。

㊺ 拉伸切除　单击“特征”工具栏中的“拉伸切除”按钮，在弹出的“拉伸-切除”属性管理器中设置相关的参数，选择上一步绘制的草图作为拉伸切除的轮廓，然后单击“确定”按钮，如图 2-307 所示。

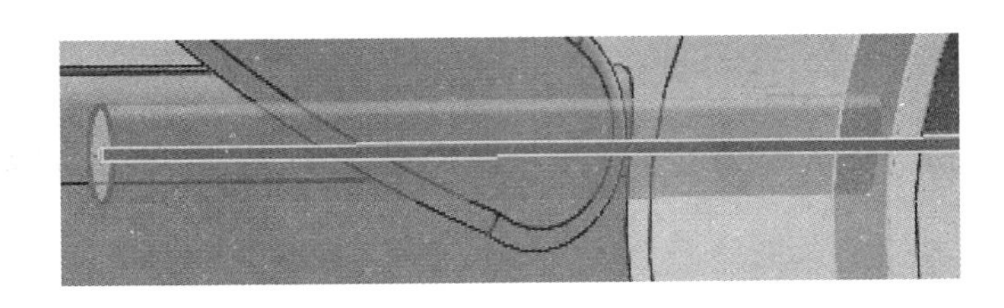

图 2-307　拉伸切除

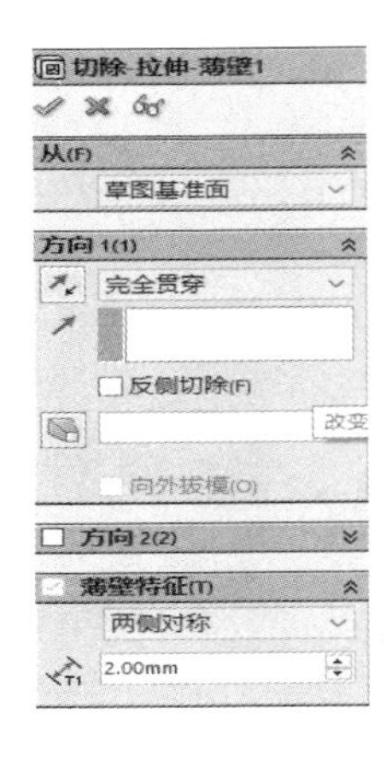

㊻ 绘制草图　在与前视基准面平行的某一基准面上绘制如图 2-308 所示的草图。

㊼ 拉伸切除　单击“特征”工具栏中的“拉伸切除”按钮，在弹出的“拉伸-切除”属性管理器中设置相关的参数，选择上一步绘制的草图作为拉伸切除的轮廓，然后单击“确定”按钮，如图 2-309 所示。

㊽ 倒角实体　单击“特征”工具栏中的“圆角按钮”，在弹出的“倒角”属性管理器中设置参数，选择上一步创建的实体的相关的边线进行倒角，然后单击“确定”按钮，如图 2-310 所示。

图 2-308　绘制草图

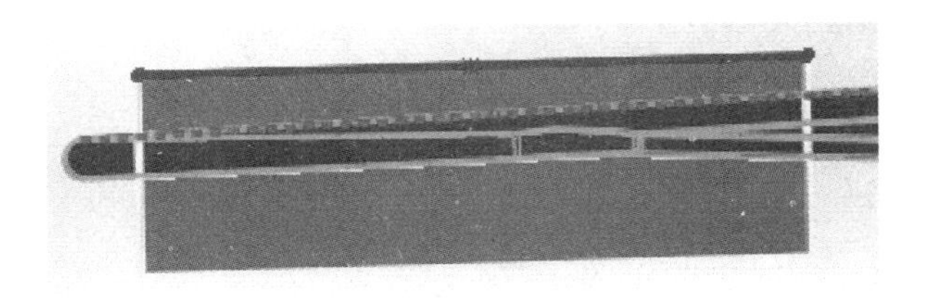

图 2-309　拉伸切除

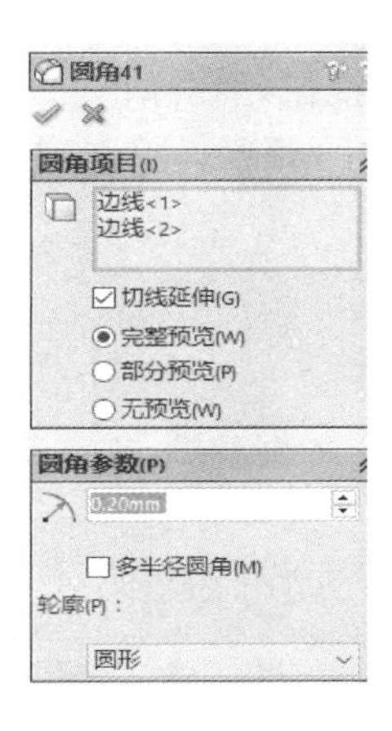

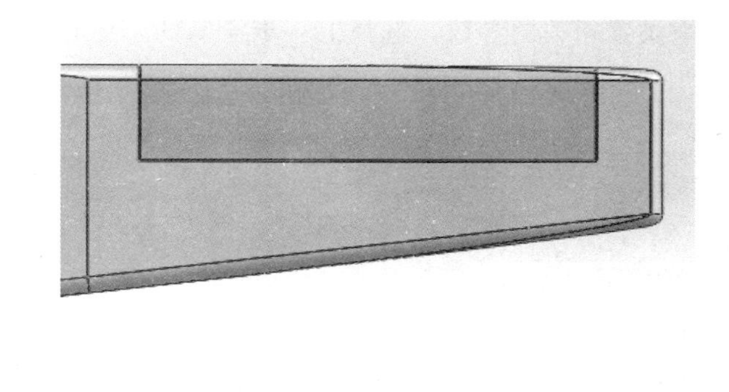

图 2-310　倒角实体

⑲ 绘制草图　在平行于右视基准面的某一平面上绘制如图 2-311 所示的草图。

⑳ 拉伸切除　单击“特征”工具栏中的“拉伸切除”按钮，在弹出的“拉伸-切除”属性管理器中设置相关的参数，选择上一步绘制的草图作为拉伸切除的轮廓，然后单击“确定”按钮，如图 2-312 所示。

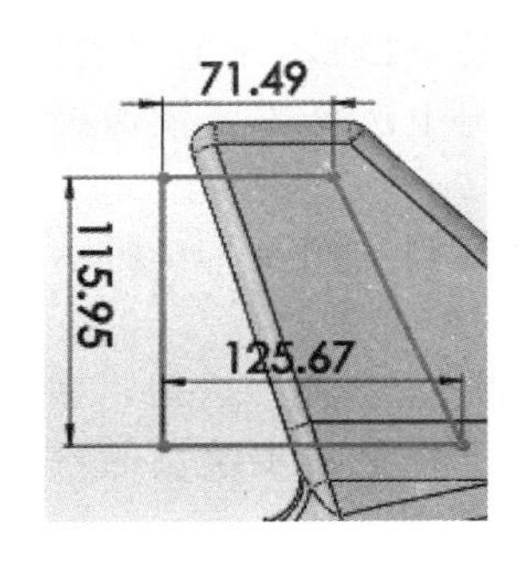

图 2-311　绘制草图

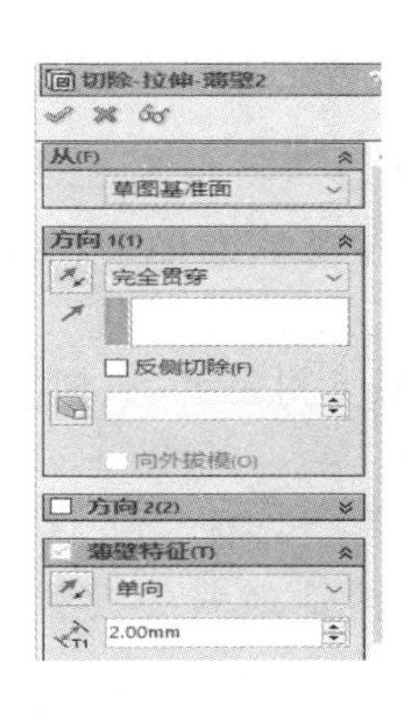

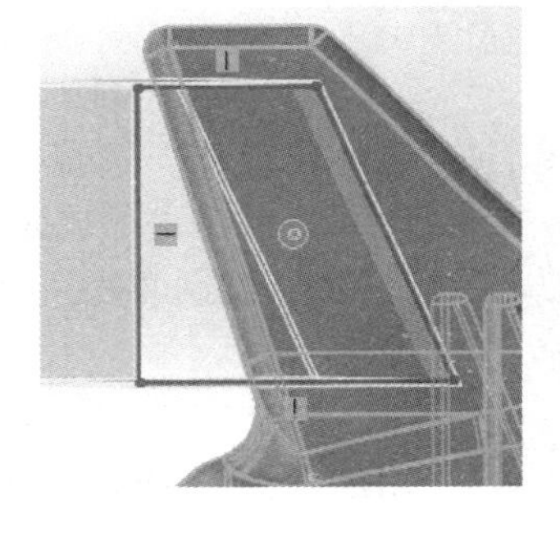

图 2-312　拉伸切除

㉑ 倒角实体　单击“特征”工具栏中的“圆角按钮”，在弹出的“倒角”属性管理器中设置参数，选择上一步创建的实体相关的边线进行倒角，然后单击“确定”按钮，如图 2-313 所示。

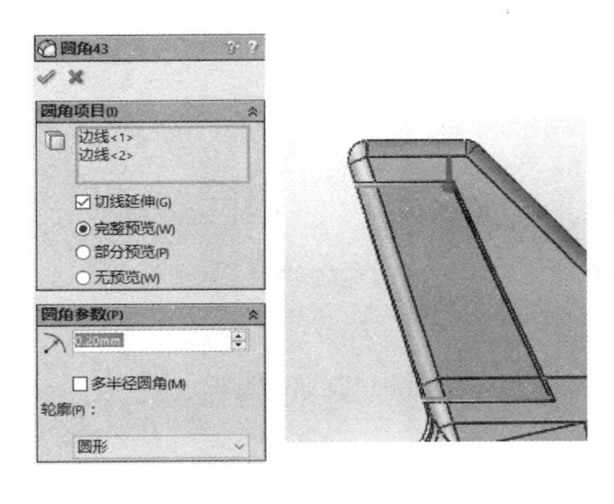

图 2-313　倒角实体

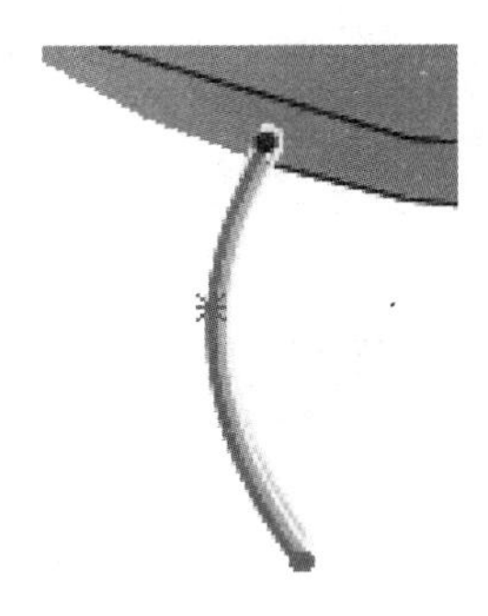

图 2-314　绘制草图

⑫ 绘制草图　在飞机底部一相关的基准面上绘制如图 2-314 所示的草图。

⑬ 拉伸实体　单击“特征”工具栏中的“拉伸凸台/基体”按钮，在弹出的“凸台-拉伸”属性管理器中设置相关的参数，选择上一步绘制的草图作为拉伸的对象，单击“确定”按钮，如图 2-315 所示。

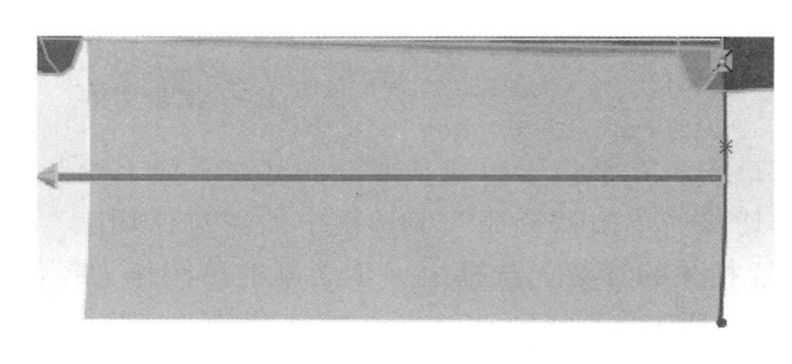

图 2-315　凸台拉伸

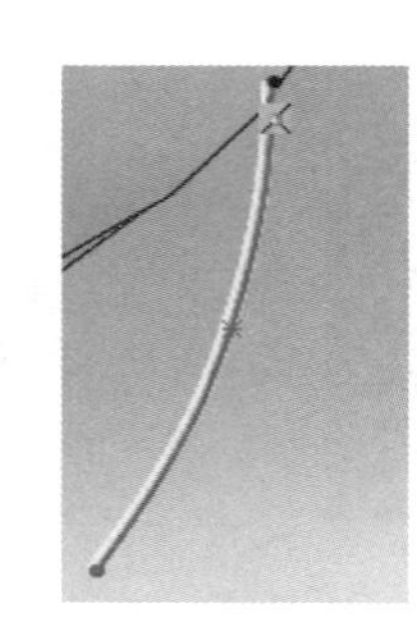

图 2-316　绘制草图

⑭ 镜像特征　单击“特征”工具栏中的“镜像”按钮，弹出“镜像”属性管理器。选择“右视基准面”为镜像面，在视图中选择需要镜像的实体，然后单击“确定”按钮。

⑮ 绘制草图　在飞机底部一相关的基准面上绘制如图 2-316 所示的草图。

⑯ 拉伸实体　单击“特征”工具栏中的“拉伸凸台/基体”按钮，在弹出的“凸台-拉伸”属性管理器中设置相关的参数，选择上一步绘制的草图作为拉伸的对象，单击“确定”按钮，如图 2-317 所示。

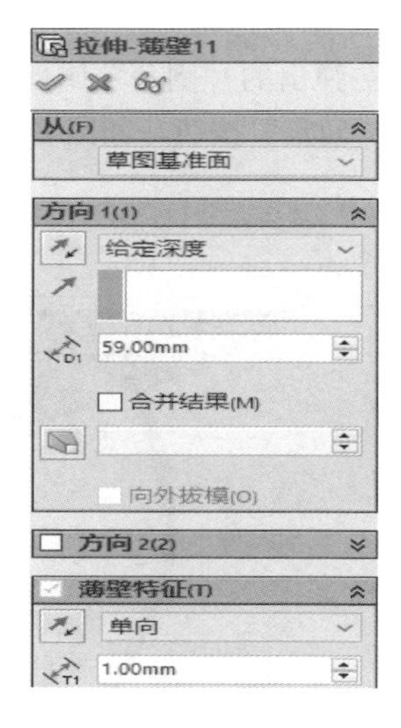

图 2-317　凸台拉伸

⑰ 镜像特征　单击“特征”工具栏中的“镜像”按钮，弹出“镜像”属性管理器。选择“右视基准面”为镜像面，在视图中选择需要镜像的实体，然后单击“确定”按钮。

⑱ 绘制圆　以飞机的底孔面作为基准面，绘制一个直径为 24mm 的圆。

⑲ 拉伸实体　单击“特征”工具栏中的“拉伸凸台/基体”按钮，在弹出的“凸台-拉伸”属性管理器中设置相关的参数，选择上一步绘制的草图作为拉伸的对象，单击“确定”按钮，如图 2-318 所示。

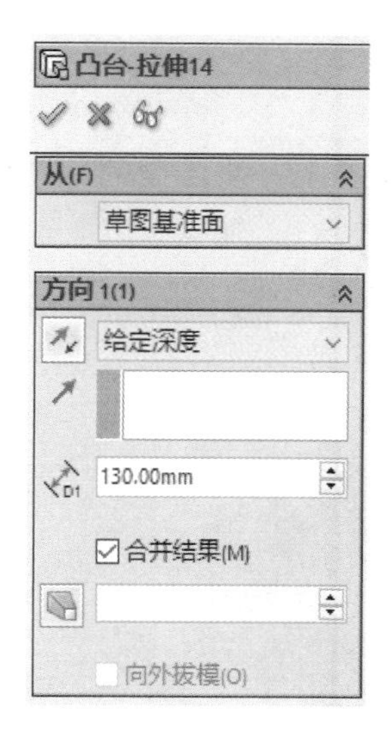

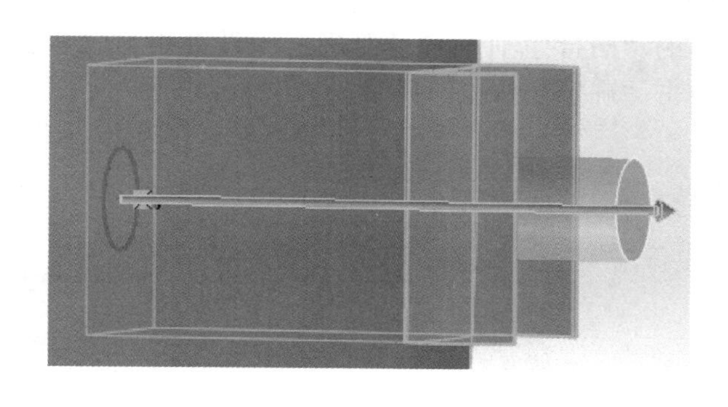

图 2-318　凸台拉伸

⑳ 绘制草图　以上一步绘制的圆柱体的底部为基准面，绘制如图 2-319 所示的草图。

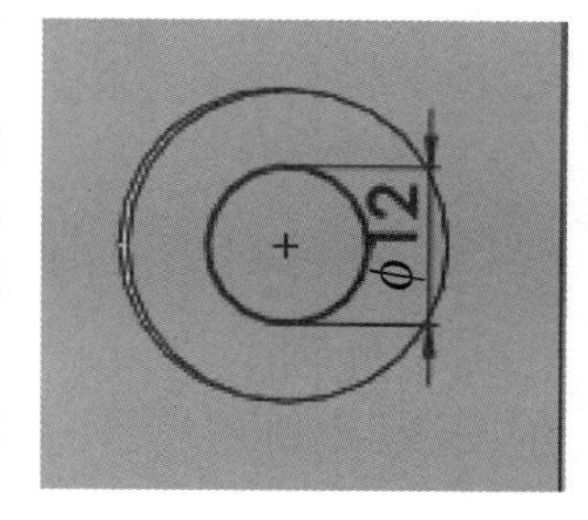

图 2-319　绘制草图

㉑ 拉伸实体　单击“特征”工具栏中的“拉伸凸台/基体”按钮，在弹出的“凸台-拉伸”属性管理器中设置相关的参数，选择上一步绘制的草图作为拉伸的对象，单击“确定”按钮，如图 2-320 所示。

㉒ 绘制草图　在右视基准面上，在上一步创建的圆柱体实体的末端绘制如图 2-321 所示的草图。

㉓ 拉伸实体　单击“特征”工具栏中的“拉伸凸台/基体”按

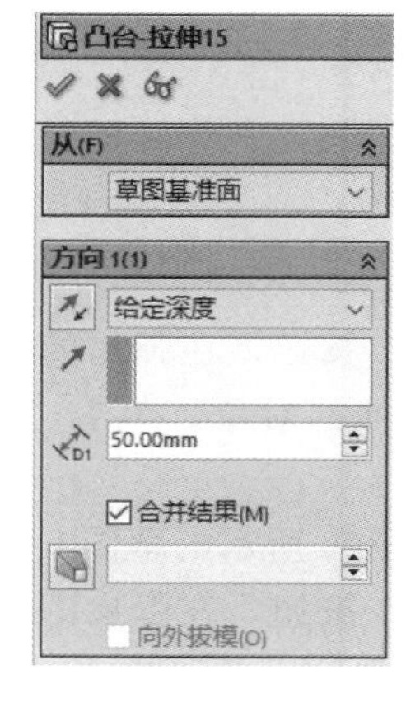

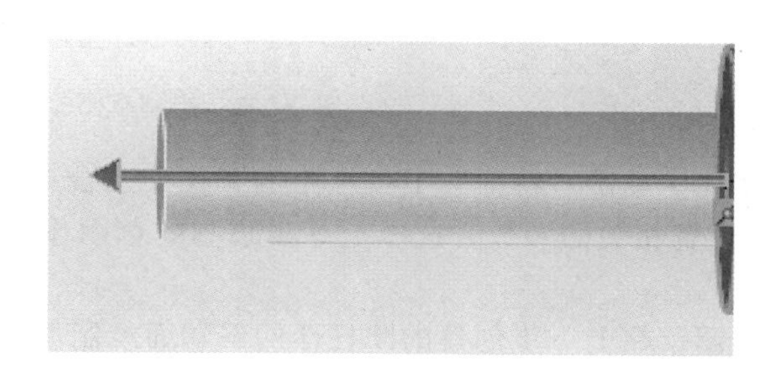

图 2-320　凸台拉伸

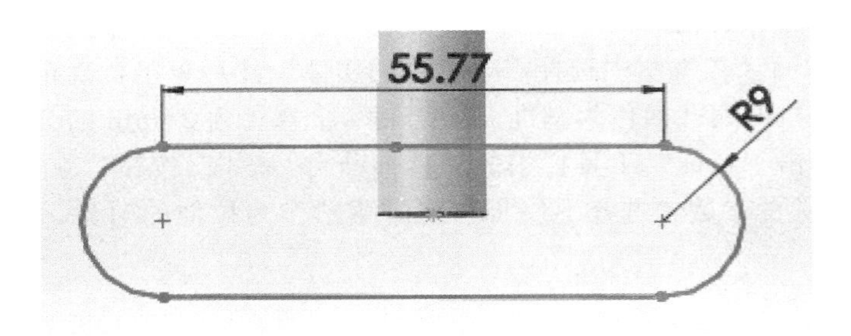

图 2-321 绘制草图

钮，在弹出的“凸台-拉伸”属性管理器中设置相关的参数，选择上一步绘制的草图作为拉伸的对象，单击“确定”按钮，如图 2-322 所示。

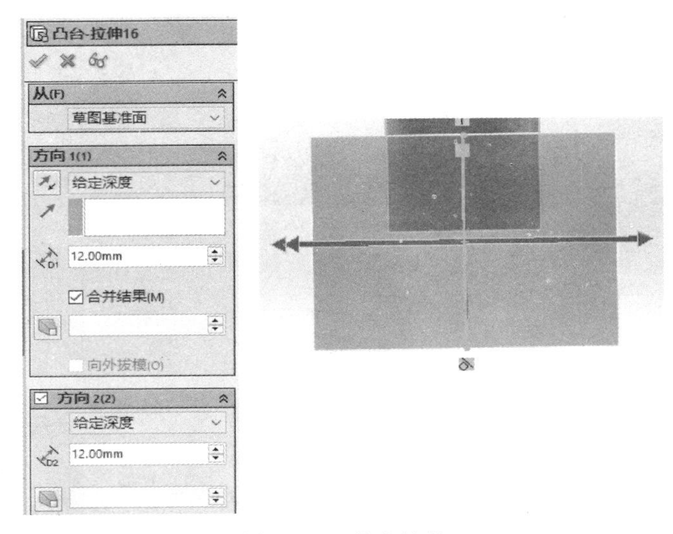

图 2-322 凸台拉伸

㉞ 绘制草图 在上一步拉伸的实体的某一侧面，绘制如图 2-323 所示的草图。

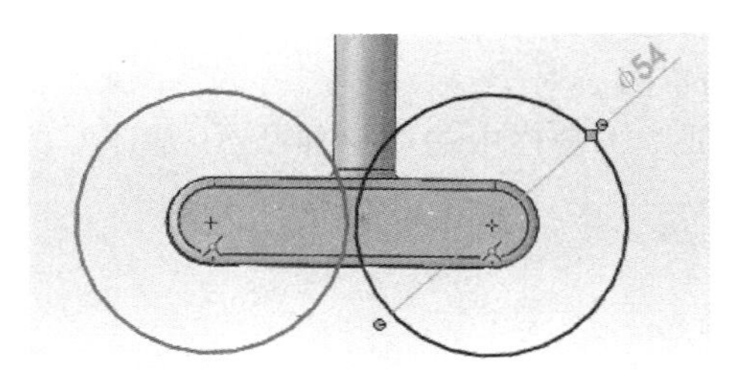

图 2-323 绘制草图

㉟ 拉伸实体 单击“特征”工具栏中的“拉伸凸台/基体”按钮，在弹出的“凸台-拉伸”属性管理器中设置相关的参数，选择上一步绘制的草图作为拉伸的对象，单击“确定”按钮，如图 2-324 所示。

㊱ 绘制草图 在上一步创建的圆柱体的一端面绘制如图 2-325 所示的草图。

㊲ 拉伸实体 单击“特征”工具栏中的“拉伸凸台/基体”按钮，在弹出的“凸台-拉伸”属性管理器中设置相关的参数，选择上一步绘制的草图作为拉伸的对象，单击“确定”按钮，如图 2-326 所示。

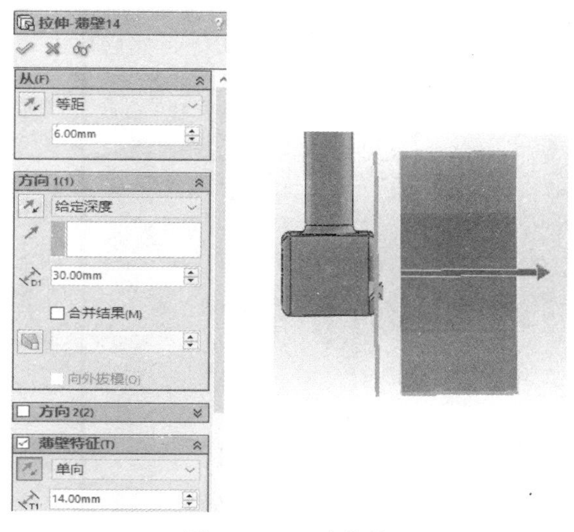

图 2-324　凸台拉伸

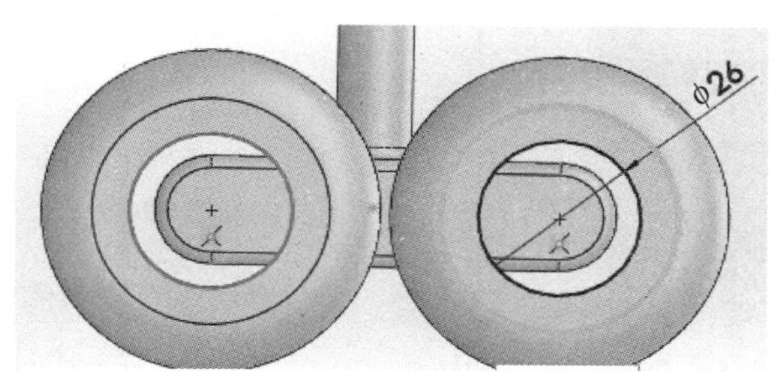

图 2-325　绘制草图

⑱ 绘制圆　再在圆柱体的一端绘制与 ϕ26 同心同大小的圆。

⑲ 拉伸切除　单击“特征”工具栏中的“拉伸切除”按钮，在弹出的“拉伸-切除”属性管理器中设置相关的参数，选择上一步绘制的草图作为拉伸切除的轮廓，然后单击“确定”按钮，如图 2-327 所示（注意：在圆柱体的另一端面进行同上两步相同的操作）。

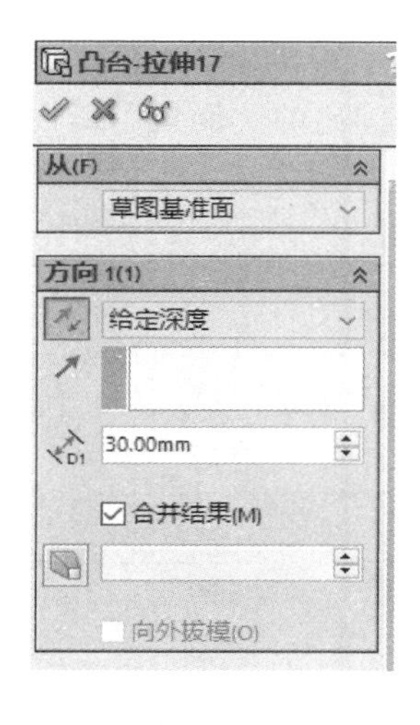

图 2-326　凸台拉伸

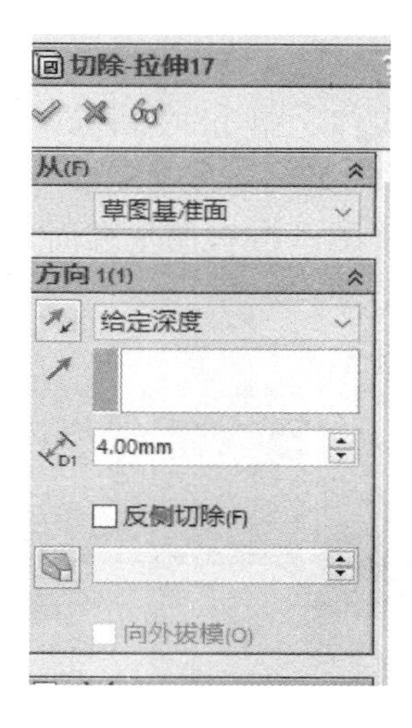

图 2-327　拉伸切除

⑳ 镜像特征　单击“特征”工具栏中的“镜像”按钮，弹出“镜像”属性管理器。选择“右视基准面”为镜像面，在视图中选择需要镜像的实体，然后单击“确定”按钮。

㉑ 绘制草图　在右视基准面上绘制如图 2-328 所示的草图。

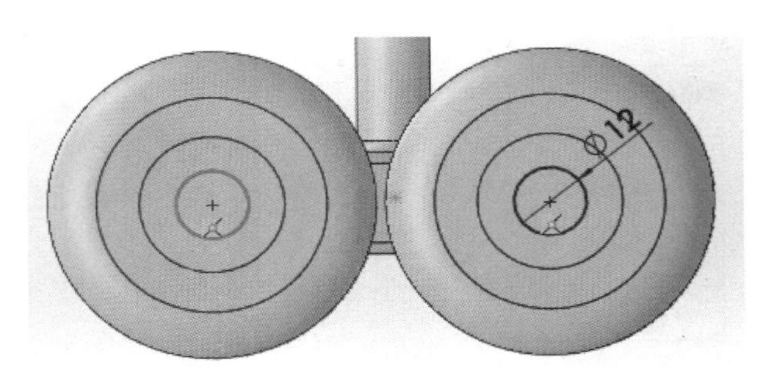

图 2-328　绘制草图

㉒ 拉伸实体　单击“特征”工具栏中的“拉伸凸台/基体”按钮，在弹出的“凸台-拉伸”属性管理器中设置相关的参数，选择上一步绘制的草图作为拉伸的对象，单击“确定”按钮，如图 2-329 所示。

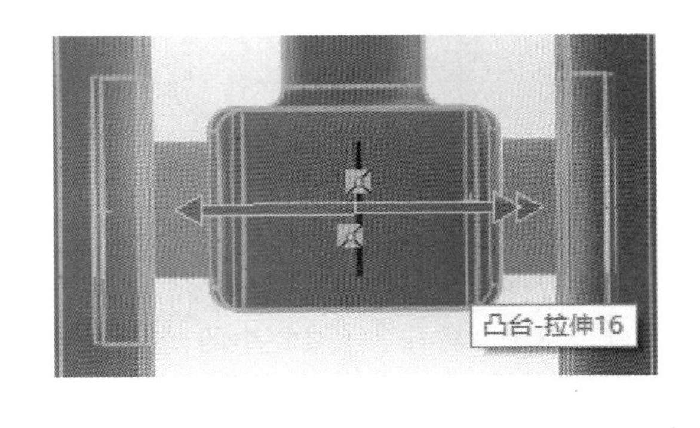

图 2-329　凸台拉伸

㉓ 倒角实体　单击“特征”工具栏中的“圆角按钮”，在弹出的“倒角”属性管理器中设置参数，选择相关的边线进行倒角，然后单击“确定”按钮，如图 2-330 所示。

㉔ 绘制草图　在右视基准面上绘制如图 2-331 所示的草图。

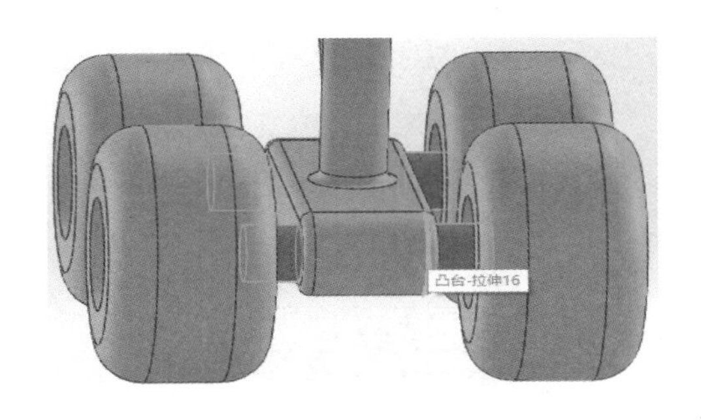

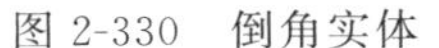
图 2-330　倒角实体

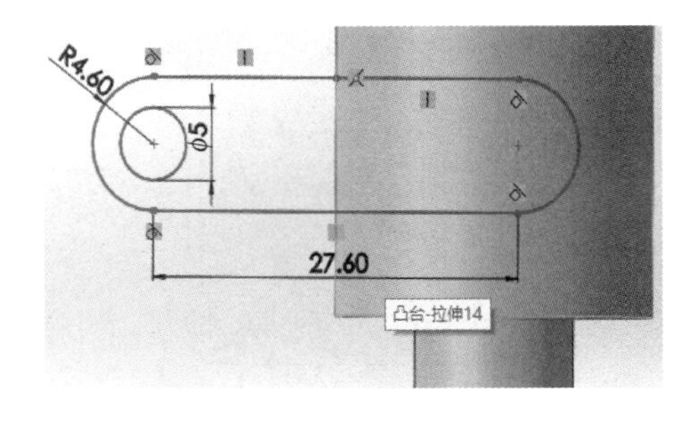

图 2-331　绘制草图

⑮ 倒角实体　单击“特征”工具栏中的“圆角按钮”，在弹出的“倒角”属性管理器中设置参数，选择相关的边线进行倒角，然后单击“确定”按钮，如图2-332所示。

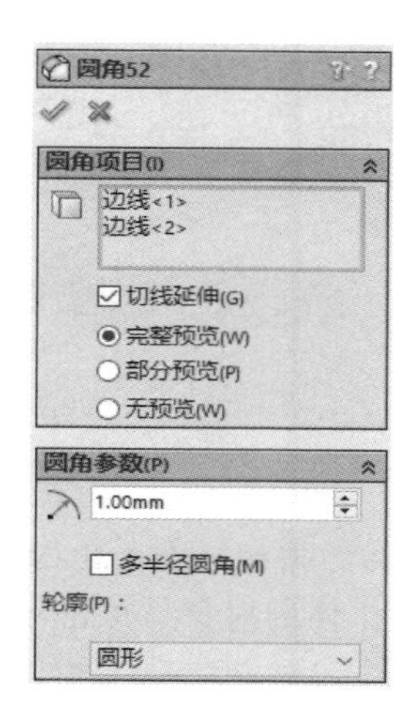

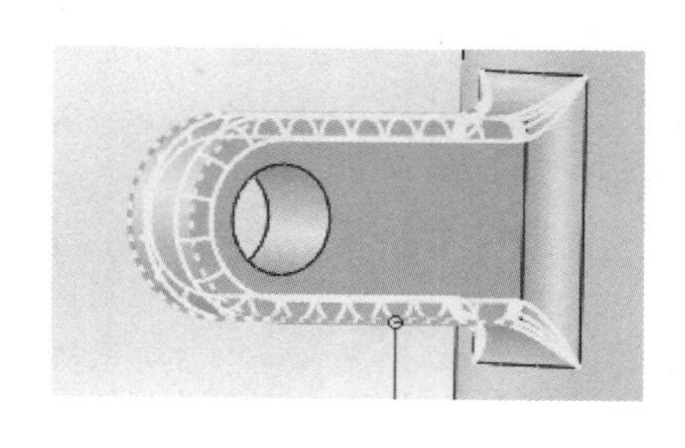

图2-332　倒角实体

⑯ 绘制草图　在右视基准面上绘制如图2-333所示的草图。

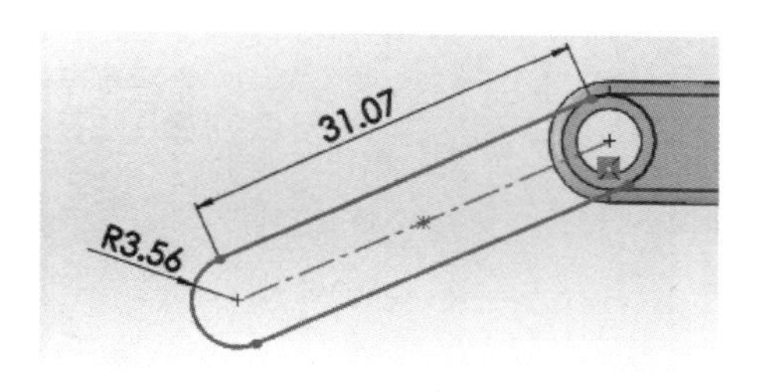

图2-333　绘制草图

⑰ 拉伸实体　单击“特征”工具栏中的“拉伸凸台/基体”按钮，在弹出的“凸台-拉伸”属性管理器中设置相关的参数，选择上一步绘制的草图作为拉伸的对象，单击“确定”按钮，如图2-334所示。

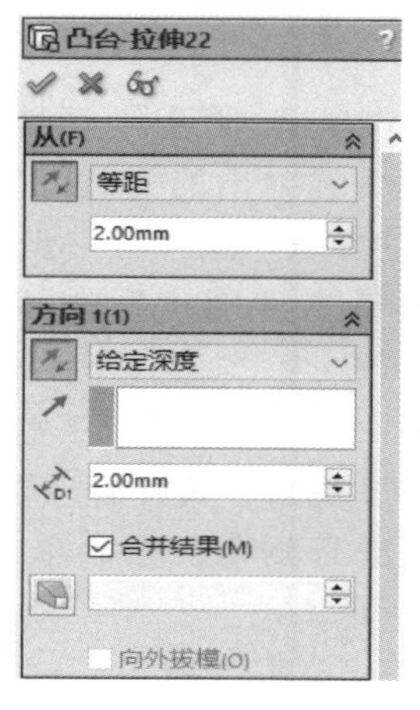

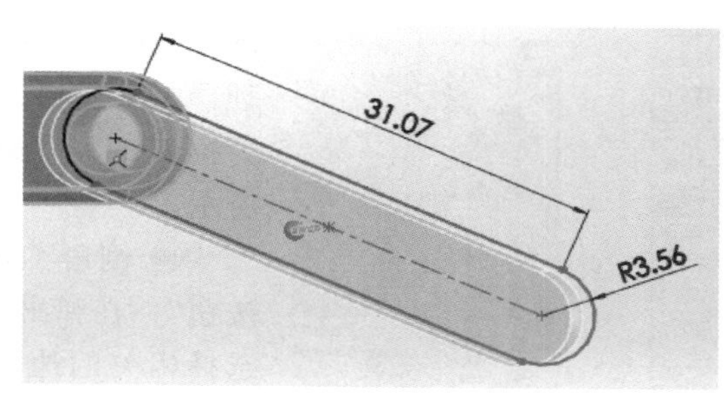

图2-334　凸台拉伸

⑱ 镜像特征　单击“特征”工具栏中的“镜像”按钮，弹出“镜像”属性管理器。选择

“右视基准面”为镜像面，在视图中选择上一步创建的实体，然后单击“确定”按钮，如图2-335所示。

⑼ 绘制草图　在上一步创建的实体的一端面绘制如图2-336所示的草图。

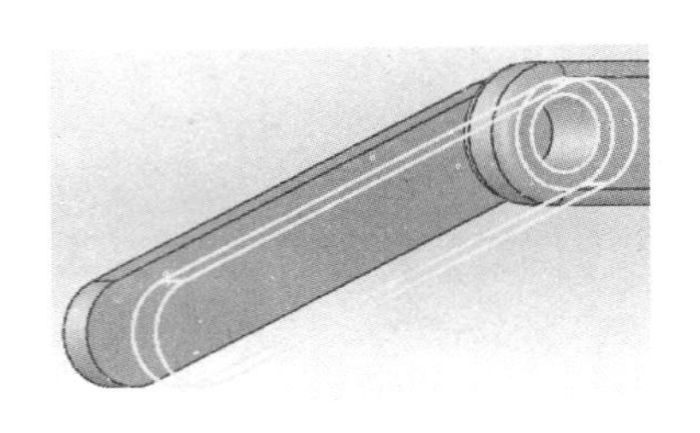

图2-335　镜像

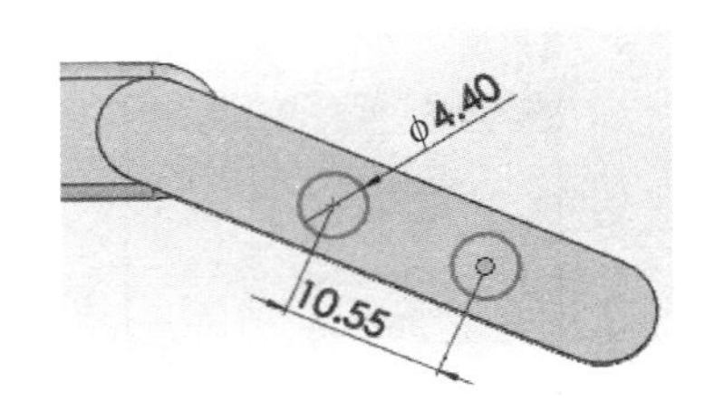

图2-336　绘制草图

⑽ 拉伸实体　单击“特征”工具栏中的“拉伸凸台/基体”按钮，在弹出的“凸台-拉伸”属性管理器中设置相关的参数，选择上一步绘制的草图作为拉伸的对象，单击“确定”按钮，如图2-337所示。

⑾ 绘制草图　在右视基准面上绘制如图2-338所示的草图。

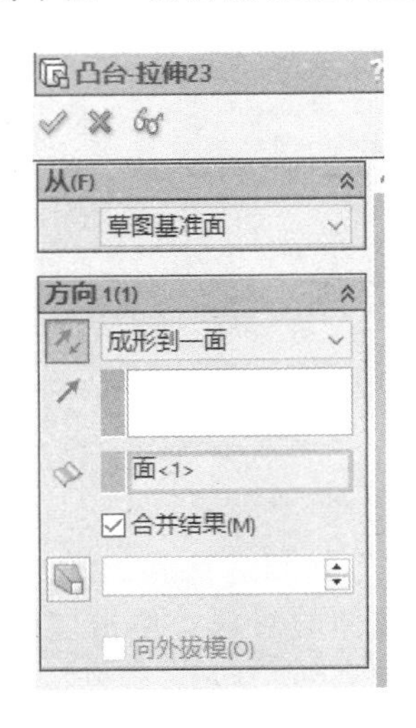

图2-337　凸台拉伸

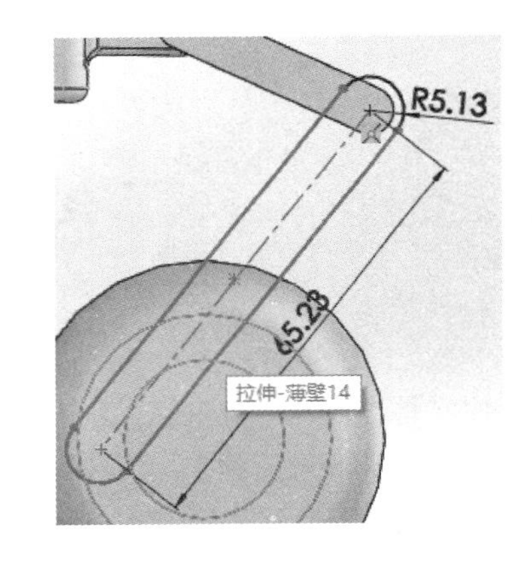

图2-338　绘制草图

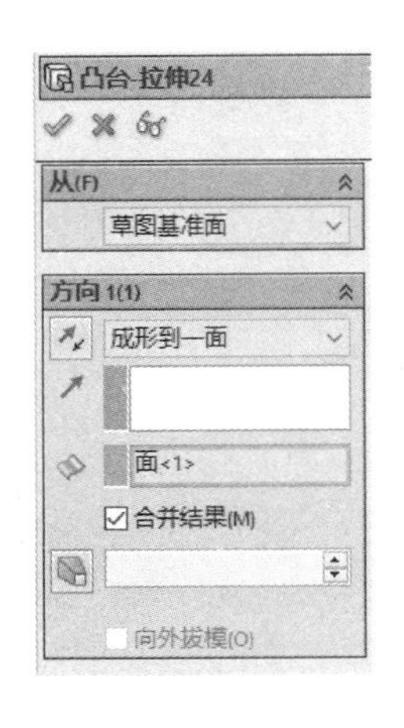

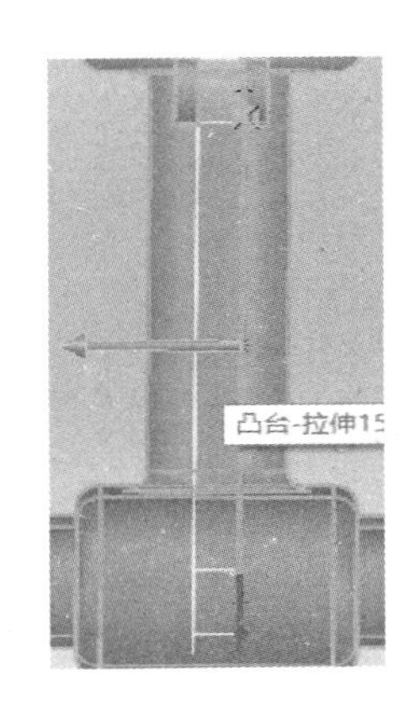

图2-339　凸台拉伸

⑿ 拉伸实体　单击“特征”工具栏中的“拉伸凸台/基体”按钮，在弹出的“凸台-拉伸”属性管理器中设置相关的参数，选择上一步绘制的草图作为拉伸的对象，单击“确定”按钮，如图2-339所示。

⒀ 倒角实体　单击“特征”工具栏中的“圆角按钮”，在弹出的“倒角”属性管理器中设置参数，选择相关的边线进行倒角，然后单击“确定”按钮，如图2-340所示。

⒁ 草图阵列　单击“插入”→“阵列/镜像”→“草图驱动的阵列”，在弹出的“草图驱动阵列”属性管理器中设置相关的参数，选择需要阵列的实

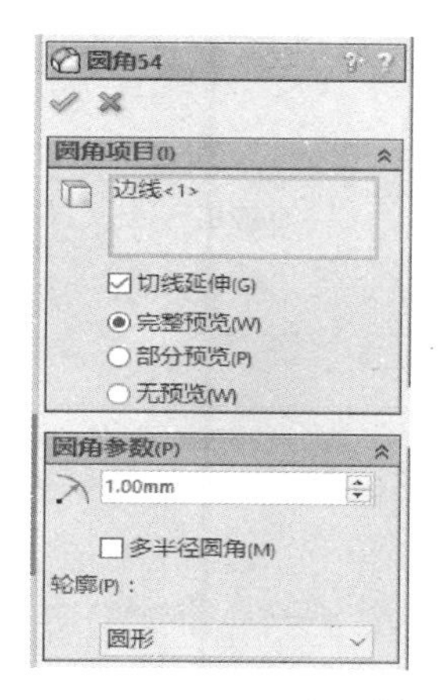

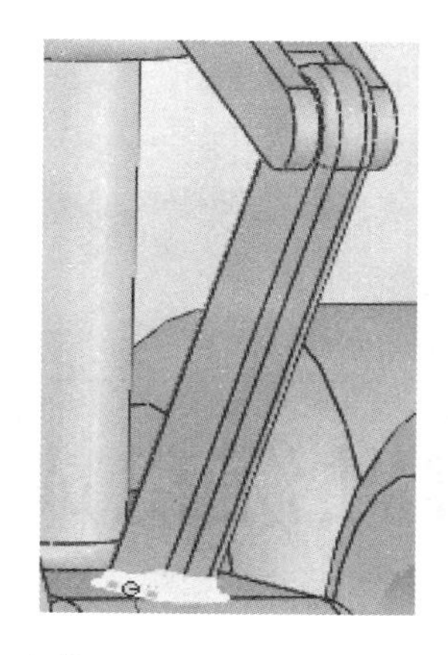

图 2-340　倒角实体

体，然后单击“确定”按钮。如图 2-341 所示。

图 2-341　草图阵列

至此，完成了整个飞机模型的创建。

2.4.5　SolidWorks 模型在 3D 打印机上的应用

将 SolidWorks 强大的 3D 造型功能与 3D 快速打印技术相结合，能够在工业制造及日常消费领域快速打印出所需零件。2016 年 Stratasys 公司发布了一款应用软件——GrabCAD Print，该软件将使产品设计师、工程师和 3D 打印机操作人员更加容易地准备、安排并监控 3D 打印作业。GrabCAD Print 可支持所有型号的 Stratasys 3D 打印机。除此之外，该软件还会带来更好的网络性能。它允许设计师通过网络提交打印作业，并允许 3D 打印机操作人员管理在其打印机网络中排队的作业列表。同时，它也提供了检查 3D 打印作业状态的能力。Stratasys 公司与 SolidWorks 合作，在 SolidworksWorld 2017 上推出 SolidWorks3D 打印插件——GrabCAD Print for SolidWorks。使用 SolidWorks 进行模型设计，完成之后仅仅通过 3D 打印的 Stratasys 插件，便可以直接通过 SolidWorks 将模型输出到 3D 打印机，直接打印出产品。

第3章 熔融沉积成形

1988年美国研究人员Scott Crump发明了熔融沉积成形（Fused Deposition Modeling，FDM）技术，又称为熔融挤压成形；同年，他成立了生产FDM工艺主要设备的美国Stratasys公司。FDM是将热塑性聚合物材料加热熔融成丝，采用热喷头，使半流动状态的材料按CAD分层数据控制的路径挤压并沉积在指定位置凝固成形，逐层沉积，凝固后形成整个原型或零件。这一技术又称为熔化堆积法和熔融挤出成模等。FDM技术是一种不依靠激光作为成形能源，而将各种丝材加热熔化的成形方法。

FDM是3D打印机使用较广的技术，美国Stratasys公司在1993年开发出第一台熔融沉积快速成形设备FDM 1650机型，并先后推出了FDM 2000、FDM 3000、FDM 800、FDM-Quantum机型以及小型FDM设备等一系列FDM设备产品，大大促进了3D打印技术在各种应用领域的普及。同时，FDM成形技术已被Stratasys公司注册专利。基于FDM成形技术的机型在中国甚至世界3D打印机市场占有较大的比例。较为著名的FDM 3D打印机有Maker Bot Replicator系列、3D Systems的Cube系列、太尔时代UP系列、弘瑞3D打印机等。我国清华大学和北京殷华激光快速成形与模具技术有限公司也合作推出了熔融沉积制造设备MEM 250。

FDM工艺方法工艺干净、易于操作、不产生废料和污染，可以安全地用于办公场所，适合进行产品设计的建模并对其形状及功能进行测试。作为成形技术的FDM同其他成形技术相比有其固有的优缺点，优点是成形精度高、打印模型硬度好、多种颜色，缺点是成形物体表面粗糙。

3.1 熔融沉积成形技术原理

熔融沉积也被称为熔丝沉积、材料挤压，主要是在供料辊上缠绕实心丝材原材料，通过电动机驱动辊子旋转，利用辊子和丝材之间的摩擦力将丝材送入喷头的出口方向。为了更顺利、准确地将丝材由供料辊送到喷头的内腔，在供料辊与喷头之间设置了一个由低摩擦材料制成的导向套。在喷头前端电阻丝式加热器的作用下，将加热熔融的丝材过出口涂覆在工作台上，冷却后即可形成制件当前截面轮廓。若能保证热熔性材料的温度始终稍高于固化温度，成形部分的温度始终稍低于固化温度，就能确保材料被喷出后能迅速与前一层面熔结，重复熔喷沉积的过程，就能完成整个实体造型，如图 3-1 所示。

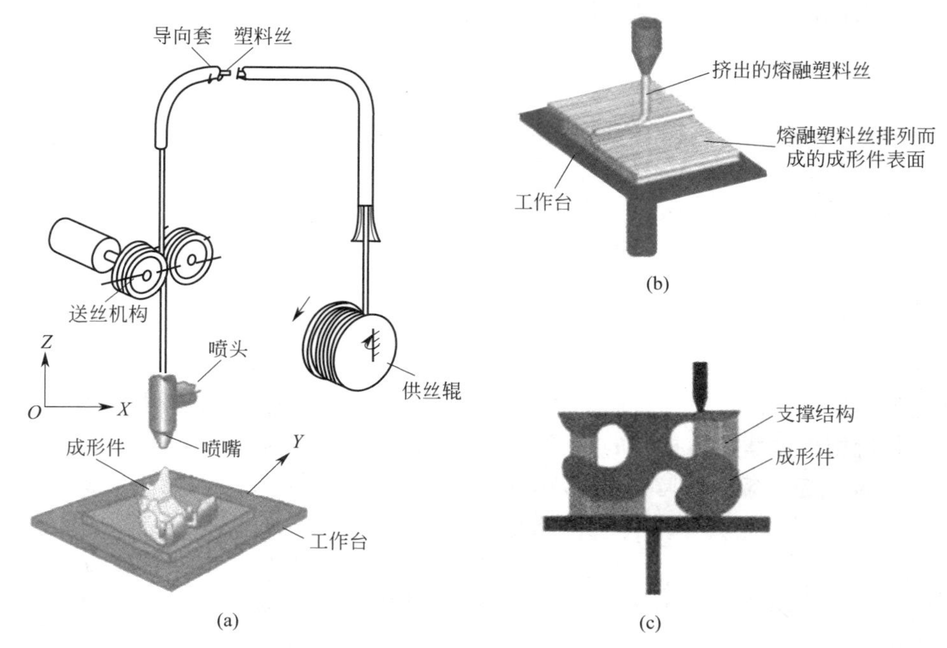

图 3-1 熔融沉积式 3D 打印机原理

为了节省熔融沉积快速成形工艺的材料成本，提高工艺的沉积效率，在原型制作时需要同时制作支撑，因此新型 FDM 设备采用了双喷头，如图 3-2 所示。一个喷头用于沉积模型材料，另一个喷头用于沉积支撑材料。采用双喷头不仅能够降低模型制作成本，提高沉积效率，还可以灵活地选用具有特殊性能的支撑材料，方便在后处理中去除支撑材料。

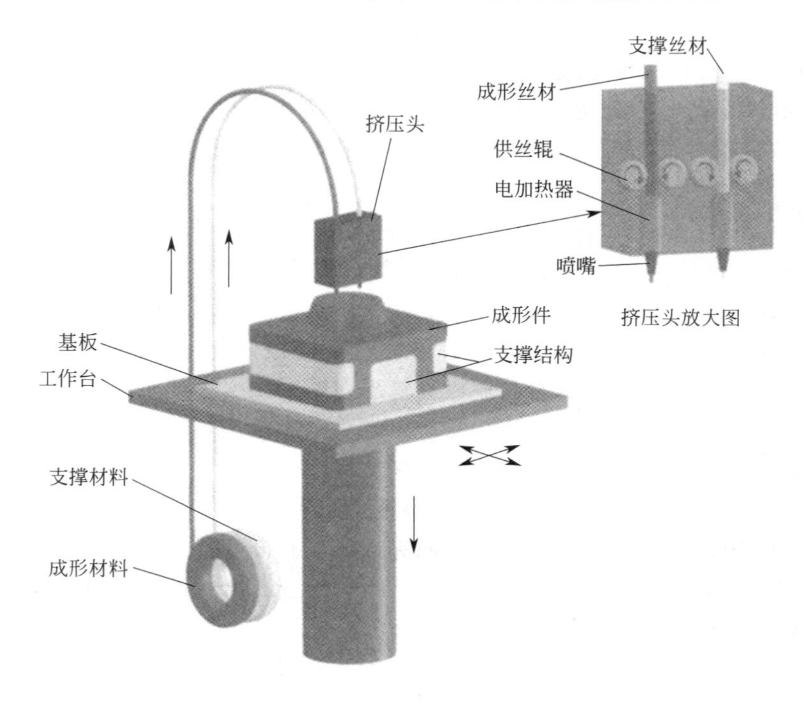

图 3-2 双喷头材料挤压式 3D 打印机原理

3.2 熔融沉积成形系统组成

FDM 系统主要有供料机构、喷头、运动系统和工作台等。喷头安装于扫描系统上，可根据各层截面信息，随扫描系统做 X-Y 平面运动。在计算机控制下，供料系统将可热塑性丝材送进喷头，加热器将送至喷头的丝状材料加热至熔融态，然后被选择性地涂覆在工作台上，快速冷却后形成截面轮廓，一层截面完成后，喷头上升（或工作台下降）一截面层的高度，再进行下一层的涂覆。如此循环，最终形成三维产品。

3.2.1 供料机构

常用的供料机构采用直流电动机驱动一对送进轮，靠摩擦力推动丝材进入液化器和喷嘴。为了实现供料机构的功能，电动机驱动力要大于流道和喷嘴的阻力，且丝材要有足够的轴向强度。普通供料机构依靠摩擦力提供的挤压力有限，聚合物丝条的加热完全通过外部加热装置，因而要求较长的流道，容易引起喷嘴堵塞。图 3-3 为采用不同挤压方式的供料机构，包括丝材送进、泵送和活塞送进。

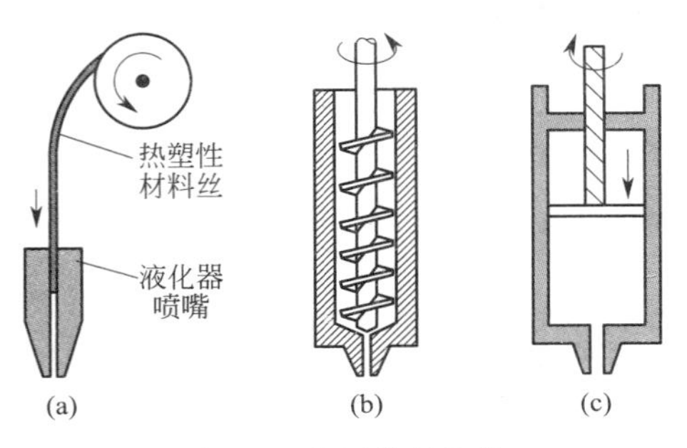

图 3-3 常用供料机构

图 3-3(a) 所示为丝材送进挤压方式，成形材料为丝状热塑性材料，经驱动机构送入液化器，并在其中受热逐渐熔化，先进入液化器的材料熔化后受到后部未熔材料丝（起到推压活塞的作用）的推压而挤出喷嘴。图 3-3(b) 所示为螺旋杆泵送进挤压方式，采用螺旋泵实现颗粒状原材料的泵送、加热和挤出，挤出材料的速度可以由螺旋杆的转速调节。图 3-3(c) 所示为活塞缸送进挤压方式，喷头的主要部分是一缸体，成形材料在缸内受热熔融，在活塞的压力作用下挤出喷嘴。可以看出，这几种方式都能实现材料的送进、熔融和挤压。在目前成熟的 FDM 系统中，喷头按挤出形式主要分为丝材送进挤压式喷头和螺旋杆挤压式喷头。前者占据桌面 FDM 设备的主流位置，后者在一些大型 FDM 设备中较为常见。

3.2.2 喷头

喷头是 FDM 系统的核心部件之一，其质量的优劣直接影响着成形件的质量。理想的喷头应该满足以下要求。

a. 材料能够在恒温下连续稳定地挤出。这是 FDM 对材料挤出过程的最基本的要求。恒温是为了保证粘接质量，连续是指材料的输入和输出在路径扫描期间是不间断的，这样可以简化控制过程和降低装置的复杂程度；稳定包括挤出量稳定和挤出材料的几何尺寸稳定两方面，目的都是为了保证成形精度和质量。本项要求最终体现在熔融材料能无堵塞地挤出。

b. 材料挤出具有良好的开关响应特性以保证成形精度。FDM 是由 X、Y 轴的扫描运动，Z 工作平台的升降运动以及材料挤出相配合而完成的。由于扫描运动不可避免地有启停过程，因此需要材料挤出也应该具有良好的启停特性，换言之就是开关响应特性。启停特性越好，材料输出精度越高，成形精度也就越高。

c. 材料挤出速度具有良好的实时调节响应特性。FDM 对材料挤出系统的基本条件之一就是要求材料挤出运动能够同喷头 XY 扫描运动实时匹配。在扫描运动起始与停止的加减速段，直线扫描、曲线扫描对材料的挤出速度要求各不相同，扫描运动的多变性要求喷头能够根据扫描运动的变化情况适时、精确地调节材料的挤出速度。另外，在采用自适应分层以及曲面分层技术的成形过程中，对材料输出的实时控制要求则更为苛刻。

d. 挤出系统的体积和重量需限制在一定范围内。目前，大多数FDM中均采用 *XY* 扫描系统带动喷头进行扫描运动的方式来实现材料 *XY* 方向的堆积。喷头系统是 *XY* 扫描系统的主要载荷。喷头系统体积小，可以减小成形空间；重量轻，可以减小运动惯性并降低对运动系统的要求，也是实现高速（高速度和高加速度）扫描的前提。

e. 足够的挤出能力。提高成形效率是不断改进快速成形系统的原动力之一。实现材料的高速、连续挤出是提高成形效率的基本前提。目前，大多数FDM设备的扫描速度为200～300mm/s，因此，要求喷头必须有足够的挤出能力来满足高速扫描的需要。实际上高精度直线运动系列的运动速度可以轻松达到500mm/s甚至更高，但材料挤出速度是制约FDM速度不断提高的瓶颈之一。

喷头的基本功能就是将导入的丝材充分熔化，并以极细丝状从喷嘴挤出。图3-4所示为丝材在流道中熔融挤出过程的示意图。丝材在摩擦轮驱动下进入加热腔直流道，受到加热腔的加热逐步升温。在温度达到丝材物料的软化点之前，丝材与加热腔内壁之间有一段间隙不变的区域，称为加料段。随着丝材表面温度升高，物料熔化，形成一段丝材直径逐渐变细直到完全熔融的区域，称为熔化段。在物料被挤出口之前，有一段完全由熔融物料充满机筒的区域，称为熔融段。理论上，只要丝材以一定的速度送进，加料段材料就能够保持固体时的物性而充当送进活塞的作用。图3-5为FDM 3D打印机喷头。

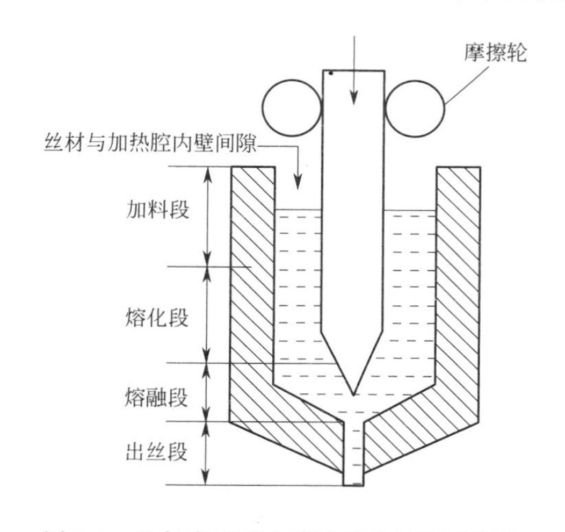

图3-4 丝材在流道中熔融挤出过程示意图

图3-5 FDM 3D打印机喷头

3.2.3 运动系统

3D打印FDM机器的运动系统按照结构来分可以分为I3、MB、并联臂、UM、CoreXY等类型，每种类型的驱动方式和运动方式有所不同，稳定性与运动精度也有所差异。

（1）I3型结构

图3-6为该种FDM 3D打印机的运动系统示意图，底板平台在电动机的带动下可以沿 *Y* 轴做前后运动；送丝打印头装置悬挂在 *X* 轴杆上，在电动机的带动下，打印头可以沿 *X* 轴做左右运动。平台和打印头的合作就是整个平台面上的平面运动。在打印机的两边各有两根竖杆，它是打印头做上下运动的轨道，也就是 *Z* 轴。把平面运动与打印头上下运动组合起来，就是 *XYZ* 三个方向的运动。

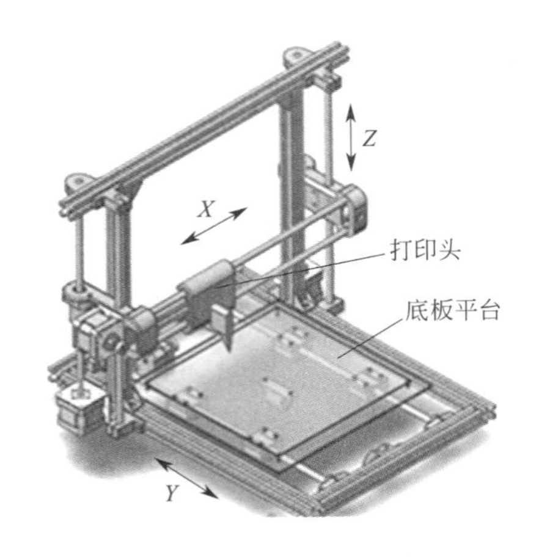

图 3-6 I3结构打印机运动系统示意图

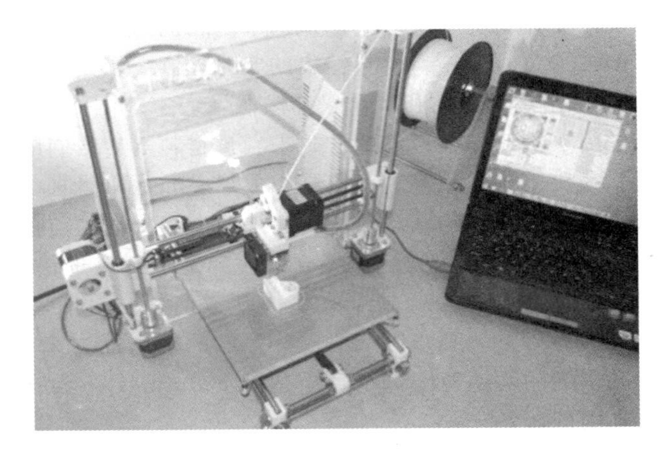

图 3-7 I3结构 FDM 3D打印机

图3-7所示为I3结构FDM 3D打印机。该结构的3D打印机框架相对比较简单，采用龙门支架，比较节省材料，所以相对而言价格也比较便宜（适合初级入门），DIY的成本也比较低。近程送丝，可以打印柔体耗材，例如热塑性聚氨酯弹性体材料（TPU）等。

该结构的3D打印机，Y方向为平台移动，由于平台重量比较大，打印时惯性自然就大，增加了步进电动机和同步带的负荷，会加快同步带磨损；同时打印较快时，无法保证打印精度。Z方向双丝杆带动挤出头上下移动，由于丝杆的精度无法做到完全一致，长时间打印后，就会出现两边不齐平的情况，影响打印效果。机器占地面积大，平台是Y轴方向移动，所以需要的面积比较大。一般I3结构的机器为了压缩成本，都做得比较简单，开关电源外置，可能会带来安全隐患。另外，喷头模块使用的是单风道，只能吹到打印模型的一侧，另一侧无法及时冷却，影响打印质量。

（2）MB结构（Makerbot）

X、Y、Z三轴分别由独立的两个步进电动机独立控制，Z轴由两根光轴固定，平台运动时稳定性好，振动小，打印精度得到保证；外框架为四方形，结构稳定；采用近程送丝，可以打印柔体耗材，如图3-8所示。

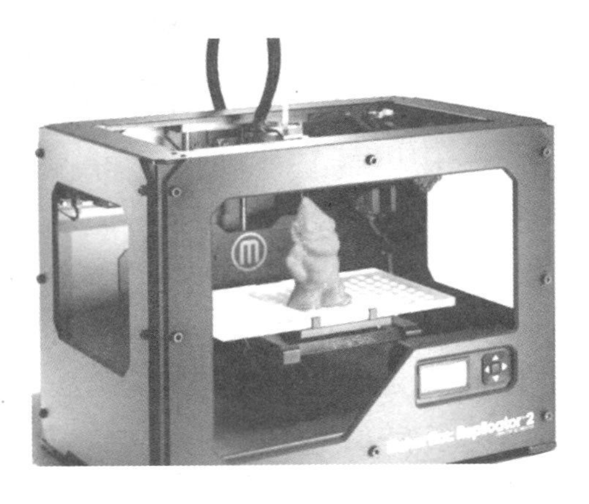

图 3-8 MB结构 FDM 3D打印机及挤出头

由于挤出头的原因导致机器内部空间利用率较低，相对于并联臂而言稍微好一点。由于挤出头设计的问题导致无法快速散热（散热效率不高），比较容易堵头。采用单风道，只能吹到打印模型的一侧，另一侧无法及时冷却，打印质量得不到保证。

(3) 并联臂结构

采用并联臂结构占地面积小，框架简单，使用铝型材DIY时，框架大小方便定制，如图3-9所示；喷头移动灵活，打印时设置回抽抬升喷头可有效减少拉丝，其他结构无法做到灵活地抬升喷头；采用远程送丝，使用E3D喷头，重量轻，打印速度比较快；E3D挤出头散热性能好，不易堵头。

图3-9 并联臂结构FDM 3D打印机

缺点是打印机内部空间利用率很低，机器越高，空间利用率越低；调平比较困难。由于它的平台是固定的，如果没有自动调平，那么只能通过软件或者手动调整*XYZ*三个方向的偏置参数来调平，比较麻烦；由于采用远程送丝，如果打印时频繁回抽，气动接头容易损坏。

(4) UM结构 (Ultimaker)

X、*Y*、*Z*三轴分别由独立的两个步进电动机独立控制，以十字结构控制喷头的打印稳定性，打印精度高，UM结构和MB结构最大的区别是MB结构*X*轴电动机和进丝电动机在运动组件上，容易增加*Y*轴负载，UM结构将打印头做到了最轻；远程送丝，喷头重量轻，打印速度快；在I3、并联臂、MB、UM四种结构中，UM结构的内部空间利用率是最高的，如图3-10所示。

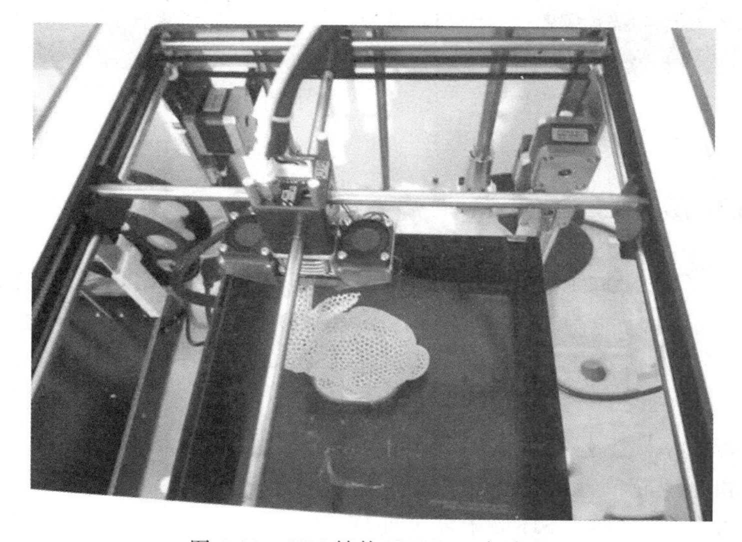

图3-10 UM结构FDM 3D打印机

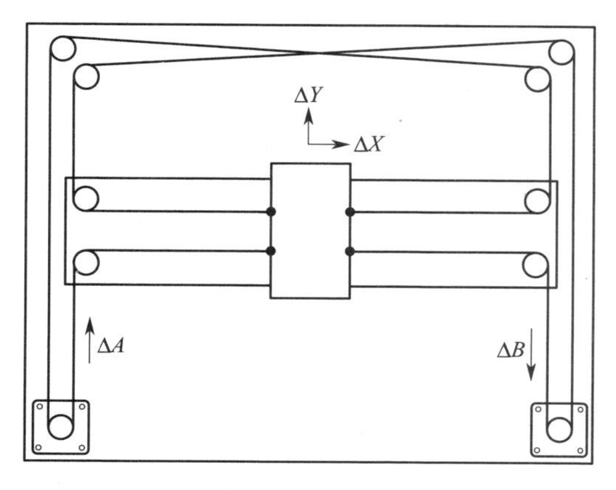

图3-11 CoreXY传动示意图

缺点是Ultimaker的挤出机没有压片，换料时只能用内六角调节弹簧的压缩力度，所以导致换料比较麻烦，而且进料时如果对不准特氟龙的孔，容易被特氟龙管挡住；控制喷头移动的*X*、*Y*轴及十字轴装配比较困难；*X*轴方向的小闭口同步带如果磨损太严重，更换时，需要拆掉整根光轴，十分麻烦；远程送丝，如果打印时频繁回抽，气动接头容易损坏。

(5) CoreXY型

该类型打印机的运动与大多数FDM运动一样，在一个平面和一个方向上运动。如图3-11所

示水平面的 X、Y 方向运动由两个步进电动机联动，通过齿形带牵引喷头运动。两个传送带看上去是相交的，其实它们是在两个平面上，一个在另外一个上面。在 X、Y 方向移动的滑架上安装了两个步进电动机，使得滑架的移动更加精确而稳定，同时还有两个平行的导轨阻尼器以减小运动冲击。CoreXY 型结构的主要优点是打印速度快，没有 X 轴电动机一起运动的负担，可以做得更小巧，打印面积占比更高，如图 3-12 所示。

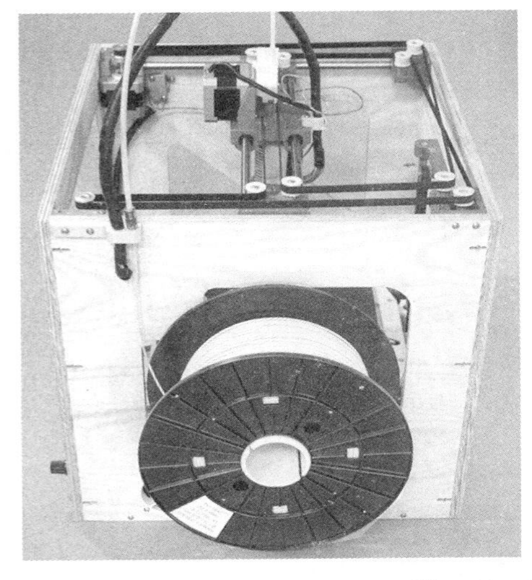

图 3-12 CoreXY 型 3D 打印机

3.3 熔融沉积成形工艺特点

熔融沉积成形（FDM）工艺与其他快速成形工艺方法相比，该工艺较适合于产品设计的概念建模及产品的功能测试。其中，ABS（MOBS）材料具有很好的化学稳定性，可采用 γ 射线消毒，特别适合于医用，但成形精度相对较低，不适于制作结构过于复杂的零件。

熔融沉积式（FDM）工艺的优点如下。

a. 系统构造和原理简单，运行维护费用低。

b. 原材料无毒，适合在办公环境中安装使用。

c. 用蜡成形的零件原型，可以直接用于失蜡铸造。

d. 可以成形任意复杂程度的零件。

e. 无化学变化，制件的翘曲变形小。

f. 原材料利用率高，且材料使用寿命长。

g. 支撑去除简单，无需化学清洗，分离容易。

h. 可直接制作彩色原型。

熔融沉积成形（FDM）工艺的缺点如下。

a. 成形件表面有较明显条纹。

b. 需要设计与制作支撑结构。

c. 需要对整个截面进行扫描涂覆，成形时间较长。

d. 沿成形轴垂直方向的强度比较弱。

e. 原材料价格昂贵。

3.4 成形材料与支撑材料

熔融沉积式快速成形制造技术的关键在于热融喷头，合适的喷头温度能使材料挤出时既保持一定的形状又具有良好的黏结性能，但熔融沉积快速成形制造技术的关键也不是仅仅只有这一个，成形材料的相关特性（如材料的黏度、熔融温度、黏结性以及收缩率等）也会大大影响整个制造过程。一般来说，熔融沉积工艺使用的材料分别为成形材料和支撑材料。

3.4.1 熔融沉积快速成形对成形材料的要求

FDM工艺对成形材料的要求是熔融温度低、黏度低、黏结性好、收缩率小。

① 材料的黏度要低　低黏度的材料流动性好，阻力小，有利于材料的挤出。若材料的黏度过高，流动性差，将增大送丝压力并使喷头的启停响应时间延长，影响成形精度。

② 材料熔融温度要低　低熔融温度的材料可使材料在较低温度下挤出，减少材料在挤出前后的温差和热应力，从而提高原型的精度，延长喷头和整个机械系统的使用寿命。

③ 材料的黏结性要好　黏结性的好坏将直接决定层与层之间黏结的强度大小，进而影响零件成形以后的强度。若黏结性过低，在成形过程中很容易造成层与层之间的开裂。

④ 材料的收缩率要小　在挤出材料时，喷头需要对材料施加一定的压力。若材料收缩率对压力较敏感，会造成喷头挤出的材料丝直径与喷嘴的直径相差太大，影响材料的成形精度，导致零件翘曲、开裂。

3.4.2 熔融沉积快速成形对支撑材料的要求

FDM工艺对支撑材料的要求是能够承受一定的高温、与成形材料不浸润、具有水溶性或者酸溶性，具有较低的熔融温度，流动性要特别好。

① 能承受一定的高温　支撑材料与成形材料需要在支撑面上接触，故支撑材料需要在成形材料的高温下不产生分解与熔化。

② 与成形材料不浸润　加工完毕后支撑材料必须去除，故支撑材料与成形材料的亲和性不应太好。

③ 具有水溶性或者酸溶性　为了更快地对复杂的内腔、孔等原型进行后处理，就需要支撑材料能在某种液体里溶解。

④ 具有较低的熔融温度：较低的熔融温度可使材料能在较低的温度下挤出，延长喷头的使用寿命。

⑤ 流动性要好　支撑材料不需要过高的成形精度。为了提高机器的扫描速度，就需要支撑材料具有很好的流动性。

FDM工艺成形材料的基本信息及特性指标分别如表3-1和表3-2所示。

表3-1　FDM工艺成形材料的基本信息

材料	适用的设备系统	可供选择的颜色	备注
ABS(丙烯腈-丁二烯-苯乙烯共聚物)	FDM1650、FDM2000、FDM8000、FDMQ uantum	黑、白、红、绿、蓝	耐用的无毒塑料
ABSi(医学专用ABS)	FDM1650、FDM2000	黑、白	被食品及药物管理部门认可的、耐用且无毒的塑料
E20	FDM1650、FDM2000	所有颜色	合成橡胶材料，与封铅、轴衬、水龙带和软管等使用的材料相似

续表

材料	适用的设备系统	可供选择的颜色	备注
ICW06(熔模铸造用蜡)	FDM1650、FDM2000	—	—
可机械加工用蜡	FDM1650、FDM2000	—	—
造型材料	Genisys Modeler	—	高强度聚酯化合物，多为磁带式而不是卷绕式

表 3-2 FDM 工艺成形材料的特性指标

材料	抗拉强度/MPa	弯曲强度/MPa	冲击韧性/(J/m²)	延伸率/%	肖氏硬度(HS)	玻璃化转变温度/℃
ABS	22	41	107	6	105	104
ABSi	37	61	101.4	3.1	108	116
ABSplus	36	52	96	4	—	—
ABS-M30	36	61	139	6	109.5	108
PC-ABS	34.8	50	123	4.3	110	125
PC	52	97	53.39	3	115	161
PC-ISO	52	82	53.39	5	—	161
PPSF	55	110	58.73	3	86	230
E20	6.4	5.5	347	—	96	—
ICW06	3.5	4.3	17	—	13	—
Genisys Modeling Material	19.3	26.9	32	—	62	—

3.5 熔融沉积成形工艺误差影响因素

3.5.1 材料特性对误差的影响

由于FDM工艺中涉及塑料材质的状态变化，即材料由喷嘴处的烙融状态挤出至成形平面上逐渐冷却至固态的过程，这个变化过程中材料的物理性能会发生变化（如密度增大，相应的体积也会减小），这种材料的特性是无法克服的，一旦材料确定则变化规律也确定。但是，成形过程中会受到工艺参数的影响。因此，合理设置各个工艺参数，尽量避免材料收缩引起的精度误差被放大。

在表3-3中，列出了FDM工艺中常用材料的特性及其主要物理性能。观察这几种材料可知，基本都存在收缩变形现象，只是数值大小不同，故要完全消除材料特性产生的误差非常困难。在设计模型时，合理选择材料与成形温度可防止不必要的误差产生。

表 3-3 FDM 工艺常用材料的相关特性

材料	打印温度/℃	耐热温度/℃	收缩率/%	材料性能
PLA	170～230	70～90	0.3左右	可降解，较好的强度，耐热能力一般
ABS	200～240	70～110	0.4～0.7	强度与韧性都很好，耐热性较好
蜡	120～150	130左右	0.3左右	成形后有较好的质感，表面粗糙度较低，精度较高，耐热性较差
PC	230～320	70左右	0.5～0.8	具有很高的强度和抗冲击性能，耐高温，材料稳定性差

3.5.2 打印速度对误差的影响

受机械结构和运动稳定性的影响，打印速度不仅影响成形件的精度；同时，由于打印速度和丝线的挤出速度有一定的映射关系，所以还会影响到材料离开挤出喷头时的初速度。当材料被挤出时，从熔融状态变为固态的过程中冷却时间也是不尽相同的，从而导致挤出丝在每一条出丝直线上的热应力收缩条件都不一样，造成一定的精度误差。可见，在其他工艺参数都不变的条件下，打印速度不同，挤出材料的固化时间也不相同，最终导致材料的收缩变形量不同而产生变形。通过分析塑料件的物理属性可知，当打印速度较快时，材料的固化时间变短，收缩变形的幅度较小；当打印速度较慢时，材料的固化时间变长，收缩变形的幅度较大。

3.5.3 打印温度对误差的影响

打印温度主要指挤出头的设置温度，图 3-13 所示为 PLA 材料温度与形态变化关系。由于 FDM 工艺用的成形材料大多为高分子聚合物，所以其材料物理特性实际上与混合物相类似，那么材料的熔点不是一个确定温度而是一个温度的范围。

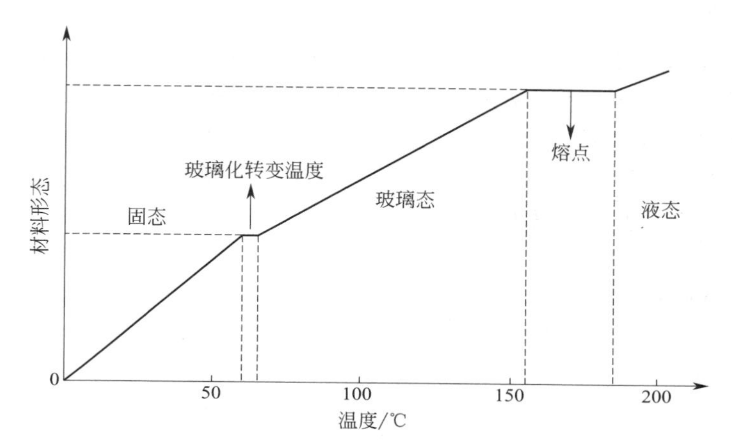

图 3-13 PLA 材料温度与形态变化关系图

如果 PLA 材料的熔点在 155～185℃范围内，若是温度参数设置过低，则 PLA 材料并非完全熔化，仍有少量玻璃态材料存在，在挤出时会影响打印精度和喷头寿命；若是温度参数设置过高，PLA 材料全部达到熔点温度以上时呈现液态属性。但是，PLA 材料中有部分聚合物由于温度高于熔点将出现过烧现象，也会对成形精度造成影响，而且不同分子量的聚合物在冷却为固态时的热应力也有所差异，将会产生一定的热变形。

3.5.4 熔融沉积成形机器误差的影响

熔融沉积成形机器误差是设备本身的误差，属于系统误差，应尽可能减小。熔融沉积成形机器误差主要包括以下三种类型。

（1）工作台引起的误差

工作台引起的误差分成 Z 轴方向的运动误差和 X-Y 平面的误差。Z 轴方向的运动误差会直接影响产品在 Z 方向上的形位误差，令分层厚度方向的精度变差，引起产品表面的粗糙度值增加，因而必须确保工作台面与 Z 轴的垂直度；工作台在 X-Y 平面的误差是指工作台表面不平，使得制件的理论设计形状与实际成形形状有很大差别。

（2）X、Y 轴导轨的垂直度误差

X-Y 扫描系统是采取 X、Y 轴的二维运动，X、Y 轴选取交流伺服电动机通过精密滚珠丝杠传动，同时选取精密滚珠直线导轨导向，由步进电动机驱动同步齿轮的同时带动喷头运行。每个传动过程均会有误差的产生，设备的加工质量受到现代机械加工水平的制约，它是全部设备加工中普遍存在的问题，难以解决。为了尽量减小这种误差，必须定期检测和维护成形设备。

（3）定位误差

在 X、Y、Z 三个方向上，成形机的重复定位均可能有所不同，从而造成定位误差。

3.5.5 分层厚度对误差的影响

在通常情况下，实体表面产生的台阶将随着分层厚度的减小而减小，而表面质量将随着分层厚度的减小而提高，但是如果分层处理和成形的时间过长将影响加工效率。同时，分层厚度增大将使实体表面产生的台阶增大，降低表面质量，但是相对而言会提高加工效率。因此，在实际加工中，要兼顾效率和精度来确定分层厚度，必要时可通过打磨来提高原型表面质量和表面精度。

3.5.6 CAD 模型误差

FDM 的第一步就是设计理论上的三维 CAD 模型，这一步可由三维造型软件完成。为了进行下一步的模型切片分层处理，必须对此 CAD 模型进行转化。而多数快速成形系统使用标准的 STL 数据模型来定义成形的零件，它是一种用许多空间小三角形面片来逼近三维实体表面的数据模型。在 CAD 系统将三维 CAD 模型转换成 STL 数据模型的过程中，会出现对三维零件描述的一系列缺陷，主要有以下两个。

a. 采用 STL 格式的三角形面片近似逼近 CAD 模型的表面，这本身即是近似的方法，此文件格式把 CAD 模型连续的表面离散成三角形面片的集合，当实体模型的表面均为平面时将不会产生误差。但对于现实中的物体而言，曲面是大量存在的，无论曲面精度如何高，也无法完全表达原表面，这种误差就是不可避免的。另一方面，当有数个曲面进行三角化时，位于曲面相交的地方将有缝隙、重叠、畸变等缺陷的产生，同样导致了模型精度的降低。

b. 分层后的层片文件（采用 CLI 格式）用线段近似逼近曲线，又将引起误差。很多研究者提出了减小这类误差的措施，比如增加三角形面片的数目可以减小这类误差，但是不可能彻底消除它，而且增加三角形面片会使 STL 文件过大和加工时间延长。另外，一些研究者研究采用新的模型格式，比如用 STEP 格式替代 STL 格式，结果证明可以大大减小这类误差，但是 STEP 文件格式文件量比 STL 文件格式大很多，同样影响软件运算处理速度和时间。

3.6 熔融沉积成形打印设备

生产熔融沉积式 3D 打印机的单位主要有美国的 Stratasys 公司、3D Systems 公司、MakerBot 公司、Med Modeler 公司以及国内的清华大学等。其中，Stratasys 公司的 FDM 技术在国际市场上占比最大。由于在几种常用的快速成形设备系统中，唯有 FDM 系统可在办公室内使用，为此，Stratasys 公司还专门成立了负责小型机器销售和研发的部门（Dimensionl 部门）。

自推出光固化快速成形系统及选择性激光烧结系统后，3D Systems 公司又推出了熔融沉积式的小型三维成形机 Invision 3-D Modeler 系列。该系列机型采用多喷头结构，成形速度快，材料具有多种颜色，采用溶解性支撑，原型稳定性能好，成形过程中无噪声。

3.6.1 Stratasys 公司的 3D 打印机

2014 年 11 月，Stratasys 公司推出 2 款基于 FDM 技术的 Fortus 3D 打印机：Fortus 450mc 和 Fortus 380mc。

该系统有一个新的触摸屏界面，允许用户调整打印作业不中断运作，并可以实现比原 3D 打印机高达 20%的打印时间和打印复杂的几何形状。

Fortus 450mc 具有打印 406mm×355mm×406mm 模型的能力（图 3-14），并且它的打印分辨率高达 0.127～0.330mm。该 Fortus 450mc 有两个模型材料和两个支撑材料罐的容量。

图 3-14 Fortus 450mc 3D 打印机

Fortus 380mc 3D 打印机和 Fortus 450mc 具有相同的功能，Fortus 450mc 包括构建温度分布均匀和数字触摸屏。该三维打印机可以在相同的分辨率下比 Fortus 450mc 快 20%的打印速度，但它只能打印 355mm×305mm×305mm 的模型。Fortus 380mc 材料容量包括两个罐，一个用于模型，一个用于支撑材料。该 Fortus 380mc 是理想的复杂生产设备，适合生产更小的零件，如大中型制造企业夹具和工具制造。

表 3-4 为 Stratasys 公司生产的熔融沉积式 3D 打印机的主要技术参数。

表 3-4 Stratasys 公司生产的熔融沉积式 3D 打印机的主要技术参数

参数 \ 型号	Fortus 250mc	Fortus 360mc	Fortus 400mc	Fortus 900mc	Dimension Elite
成形室尺寸/mm	254×254×305	355×254×254 406×355×406	355×254×254 406×355×406	914×610×914	203×203×305
成形材料	ABSplus-P430	ABS-M30，PC-ABS，PC	ABSi PC-ISO，ABS-M30 PC，ABS-M30i，ULTEM 9085，ABS-ESD7，PPSF PC-ABS	ABSi PC-ISO，ABS-M30 PC，ABS-M30i，ULTEM 9085，ABS-ESD7，PPSF PC-ABS	ABSplus-P430
成形件精度	±0.241mm	±0.127mm 或 ±0.0015mm/mm	±0.127mm 或 ±0.0015mm/mm	±0.089mm 或 ±0.0015mm/mm	—
分层层厚/mm	—	—	—	—	0.718，0.254
外形尺寸/mm	838×737×1143	1281×896×1962	1281×896×1962	2772×1683×2027	838×737×1143
质量/kg	148	593	593	2869	148

表 3-5 为 Stratasys 公司生产的熔融沉积式 3D 打印机用的成形材料特性。支撑材料为水溶性材料或手工易剥离材料 BAS。在这种 3D 打印机上用 ABS 塑料等材料成形时，工件会有较大的翘曲变形。为消除这一弊端，必须将成形室封闭并加热至恒定温度（约 70℃），使工件一直处于恒温状态，从而减小翘曲变形，保证应有的几何精度。

图 3-15 为 Stratasys 公司生产的熔融沉积式 3D 打印机的成形件。

表 3-5　Stratasys 公司生产的熔融沉积式 3D 打印机用的成形材料特性

参数 \ 材料名称		ABSplus	ABSi	ABS-M30	ABS-M30i	ABS-ESD7	PC-ABS	PC-ISO	PC	ULTEM 9085	PPSF
分层厚度/mm	0.330	√	√	√	√	—	√	√	√	√	√
	0.254	√	√	√	√	√	√	√	√	√	√
	0.178	√	√	√	√	√	√	√	√	—	—
	0.127	—	√	√	√	—	√	—	√	—	—
支撑材料		可溶	可溶	可溶	可溶	可溶	可溶	BASS	BASS 可溶	BASS	BASS
颜色		象牙色，黑色，深灰色，红色，蓝色，橄榄色，油桃色，荧光黄色	半透明自然色，半透明琥珀色，半透明红色	象牙色，黑色，深灰色，红色，蓝色	象牙色	黑色	黑色	白色，半透明自然色	白色	茶色	茶色
密度/(g/cm³)		1.04	1.08	1.04	1.04	1.04	1.10	1.2	1.2	1.34	1.28
拉伸模量/MPa		2265	1920	2400	2400	2400	1900	2000	2300	2200	2100
抗拉强度/MPa		36	37	36	36	36	41	57	68	71.6	55
断后伸长率/%		4.0	4.4	4.0	4.0	3.0	6.0	4.0	5.0	6.0	3.0
弯曲模量/MPa		2198	1920	2300	2300	2400	1900	2100	2200	2500	2200
抗弯强度/MPa		52	62	61	61	61	68	90	104	115.1	110
缺口冲击强度/(J/m)		96	96.4	139	139	111	196	86	53	106	58.7
热变形温度/℃	0.45MPa 下	96	86	96	96	96	110	133	138	—	—
	1.8MPa 下	82	73	82	82	82	96	127	127	153	189
玻璃化转变温度/℃		—	116	108	108	108	125	161	161	186	230

注：√表示有这种材料；—表示无这种材料。

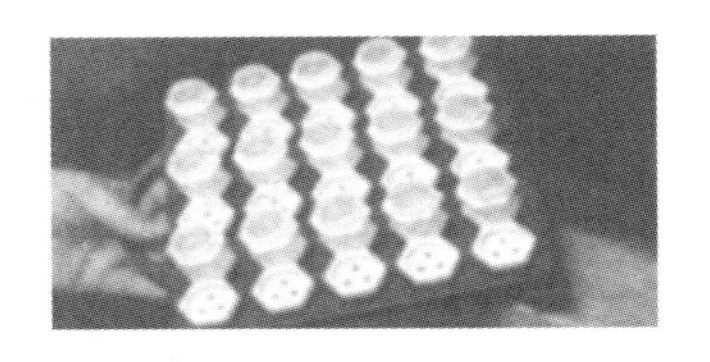

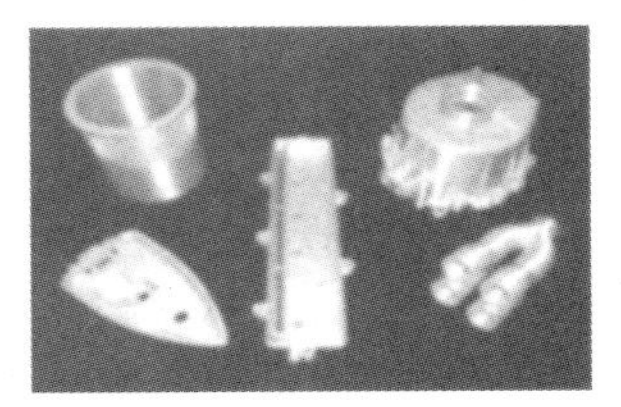

图 3-15　Stratasys 公司生产的熔融沉积式 3D 打印机的成形件

3.6.2　3D Systems 公司的 3D 打印机

作为全球最早的快速成形设备供应商，3D Systems 公司的 FDM 产品包括 Glider、Cube、CubeX、3DTouch 和 RapMan 等，可以打印三种颜色的 ABS 和 PLA 塑料。CubeX 有多种打印模式，并提供"标准""高清晰度"两种选项。

图 3-16 为 Glider 3D 打印机，该款打印机的成形速度为 23mm/h，尺寸为 508mm×406.4mm×355.6mm；制作层厚为 0.3mm，喷嘴直径为 0.5mm，位置精度为 0.1mm，质量为 7kg，模型尺寸为 203mm×203mm×140mm。使用材料为直径 3mm 的 PLA（白、蓝、绿）和 ABS（黑、红）丝材，如图 3-17 所示。

图 3-16 Glider 3D 打印机

图 3-17 Personal 系列 3D 打印机所使用的丝材

图 3-18 为 CubeX 3D 打印机，CubeX 的设备尺寸是 515mm×515mm×589mm，打印精度是 0.1mm，打印速度是 100mm/s。由于该款打印机并不是全封闭的，所以在保温、防尘、防风、防气味、安全方面做得不够，易受外界的干扰。

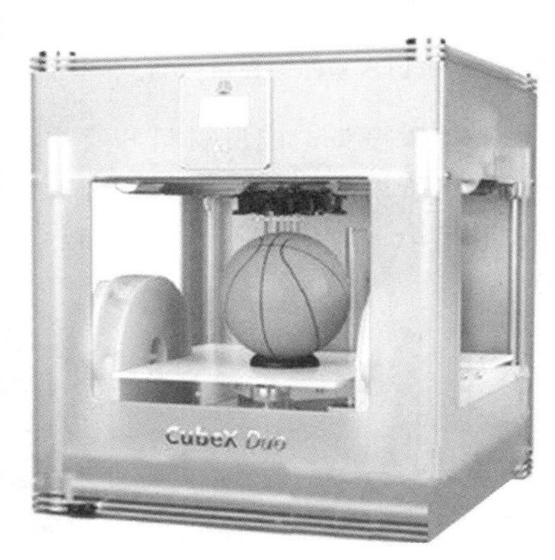

图 3-18 CubeX 3D 打印机

图 3-19 为 BFB 3DTouch 桌面级 3D 打印机及其成形件，被称为最具性价比的个人 3D 打印机。打印尺寸为 275mm×275mm×210mm，直接从 USB 打印，不需要 PC 连接，屏幕触摸控制，可提供双头和三头升级选配，打印更自如。外观采用的是漂亮的金属支架和亚克力材料制作，简洁开放式设计，时尚大方。最大打印速度为 $15mm^3/s$，外形尺寸为 515mm×515mm×598mm，挤压机尖端最高温度为 280℃，材料为聚乳酸/丙烯腈-丁二烯-苯乙烯塑料/可溶解清洁透明聚乳酸。

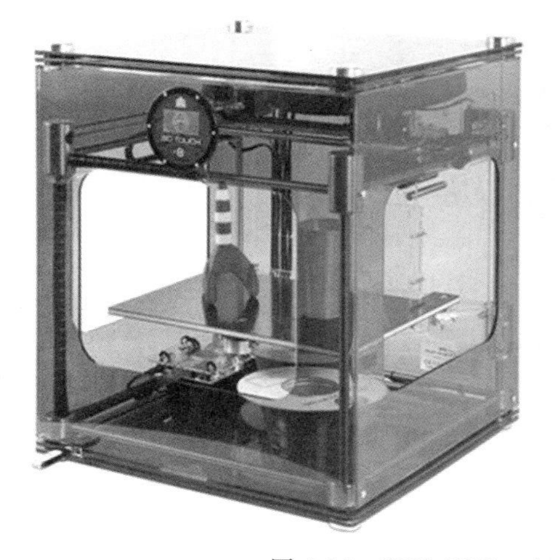

图 3-19 BFB 3DTouch 桌面级 3D 打印机及其成形件

3.6.3 上海富奇凡公司的 HTS 系列 3D 打印机

上海富奇凡公司生产的 HTS 系列材料沉积式 3D 打印机，采用辊轮-螺杆式熔挤系统，挤

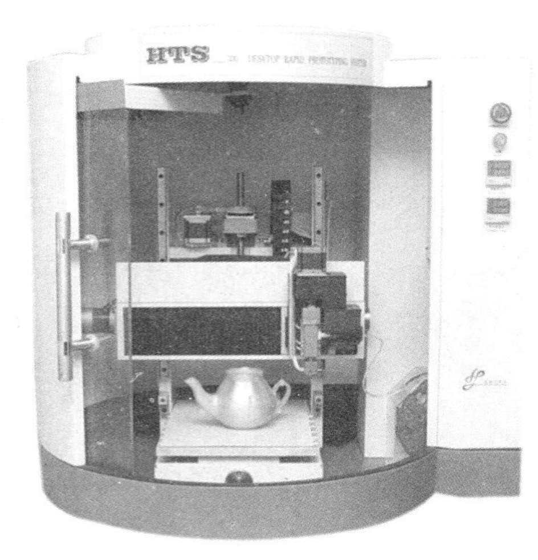

图 3-20　HTS 系列熔融沉积台式 3D 打印机

压喷头内的螺杆和送丝机构用同一步进电动机驱动，送丝机构由传动齿轮和两对送丝辊组成。外部计算机发出控制指令后，步进电动机驱动螺杆；同时，又通过传动齿轮驱动送丝辊，将直径为 4mm 的塑料丝送入喷头。在喷头中，由于电热棒的加热作用，塑料丝呈熔融状态；并在变截面螺杆的推挤下，通过内径为 0.2～0.5mm 的可更换喷嘴沉积在工作台上，在冷却后形成工件的截面轮廓。图 3-20、图 3-21 分别为 HTS 系列熔融沉积台式 3D 打印机和样件。表 3-6 为 HTS 系列熔融沉积台式 3D 打印机技术参数。

这种熔挤系统可以看成是“螺杆式无模注射成形机”。驱动步进电动机的功率大，能产生很大的挤压力，因此能采用黏度很大的熔融材料，成形工件的截面结构密实、品质好。这种材料挤压式 3D 打印机采用单个挤压喷头，成形材料和支撑材料为同种材料，借助沉积工艺与参数的变化使支撑结构易于去除。所用的塑料丝是与国外著名公司共同开发的尼龙基丝料，价格低，不吸潮，成形时翘曲变形很小，成形室不需封闭加热保温，能保证成形件具有良好的尺寸精度与表面品质。

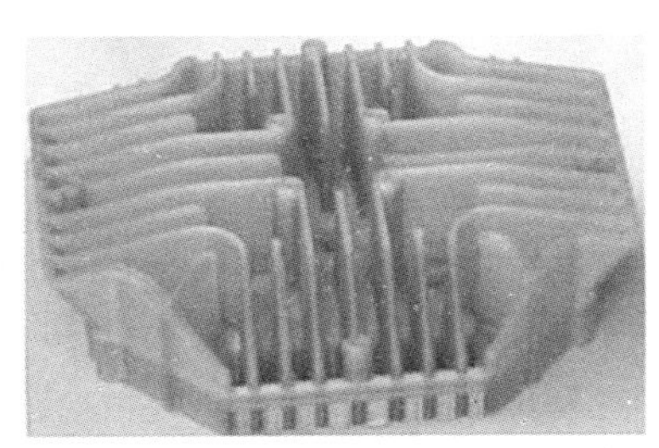

图 3-21　HTS 系列熔融沉积台式 3D 打印机样件

表 3-6　HTS 系列熔融沉积台式 3D 打印机技术参数

型号	HTS-300	HTS-400
成形件最大尺寸/mm	280×250×300	360×320×400
成形件精度/mm	±0.2	±0.2
驱动系统	X 与 Y 轴：伺服电动机通过精密滚珠丝杠驱动，精密直线导轨导向	
	Z 轴：步进电动机通过精密滚珠丝杠驱动，精密直线导轨导向	
	R 轴：步进电动机直接驱动	
温控系统	实时测温控制	
控制软件	HTS 控制软件	
外部计算机要求	普通 PC	
文件输入格式	STL 格式	

续表

型号	HTS-300	HTS-400
成形材料	直径 4mm 的塑料丝	
电源	220V/50Hz，最大电流 6A	
环境要求	空调	
机器外形尺寸/mm	950×820×900	950×820×1050
机器质量/kg	120	150

图 3-22、图 3-23 分别为 HTS 系列熔融沉积立式 3D 打印机和样件。表 5-7 为 HTS 系列熔融沉积立式 3D 打印机技术参数。

图 3-22　HTS 系列熔融沉积立式 3D 打印机

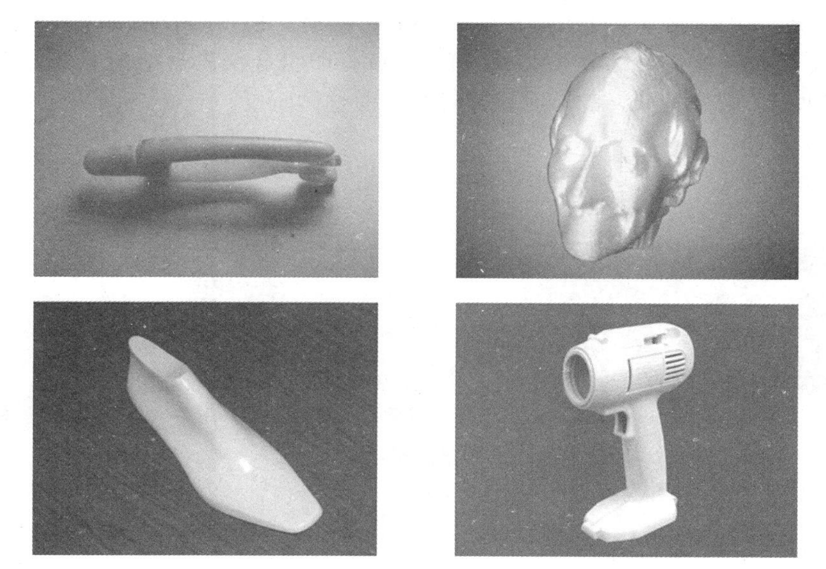

图 3-23　HTS 系列熔融沉积立式 3D 打印机样件

表 3-7　HTS 系列熔融沉积立式 3D 打印机技术参数

型号	HTS-400L	HTS-450L
成形件最大尺寸/mm	360×320×400	400×400×450
成形件精度/mm	±0.2/100	
最大速度/(mm/s)	100	
驱动系统	X 与 Y 轴：伺服电动机通过精密滚珠丝杠驱动，精密直线导轨导向	
	Z 轴：步进电动机通过精密滚珠丝杠驱动，精密直线导轨导向	
	R 轴：步进电动机直接驱动	

续表

型号	HTS-400L	HTS-450L
温控系统	实时测温控制	
切片软件	HTS 切片软件	
外部计算机要求	普通 PC	
文件输入格式	STL 格式	
成形材料	直径 4mm 的塑料丝	
电源	220V/50Hz，最大电流 6A	
环境要求	空调	

3.7 熔融沉积成形技术的应用

熔融沉积成形（FDM）工艺技术具有打印机结构简单、操作方便、成形速度快、材料种类丰富且成本低等诸多优点。基于 FDM 工艺的 3D 打印技术已经越来越多地应用于各个领域，是目前应用领域广、成熟度高、应用价值大和前景广阔的 3D 打印技术。

3.7.1 汽车工业

汽车工业随着汽车工业的快速发展，人们对汽车轻量化、缩短设计周期、节约制造成本等方面提出了更高要求，而 3D 打印技术的出现为满足这些需求提供了可能。在汽车生产过程中，大量使用热塑性高分子材料制造装饰部件和部分结构部件。与传统加工方法相比，FDM 3D 打印技术可以大大缩短这些部件的制造时间，在制造结构复杂部件方面更是将优势展现得淋漓尽致，图 3-24 为 FDM 3D 打印汽车空调外壳；同时，FDM 3D 打印技术能够一次成形，可以省去大部分传统连接部件。图 3-25 为 FDM 3D 打印组合仪表盘结构原件，并且所用材料为热塑性工程塑料，密度较低，能够明显减轻车辆的整体质量。

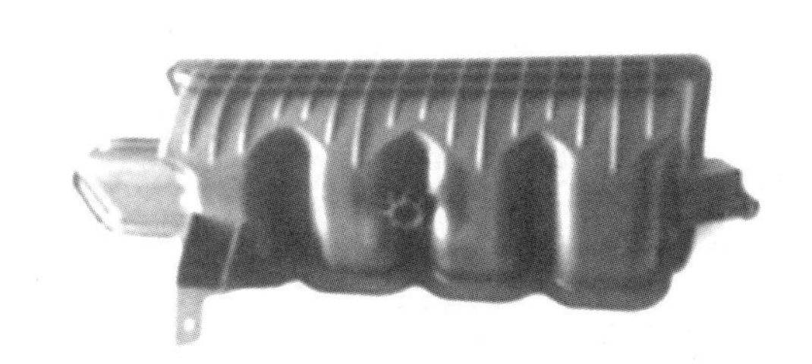

图 3-24　FDM 3D 打印汽车空调外壳

图 3-25　FDM 3D 打印组合仪表盘结构原件

FDM 3D 打印技术在汽车零部件生产中的应用还包括后视镜、仪表盘、出口管、卡车挡泥板、车身格栅、门把手、光亮饰、换挡手柄模具型芯、冷却水道等。其中，冷却水道采用传统的制造方法几乎无法实现；而采用 FDM 3D 打印技术制造的冷却系统，冷却速度快，部件质量明显提高。此外，FDM 3D 打印技术还可以进行多材料一体制造，如轮毂和轮胎一体成形，轮毂部分采用丙烯腈-丁二烯-苯乙烯塑料（ABS）硬质材料，轮胎部分采用橡胶材料一体打印成形。

目前，在汽车零件制造方面，已经有百余种零件能够采用 FDM 3D 打印技术进行大规模生产，而且可制造零件种类和制造速度这两个关键数值仍在继续上升。在赛车等特殊用途汽车制造方面，个性化设计以及车体和部件结构快速更新的需求也将进一步推进 FDM 3D 打印技术在汽车制造领域的发展和应用。

3.7.2　航空航天

随着人类对太空以及地球外空间的逐步探索，进一步减小飞行器的质量就成为设备改进与研发的重中之重。采用FDM 3D打印技术制造的零件，由于所使用的热塑性工程塑料密度较低，与使用其他材料的传统加工方法相比，所制得的零件质量更轻，符合飞行器改进与研发的需求。在飞机制造方面，波音公司和空客公司已经应用FDM 3D打印技术制造零部件。例如，波音公司应用FDM 3D打印技术制造了包括冷空气导管在内的300余种不同的飞机零部件，空客公司应用FDM 3D打印技术制造了A380客舱使用的行李架。

在航天领域，所需设备和部件均需从地面运输至太空，一方面限制了其尺寸，另一方面运输过程中的苛刻环境也会对其使用性能产生不良影响。因此，如果能在太空中直接采用FDM 3D打印技术制造所需设备或部件，在降低成本和保证性能方面都具有极大的优势。利用FDM 3D打印技术，2014年11月国际空间站的航天员们制造出了第一把“太空扳手”。这把太空扳手仅仅是FDM 3D打印技术在航天领域应用的案例之一。随着相关技术的进步，更多舱内设备甚至是舱外大尺寸结构部件的打印制造都有可能成为现实。由于FDM 3D打印技术使用的材料为热塑性工程塑料，有望在太空中实现“制品打印→材料回收→材料再次打印利用”这一循环过程，实现太空中废弃材料的回收再利用。

3.7.3　医疗卫生

在医疗行业中，患者一般在身体结构、组织器官等方面存在一定差异，医生需要采用不同的治疗方法、使用不同的药物和设备才能达到最佳的治疗效果，而这也导致治疗过程中往往不能使用传统的量产化产品。FDM 3D打印技术个性化制造这一特点符合了医疗卫生领域的要求。目前FDM 3D打印技术在医疗卫生领域的应用以人体模型制造和人造骨移植材料为主。某些精密手术想要取得预期的治疗效果，就必须采取最佳的手术方式，但通常情况下不允许医生通过多次实践得出结论，给手术带来一定难度和风险。FDM 3D打印技术可以和CT、核磁共振等扫描方法相结合，在手术前通过精确打印所需治疗部位的器官模型，大大提高一些高难度手术的成功概率，增强手术治疗效果。

精确打印器官等人体模型的作用并不只局限于提高手术效果。在当今供体越发稀少且潜在供体不匹配等情况下，通过FDM 3D打印技术制造的外植体为解决这一紧急问题提供了一种全新的方法。2013年3月，美国OPM公司打印出聚醚醚酮（PEEK）材料的骨移植物，并首次成功地替换了一名患者病损的骨组织；荷兰乌特勒支药学研究所利用羟甲基乙交酯（HMG）与ε-CL的共聚物（PHMGCL），通过纤维熔体沉积技术得到3D组织工程支架。新加坡南洋理工大学用聚ε-已内酯（PCL）制造出可降解3D组织工程支架。

3.7.4　教育教学

在课堂上，教具与模型可以让学生更清楚地理解一些抽象的理论原理，对于提升教学效果具有显著的作用。不同学科所需教具种类繁多，且随着课本内容的改进，教具形式也在不断变化，通过传统成形技术生产更新换代较快的教具成本较高，而能够做到快速个性化生产的FDM 3D打印技术使得这些问题迎刃而解。

目前FDM 3D打印技术更多的是作为教学环境，在英国21个试点学校、美国的北卡罗来纳州立大学以及我国上海市静安区多所学校中，FDM 3D打印技术已经在具体课堂上体现了其作为教学环境的价值和作用；并且美国许多学校正在推广的TI公司的“3D投影机领航项目”，也将进一步推动 FMD 3D 打印技术融入教学环境。此外，一些国家和组织正在探索 3D 打印应用于 STEM 课程（指科学、技术、工程、数学课程总称），以推动技术驱动的教学创新，使得技术工程教育和艺术人文教育融合成为学校文化的一部分，而这无疑有助于 FDM 3D 打印技术更好地融入到教学环境中。

在目前教学环境中，FDM 3D 打印技术主要用于制作立体教具、辅助学生进行创新设计、强化互动和协作学习。随着 3D 打印热的持续升温和打印技术的继续发展，FDM 3D 打印技术极有可能作为一项独立的科目跻身于教学内容中去，包括如何设计图样、如何建模和使用 3D 打印机实现打印成形。

3.7.5 食品加工

与使用其他热塑性材料相似，FDM 3D 打印技术可以使用巧克力、糖浆等能够加热熔化、冷却凝固的食材进行加工，在无需使用模具的条件下制出形状奇特的食用产品，使得产品在外观上更加诱人。因此，许多公司都在努力尝试将 FDM 3D 打印技术应用于食品制造行业。例如，3D System 展出的 Chefjet 和 Chefjet Pro 两款 3D 打印机，巴塞罗那 Natural Machines 公司推出的一款消费级的食品打印机。除了传统打印食材，FDM 3D 打印技术可以利用从人类目前不食用的物质中提取出需要的营养成分，加工成食品。例如，食用昆虫对于大部分人来讲是一件不太容易接受的事情，英国科学家们经过欧盟和世界粮食组织同意，开发了一种可以把食用昆虫转换成面粉方法，再通过 FDM 3D 打印技术将食物打印出来，这个项目被称为“昆虫焗”。目前，FDM 3D 打印技术主要还是用于制作具有奇特外形的食物，这主要是由于大部分食材不能直接用于 FDM 3D 打印。如果通过提取食材内部本身具有的营养物质并制成线材的形状，实现熔融挤出，FDM 3D 打印技术在食品加工中的应用将会更加广泛。随着可打印食材的丰富，通过调节打印食材的配比，可以加工出更加符合人类营养需求的食物，并且如果应用在航天领域，可以进一步丰富宇航员的食谱。

3.7.6 其他应用

在建筑领域中，FDM 3D 打印技术能够制作出符合设计需求的建筑物模型，从而验证楼宇结构设计是否符合要求；在机器人制造领域，FDM 3D 打印技术能够一次成形连接件，从而将舵机连接在一起，完成机器人的组装；在模具制造领域，由于 FDM 3D 打印技术具有诸多优点，对于生产内部结构复杂的模具具有无与伦比的速度优势。

第4章

光固化快速成形

光固化快速成形（Stereo Lithography Appearance，SLA）技术是世界上出现最早、研究最深入、应用最广泛、技术最成熟并已实现商品化的一种快速成形技术，也被称为立体光刻、立体印刷或光造型等。该技术最早由美国麻省理工学院的 Charles Hull 在 1986 年研制成功，并于 1987 年获得专利。经过多年的探索与发展，该工艺的加工精度已可达毫米级，截面扫描方式和树脂成形性能也得到了很大改进，但是在设备、材料、制造过程和加工环境等方面还是存在很多不足之处。光固化快速成形技术多用于制造模型，通过在原料中加入其他成分，其原型模也可代替熔模精密铸造中的蜡模。该方法成熟速度快、精度高，但树脂在固化过程中的收缩必然会产生应力或引起形变，使这种方法有一定的局限性。

国内外很多公司推出了多种光固化快速成形设备，如美国的 3D Systems 公司、日本的 CMET 公司、德国的 EOS 公司等。中国的研究机构和商业公司也参与到该项技术设备的竞争之中，如西安交通大学、华中科技大学、北京殷华激光快速成形与模具技术有限公司和上海联泰科技有限公司等。

4.1 光固化快速成形工作原理

光固化快速成形工艺过程原理如图 4-1 所示，用特定波长与强度的激光聚焦到光固化材料表面，使之按由点到线、由线到面顺序凝固，完成一个层面的绘图作业，然后升降台在垂直方向移动一个层片的高度，再固化另一个层面，这样层层叠加构成一个三维实体。

光固化快速成形技术采用液态光敏树脂原料，其工艺过程是：首先通过 CAD 设计出三维实体模型，利用离散程序将模型进行切片处理，设计扫描路径，产生的数据将精确控制激光扫描器和升降台的运动；激光光束通过数控装置控制的扫描器，按设计的扫描路径照射到液态光敏树脂表面，使表面特定区域内的一层树脂固化；当一层加工完毕后就生成零件的一个截面。然后，升降台下降一定距离，固化层上覆盖另一层液态树脂，再进行第二层扫描，第二固化层牢固地黏结在前一固化层上，这样一层层叠加就形成了三维工件原型；将原型从树脂中取出后进行最终固化，再经打光、电镀、喷漆或着色处理即得到满足要求的产品。

SLA 主要用于制造多种模具、模型等，还可以通过在原料中加入其他成分，用 SLA 原型模代替熔模精密铸造中的蜡模。

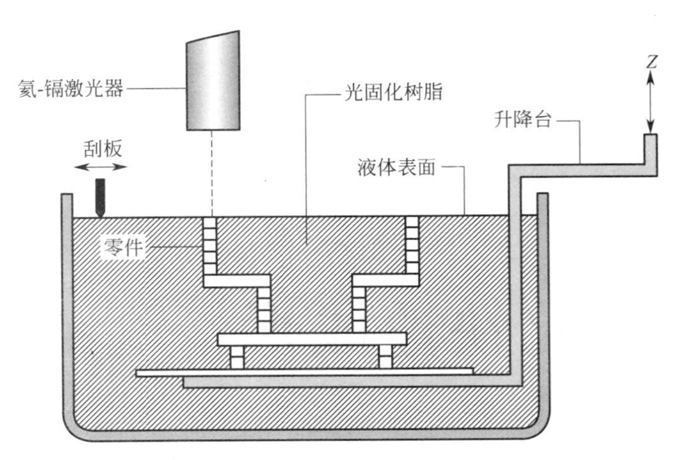

图 4-1　光固化快速成形工艺过程原理

4.2　光固化快速成形技术优缺点

光固化快速成形技术的优势在于成形速度快、原型精度高，非常适合制作精度要求高、结构复杂的小尺寸工件。在使用光固化技术的工业级 3D 打印机领域，比较著名的是 Object 公司。该公司为 SLA 3D 打印机提供 100 种以上的感光材料，是目前支持材料最多的 3D 打印设备。同时，Object 系列打印机支持的最小层厚已达到 16μm，在所有 3D 打印技术中 SLA 打印成品具备最高的精度、最好的表面粗糙度等优势。

但是，光固化快速成形技术也有两个不足：首先是光敏树脂原料具有一定的毒性，操作人员在使用时必须具备防护措施；其次，光固化快速成形的成品在整体外观方面表现非常好，但是材料强度方面尚不能与真正的制成品相比，这在很大程度上限制了该技术的发展，使得其应用领域限制于原型设计验证方面，后续需要通过一系列处理工序才能将其转化为工业级产品。

此外，SLA 技术的设备成本、维护成本和材料成本都远远高于熔融挤压式（FDM）等技术。因此，目前基于光固化技术的 3D 打印机主要应用于专业领域，桌面级应用尚处于启动阶段，相信不久的将来会有更多低成本的 SLA 桌面 3D 打印机面世。具体来讲，SLA 打印技术的优势主要有以下几个方面。

a. SLA 技术出现时间早，经过多年发展，技术成熟度高。

b. 打印速度快，光敏反应过程便捷，产品生产周期短，无需切削工具与模具。

c. 打印精度高，可以做到微米级别（比如 0.025mm），可打印结构外形复杂或传统技术难于制作的原型和模具。

d. 上位软件功能完善，可联机操作及远程控制，有利于生产的自动化。

相比其他打印技术而言，SLA 技术的主要缺陷在于以下几个方面。

a. SLA 设备普遍价格高昂，使用和维护成本很高。

b. SLA 系统需要对毒性液体进行精密操作，对工作环境要求苛刻；另外，光敏树脂对环境有污染，会使人体皮肤过敏。

c. 受材料所限，可用使用的材料多为树脂类，使得打印成品的强度、刚度及耐热性能都非常有限，并且不利于长时间保存。成形产品对储藏环境有很高的要求，温度过高会熔化，工作温度不能超过 100℃。光敏树脂固化后较脆，易断裂，可加工性不好。成形件易吸湿膨胀，抗腐蚀能力不强。

d. 由于树脂固化过程中会产生收缩，不可避免地会产生应力或引起形变，因此开发收缩小、固化快、强度高的光敏材料是其发展趋势。

e. 需要设计工件的支撑结构，以便确保在成形过程中制作的每一个结构部位都能可靠定位；另外支撑结构需在未完全固化时手工去除，容易破坏成形件。

f. 核心技术被少数公司所垄断，技术和市场潜力未能全部被挖掘。

4.3 光固化快速成形技术的研究进展

光固化快速成形制造技术自问世以来在快速制造领域发挥了巨大作用，已成为工程界关注的焦点。光固化原型的制作精度和成形材料的性能成本，一直是该技术领域研究的热点。目前，很多研究者通过对成形参数、成形方式、材料固化等方面分析各种影响成形精度的因素，提出了很多提高光固化原型制作精度的方法，如扫描线重叠区域固化工艺、改进的二次曝光法、研究开发用 CAD 原始数据直接切片法、在制件加工之前对工艺参数进行优化等，这些工艺方法都可以减小零件的变形、降低残余应力，提高原型的制作精度。此外，SLA 所用的材料为液态光敏树脂，其性能直接影响到成形零件的强度、韧性等重要指标，进而影响到 SLA 技术的应用前景。近年来在提高成形材料的性能降低成本方面也做了很多研究，提出了很多有效的工艺方法，如将改性后的纳米 SiO_2 分散到自由基-阳离子混杂型的光敏树脂中，可以使光敏树脂的临界曝光量增大而投射深度变小，其成形件的耐热性、硬度和弯曲强度有明显提高；又如在树脂基中加入 SiC 晶须，可以提高其韧性和可靠性。此外，通过开发新型可见光固化树脂，这种新型树脂使用可见光后便可固化且固化速度快，对人体危害小；在提高生产效率的同时，大幅度地降低成本。

4.3.1 微光固化快速成形制造技术

目前，传统的 SLA 设备成形精度为±0.1mm，能够较好地满足一般的工程需求。但是，在微电子和生物工程等领域，一般要求制件具有微米级或亚微米级的细微结构，而传统的 SLA 工艺技术已无法满足这一领域的需求。尤其是在近年来，MEMS（Micro-Electro-Mechanical Systems）和微电子领域的快速发展，使得微机械结构的制造成为具有极大研究价值和经济价值的热点。微光固化快速成形 μ-SL（Micro Stereolithography）便是在传统的 SLA 技术方法基础上，面向微机械结构制造需求而提出的一种新型快速成形技术。该技术早在 20 世纪 80 年代就已经被提出，经过 20 多年的努力研究，已经得到了一定应用。目前提出并实现的 μ-SL 技术主要包括基于单光子吸收效应的 μ-SL 技术和基于双光子吸收效应的 μ-SL 技术，可将传统的 SLA 技术成形精度提高到亚微米级，开拓了快速成形技术在微机械制造方面的应用。但是，绝大多数的 μ-SL 制造技术成本相当高，因此多数还处于试验室阶段，离实现大规模工业化生产还有一定的距离。因而今后该领域的研究方向为：开发低成本生产技术，降低设备的成本；开发新型的树脂材料；进一步提高光成形技术的精度；建立 μ-SL 数学模型和物理模型，为解决工程中的实际问题提供理论依据；实现 μ-SL 与其他领域的结合，例如生物工程领域等。

4.3.2 生物医学领域

光固化快速成形技术为不能制作或难以用传统方法制作的人体器官模型提供了一种新的方法，基于 CT 图像的光固化快速成形技术是应用于假体制作、复杂外科手术的规划、口腔颌面修复的有效方法。目前在生命科学研究的前沿领域出现一门新的交叉学科——组织工程，这是光固化快速成形技术非常有前景的一个应用领域。基于 SLA 技术可以制作具有生物活性的人工骨支架，该支架具有很好的力学性能和与细胞的生物相容性，且有利于成骨细胞的黏附和生长。

4.4 光固化快速成形工艺过程

光固化快速成形模型的制作可分为前处理、原型制作和后处理三个阶段。

4.4.1 前处理

前处理主要是对原型 CAD 模型进行数据转换、摆放方位确定、施加支撑和切片分层的过程，实际上就是为原型制作准备数据。

(1) CAD 三维造型

CAD 模型即三维实体造型，是快速原型制作所必需的原始数据源，可以在各种 CAD 软件上实现。

(2) 数据转换

数据转换是对产品 CAD 模型的近似处理，主要是生成 STL 格式的数据文件，实际上就是采用若干小三角形片来逼近模型的外表面，如图 4-2 所示。

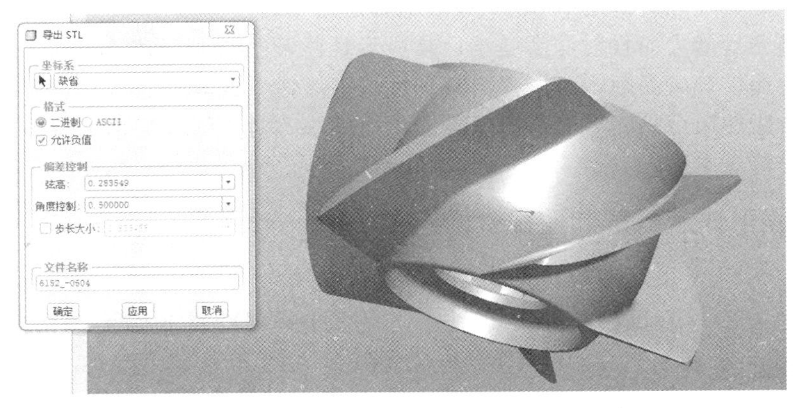

图 4-2　导出 STL 格式

(3) 导入到 3D 打印软件

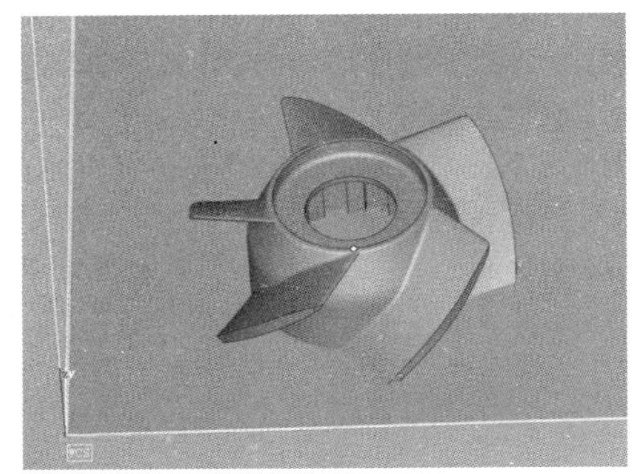

图 4-3　导入到 Magics 软件

例如将零件导入到 Magics 软件，如图 4-3 所示。

(4) 检查修正数据

采用“修复向导”功能检测零件缺陷，使用“根据建议”功能对零件进行修复至没有错误，如图 4-4 所示。

(5) 确定摆放方位

摆放方位的确定需要综合考虑制作时间和效率、后续支撑的施加以及原型的表面质量等因素。一般为了缩短原型制作时间并提高制作效率，将尺寸最小的方向作为叠层方向；有时为了提高原型制作质量以及提高某些关键尺寸和形状的精度，将最大的尺寸方向作为叠层方向摆放；为了减少支撑量、节省材料并方便后处理，有时也会采用倾斜摆放，如图 4-5 所示。

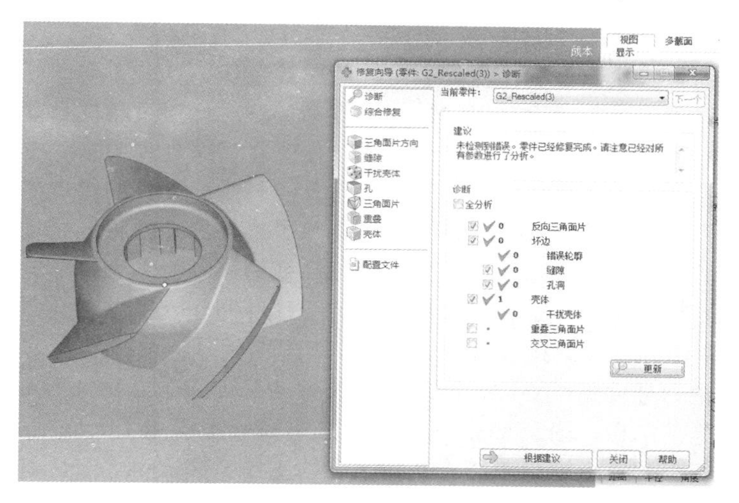

图 4-4 导入零件的诊断与修复

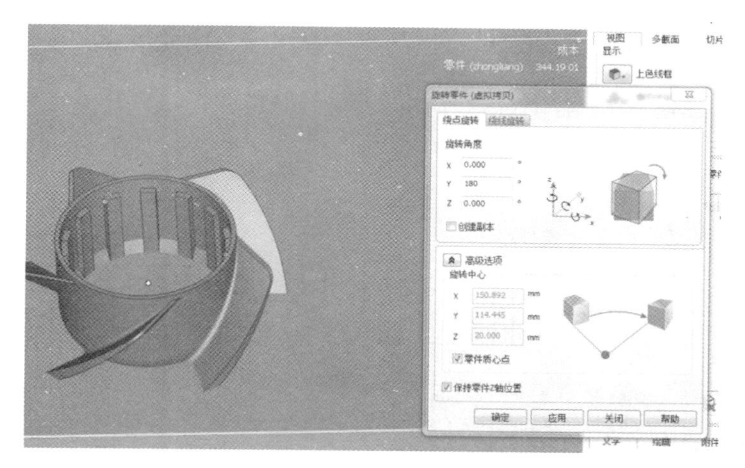

图 4-5 零件的摆放定位

(6) 设置 Z 轴补偿

进行 Z 轴补偿量的设置，如图 4-6 所示。

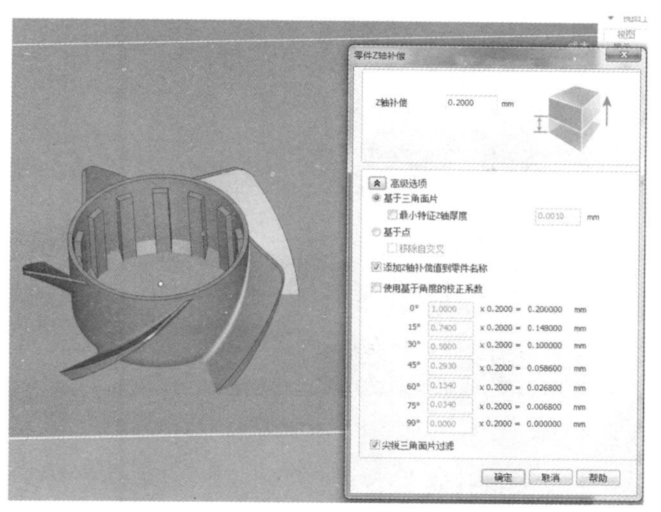

图 4-6 Z 轴补偿的设置

(7) 施加支撑

施加支撑是光固化快速原型制作前处理阶段的重要工作。这一工作的好坏直接影响原型制作的成功与否，可以手工进行，也可以通过软件自动实现。但通过软件自动实现的一般都要经过人工核查，进行必要的修改和删减。目前，为了便于在后续处理中去除支撑及获得优良的表面质量，采用点支撑这种比较先进的支撑类型，即支撑与需要支撑的模型面之间为点接触。快速原型制作中支撑是与原型同时进行的，支撑结构除了确保原型的每一结构部分都能可靠、固定之外，还有助于减少原型在制作过程中发生的翘曲变形。有时为了成形完毕后能方便地从工作台上取下原型，不使原型损坏，在原型的底部也设计并制作支撑结构。

图 4-7 为一些常用的支撑结构。其中，图 4-7(a) 所示为斜支撑形式，主要用于支撑悬臂结构，在成形过程中为悬臂提供支撑，同时约束悬臂的翘曲变形；图 4-7(b) 所示为直支撑形式，主要用于支撑腿部结构；图 4-7(c) 所示为腹板形式，主要用于大面积的内部支撑；图 4-7(d) 所示为十字壁板形式，主要用于孤立结构部分的支撑。

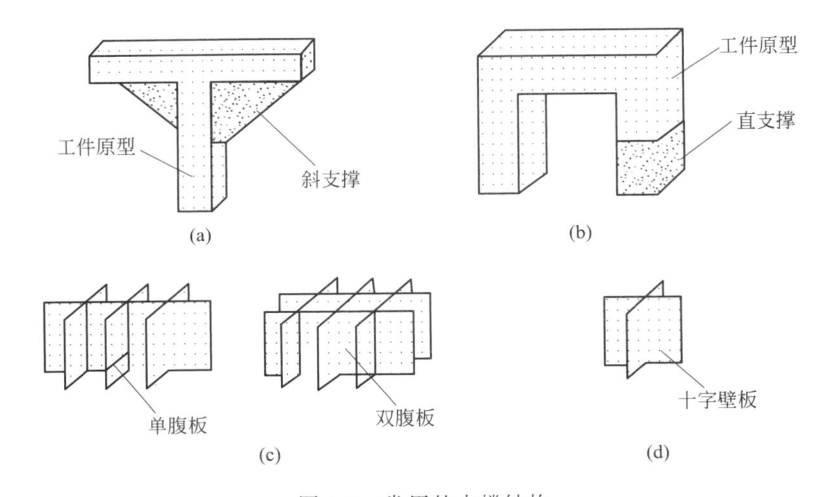

图 4-7 常用的支撑结构

对零件添加支撑时，根据导入的机器库文件可自动生成支撑，如图 4-8 所示。

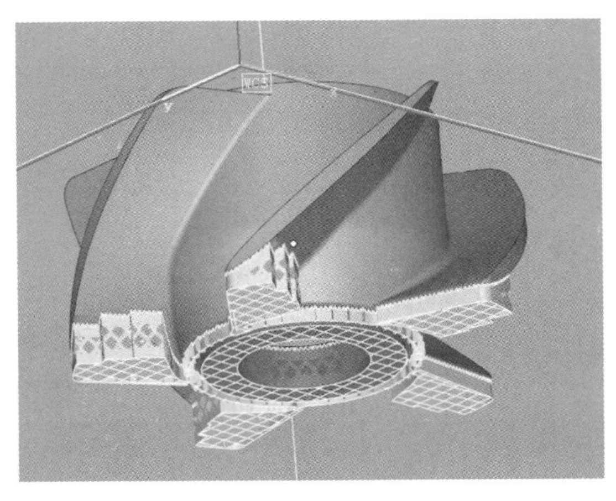

图 4-8 添加支撑

(8) 切片分层

支撑施加完毕后，根据设备系统设定的分层厚度沿着高度方向进行切片，生成 RP（快速成形）系统需求的 SLC 格式的层片数据文件，提供给光固化快速原型制作系统，进行原型制作。将生成的支撑及切片数据按照机器识别的格式进行输出，如图 4-9 所示。

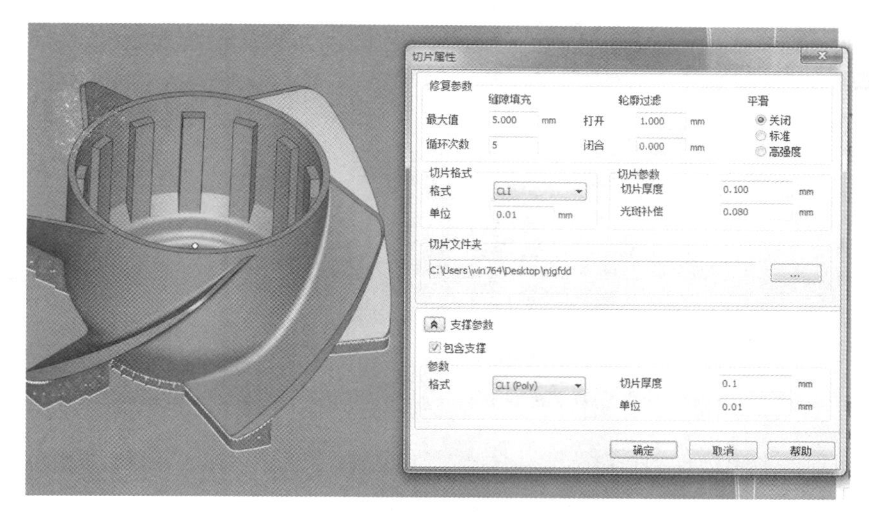

图 4-9 切片属性

4.4.2 原型制作

光固化快速成形过程是在专用的光固化快速成形设备系统上进行的。在原型制作前，需要提前启动光固化快速成形设备系统并启动原型制作控制软件，读入前处理生成的层片数据文件。在模型制作前，需调整工作台网板的零位与树脂液面的位置关系，确保支撑与工作台网板的稳固连接。整个叠层的光固化过程都由软件系统自动控制，叠层制作完毕后系统自动停止。SLA 原型的制作如图 4-10 所示。

图 4-10 SLA 原型的制作

4.4.3 后处理

在快速成形系统中，原型叠层制作完毕后，需要进行剥离等后续处理工作，以便去除废料和支撑结构等。对于用光固化快速成形方法成形的原型，还需要进行后固化处理等。

首先，原型叠层制作结束后，工作台升出液面，停留5～10min，晾干多余的树脂。

图4-11 零件清洗和去除支撑

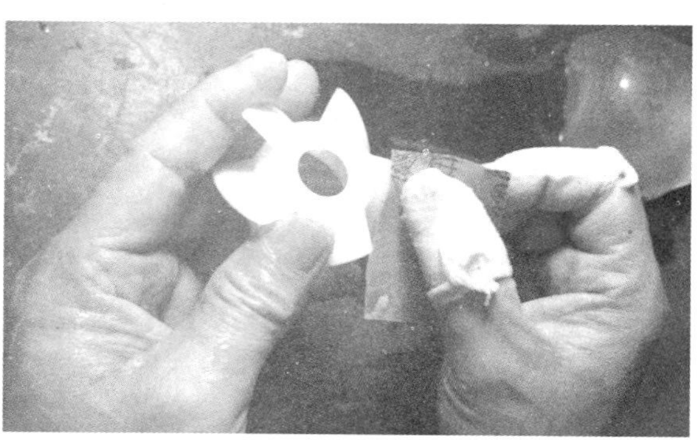

图4-12 零件打磨剖光

然后，将原型和工作台一起斜放晾干后浸入丙酮、乙醇等清洗液体中，搅动并刷掉残留的气泡，持续45min左右后放入水池中清洗工作台约5min；之后从外向内从工作台上取下原型，并去除支撑结构。去除支撑结构时，应注意不要刮伤原型表面和精细结构，如图4-11所示。

最后，再次清洗原型后将其置于紫外烘箱中进行整体后固化。对于有些性能要求不高的原型，可以不做后固化处理。由于去除支撑会在零件表面留下痕迹，因此用砂纸轻轻打磨零件表面以达到光滑效果，如图4-12所示。

4.5 系统组成

SLA系统的组成一般包括光源系统、光学扫描系统、托板升降系统、涂覆刮平系统、液面及温度控制系统、控光快门系统等。图4-13所示为采用振镜扫描式的SLA系统示意图。成形光束通过振镜偏转可进行 X-Y 二维平面内的扫描运动，工作台可沿 Z 轴升降。控制系统根据各分层截面信息控制振镜按设定的路径逐点扫描，同时控制光阑与快门使一次聚焦后的紫外线进入光纤，在成形头经过二次聚焦后照射在树脂液面上进行点固化；一层固化完成后，控制

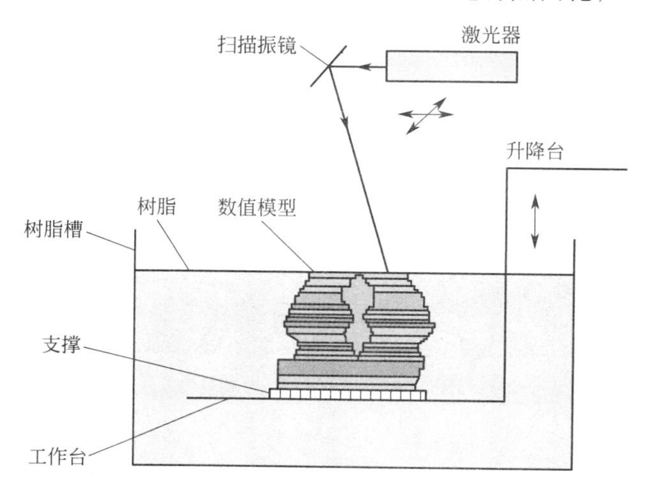

图4-13 采用振镜扫描式的SLA系统组成示意图

Z 轴下降一个层厚的距离，固化新的一层树脂，如此重复直至整个零件制造完毕。

4.5.1 光源系统

当光源的光谱能量分布与光敏树脂吸收谱线相一致时，组成树脂的有机高分子吸收紫外线，造成分解、交联和聚合，其物理或化学性质发生变化。由光固化的物理机理可知，对光源的选择，主要取决于光敏剂对不同频率的光子的吸收。由于大部分光敏剂在紫外区的光吸收系数较大，一般使用很低的光能量密度就可使树脂固化，所以一般都采用输出在紫外波段的光源。目前 SLA 工艺所用的光源主要是激光器，可分为 3 类：气体激光器、固体激光器和半导体激光器。另外，也有采用普通紫外灯作为 SLA 光源的。

(1) 气体激光器

① He-Cd 激光器　紫外线固化树脂能量效率高，温升较低；树脂的吸收系数不易提高，输出光噪声成分占 10%，且低频的热成分较多。因此，固化分辨率较低，一般水平方向≥10μm，垂直方向≥30μm；输出功率通常为 15～50mW，输出波长为 325nm，激光器寿命为 2000h。

② Ar 离子激光器　树脂的吸收系数可用掺入染料等方法得到大幅度提高，激光器噪声<1%，因此固化分辨率较高，水平方向可达 2μm，垂直方向达 10μm，全方位 5～10μm；能量转化效率较低，激光器功率较大，曝光时间较长，发热量较大；输出功率为 100～500mW，输出波长为 351～365nm。

③ N_2 激光器　工作物质是氮气，采用气体放电激发的原理，放电类型为辉光放电，氮分子激光器增益高，粒子数反转持续时间短。因此，无需谐振腔反馈，其输出光为放大的自发辐射。输出功率为 0.1～500mW，输出波长为 337.1nm，使用寿命长达数万小时。

(2) 固体激光器

一般 SLA 所用的固体激光器输出波长为 355nm，具有如下优点：输出功率高，可达 500mW 或更高；寿命长（保用寿命为 5000h，实际寿命更长），且更换激光二极管（Laser Diode）后可继续使用。相对 He-Cd 激光器而言，更换激光二极管的费用比更换气体激光管的费用要少得多；光斑模式好，有利于聚焦。采用固体激光器的成形机扫描速度高，通常可达 5m/s 或更高。

(3) 半导体激光器

半导体激光器是以半导体材料为工作介质的激光器。与其他类型的激光器相比，半导体激光器具有体积小、寿命长、驱动方式简单、能耗小等优点。半导体激光器根据最终所输出光线形状的不同，可分为点激光器、线激光器和栅激光器。其中，点激光器扫描速度慢，但精度高；栅激光器扫描速度快，但精度低；线激光器扫描介于两者之间，是目前应用较广的一种半导体激光器。

半导体激光器根据输出波长，又可分为可见光半导体激光器和紫外半导体激光器。可见光半导体激光器在制作零件方面，同气体激光器和固体激光器相比，还存在着诸如树脂材料性能差、固化效率低等缺点。目前尚无可以实用化的应用于快速成形的紫外半导体激光器。

选择哪种类型的激光器，主要根据固化的光波波长、输出功率、工作状态及价格等因素来确定。

(4) 普通紫外灯

普通紫外光源有氘灯、氢弧灯、汞灯、氙灯和汞氙灯等。

氘灯、氢弧灯都是点光源，作为一种热阴极弧光放电灯，泡壳内充有高纯度气体，外壳由紫外透过率高、光洁度好的石英玻璃制成。工作时先加热灯丝产生电子发射，使原子电离，当阳极加上高压后立即激发，可从阳极小圆孔中（ϕ1mm）辐射出连续紫外光谱（185～400nm）。当灯内充的气体是重氢（氘）时，称为氘灯；当灯内充的气体是氢时，称为氢弧灯。两种灯相比较而言，氘灯的发光效率高于氢弧灯（在相同的电功率下），寿命都在500h左右。氘灯的外形及紫外光谱同氢弧灯一样，在190～350nm区域发射连续光谱，但是其输出光功率较低。

汞灯有高压汞灯和低压汞灯之分。高压汞灯多为球状，其体积小、亮度高，具有从210nm开始的辐射光谱，但在远紫外区域有效能量弱，因此作为实用的远紫外光源尚需进一步研制。低压汞灯多为棒状，是利用低压汞蒸气（0.133～1.333Pa）放电时，产生253.7nm的紫外光源。低压汞灯的辐射能量非常集中，当汞蒸气压为0.8Pa时，253.7nm的紫外辐射能量最大，约占输入电功率的60%。但低压汞灯的功率通常较小，一般不超过100W，棒长越长，功率越高；但极间距长，不是点光源，限制了它在远紫外曝光中的应用。

氙灯的光谱接近于太阳光谱，热辐射大，远紫外辐射只有百分之几，因而作为光固化快速成形的紫外光源也是不可取的。

汞氙灯是利用氙气作为基本气体，并充入适量的汞制成的球形弧光放电灯。

由于汞的引入，它既具有氙灯即开即亮的优点，还具有汞灯较高发光效率和节电的优点，因而是一种体积小、亮度高的球形点光源；它能产生从210nm开始的近似连续辐射，且在远紫外（200～300nm）范围内具有很强的能量辐射，输出电功率为350～2000W。

远紫外汞氙灯含有的光谱非常丰富，不仅含有可固化树脂的紫外能量，而且含有大量的可见光和红外线。这些杂光，在一定程度上会影响系统的正常工作。可见光会造成零件表面粗糙、边界不清晰等缺陷，从而影响固化零件的质量。红外线具有致热效应，如在焦点上将红外线能量全部聚集起来的话，其热量是相当高的，温度将高达数百摄氏度。而在焦点处耦合用的光纤最高耐热也只有100℃左右，所以红外线的热量会使光纤断裂，致使系统无法正常工作。

一般采用冷光介质膜技术克服上述问题，即在聚光反射表面，镀一层或几层一定厚度的某种介质膜。该介质膜具有较强的紫外反射特性，而对红外光和可见光的反射能力很弱，致使反射罩具有较强的紫外波段反射能力。在紫外波段（250～350nm），平均反射率在90%左右；而在其他波段，其透过率大于80%。

（5）聚焦系统

SLA技术要求传输至树脂液面的光能量具有较高的能量密度。通常，可采用反射罩实现反光聚焦以提高光能量密度；经光纤输入端的耦合聚焦系统聚焦，进一步提高光能量密度；再由光纤传输，将光能量传至光纤输出端的耦合聚焦系统聚焦至树脂液面。光能量传输示意图如图4-14所示。

图4-14 光能量传输示意图

集光系统有透镜集光、球面反射镜集光、抛物面反射镜集光及椭球面反射镜集光等。经过集光的光能量，由于光源为非理想点源，且聚光罩本身也会产生一定的误差等方面的原因，并非呈一理想点源，而是一弥散圆斑（约为几平方厘米）。为了进一步提高光能量密度，有必要再次将光能量聚焦耦合，然后由光纤传输。光纤输出是光束以充满光纤数值孔径角的形式射出，将这种形式的光能直接作用于光敏树脂，不满足成形要求，所以必须再次聚焦，以提高能量密度、小光斑面积耦合至树脂液面，完成光能量输送，实现树脂的固化。

耦合聚焦系统包括输入耦合聚焦与输出耦合聚焦两部分。

将能量点光斑耦合至光纤的输入端面系统的是光能量输入耦合系统，也即成像物镜系统。对于光能量输入耦合系统，当物镜的像方孔径角和光纤的数值孔径角相等时，轴上像点的光能量能全部进入光纤中传输。但由于点光斑是有一定尺寸的，即存在轴外像点，而轴外像点光束的主光线与光纤输入端面法线有一个不为零的夹角，使得光束的一部分光线的入射角大于光纤的数值孔径角。这样，部分光能量通不过光纤，这就相当于几何光学中的挡光，而且随着物镜视场角的增大，轴外像点的挡光将增多，通过光纤的光能量将减小。为克服这种缺陷，光纤光学系统的光能量输入耦合系统，应设计成像方远心系统。由于像方远心系统的孔径光阑位于物镜前焦面处，使得物镜的像方主光线平行于其光轴。因此，轴外像点与轴上像点一样，均正入射于光纤的输入端面上，即都能通过光纤来传输，不存在拦光现象。

要想使点光斑的能量经光纤柔性传输最后耦合聚焦于光敏树脂液面，必须在光纤输出端设置输出耦合系统（或称目镜系统）。耦合至光纤输入端的光束，无论是轴上像点还是轴外像点，其光线的入射角均不能大于光纤的数值孔径角；同时，入射到光纤输入端的光束，无论是会聚光束还是平行光束，无论是正入射还是斜入射，经一定长度的光纤传输后，其输出端的光束一般为正出射的发散光束，且发散光线充满光纤的数值孔径角。因此，光纤的输出耦合系统不能把光纤输出端的像作为自发光物体，而应严格考虑其光束的前后衔接。如同几何光学系统中的两个成像系统的衔接一样，即前一光学系统的出瞳应和后一光学系统的入瞳重合，把光纤的输出端面当作两个成像系统的中间像面位置，根据光纤输出的光束结构特性，犹如前方成像系统为像方远心光路。为了保证光瞳的衔接，光纤输出端的耦合光学系统应设计成物方远心光路。

4.5.2　光学扫描系统

SLA 的光学扫描系统有数控 *X*-*Y* 导轨式扫描系统和振镜式激光扫描系统两种，如图 4-15 所示。对于数控 *X*-*Y* 导轨式扫描系统，实质上是一个在计算机控制下的二维运动工作台，它带动光纤和聚焦透镜完成零件的二维扫描成形。该系统在 *X*-*Y* 平面内的动作由步进电动机驱动高精密同步带实现（若由电动机作用于丝杠驱动扫描头）。数控 *X*-*Y* 导轨式扫描系统具有结构简单、成本低、定位精度高的特点，二维导轨由计算机控制在 *X*-*Y* 平面内实现扫描，它既可以使焦点做直线运动，又可以实现小视场、小相对孔径的条件，简化了物镜设计。但该系统扫描速度相对较慢，在高端设备应用中，已逐渐被振镜扫描系统所取代。

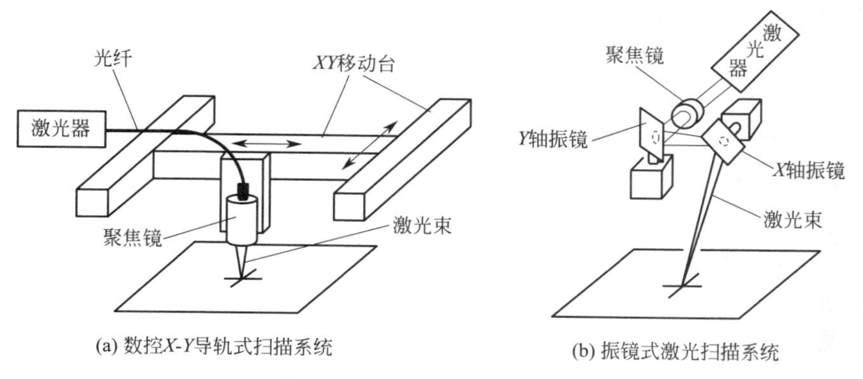

图 4-15　SLA 光学扫描系统

振镜式扫描器常见于高精度大型快速成形系统，如美国 3D Systems 公司的 SLA 产品多用于这种扫描器。这种扫描器是一种低惯量扫描器，主要用于激光扫描场合（如激光刻字、刻线、照排、舞台艺术等），其原理是用具有低转动惯量的转子带动反射镜偏转光束。振镜扫描器能产生稳定状态的偏转，高保真度的正弦扫描以及非正弦的锯齿、三角或任意形式扫描。这种扫描器一般和 F-θ 聚焦镜配用，在大视场范围内进行扫描。振镜扫描器具有低惯量、速度快、动态特性好的优点，但是它的结构复杂，对光路要求高，调整麻烦，价格较高。

振镜式激光扫描系统主要由执行电动机、反射镜片、聚焦系统以及控制系统组成。执行电机为检流计式有限转角电动机，其机械偏转角一般在±20℃以内，反射镜片粘接在电动机的转轴上，通过执行电动机的旋转带动反射镜片的偏转来实现激光束的偏转。其辅助的聚焦系统有静态聚焦方式和动态聚焦方式两种，根据实际聚焦工作面的大小选择不同的聚焦系统。静态聚焦方式又有振镜前聚焦方式的静态聚焦和振镜后聚焦方式的 F-θ 透镜聚焦；动态聚焦方式需要辅以一个 Z 轴执行电动机，并通过一定的机械结构将执行电动机的旋转运动转变为聚焦透镜的直线运动来实现动态调焦，同时加入特定的物镜组来实现工作面上聚焦光斑的调节。动态聚焦方式相对于静态聚焦方式要复杂得多，图 4-16 为采用动态聚焦方式的振镜式激光扫描系统。图中激光器发射的激光束经过扩束镜之后得到均匀的平行光束，然后通过动态聚焦方式的聚焦以及物镜组的光学放大后依次投射到 X 轴和 Y 轴振镜上，最后经过两个振镜二次反射到工作台面上，形成扫描平面上的扫描点。可以通过控制振镜式激光扫描系统镜片的相互协调偏转以及动态聚焦的动态调焦来实现工作平面上任意复杂图形的扫描。

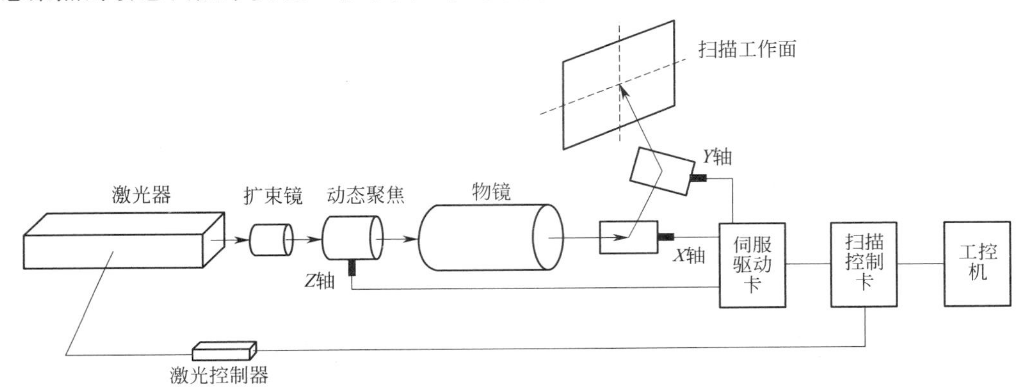

图 4-16　振镜式激光扫描系统示意图

4.5.3 托板升降系统

托板升降系统如图 4-17 所示，其功能是完成零件支撑及在 Z 轴方向运动，它与涂覆刮平系统相配合，就可实现待加工层树脂的涂覆。托板升降系统采用步进电动机驱动、精密滚珠丝杠传导及精密导轨导向的结构。制造零件时托板经常做下降、上升运动，为了减少运动对液面的搅动，可在托板上布置蜂窝状排列的小孔。

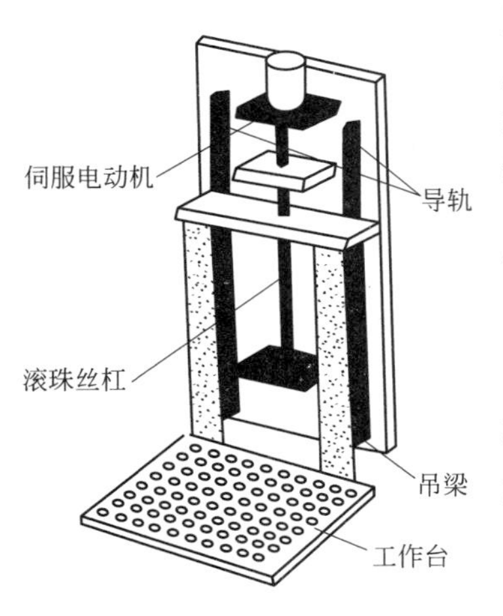

图 4-17　托板升降系统

4.5.4 涂覆刮平系统

在 SL 设备中常设有涂覆刮平系统，用于完成对树脂液面的涂覆作用。涂覆刮平运动可以使液面尽快流平，进而提高涂覆效率并缩短成形时间。常用的涂覆机构主要有吸附式、浸没式和吸附浸没式 3 种。

(1) 吸附式涂覆

吸附式涂覆如图 4-18 所示，由刮刀（有吸附槽和前后刃）、压力控制阀和真空泵等组成。当工件完成一层激光扫描后，电动机带动托板下降一个层厚的高度。由于真空泵抽气产生的负压使刮刀的吸附槽内吸有一定量的树脂，刮刀沿水平方向运动，将吸附槽内的树脂涂覆到已固化的工件层面上；同时刮刀的前后刃修平高出的多余树脂，使液面平整，刮刀吸附槽内的负压还能消除由于工件托板移动在树脂中的气泡。此机构比较适合于断面尺寸较小的固化层面，但如果设置适当的刮刀移动速度，它也可使较大的区域得到精确涂覆。

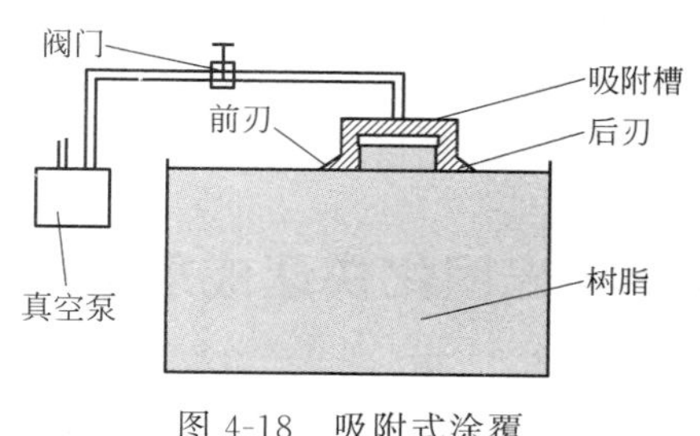

图 4-18　吸附式涂覆

（2）浸没式涂覆

当被加工的工件具有较大尺寸的实体断面时，采用吸附式涂覆机构很难保证涂覆质量，有些地方可能会因为吸附槽内的树脂材料不够，出现涂不满现象。这种情况必须通过浸没式涂覆技术解决。

浸没式涂覆过程如图 4-19 所示，刮刀在结构上只有前后刃而没有吸附槽。当工件完成一层的扫描之后，托板下降一个比较大的深度（大于几层层厚），然后上升到比最佳液面高度低一个层厚的位置，接着刮刀做来回运动，将表面多余的树脂和气泡刮走。此种方法能将较大的工件表面刮平，但刮走后的气泡仍留在树脂槽中（较难消失）。若气泡附在工件上面，则可能导致工件出现气孔，影响质量。

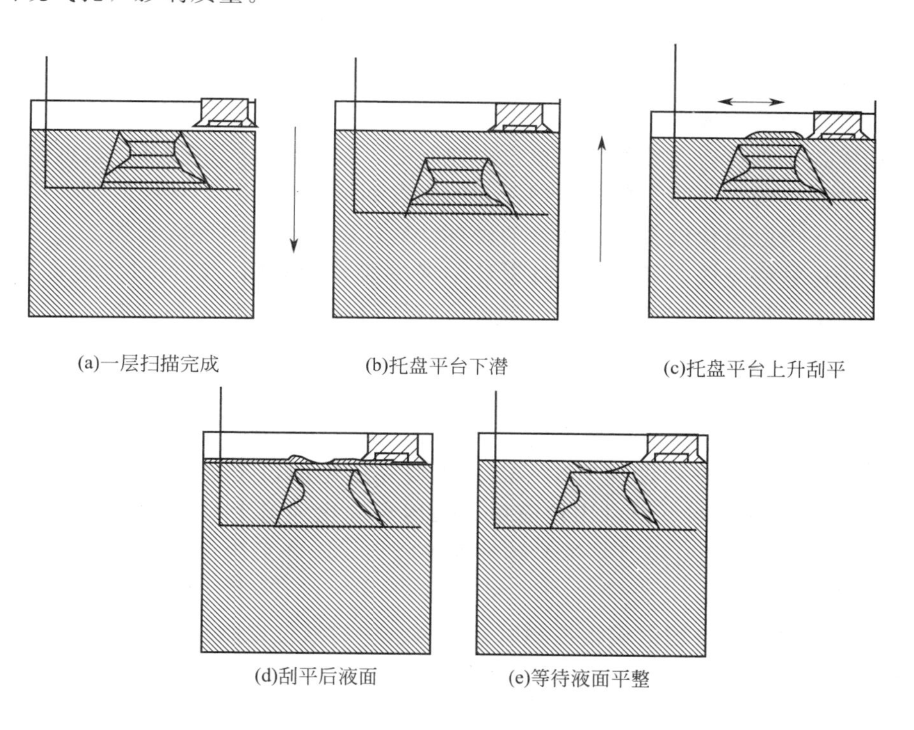

图 4-19　浸没式涂覆过程

（3）吸附浸没式涂覆

此机构综合了吸附式和浸没式的优点，同时增加水平调节机构。它主要由真空机构、刮刀水平调节机构、运动机构和刮刀组成。真空机构通过调节阀控制负压值来控制刮刀吸附槽内树脂液面的高度，保证吸附槽里有一定量的树脂；刮刀水平调节机构主要用于调节刮刀刀口的水平。由于液面在激光扫描时必须是水平的，因此刮刀的刀口也必须与液面平行。工作时，刮刀的吸附槽里由于存在负压，会一直有一定量的树脂。当完成一层扫描后，升降托板带动工件下降几层的高度，然后再上升到比液面低一个层厚的位置，接着电动机带动刮刀做来回运动，将液面多余的树脂和气泡刮走，激光就可以进行下一次扫描了。通过这种技术能明显地提高工件的表面质量和精度。

4.6 光固化快速成形系统控制技术

4.6.1 光固化快速成形控制系统硬件

控制硬件系统是光固化快速成形（SLA）系统中的一个重要组成部分，用以完成人机交互、数据处理、运动控制和成形过程控制等功能，是一个较复杂的机电控制系统，因此在SLA 控制硬件系统设计时需要统筹规划、综合考虑。根据控制硬件结构的不同，目前商品化的 3D 打印主要有两种控制模式：上下位机控制模式和单机控制模式。

上下位机控制模式是由两台计算机分工协作的，共同完成快速成形设备所需的控制功能。上位机一般是由一台高性能计算机构成，由其承担编译、解释、人机交互和数据处理等非实时性任务；下位机一般是由一台性能相对较低的计算机构成，由其完成内存访问、中断服务、设备的运动控制和成形过程控制等实时性要求较高、与硬件设备相关联的控制。两台计算机通过网络进行数据的传递。上下位机控制模式的优点：一是采用并行处理机制，两台计算机分别执行不同任务，分工明确，互不干涉；二是控制系统的硬件结构清晰，两台计算机相对独立，控制硬件系统的设计可以进行分工合作，同时进行。上下位机控制模式的缺点：控制硬件系统的结构较复杂，设备的硬件成本较高。

单机控制模式是由一台高性能计算机集中控制的，统一完成人机交互、数据处理、运动控制和成形过程控制等所有功能。单机控制模式的优点如下：一是控制系统的绝大多数功能都是通过软件来实现，可以简化设备驱动装置的硬件结构，因此设备硬件成本较低；二是由于控制的绝大部分工作由软件完成，通过在软件设计中考虑兼容性问题，就可以实现良好的兼容性；三是硬件结构比上下位机控制模式简单，系统可靠性相对较高。单机控制模式的缺点是软件的设计相对比较复杂。

SLA 系统的数据处理部分可以采用离线生成方式，即在成形加工之前已经通过数据处理软件得到了全部切片层的实体位图数据和支撑位图数据，在成形加工过程中计算机控制系统并不需要进行复杂的数据计算和处理工作，而只需要完成层面位图数据的读取和显示任务。此外，SLA 系统中的运动控制也相对比较简单，采用集成化的运动控制系统。随着计算机技术的飞速发展，普通的 PC 就已经具备了足够的处理能力，因此采用单机控制模式完全可以满足SLA 系统成形加工的需要。

激光束的功率控制、振镜的偏转控制以及材料盒中的液位控制都采用独立的控制模块自主控制。在 SLA 的成形加工过程中，计算机控制系统只需要对它们的状态进行监测，以便当它们出现故障时，控制系统发出报警信息。在 SLA 系统中，*Z* 轴的运动是通过一块运动控制卡进行控制，扫描振镜控制由一块专用的控制卡来实现，对自主控制模块部分的监测和激光束光闸的控制则用一块多功能数据采集卡来完成。三块控制卡通过插接板直接插入控制计算机的扩展槽中，通过总线与控制计算机进行信息传输。SLA 系统的硬件控制系统结构如图 4-20 所示。

（1）液位控制系统

在加工过程中，工件托板支架的上下移动和取出工件后会令树脂槽里的树脂液面变化，造成树脂液面不在激光扫描的最佳工作高度范围内，进而影响工件的成形尺寸和精度。常用以下 3 种机构使工作液面一直保持在最佳工作高度。

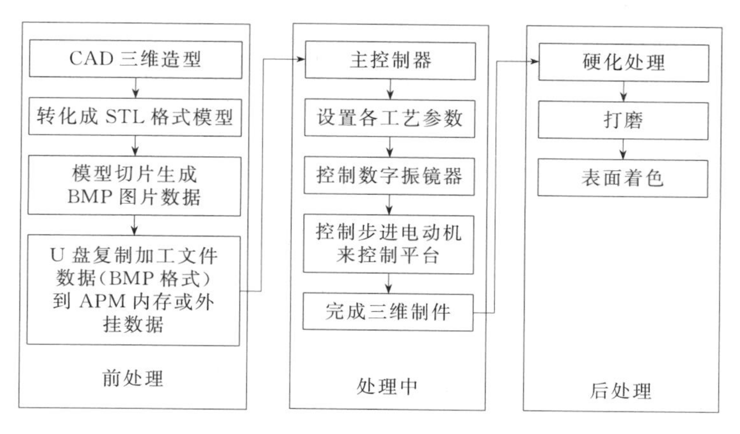

图 4-20　SLA 系统的硬件控制系统结构

① 溢流式　溢流式液面控制如图 4-21 所示。整机工作时树脂泵会一直工作，将小树脂槽中的树脂抽到大树脂槽中，当大树脂槽的液面高度高过溢流口时，树脂就会从溢流口流回小树脂槽，这样就能始终保证大树脂槽的高度不变。此种方式会带来比较多的气泡，同时树脂黏度较大，难以抽到大树脂槽中，现较少采用。

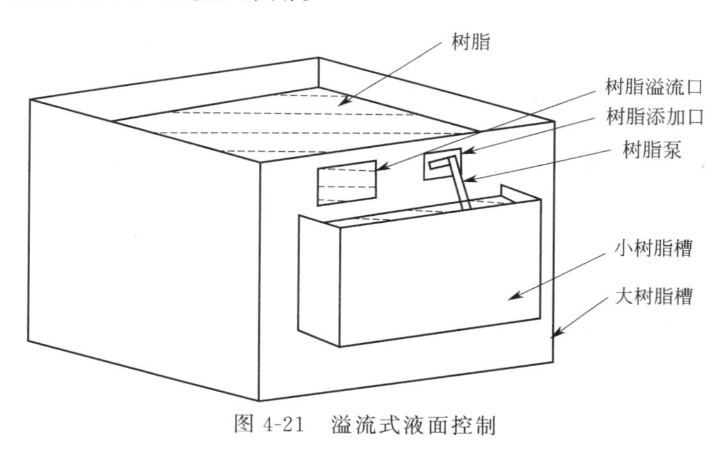

图 4-21　溢流式液面控制

② 填充式　填充式液面控制如图 4-22 所示。通过控制可升降填充物的升降来控制液面高低，但由于填充物体积有限，当填充物下降到最低点时，需要通过手工向树脂槽里添加树脂，才能让填充物回到正常工作点，因此此方式比较麻烦。

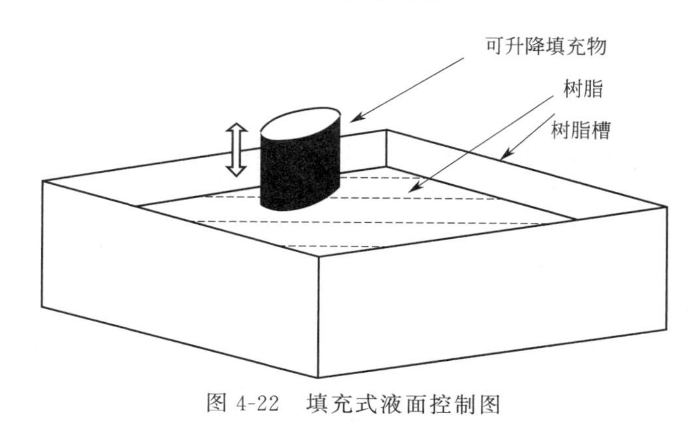

图 4-22　填充式液面控制图

③ 整体升降式　整体升降式液面控制如图 4-23 所示。工作时液面传感器实时检测液面的

高度，当高度出现变化时，通过计算机计算出需要上升（或下降）的高度并启动电动机带动升降机来调节液面高度。此方式简单可行，并能轻松更换树脂和树脂槽，清洗方便，因此目前大多采用此方式。

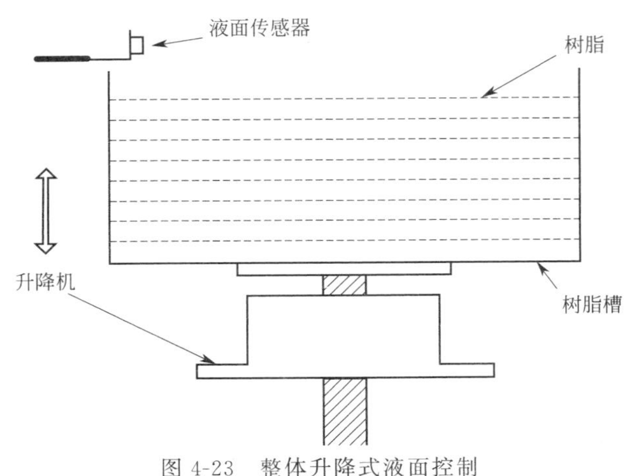

图 4-23 整体升降式液面控制

（2）温度控制系统

树脂的黏度和体积受温度影响较大，为保持液面的稳定及改善刮平时树脂的流平特性（温度越高，树脂黏度越小，流平特性越好），希望树脂温度尽可能高且恒定。而光聚合反应的特点之一是反应的温度适应范围宽，所以温度的设定基本不影响光聚合反应，但过高的温度会使得成形件软化。树脂温度控制系统结构如图 4-24 所示。控制器输出信号，通过固态继电器控制加热元件的通断。为使树脂槽内的温度尽快均衡，可在加热的开始阶段，托板做上下升降运动搅拌树脂，以提高加热效率。

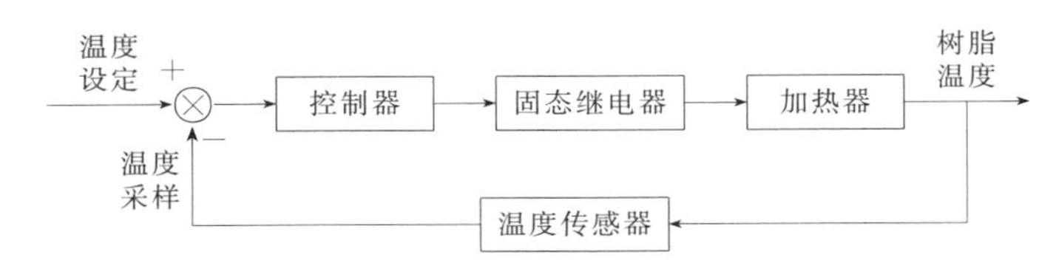

图 4-24 树脂温度系统控制结构

（3）激光控制系统

在扫描固化成形每一条线（基本固化单位）的过程中，扫描光点并非匀速运动，而是由加速、匀速及减速三种运动构成一条线的扫描过程，即开始扫描时，光点聚焦系统在驱动系统的作用下，由静止状态很快加速到某一速度值，然后以此速度匀速扫描，将至扫描线末端时，扫描光点必须迅速减速至零（图 4-25），再进行下一条相邻线的扫描。这样的过程，使得成形的固化线条不是一定线径的理想微细柱状体，而是两端粗、中间细的硬化实体，如图 4-26 所示。由这样的硬化单位累积、黏接而形成构造物时，势必对构造物的成形尺寸精度及翘曲变形等带来较大影响。

非匀速扫描时，扫描成形有以下特征：在离轴距离一定的直线上，其曝光时间是不同的，从而导致了曝光量的差异，所以固化深度和固化线宽是不均匀的；曝光时间及曝光量仍是树脂微元位置的函数，并与加速度的平方根成反比；在 $x=D$ 位置的树脂微元 $\mathrm{d}S$，其曝光时间最长（图 4-27），因而固化深度最深且线宽最宽。由于上述特征，扫描固化线条呈现非均匀性，这样的固化线条黏接叠加，势必对成形件的精度产生影响。因此，采取一定的措施消除这种不均匀性，对于改善成形质量及完善成形动作等，是有意义的。

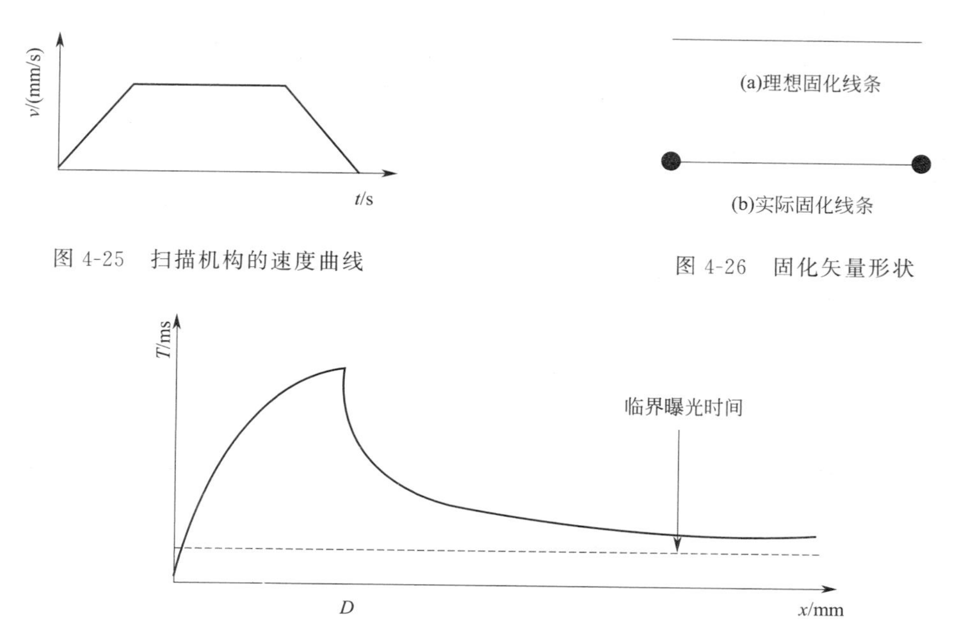

图 4-25　扫描机构的速度曲线

图 4-26　固化矢量形状

图 4-27　x 轴上树脂微元 dS 曝光时间曲线

保持扫描固化线条均匀一致的根本措施是对曝光能量的有效控制，进而达到扫描线条均匀曝光。一种办法是使光能量时时改变，使光能量随时间变化的曲线与扫描线的曝光时间曲线相互作用，最终达到均匀曝光的目的；另一种办法是设计实现控制扫描光束能量供给的控光快门装置，即在扫描过程的加速及减速段，控光快门控制光束不作用于光敏树脂，使扫描固化线条趋于理想化，进而使成形单位和成形过程趋于理想化。

控光快门装置如图 4-28 所示，按功能可分为以下三个部分。

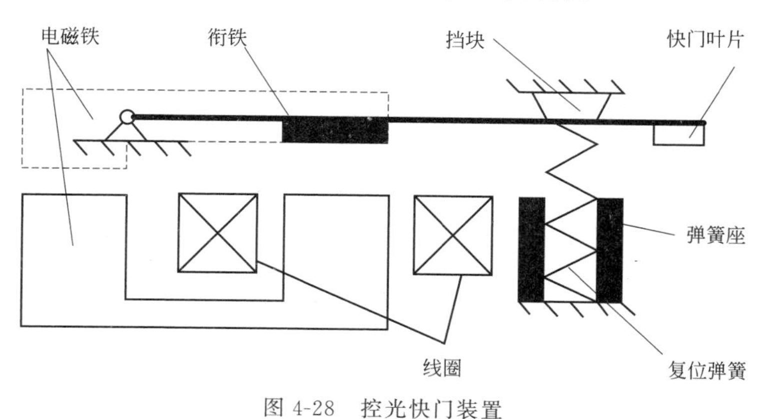

图 4-28　控光快门装置

① 机-电能量转换部分　包括线圈架、电磁线圈、铁芯和衔铁。其中，电磁线圈通过导线与控制电路及驱动电路相连构成电路系统，电磁线圈的电阻、电感、匝数、绕线方式和外形尺寸对能量转换的效率及磁场的建立有非常大的影响。

② 磁路封闭系统　包括线圈构成的磁场、线圈内的铁芯、衔铁及支座。其中衔铁与铁芯气隙的调整对快门的功能影响很大。

③ 衔铁复位系统　包括复位弹簧和弹管支撑座。

快门控制与驱动电路原理如图 4-29 所示。在 CPU 控制下，快门动作的数字电压信息，通过接口电路送至线圈驱动管。当数字电压为高电平时，线圈驱动管导通，电磁铁产生电磁力，推动快门执行挡光（或通光）动作；当数字电压为低电平时，线圈驱动管断开，线圈中无电流流过，快门在复位弹簧的弹力作用下复位。在数字电压由高电平切换到低电平后，线圈中的能量必须通过相应的泄放回路释放；否则，有可能击穿线圈驱动管。为此，驱动控制电路中设计了浪涌电压吸收电路，通过该电路吸收驱动管断开时由驱动线圈产生的反峰电压。

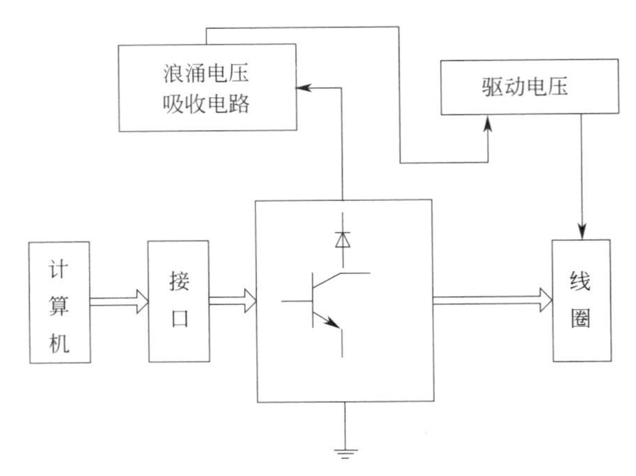

图 4-29 快门控制与驱动电路原理

4.6.2 光固化快速成形控制系统软件

（1）成形机的软件组成

SLA 工艺根据三维 CAD 设计模型快速地制造出实物原型，从其加工流程来看，该工艺软件系统主要分为三部分：三维模型设计、数据处理和加工控制，每部分完成的功能如图 4-30 所示。

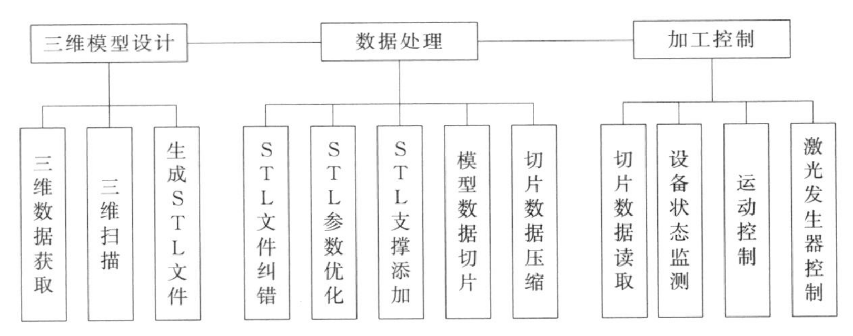

图 4-30 设备的软件系统框图

三维模型设计是指利用三维造型软件（如 Solidworks、Pro/E、UG 等）在计算机上建立一个三维实体 CAD 模型，或者通过反求方法得到实体的三维模型数据，并将该三维模型表面三角化，生成快速成形系统的数据接口 STL 文件。

数据处理模块首先加载 STL 文件，建立三维模型中各几何元素（如点、边、面、体）之间的拓扑关系，并对 STL 文件进行纠错处理。在对三维模型进行成形方向优化和图形变换之后，由切片软件得到一系列的二维截面轮廓环，并由二维截面轮廓环数据生成层面实体位图数据和求得支撑位图数据，最后对位图数据进行压缩处理得到所有切片层位图数据的压缩文件。

加工控制模块首先读取层面位图数据、解压和显示，然后进行激光发射以及振镜扫描打印控制及材料的固化和自动叠加，同时完成设备的运行状态监测和故障报警功能。

（2）控制软件结构

在基于单机控制模式的 SLA 系统中，控制软件由两大部分组成：上层应用程序和底层设备驱动程序。

在 PC 系统中，系统服务接口将整个操作系统分为用户态和核心态两层，如图 4-31 所示。用户态是操作系统的用户接口部分，所有应用程序都运行在上层的用户态中。设备驱动程序是用户态和相关硬件之间的接口，上层应用程序通过使用底层设备驱动程序提供的编程接口来实现对底层硬件的操作。

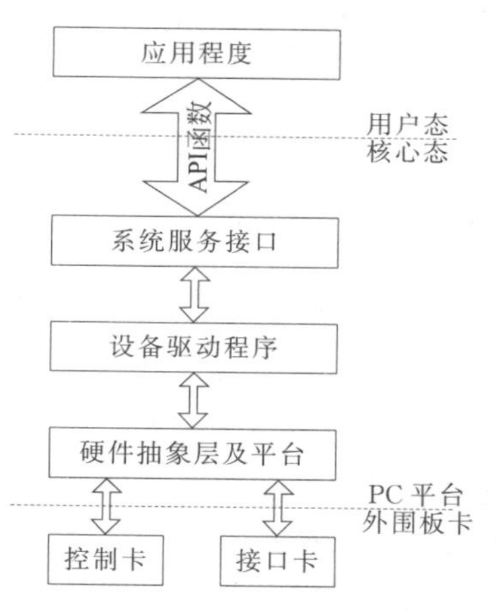

图 4-31　设备驱动程序结构框图

上层应用程序主要完成层面位图数据的读取、解压和显示、人机交互等非实时性任务，以及通过 PC 系统服务接口与设备驱动程序进行信息传递。设备状态监控模块监测设备各系统的工作状态是否正常，如材料盒液位是否在设定范围内，激光发生器工作是否正常。若出现异常，则显示故障报警信息，并关闭光闸和暂停程序运行。为了确保在出现意外而中断成形的情况下，设备系统能够恢复原有的成形过程而不必重新开始，历史记录模块中保存了当前层的高度及 3D 打印成形的参数设置等必要信息，使设备在出现意外而中断时，能够恢复中断的成形加工。

4.7　成形材料

光固化快速成形材料的性能制约着成形件的质量及成本、力学性能、精度等，成形材料的选择是 SLA 的关键问题之一。

4.7.1　光固化材料优点及分类

(1) 光固化材料的优点

光固化材料与一般固化材料相比具有以下优点。

a. 固化快。可在几秒钟内固化，可应用于即时固化的场合。

b. 无需加热。可适用于不能耐热的塑料、光学、电子零件。

c. 可用于制备无溶剂产品，很好地规避了使用溶剂涉及的环境问题和审批手续问题。

d. 节省能量。各种光源的效率都高于烘箱。

e. 可使用单组分，无配置问题，使用周期长。

f. 可实现自动化操作及固化，提高生产效率和经济效益。

(2) 光固化材料分类及特征

光固化树脂材料主要包括低聚物、反应性稀释剂及光引发剂。根据光引发剂的引发机理，光固化树脂可以分为三类，如表 4-1 所示。

表 4-1　光固化树脂的分类及特性

光固化树脂的分类	特点
自由基光固化树脂	环氧树脂丙烯酸酯，该类材料聚合快、原型强度高，但脆性大且易泛黄
	聚酯丙烯酸酯，该类材料流平性和固化质量较好，性能可调范围大
	聚氨酯丙烯酸酯，用该类材料制造的原型柔顺性和耐磨性好，但聚合速度慢
阳离子光固化树脂	环氧树脂是最常用的阳离子型低聚物
	固化收缩小，自由基光固化树脂的预聚物丙烯酸酯的固化收缩率为 5%～7%，而预聚物环氧树脂的固化收缩率仅为 2%～3%
	产品精度高、黏度低、生坯件强度高，产品可直接用于注塑模具
	阳离子聚合物是活性聚合，光熄灭后可继续聚合且不受到氧气的阻聚作用

续表

光固化树脂的分类	特点
混杂型光固化树脂	进行阳离子开环聚合时，环状聚合物体积收缩很小甚至会产生膨胀，而自由基体系总有明显的收缩
	系统中有碱性杂质时，阳离子聚合的诱导期较长，而自由基聚合的诱导期较短，混杂型体系可以提供诱导期短而聚合速度稳定的聚合系统
	混杂体系能克服光照消失后自由基迅速失活而使聚合终结的缺点

4.7.2 光敏树脂的组成及其光固化特性

（1）光敏树脂的组成

用于光固化快速成形的材料为液态光敏树脂，主要由低聚物、光引发剂和稀释剂组成。其中低聚物是光敏树脂的基体树脂，它的末端含有可以聚合的活性基因，是一种含有不饱和官能团的基料，一经聚合，分子量上升极快，很快就可以成为固体。低聚物决定了光敏树脂的基本物理、化学性能。光引发剂是激发光敏树脂交联反应的特殊基团，它的性能决定了光敏树脂的固化程度和同化速度；稀释剂是一种结构中含有不饱和双键功能性单体，可调节低聚物的黏度，但不易挥发并可参与聚合。

光敏树脂中的光引发剂被光源（特定波长的紫外光或激光）照射时吸收能量，会产生自由基或阳离子使单体和活性低聚物活化，从而发生连锁反应生成高分子固化物。一般来说，低聚物和稀释剂的分子上都含有两个以上可以聚合的双键或环氧基团，因此聚合得到的不是线性聚合物，而是一种交联的体型结构，其过程可简单表示为

$$PI(\text{光引发剂}) \xrightarrow[\text{或激光}]{\text{紫外线}} P\cdot(\text{活性种})$$

$$\text{低聚物}+\text{单体} \xrightarrow{P\cdot} \text{交联高分子固体}$$

（2）光敏树脂的光固化特性分析

液态光敏树脂在激光照射下，从液态向固态转变，达到一种凝胶态。凝胶态是一种液态和固态之间的临界状态，此时黏度无限大，模量（Y）为零。当曝光量低于树脂的临界曝光量 E_c 时，由于氧的阻聚作用，光引发剂与空气中的氧发生作用，而不与单体作用，液态树脂就无法固化，故激光的曝光量（E）必须超过 E_c。当曝光量超过该值后，树脂的模量按负指数规律向该树脂的极限模量逼近，模量与曝光量的关系为

$$Y(E)=\begin{cases}0, & E<E_c \\ Y_{max}\left\{1-\exp\left[-\beta\left(\dfrac{E}{E_c}-1\right)\right]\right\}, & E\geqslant E_c\end{cases}$$

$$\beta=K_pE_c/Y_{max}$$

式中 β——树脂的模量-曝光量常数；

Y_{max}——树脂的极限模量；

E_c——树脂的临界曝光量；

K_p——比例常数。

激光快速成形系统中所用的光源为激光。激光是一种单色光，具有单一的波长，因此式中的 E_c 和 β 均为常数。液态光敏树脂对它的吸收一般符合 Beer-Lambert 规则，即激光的能量沿照射深度呈负指数衰减，如图 4-32 所示。

4.7.3 光固化快速成形材料

根据工艺和原型的使用要求，光固化成形材料需要具有黏度低、流平快、固化速度快、固化收缩小、溶胀小、毒性小等性能特点。下面将对 Vantico 公司、3D systems 公司以及 DSM

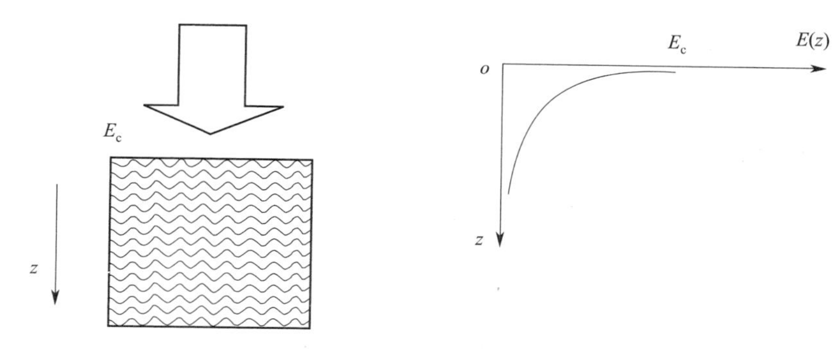

图 4-32 树脂对激光的吸收特性曲线

公司的光固化快速成形材料的性能、适用场合以及选择方案等进行介绍。

(1) 3D Systems 公司的 SL 系列

3D Systems 公司针对 SLA 快速成形工艺提供了应用于不同使用性能和要求的 SLA 系列光固化树脂材料，其选择方案如表 4-2 所示。而表 4-3 则给出了 SLA 5000 系统使用的几种树脂材料的性能指标。

表 4-2 3D Systems 公司光固化快速成形系统的光固化快速成形材料选择方案

指标 SLA 系统	成形效率	成形精度	类聚丙烯	类 ABS	耐高温	颜色
SLA 190 SLA 250	SL 5220	SL 5170	SL 5240	SL 5260	SL 5210	SL H-C 9100
SLA 500	SL 7560	SL 5410 SL 5180	SL 5440	SL 7560	SL 5430	
Viper si2 SLA	SL 5510	SL 5510	SL 7540 SL 7545	SL 7560 SL 7565	SL 5530	SL Y-C 9300
SLA 350 SLA 3500	SL 5510 SL 7510	SL 5510 SL 5190	SL 7540 SL 7545	SL 7560 SL 7565	SL 5530	SL Y-C 9300
SLA 5000	SL 5510 SL 7510	SL 5510 SL 5195	SL 7540 SL 7545	SL 7560 SL 7565	SL 5530	SL Y-C 9300
SLA 7000	SL 7510 SL 7520	SL 7510 SL 7520	SL 7540 SL 7545	SL 7560 SL 7565	SL 5530	SL Y-C 9300

注：材料 SL 5170、SL 5180、SL 5190 和 SL 5195 不适用于高湿度场合。

表 4-3 SLA 5000 系统使用的几种树脂材料的性能指标

型号 指标	SL 5195	SL 5510	SL 5530	SL 7510	SL 7540	SL 7560	SLY-C 9300
外特性	透明光亮	透明光亮	透明光亮	透明光亮	透明光亮	白色	透明
密度/(g/cm^3)	1.16	1.13	1.19	1.17	1.14	1.18	1.12
黏度(30℃)/mPa·s	180	180	210	325	279	200	1090
固化深度/mil①	5.2	4.1	5.4	5.5	6.0	5.2	9.4
肖氏硬度(HS)	83	86	88	87	79	86	75
抗拉强度/MPa	46.5	77	56～61	44	38～39	42～46	45
拉伸模量/MPa	2090	3296	2889～3144	2206	1538～1662	2400～2600	1315
抗弯强度/MPa	49.3	99	63～87	82	48～52	83～104	—
弯曲模量/MPa	1628	3054	2620～3240	2455	1372～1441	2400～2600	—
延伸率/%	11	5.4	3.8～4.4	13.7	21.2～22.4	6～15	7
冲击韧性/(J/m^2)	54	27	21	32	38.4～45.9	28.44	—
玻璃化转变温度/℃	67～82	68	79	63	57	60	52

续表

型号 指标	SL 5195	SL 5510	SL 5530	SL 7510	SL 7540	SL 7560	SLY-C 9300
热胀率/$10^{-6}℃^{-1}$	108($T<Tg$) 189($T>Tg$)	84($T<Tg$) 182($T>Tg$)	76($T<Tg$) 152($T>Tg$)	—	181($T<Tg$)	—	—
热传导率/[W/(m·K)]	0.182	0.181	0.173	0.175	0.159		
固化后密度/(g/cm^3)	1.18	1.23	1.25	—	1.18	1.22	1.18

① 1mil=25.4×10^{-6}m，以下全书同。

(2) 3D Systems 公司的 ACCURA 系列

3D Systems 公司的 ACCURA 系列光固化快速成形材料主要有：用于 Viper si2 SLA、SLA 3500、SLA 5000 和 SLA 7000 系统的 ACCUGENTM、ACCUDURTM、SI 10、SI 20、SI30、SI 40 Nd 系列型号；用于 SLA 250、SLA 500 系统的 SI 40 Hc & AR 型号等。部分 3D Systems 公司的 ACCURA 系列材料的性能指标如表 4-4 所示。

表 4-4 3D Systems 公司的 ACCURA 系列树脂材料的性能指标

型号 指标	ACCURA 10	ACCURA 40Nd	ACCURA 50	ACCURA 60	ACCURA Bluestone	ACCURA CLearVue
外特性	透明光亮	透明光亮	非透明自然色或灰色	透明光亮	非透明光亮	透明光亮
固化前后密度/(g/cm^3)	1.16/1.21	1.16/1.19	1.14/1.21	1.13/1.21	1.70/1.78	1.1/1.17
黏度(30℃)/mPa·s	485	485	600	150～180	1200～1800	235～260
固化深度/mil	6.3～6.9	6.6～6.8	4.5	6.3	4.1	4.1
抗拉强度/MPa	62～76	57～61	48～50	58～68	66～68	46～53
延伸率/%	3.1～5.6	4.8～5.1	5.3～15	5～13	1.4～2.4	1.4～2.4
拉伸模量/MPa	3048～3532	2628～3321	2480～2690	2690～3100	7600～11700	2270～2640
抗弯强度/MPa	89～115	92.8～97	72～77	87～101	124～154	72～84
弯曲模量/MPa	2827～3186	2618～3044	2210～2340	2700～3000	8300～9800	1980～2310
冲击韧性/(J/m^2)	14.9～27.7	22.3～29.9	16.5～28.1	15～25	13～17	40～58
玻璃化转变温度/℃	62	62.5	62	58	71～83	62
热胀率/($10^{-6}℃^{-1}$)	64/170	87/187	73/164	71/153	33～44/81～98	122/155
肖氏硬度(HS)	86	84	86	86	92	80

(3) 3D Systems 公司的 RenShape 系列

3D Systems 公司研制的 RenShape SLA 7800 树脂主要面向成形精确度及耐久性要求较高的光固化快速原型。RenShape SLA 7810 树脂与 RenShape SLA 7800 树脂的用途类似，制作的模型性能类似于 ABS，用于制作尺寸稳定性较好的高精度、高强度模型。RenShape SLA 7820 树脂固化后的模型颜色为黑色，适用于制作消费品包装、电子产品外壳及玩具等。RenShape SLA 7840 树脂固化后的模型呈象牙白色，适用于尺寸较大的概念模型。RenShape 7870 树脂制作的模型强度与耐久性都较好，透明性优异，适用于制造高质量的熔模铸造的母模、大尺寸的物理性能与力学性能都较好的透明模型或制件等。3D Systerns 公司的 RenShape 系列材料的性能指标如表 4-5 所示。

表 4-5 3D Systems 公司的 RenShape 系列树脂材料的性能指标

型号 指标	RenShape SLA 7800	RenShape SLA 7810	RenShape SLA 7820	RenShape SLA 7840	RenShape SLA 7870
外特性	透明琥珀色	白色	黑色	白色	透明
固化前后密度/(g/cm^3)	1.12/1.15	1.13/1.16	1.13/1.16	1.13/1.16	1.13/1.16
黏度(30℃)/mPa·s	205	210	210	270	180
固化深度/mil	5.7	5.6	4.5	5.0	7.2

续表

型号 指标	RenShape SLA 7800	RenShape SLA 7810	RenShape SLA 7820	RenShape SLA 7840	RenShape SLA 7870
抗拉强度/MPa	41～47	36～51	36～51	36～45	38～42
延伸率/%	10～18	10～20	8～18	11～17	10～12
拉伸模量/MPa	2075～2400	1793～2400	1900～2400	1700～2200	1930～2020
抗弯强度/MPa	69～74	59～69	59～80	65～80	65～71
弯曲模量/MPa	2280～2650	1897～2400	2000～2400	1600～2200	1980～2310
冲击韧性/(J/m^2)	37～58	44.4～48.7	42～48	37～60	45～61
玻璃化转变温度/℃	57	62	62	58	56
热胀率/(10^{-6}℃$^{-1}$)	100	96	93	100	N/A
肖氏硬度(HS)	87	86	86	86	86

(4) DSM公司的SOMOS系列

DSM公司的SOMOS系列环氧树脂主要是面向光固化快速成形开发的系列材料，部分型号的材料性能指标如表4-6所示。

表4-6 DSM公司的SOMOS系列材料的性能指标

型号 指标	20L	9110	9120	11120	12120
外特性	灰色不透明	透明琥珀色	灰色不透明	透明	透明光亮
密度/(g/cm^3)	1.6	1.13	1.13	1.12	1.15
黏度(30℃)/mPa·s	2500	450	450	260	550
固化深度/mil	0.12	0.13	0.14	0.16	0.15
临界曝光量/(mJ/cm^2)	6.8	8.0	10.9	11.5	11.8
肖氏硬度(HS)	92.8	83	80～82	—	85.3
抗拉强度/MPa	78	31	30～32	47.1～53.6	70.2
拉伸模量/MPa	10900	1590	1227～1462	2650～2880	3520
抗弯强度/MPa	138	44	41～46	63.1～74.2	109
弯曲模量/MPa	9040	1450	1310～1455	2040～2370	3320
延伸率/%	1.2	15～21	15～25	11～20	4
冲击韧性/(J/m^2)	14.5	55	48～53	20～30	11.5
玻璃化转变温度/℃	102	50	52～61	45.9～54.5	56.5
适用性	制作高强度、耐高温的零部件	制作坚韧、精确的功能零件	制作硬度和稳定性有较高要求的组件	制作耐用、坚硬、防水的功能零件	制作高强度、耐高温、防水的功能零件，外观呈樱桃红色

4.8 成形质量影响因素

影响光固化快速成形产品质量的因素主要包括前期数据处理误差、成形加工误差以及后处理产生的误差等。

4.8.1 数据处理误差

由于成形机所接收的是模型的轮廓信息，所以加工前必须对其进行数据转换。1987年3D systems公司对任意曲面CAD模型进行小三角形平面近似，开发了STL文件格式，并由此建立了从近似模型中进行切片获取截面轮廓信息的统一方法，沿用至今。多年以来，STL文件格式受到越来越多的CAD系统和设备的支持，其优点是大大简化了CAD模型的数据格式，是目前CAD系统与RP系统之间的数据交换标准，它便于在后续分层处理时获取每一层片实体点的坐标值，以便控制扫描镜头对材料进行选择性扫描，因此被工业界认为是目前快速成形数据的准标准，几乎所有类型的快速成形系统都采用 STL 数据格式，极大地推动了快速成形技术的发展。对三维模型进行数据处理时，误差主要产生于三维 CAD 模型的 STL 文件输出和对 STL 文件的分层处理两个过程中。

（1）文件格式转换误差

STL 文件的数据格式是采用小三角形来近似逼近三维 CAD 模型的外表面，小三角形数量直接影响着近似逼近的精度。显然，精度要求越高，选取的三角形应越多。一般三维 CAD 系统在输出 STL 格式文件时都要求输入精度参数，也就是用 STL 格式拟合原 CAD 模型的最大允许误差。这种文件格式将 CAD 连续的表面离散为三角形面片的集合，当实体模型表面均为平面时不会产生误差。但对于曲面而言，不管精度如何高，也不能完全表达原表面，这种逼近误差不可避免地存在。如制作一圆柱体，当沿轴线方向成形时，如果逼近精度有限，则明显地看到圆柱体变成棱柱体，如图 4-33 所示。

图 4-33 圆柱体的 STL 文件格式

清除这种误差的根本途径是直接从 CAD 模型获取制造数据，但是目前在实用中尚未达到这一步。现有的办法只能在对 CAD 模型进行 STL 格式转换时，通过恰当地选择精度参数值减小这一误差，这往往依赖于经验。

（2）分层处理对成形精度的影响

分层处理产生的误差属于原理误差，分层处理以 STL 文件格式为基础，先确定成形方向，通过一簇垂直于成形方向的平行平面与 STL 文件格式模型相截，所得到的截面与模型实体的交线再经过数据处理生成截面轮廓信息，平行平面之间的距离就是分层厚度。由于每一切片层之间存在距离，因此切片不仅破坏了模型表面的连续性，而且不可避免地丢失了两切片层间的信息，这一处理造成分层方向的尺寸误差和面精度误差。

进行分层处理时，确定分层厚度后，如果分层平面正好位于顶面或底面，则所得到的多边形恰好是该平面处实际轮廓曲线的内接多边形；如果分层平面与此两平面不重合，即沿切层方向某一尺寸与分层厚度不能整除时，将会引起分层方向的尺寸误差。

为了获得较高的面精度，应尽可能减小分层厚度。但是，分层数量的增加，使制造效率显著降低，同时层厚太小会给涂层处理带来一定困难。自适应性切片分层技术能够较好地提高面精度，是解决这一问题的较为有效途径。另外，优化成形制作方向，实质上就是减小模型表面与成形方向的角度，也可以减小体积误差。

4.8.2 成形加工误差

（1）机器误差

机器误差是成形机本身的误差，它是影响制件精度的原始误差。机器误差在成形系统的设计及制造过程中就应尽量减小，因为它是提高制件精度的硬件基础。

① 工作台 Z 方向运动误差　工作台 Z 方向运动误差直接影响堆积过程中的层厚精度，最终导致 Z 方向的尺寸误差；而工作台在垂直面内的运动直线度误差宏观上产生制件的形状、位置误差，微观上导致粗糙度值增大。

② X、Y 方向同步带变形误差　X、Y 扫描系统采用 X、Y 二维运动，由步进电动机驱动同步齿形带并带动扫描镜头运动在定位时，由于同步带的变形会影响定位的精度，常用的方法是采用位置补偿系数来减小其影响。

③ X、Y 方向定位误差　在扫描过程中，X、Y 扫描系统存在以下问题。

a. 系统运动惯性力的影响。对于采用步进电动机的开环驱动系统而言，步进电动机本身和机械结构都影响扫描系统的动态性能。X、Y 扫描系统在扫描换向阶段存在一定的惯性，使得扫描头在零件边缘部分超出设计尺寸的范围，导致零件的尺寸有所增加。同时，扫描头在扫描时，始终处于反复加速减速的过程中，因此工件边缘的扫描速度低于中间部分，光束对边缘的照射时间要长一些，并且存在扫描方向的变换；扫描系统惯性力大，加减速过程慢，致使边缘处树脂固化程度较高。

b. 扫描机构振动的影响。在成形过程中，扫描机构对零件的分层截面作往复填充扫描，扫描头在步进电动机的驱动下本身具有一个固有频率，由于各种长度的扫描线都可能存在，所以在一定范围内的各种频率都有可能发生。当发生谐振时振动增大，成形零件将产生较大误差。

（2）光固化成形误差

由于光固化成形特点，使所做出的零件实体部分实际上每侧大了一个光斑半径，零件的长度尺寸大了一个光斑直径，使零件产生正偏差。虽然控制软件中采用自适应拐角延时算法，但是由于光斑直径的存在，必然在其拐角处形成圆角，导致形状钝化，降低制件的形状精度，而使得一些小尺寸制件无法加工。如果不采用光斑补偿，将使制件产生正偏差。为了消除或减小正偏差，实际上采用光斑补偿，使光斑扫描路径向实体内部缩进一个光斑半径。

4.8.3　后处理产生的误差

从成形机上取出已成形的工件后，需要进行剥离支撑结构，有的还需要进行后固化、修补、打磨、抛光和表面处理等，这些工序统称为后处理，这类误差可分为以下几种。

a. 工件成形完成后去除支撑时，可能表面质量产生影响，所以支撑设计时要合理，要选取合适的支撑间距。支撑的设计与成形方向的选取有关，在选取成形方向时，要综合考虑添加支撑要少，并便于去除等。

b. 由于温度、湿度等环境状况的变化，工件可能会继续变形并导致误差，并且由于成形工艺或工件本身结构工艺性等方面的原因，成形后的工件内或多或少地存在残余应力。这种残余应力会由于时效的作用而全部或部分地消失，这也会导致误差。设法减小成形过程中的残余应力有利于提高零件的成形精度。

c. 制件的表面状况和机械强度等方面还不能完全满足最终产品的要求，例如制件表面不光滑，其曲面上存在因分层制造引起的小台阶、小缺陷，制件的薄壁和某些小特征结构可能强度不足、尺寸不够精确，表面硬度或色彩不够满意等。采用修补、打磨、抛光是为了提高表面质量，表面涂覆是为了改变制品表面颜色提高其强度和其他性能，但在此过程中若处理不当都会影响原型的尺寸及形状精度，产生后处理误差。

4.9　基于光固化快速成形技术的 3D 打印机

4.9.1　3D Systems 光固化 3D 打印机

3D Systems 作为世界上 3D 打印的领军者，是由 SLA 的发明者 Charles Hull 于 1986 年建立。该公司是一家全球领先的 3D 内容到印刷（content-to-print）解决方案供应商，其产品包括 3D 打印机、打印材料、线上按需定制零部件服务和 3D 端到端解决方案。产品线丰富，覆盖民用和工业以及高端，提供用于各种扫描仪等端到端的解决方案。图 4-34 为该公司生产的微型 SLA 3D 打印机，非常适合小型、细节丰富的部件和铸造模型，如珠宝、电子元器件和牙模等。最大打印体积为 43mm×27mm×180mm，打印分辨率为 585dpi。该打印机使用 3DS 新

VisiJet FTX绿色材料，层厚度为0.03mm，垂直构建速度为13mm/h。图4-35为该打印机打印的牙模。

图4-34 PROJET 1200型SLA 3D打印机

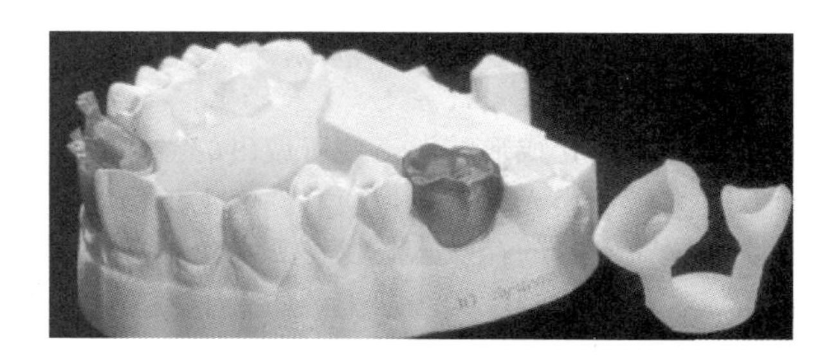

图4-35 PROJET 1200型SLA 3D打印机打印的牙模

图4-36为3D Systems生产的ProX 950 SLA的SLA 3D打印机，该款打印机最大打印体积为1500mm×750mm×550mm。ProX 950配备了3D Systems公司最新的Poly Ray打印头技术，打印速度是其他打印机速度的10倍，使用材料为普遍认可的高性能工程材料，能够完全胜任航空航天、医疗设备、工业领域的应用。ProX 950打印机能够打印与CNC技术相媲美的高精度精密零件。

ProX 950支持多种SLA工业材料，可以打印韧性强的类ABS材料，也可以打印透明的类树脂材料。图4-37为ProX 950型SLA 3D打印机打印的发动机模型。

图4-36 ProX 950型SLA 3D打印机

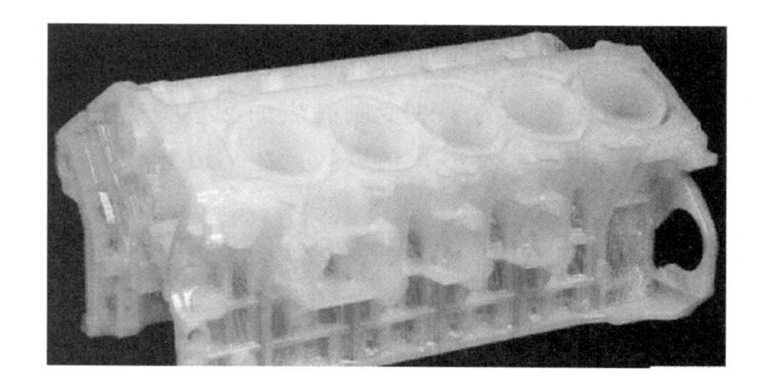

图4-37 ProX 950型SLA 3D打印机打印的发动机模型

4.9.2 陕西恒通光固化3D打印机

图4-38所示为陕西恒通智能机器有限公司生产的SLA成形机。图4-39为光敏树脂成形件。表4-7为陕西恒通公司生产的SLA成形机的主要技术参数。表4-8为广州市文博实业有限公司销售的SLA成形机用光敏树脂材料特性。

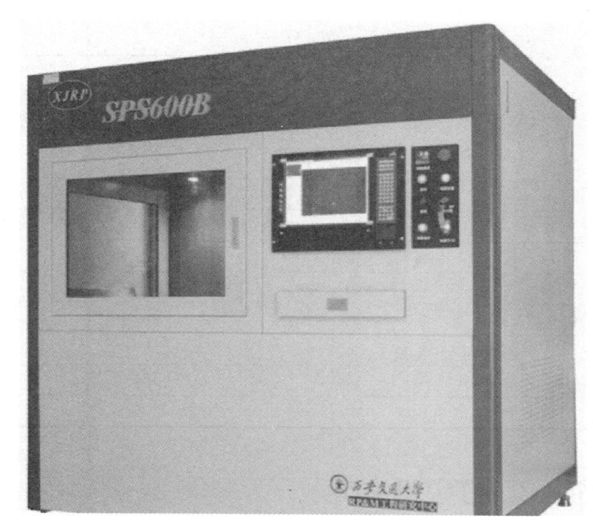

图 4-38　陕西恒通智能机器有限公司生产的 SLA 成形机

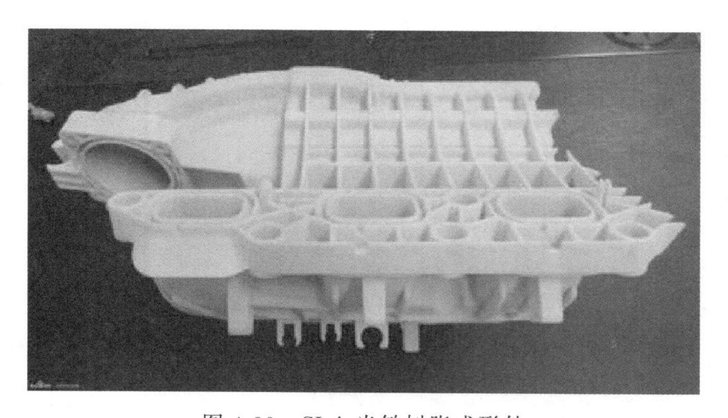

图 4-39　SLA 光敏树脂成形件

表 4-7　陕西恒通公司生产的 SLA 成形机的主要技术参数

项 目	成形机型号			
	SPS350B	SPS450 B	SPS600 B	SPS800 B
激光最大扫描速度/(m/s)	10	10	10	10
激光光斑直径/mm	≤0.15	≤0.15	≤0.15	≤0.15
成形室尺寸/mm	350×350×350	450×450×350	600×600×400	800×600×400
分层厚度/mm	0.06～0.20	0.06～0.20	0.06～0.20	0.06～0.20
成形件精度	±0.10mm (L≤100mm) 或±0.10% (L>100mm)	±0.10mm (L≤100mm) 或±0.10% (L>100mm)	±0.10mm (L≤100mm) 或±0.10% (L>100mm)	±0.10mm (L≤100mm) 或±0.10% (L>100mm)
质量成形率/(g/h)	80	80	80	80
外形尺寸/mm	1565×995×1930	1565×1095×1930	1865×1245×1930	2065×1245×2220
设备功率/kW	3	3	3	6

表 4-8　广州市文博实业有限公司销售的 SLA 成形机用光敏树脂材料特性

项目	树脂牌号	
	WBSLA2820	WBSLA2822
密度/(g/cm^3)	1.13	1.12
30℃黏度/mPa·s	270	260

续表

项目		树脂牌号	
		WBSLA2820	WBSLA2822
弹性模量/MPa		2650～2880	2550～3000
抗拉强度/MPa		41～50.6	45～54
断裂延伸率/%		15～25	11～23
缺口冲击强度/(J/m)		0.27～0.45	0.27～0.45
弯曲模量/MPa		1640～2270	1740～2470
抗弯强度/MPa		68.1～80.16	62～80.16
热变形温度/℃	0.45MPa下	60～85	60～85
	1.8MPa下	55～75	55～75
玻璃化转变温度/℃		52～58	52～58
颜色		无色，透明	白色

4.9.3 中瑞科技光固化3D打印机

中瑞科技（ZRapid Tech）是专业致力于工业级3D打印设备、3D打印软件、3D打印材料的研发、生产、销售和技术服务为一体的国家高新技术企业。该公司生产的系列化光固化3D打印机，包括SLA1100、SLA800、SLA660、SLA550、SLA500、SLA450、SLA300、SLA200系列产品。图4-40为SLA1100光固化3D打印机，该系列部分打印机的技术参数如表4-9所示。

图4-40 中瑞科技SLA1100光固化3D打印机

表4-9 中瑞科技生产的SLA成形机的主要技术参数

项目	成形机型号			
	SLA1100	SLA800	SLA660	SLA200
零件扫描速度/(m/s)	6.0	6.0	6.0	6.0
激光光斑直径/mm	0.10～0.50	0.10～0.50	0.10～0.50	0.08～0.15
成形室尺寸/mm	1000×1000×600	600×800×400	600×060×450	200×160×150
分层厚度/mm	0.06～0.20	0.05～0.15	0.05～0.15	0.05～0.15

续表

项目	成形机型号			
	SLA1100	SLA800	SLA660	SLA200
重复定位精度/mm	±0.01	±0.01	±0.01	±0.01
质量成形率/(g/h)	100～230	80～210	80	30～50
激光器功率/mW	1000/3000	1000/3000	1000/3000	1000

4.10 光固化快速成形技术的应用

在当前应用较多的几种快速成形工艺方法中，光固化快速成形由于具有成形过程自动化程度高、制作原型表面质量好、尺寸精度高以及能够实现比较精细的尺寸成形等特点，使之得到最为广泛的应用。在概念设计的交流、单件小批量精密铸造、产品模型、快速工模具及直接面向产品的模具等诸多方面，广泛应用于航空、汽车、电器、消费品以及医疗等行业。

4.10.1 光固化快速成形在航空航天领域的应用

在航空航天领域，SLA 模型可直接用于风洞试验，进行可制造性、可装配性检验。航空航天零件往往是在有限空间内运行的复杂系统，在采用光固化成形技术以后，不但可以基于 SLA 原型进行装配干涉检查，还可以进行可制造性讨论评估，确定最佳的合理制造工艺。通过快速熔模铸造、快速翻砂铸造等辅助技术进行特殊复杂零件（如涡轮、叶片、叶轮等）的单件、小批量生产，并进行发动机等部件的试制和试验。

航空领域中发动机上许多零件都是经过精密铸造来进行制造的。对于高精度的木模制作，传统工艺成本极高且制作时间也很长。采用 SLA 工艺，可以直接由 CAD 数字模型制作熔模铸造的母模，时间和成本可以得到显著降低。在数小时之内，就可以由 CAD 数字模型得到成本较低、结构十分复杂且用于熔模铸造的 SLA 快速原型母模。

利用光固化快速成形技术可以制作出多种弹体外壳，装上传感器后便可直接进行风洞试验。通过这样的方法避免了制作复杂曲面模的成本和时间，从而可以更快地从多种设计方案中筛选出最优的整流方案，在整个开发过程中大大缩短了验证周期和开发成本。此外，利用光固化快速成形技术制作的导弹全尺寸模型，在模型表面表进行相应喷涂后，清晰地展示了导弹外观、结构和战斗原理，其展示和讲解效果远远超出了单纯的计算机图纸模拟方式，可在未正式量产之前对其可制造性和可装配性进行检验。

4.10.2 光固化快速成形在汽车领域的应用

光固化快速成形技术除了在航空航天领域有较为重要的应用之外，在其他制造领域的应用也非常重要且广泛，如在汽车领域、模具制造、电器和铸造领域等。下面就光固化快速成形技术在汽车领域和铸造领域的应用进行简要介绍。

现代汽车生产的特点就是产品的多型号、短周期。为了满足不同的生产需求，就需要不断地改型。虽然现代计算机模拟技术不断完善，可以完成各种动力、强度、刚度分析，但是在研究开发中仍需要做成实物以验证其外观形象、工装可安装性和可拆卸性。对于形状、结构十分复杂的零件，可以用光固化快速成形技术制作零件原型，以验证设计人员的设计思想，并利用零件原型做功能性和装配性检验。

光固化快速成形技术还可在发动机的试验研究中用于流动分析。流动分析技术是用来在复杂零件内确定液体或气体的流动模式。将透明的模型安装在一个简单的试验台上，中间循环某种液体，在液体内加一些细小粒子或细气泡，以显示液体在流道内的流动情况。该技术已成功地用于发动机冷却系统（如汽缸盖、机体水箱）、进排气管等的研究。问题的关键是透明模型的制造，用传统方法时间长、花费大且不精确；而用 SLA 技术结合 CAD 造型仅仅需要 4～5 周的时间，且花费只为之前的 1/3，制作出的透明模型能完全符合机体水箱和汽缸盖的 CAD 数据要求，模型的表面质量也能满足要求。

光固化快速成形技术在汽车行业除了上述用途外，还可以与逆向工程技术、快速模具制造技术相结合，用于汽车车身设计、前后保险杆总成试制、内饰门板等结构样件/ 功能样件试制、赛车零件制作等。

在铸造生产中，模板、芯盒、压蜡型、压铸模等的制造往往是采用机加工方法，有时还需要钳工进行修整，费时耗资，而且精度不高。特别是对于一些形状复杂的铸件（例如飞机发动机的叶片、船用螺旋桨、汽车和拖拉机的缸体、缸盖等），模具的制造更是一个巨大的难题。虽然一些大型企业铸造车间备有数控机床、仿型铣等高级设备，但是除了设备价格昂贵外，模具加工的周期也很长，而且由于没有很好的软件系统支持，机床的编程也很困难。随着快速成形技术的出现，为铸造的铸模生产提供了速度更快、精度更高、结构更复杂的保障。

4.10.3 光固化快速成形在艺术领域的应用

光固化成形技术由于具有制作原型表面质量好、尺寸精度高以及能够制造比较精细的结构特征等优势，已广泛应用于艺术品创作等领域。目前，光固化成形技术多用于艺术创作、文物复制、数字雕塑，制作创意工艺品、动漫以及创意文化产品的模型制作等。图 4-41 为采用 SLA 工艺制作的模型。

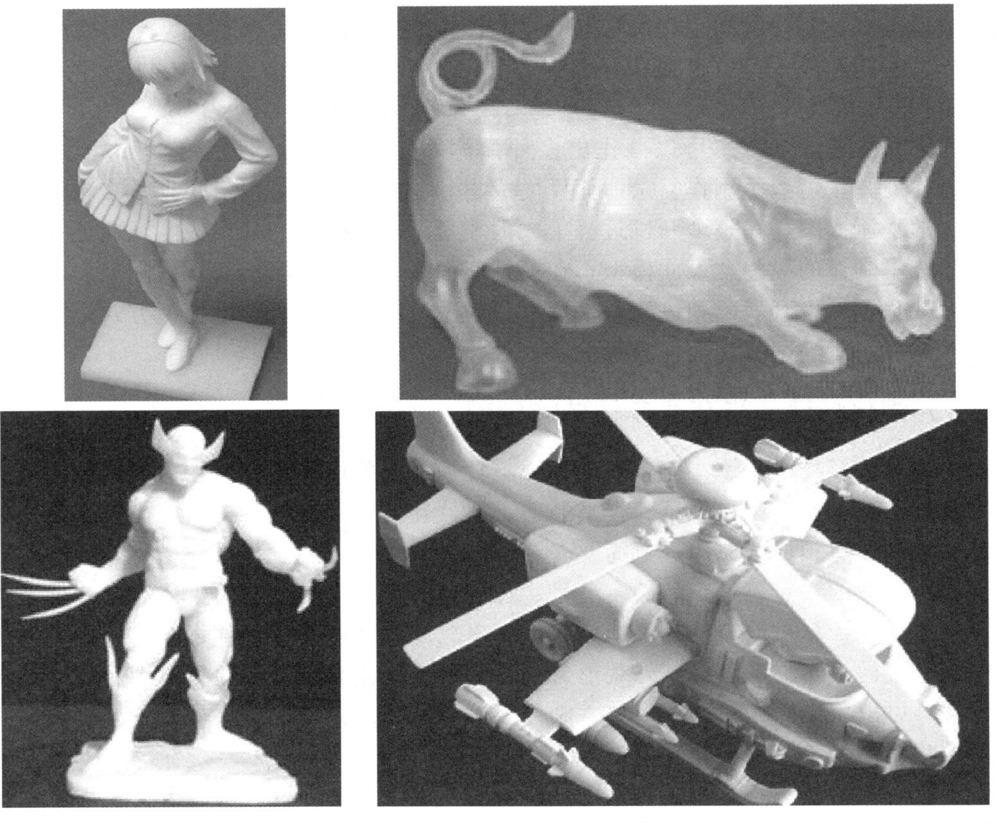

图 4-41 采用 SLA 工艺制作的模型

第5章 金属材料3D打印成形

金属材料3D打印成形技术是各种3D打印工艺中难度系数最大、最具实际意义的增材制造工艺。工业用产品90%以上是金属制品，金属构件不仅能够承受力、力矩等作用，而且具有较强的温度适应性等其他物理、化学性能。金属构件3D打印技术作为整个3D打印中最为前沿、最具发展潜力的技术，是先进制造技术的重要发展方向之一。

利用3D打印工艺成形金属构件虽然是3D打印技术的重要发展方向，但是金属的熔点比较高，涉及了金属的固液相变、表面扩散以及热传导等多种物理过程，需要考虑的问题还包括生成的晶体组织是否良好、整个试件是否均匀、内部杂质和孔隙的大小等；另外，快速的加热和冷却还将引起试件内较大的残余应力。为了解决这些问题，一般需要有多种制造参数配合，例如激光的功率和能量分布、激光聚焦点的移动速度和路径、加料速度、保护气压、外部温度等。

在金属构件直接成形工艺中，熔化金属的热源可以是激光束、电子束、等离子弧或电加热器等。热源与金属材料相互作用的位置，可以是在基板上预先铺设的金属粉层上、激光束或电子束在基板上产生的熔池中，或者基板之外的加热器（坩埚）中。

在所有金属合金中，钛合金的3D打印成形尤其受到重视。因为钛合金密度低、强度高、耐腐蚀、熔点高，所以是理想的航天航空材料。但是由于钛合金刚性差、易变形，不宜用切割和铸造的方式来成形。反而由于其热导率低，在加热时热量不会发散引起局部变形，比较适合利用激光快速成形技术。另外，钛合金材料价格高，利用3D打印技术能够在减轻飞行器重量的同时，节省原材料的成本。

目前，已有多种打印工艺可实现金属构件的间接成形（Indirect Metal Forming，IMF）或直接成形（Direct Metal Forming，DMF）。金属间接打印成形是首先打印成形构件的生坯件(green part)，然后将生坯件烧结成金属构件；金属直接打印成形是指打印得到的即为金属构件。金属材料3D打印成形的方法包括选区激光烧结（Selected Laser Sintering，SLS）、选区激光熔化（Selected Laser Melting，SLM）、激光熔覆成形（Laser Cladding Forming，LCF）、电子束熔化成形（Electron Beam Melting，EBM）等。

5.1 选区激光烧结/熔化成形(SLS、SLM)

5.1.1 选区激光烧结/熔化成形工作原理

选区激光烧结/熔化成形机有选区激光烧结（Selected Laser Sintering，SLS）和选区激光熔化（Selected Laser Melting，SLM）成形机两种。该技术最早是由美国德克萨斯大学的研究生 C. Deckard 于 1986 年提出 Selective Laser Sintering（SLS）的思想，并于 1989 年研制成功。凭借这一核心技术，C. Deckard 组建了 DTM 公司，于 1992 年发布了第一台基于 SLS 的商业成形机，之后成为 SLS 技术的主要领导企业，直到 2001 年被 3D Systems 公司收购。另外，德国 EOS 公司也在这一技术领域有深厚的积累，拥有许多专利技术，并开发了一系列相应的成形设备。在国内方面，目前已有多家单位开展了对 SLS 的相关研究工作，如华中科技大学、南京航空航天大学、西北工业大学、北京隆源公司、中北大学和北方恒利科技发展有限公司等，取得了许多研究成果，如南京航空航天大学研制的 RAP-Ⅰ型激光烧结快速成形系统、北京隆源公司开发的 Laser Core-5300 激光快速成形的商品化设备。

选区激光烧结/熔化采用二氧化碳激光器对粉末材料（塑料粉、陶瓷与黏结剂的混合粉、金属与黏结剂的混合粉等）进行选择性烧结、熔化，是一种由离散点一层层堆积成三维实体的工艺方法，其原理如图 5-1 所示。在开始加工之前，先将充有氮气的工作室升温，并保持在粉末的熔点以下。成形时，送料筒上升，铺粉辊筒移动，先在工作平台上铺一层粉末材料，然后激光束在计算机控制下按照截面轮廓对实心部分所在的粉末进行烧结、熔化，使粉末熔化继而形成一层固体轮廓。第一层烧结完成后，工作台下降一截面层的高度，再铺上一层粉末进行下一层烧结，如此循环，形成三维的原型零件。最后经过 5～10h 冷却，即可从粉末缸中取出零件。未经烧结、熔化的粉末能承托正在烧结的工件，当烧结工序完成后，取出零件，未经烧结的粉末基本可由自回收系统进行回收。选区烧结、熔化工艺适合成形中小型物体，能直接成形塑料、陶瓷或金属零件，零件的翘曲变形比液态光敏树脂选择性固化工艺要小。但这种工艺仍要对整个截面进行扫描和烧结，加上工作室需要升温和冷却，成形时间较长。此外，由于受到粉末颗粒大小及激光点的限制，零件的表面一般呈多孔性。在烧结陶瓷、金属与黏结剂的混合粉并得到原型零件后，必须将它置于加热炉中，烧掉其中的黏结剂，并在孔隙中渗入填充物。选择性激光烧结成形工艺能够实现产品设计的可视化，并能制作功能测试零件。由于它可采用各种不同成分的金属粉末进行烧结、渗铜等后处理，因而其制成的产品可具有与金属零件相近的力学性能，故可用于制作 EDM 电极、直接制造金属模以及进行小批量零件生产。

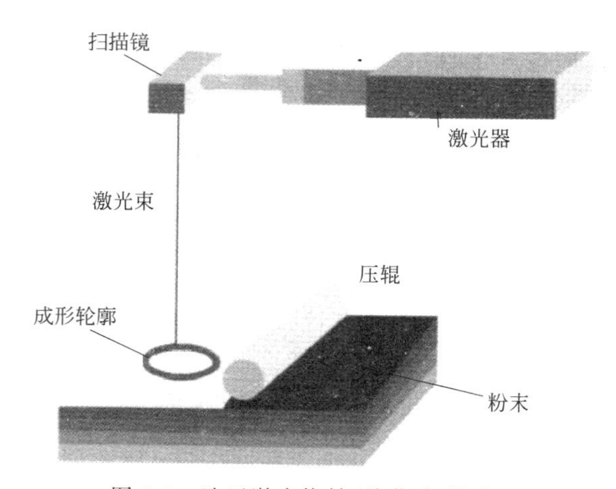

图 5-1 选区激光烧结/熔化成形原理

选区激光熔化技术与选择性激光烧结技术的不同之处在于后者粉末材料往往是一种金属材料与另一种低熔点材料的混合物，成形过程中，仅低熔点材料熔化或部分熔化把金属材料包覆粘接在一起，其原型表面粗糙、内部疏松多孔、力学性能差，需要经过高温重熔或渗金属填补空隙等后处理才能使用；而前者利用高亮度激光直接熔化金属粉末材料，无需黏结剂，由 3D 模型直接成形出与锻件性能相当的任意复杂结构零件，其零件仅需表面光整即可使用。

SLS 工艺主要利用粉末状原材料（包括金属粉末和非金属粉末），在激光照射下烧结的原理堆积成形。SLS 的打印原理与 SLA（光固化快速成形）十分相似，主要区别在于所使用的材料及其形态不同。SLA 所用的原材料主要是液态的紫外光敏可凝固树脂，而 SLS 则使用粉状材料。这一成形机理使得 SLS 技术在原材料选择上具备非常广阔的空间，因为从理论上来讲，任何可熔的粉末都可以用来进行制作，并且打印的模型可以作为真实的原型制件使用。如图 5-2 所示，对高熔点金属粉末和低熔点金属粉末混合而成的粉末，用激光束熔化其中低熔点金属来润湿并填充高熔点金属粉末颗粒之间的间隙，从而将粉末材料粘接起来得到全金属构件。

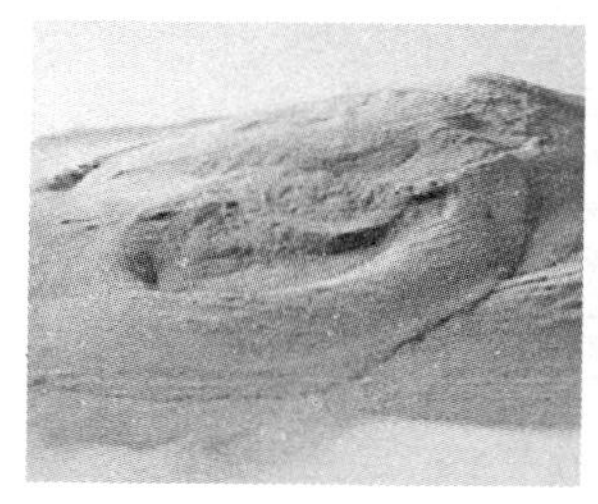

(a)金属粉末　(b)激光烧结　(c)成形件

图 5-2　金属构件激光烧结式直接成形步骤

SLS 工艺成形时，需要将低熔点金属加热到熔化状态，所需激光功率较大，通常为 100～250W。另外，还需要对粉末进行预热，预热温度通常略低于黏结用金属熔点。直接打印成形后，成形件中也有不少空隙，相对密度一般只有 50%～70%，有时还需要进行渗透处理、热等静压等后处理工序，以提高致密度。

选区激光熔化（SLM）成形的激光功率、激光束的扫描策略、扫描速度、扫描迹线间距、成形层高等参数对熔化过程有重大影响。SLM 工艺使用的激光器有足够的功率，聚焦光斑尺寸可达 30～50μm，功率密度可达 $5\times10^6 W/cm^2$。采用限定长度的激光束扫描矢量使成形件有较高的密度。用保护性气体（如氩气）有效地屏蔽大气中氧气对熔化区的作用，以免熔化的润湿性因氧化皮层的形成而降低。SLM 工艺采用优化工艺参数后，能使激光束完全熔化每条扫描迹线，而且随后熔化金属在固化时不会形成球状结构。成形件表面粗糙度 Rz 可达 30～50μm，尺寸精度可达±0.1mm。

5.1.2　选区激光烧结/熔化成形供粉系统

SLS/SLM 成形机的供粉系统有下供粉和上供粉两种结构形式。图 5-3 所示是下供粉式 SLS/SLM 成形机的原理，这种成形机由 CO_2 激光器（或 Nd：YAG 激光器）、X-Y 扫描振镜、位于工作台下方的供粉缸（2 个）和成形缸以及铺粉辊等组成。采用的粉材可以是塑料粉、铸造用树脂覆膜砂、陶瓷粉或金属粉与黏结剂的混合物、金属粉等。这种成形机的工作过程如下所示。

a. 供粉缸中的活塞在步进电动机的驱动下，向上移动一个分层厚度，使活塞上方的粉末高出供粉缸一个分层厚度。

b. 供粉缸上方的铺粉辊沿水平方向自左向右运动，在工作台的上方铺一层粉末。

c. 工作台上方的加热系统将工作台上的粉末预热至低于烧结点的温度。

d. 激光器发出的激光束经计算机控制的振镜反射后，按照成形件截面轮廓的信息，对工作台上的粉末进行选区扫描，使粉末的温度升至熔化点。于是粉末表层熔化，粉末相互黏结，逐步得到成形件的一层截面片。在非烧结区的粉末仍呈松散状，作为成形件和下一层粉末的支撑。

e. 一层成形完成后，成形缸活塞带动工作台下降一个分层厚度，再进行下一层的铺粉和烧结，如此循环，最终烧结成 3D 工件。

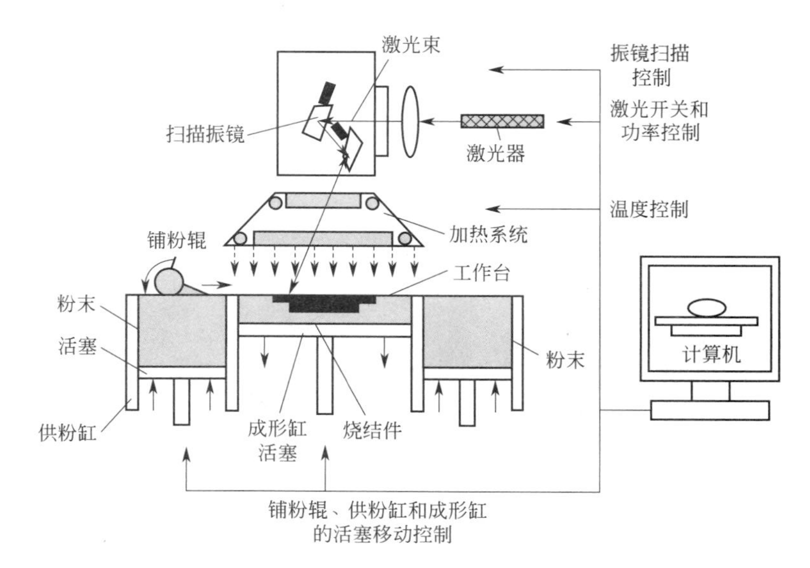

图 5-3　下供粉式 SLS/SLM 成形机原理

为提高成形效率，成形机的右侧也设置了一套供粉缸，以便在铺粉辊由右向左回程时铺粉。

图 5-4 所示是上供粉式 SLS/SLM 成形机的原理，其供粉系统设置在成形室的上方，通过步进电动机驱动槽形辊的转动，控制粉斗中的粉末下落至工作台上，再用铺粉辊进行铺粉。这种成形机的成形室处于密闭状态，可通过真空泵抽真空和通入保护气体，防止正在烧结成形的金属工件氧化。

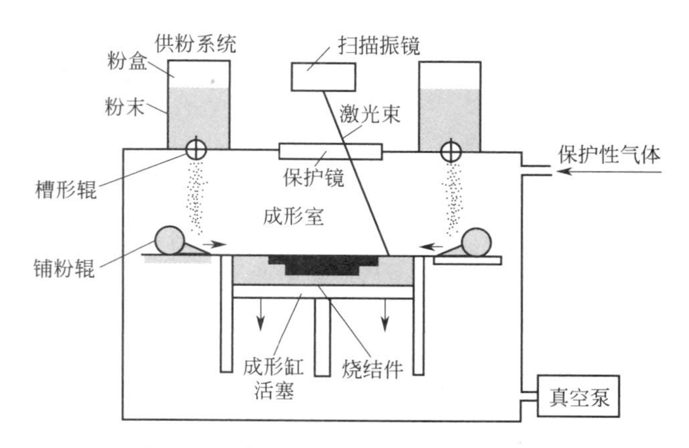

图 5-4　上供粉式 SLS/SLM 成形机原理

图 5-5 为激光头扫描式 SLS/SLM 成形机。这种成形机采用伺服电动机驱动 X-Y 工作台，使激光头沿 X、Y 方向运动，实现激光束扫描功能，这种成形机的成形工作范围不受振镜扫描范围的限制。

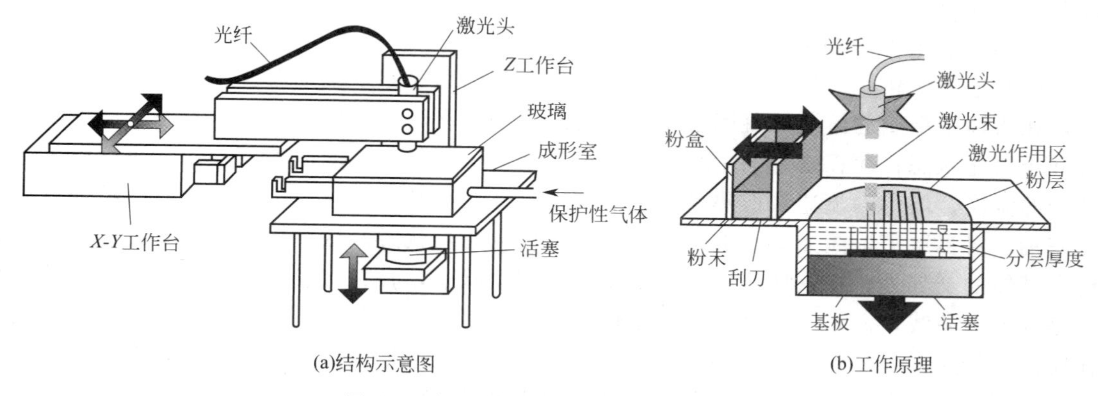

(a)结构示意图　(b)工作原理

图 5-5　激光头扫描式 SLS/SLM 成形机

5.1.3　选区激光烧结/熔化成形技术特点

与其他 3D 打印技术相比，SLS 工艺最突出的优点在于它使用的原材料十分广泛，目前可成熟运用于 SLS 设备打印的材料主要有石蜡、高分子材料、金属、陶瓷粉末和复合粉末材料。由于 SLS 工艺具备成形材料品种多、用料节省、成形件性能好、适合用途广以及无需设计和制造复杂的支撑系统等优点，所以 SLS 的应用越来越广泛。

SLM 与 SLS 的不同之处在于：SLS 成形时粉末半固态液相烧结，粉粒表层熔化并保留其固相核心；SLM 成形时，粉末完全熔化。SLM 成形方式虽有时仍然采用与 SLS 成形相同的“烧结”（sintering）表述，但实际的成形机制已转变为粉末完全熔化机制，因此成形性能显著提高。SLS 工艺采用的粉末是由金属粉末与聚合物粉末或高熔点金属粉末与低熔点金属粉末混合而成的特制粉末；SLM 工艺采用的是普通单一成分的金属粉末，其中不含有任何黏结剂，也未经任何预处理，只要求粉末为球状，粉粒的尺寸为 20～50μm。SLS 的优点主要有以下几个方面。

a. 与其他工艺相比，能生产强度高、材料属性优异的产品，甚至可以直接作为终端产品使用。

b. 可供使用的原材料种类众多，包括工程塑料、石蜡、金属、陶瓷粉末等。

c. 零件的构建时间较短，打印的物品精度非常高。

d. 无需设计和构造支撑部件。

相对其他 3D 打印技术，其缺点主要包括以下几点。

a. 关键部件损耗高，并需要专门实验室环境。

b. 打印时需要稳定的温度控制，打印前后还需要预热和冷却，后处理也较麻烦。

c. 原材料价格及采购维护成本都较高。

d. 成形表面受粉末颗粒大小及激光光斑的限制，影响打印的精度。

e. 无法直接打印全封闭中空的设计，需要留有孔洞去除粉材。

SLM 技术是在 SLS 的技术基础上发展起来的，但又区别于 SLS 技术，其技术特点如下。

a. 直接制成终端金属产品，省掉中间过渡环节。

b. 可得到冶金结合的金属实体，密度接近 100%。

c. SLM 制造的工件具有较高的拉伸强度，较低的表面粗糙度值（Rz 为 30～50μm），较高的尺寸精度（<0.1mm）。

d. 适合各种复杂形状的工件，尤其适合内部有复杂异形结构（如空腔结构）、用传统方法无法制造的复杂工件。

e. 适合单件和小批量模具和工件成形。

在激光连续熔化成形过程中，整个金属熔池的凝固结晶是一个动态过程。随着激光束向前移动，在熔池中金属的熔化和凝固过程是同时进行的。在熔池的前半部分，固态金属不断进入熔池处于熔化状态；而在熔池的后半部分，液态金属不断脱离熔池而处于凝固状态。由于熔池内各处的温度、熔体的流速和散热条件是不同的，在其冷却凝固过程中各处的凝固特征也存在一定差别。对多层多道激光烧结的样品，每道熔区分为熔化过渡区和熔化区。熔化过渡区是指熔池和基体的交界处，在这区域内晶粒处于部分熔化状态，存在大量晶粒残骸和微熔晶粒，它并不是构成一条线，而是一个区域，即半熔化区。半熔化区的晶粒残骸和微熔晶粒都有可能作为在凝固开始时的新晶粒形核核心。对镍基金属粉末熔化成形的试样分析表明：在熔化过渡区其主要机制为微熔晶核作为异质外延，形成的枝晶取向沿着固-液界面的法向方向。熔池中除熔化过渡区外，其余部分受到熔体对流的作用较强，金属原子迁移距离大，称为熔化区。该区域在对流熔体的作用下，将大量金属粉末粘接到熔池中，由于粉末颗粒尺寸的不一致（粉末的粒径分布为15～130μm），当激光功率不太大时，小尺寸粉末颗粒可能完全熔化，而大尺寸粉末颗粒只能部分熔化，这样在熔化区中存在部分熔化的颗粒，这部分颗粒有可能作为异质形核核心；当激光功率较高时，能够完全熔化熔池中的粉末，在这种情况下该区域主要为均质形核。在激光功率较小时容易形球，且形球对烧结成形不利，因此对Ni基金属粉末熔化成形通常采用较大的功率密度，其熔化区主要为均质型核，形成等轴晶。

SLM是极具发展前景的金属零件3D打印技术。SLM成形材料多为单一组分金属粉末，包括奥氏体不锈钢、镍基合金、钛基合金、钴铬合金和贵重金属等。激光束快速熔化金属粉末并获得连续的熔道，可以直接获得几乎任意形状、具有完全冶金结合、高精度的近乎致密金属零件，其应用范围已经扩展到航空航天、微电子、医疗、珠宝首饰等行业。

5.1.4 选区激光烧结/熔化成形典型设备

在3D打印机技术中，金属粉末SLS技术一直是近年来人们研究的一个重要方向。实现使用高熔点金属直接烧结成形零件，有助于制作传统切削加工方法难以制造的高强度零件，对快速成形技术更广泛的应用具有特别重要的意义。

从未来发展来看，SLS技术在金属材料领域中的研究方向主要集中在单元体系金属零件烧结成形、多元合金材料零件的烧结成形、先进金属材料（如金属纳米材料、非晶态金属合金等）的激光烧结成形等方向，尤其适合于硬质合金材料微型元件的成形。此外，还可以根据零件的具体功能及经济要求来烧结形成具有功能梯度和结构梯度的零件。相信随着人们对激光烧结金属粉末成形机理的掌握，对各种金属材料最佳烧结参数的获得，以及专用的快速成形材料的出现，SLS技术的研究和应用也将会进入一个新的局面。

（1）3D Systems 公司

3D Systems 公司在选择性激光烧结技术上拥有多项专利，其打印机系列包括sPro60、140和230 SLS系列打印机。

图5-6为3D Systems公司的sPro60 HD激光烧结打印机，使用CO_2激光将粉末材料和复合材料逐层覆盖在固体截面上，适用于铸件、引擎、气动设备、航空、机械制造等多种领域。成形件最大尺寸为381mm×330mm×457mm。粉末压模工具采用精密对转辊，层厚范围为0.08～0.15mm，体积建模速率为0.9L/h。

（2）德国EOS GmbH公司

图5-7为德国EOS GmbH公司生产的金属激光烧结成形机，可以直接成形金属工件。

图 5-8 为金属粉末烧结成形零件。

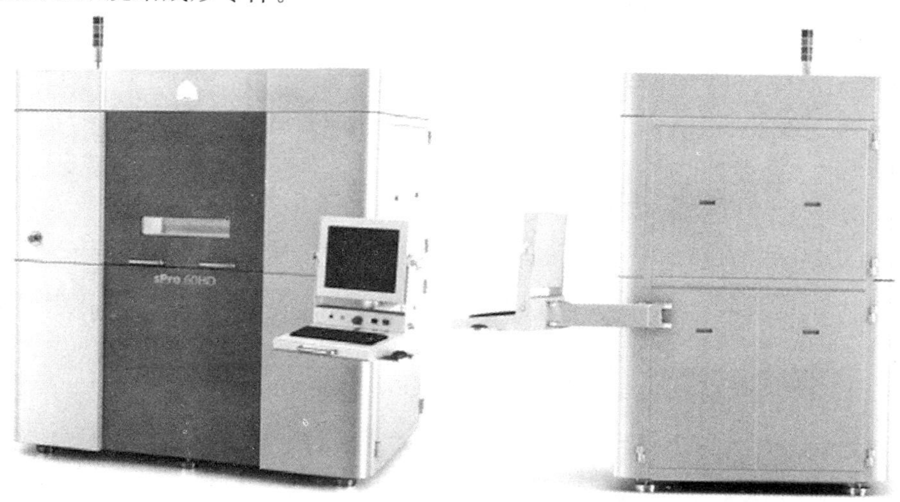

图 5-6　3D Systems 公司的 sPro60 HD 激光烧结打印机

图 5-7　德国 EOS GmbH 公司生产的金属激光烧结成形机

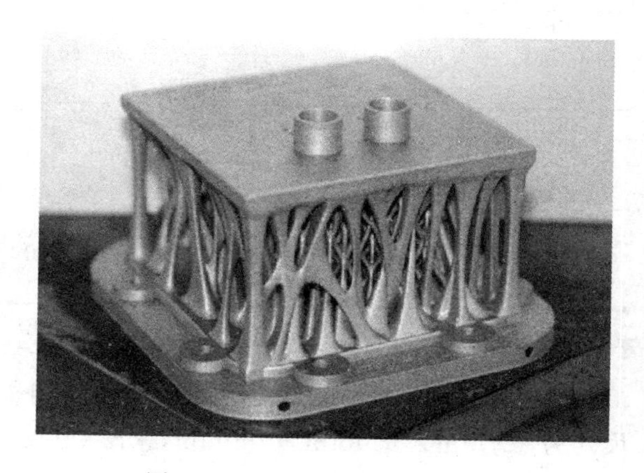

图 5-8　金属粉末烧结成形零件

表 5-1 是德国 EOS GmbH 公司生产的 SLS/SLM 成形机的主要技术参数。表 5-2 是 EOSINT M280 成形机使用的金属粉材的特性。

表 5-1　EOS GmbH 公司生产的 SLS/SLM 成形机的主要技术参数

项 目	成形机型号		
	EOSINT P800	EOSINT S750	EOSINT M280
成形室尺寸/mm	700×380×560	720×380×380	250×250×325
高度方向成形速度/(mm/h)	最大 7	—	最大 7
激光光斑直径/mm	—	—	0.10～0.50
体积成形率/(cm^3/h)	—	最大 2500	72
分层厚度/mm	0.12	0.20	0.02～0.10
激光器	2×50W,CO_2	2×100W,CO_2	200W 或 400W,掺 Yb 光纤激光器
扫描速度/(m/s)	最大 2×6	最大 3	最大 7
成形材料	塑料粉	树脂覆膜砂	金属粉
外形尺寸/mm	2250×1550×2100	1420×1400×2150	2200×1070×2290
质量/kg	2300	1050	1250

表 5-2 EOSINT M280 成形机使用的金属粉材的特性

材料牌号	成形件密度 /(g/cm³)	弹性模量 /GPa	抗拉强度 /MPa	屈服强度 /MPa	硬度	最高工作温度/℃	熔点 /℃	材质
EOS AlSi10Mg	2.67	70±5	445±20	275±10	(120±5)HBW	—	—	铝合金
EOS CobaltChrome MP1	8.29	220	1300	920	40～45HRC	1150	1350～1430	钴铬钼合金
EOS CobaltChrome SP2	8.5	170	800	—	(360±20)HV	—	1380～1440	钴铬钼合金
EOS MaragingSteel MS1	8.0～8.1	180±20	1100±100	1100±100	33～37HRC	400	—	马氏体钢
EOS NickelAlloy IN625	8.4	170±20	990±50	725±50	30HRC	650	—	耐热镍铬合金
EOS NickelAlloy IN718	8.15	160±20	1060±50	780±50	30HRC	650	—	耐热镍合金
EOS StainlessSteel GP1	7.8	170±20	1050±50	540±50	230HV	550	—	不锈钢
EOS StainlessSteel PH1	7.8	—	1150±50	1050±50	30～35HRC	—	—	沉淀硬化不锈钢
EOS Titanium Ti64	4.43	110±7	1150±60	1030±70	41～44HRC	350	—	钛合金

（3）武汉滨湖机电技术产业有限公司

图 5-9 为武汉滨湖机电技术产业有限公司 HRPM-Ⅱ激光烧结成形机。该成形机的成形室尺寸为 250mm×250mm×250mm，分层厚度为 0.02～0.20mm，成形件的精度为±0.1mm（$L \leqslant 100$mm）或±0.1%（$L > 100$mm），光纤激光器（200W 或 400W），扫描速度为 5m/s，外形尺寸为 1050mm×970mm×1680mm，成形材料为钛合金、高温镍合金、钨合金、不锈钢等金属粉材。

（4）北京隆源公司

图 5-10 所示是北京隆源公司生产的 Laser Core-5300 型 SLS 成形机。该成形机的成形室尺寸为 700mm×700mm×500mm，分层厚度为 0.10～0.35mm，激光器为 CO_2 射频（50W 或 100W），扫描速度为 6m/s，体积成形率为 90～130cm³/h，外形尺寸为 1960mm×1480mm×2600mm，成形材料为树脂覆膜砂、精铸模料。2011 年该公司为满足柴油机等行业需求，通过与广西玉柴机器股份有限公司、东风商用汽车工艺所合作，研发出柴油缸体缸盖的快速制造方法与工艺（图 5-11），材料为 ZL104，烧结时间为 24h，铸造周期为 15 天。

（5）北京鑫精合公司

鑫精合激光科技发展（北京）有限公司是位于北京市昌平区的中关村高新技术企业，总投资 5 亿元，下设北京复合增材制造研究院、鑫精合激光科技发展（沈阳）有限公司、竞核（上海）激光科技发展有限公司，致力于为顾客提供金属增材制造（金属 3D 打印）整体解决方案。

图 5-9　武汉滨湖公司 HRPM-Ⅱ激光烧结成形机

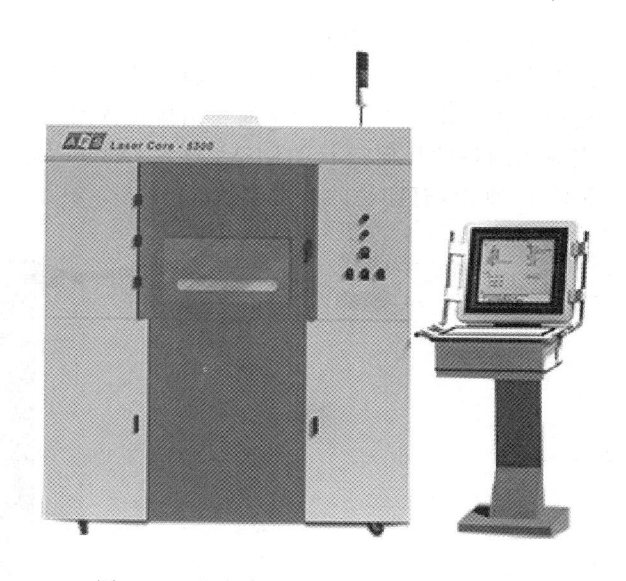

图 5-10　北京隆源公司生产的 SLS 成形机

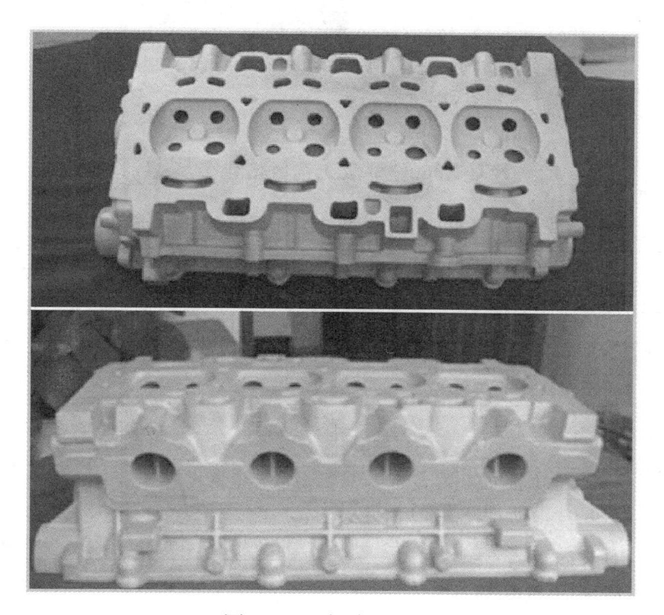

图 5-11　发动机缸盖

鑫精合目前在北京拥有研发中心面积 8800m^2，在沈阳也拥有制造基地，各类设备为 60 余台套。其中，德国 EOS M280 型激光选区熔化金属 3D 打印设备 7 台，英国雷尼绍 AM250 型激光选区熔化金属 3D 打印设备 1 台，Concept Laser M2 型激光选区熔化金属 3D 打印设备 2 台，亚洲首台 Concept Laser 2000R 型激光选区熔化金属 3D 打印设备 1 台（成形尺寸达到 800mm×400mm×500mm），自主研发的 TSC-X350C 型激光选区熔化金属 3D 打印设备 8 台，自主研发的 TSC-S2510 型同轴送粉金属 3D 打印设备 2 台（成形尺寸达到 2500mm×2000mm×1800mm）和自主研发的 TSC-S4510 型同轴送粉金属 3D 打印设备 1 台（成形尺寸达到 4500mm×4500mm×1500mm），日本爱发科真空高压气体淬火炉 1 台，以及机器人增材制造系统、光纤激光多功能加工系统、机加工设备、检验设备若干，奠定了鑫精合在金属 3D 打印领域的重要地位。

TSC-X350C 由鑫精合激光科技发展（北京）有限公司研发（图 5-12），拥有多项独立自主的专利技术，可用于批量生产模具、金属零部件的选区熔化系统。TSC-X350C 在设计时以制造业为主，用户界面方便快捷，结构坚固耐用。从植入式装置的批量生产到复杂结构或用于航空航天的各种几何形状的制造，TSC-X350C 能够满足制造体系的各种要求。表 5-3 为 TSC-X350C 型 3D 打印机的技术参数。

图 5-12　TSC-X350C 型激光选区熔化金属 3D 打印机

表 5-3　TSC-X350C 型 3D 打印机的技术参数

成形缸尺寸/mm	250×250×310	光学系统	
分层厚度/μm	20～80	激光系统	IPG,500W
工作气体	Ar	振镜扫描系统	ScanLab 高精度三轴扫描振镜
成形腔室氧含量	$<100\times10^{-6}$	光斑直径/μm	70～100
送粉方式	双缸体下送粉	软件	
体积成形率/(cm^3/h)	12～20	操作系统	Windows 7
最大扫描速度/(m/s)	7	控制软件	TSC Building
烧结底板加热/℃	35～200	数据格式	STL
尺寸精度/mm	±0.02(以标准件为准)	尺寸	
打印材料	钛合金/铝合金/高温合金/不锈钢/模具钢	设备尺寸/mm	3500×1200×1900
		建议安装空间/mm	5000×4000×3500
		质量/kg	2500

5.1.5　选区激光烧结/熔化成形工艺应用

图 5-13 所示是用 EOS 公司生产的 SLM 快速成形机制作的金属成形件（直径为 50mm），经过喷砂处理后可直接使用。

图 5-14 所示为华南理工大学用其研制的 Dimetal 型 SLM 成形机成形的 06Cr17Ni12Mo2 不锈钢试件，其抗拉强度大于 600MPa，断后伸长率大于 15%，显微硬度为 250～275HV。

图 5-15 为采用 3D System 公司开发的激光烧结式打印成形用金属粉末材料 Laser Form A6 打印成形的金属模具。该材料的基体为钢粉，加入部分碳化钨粉末，打印成形后渗入青铜。图 5-16 为采用 EOS 公司生产的 DirectSteel 50-V1 材料打印成形的金属构件，该材料为不锈钢基金属粉末，打印成形后不需要渗透处理。

图 5-13　采用 SLM 快速成形机制作的金属成形件

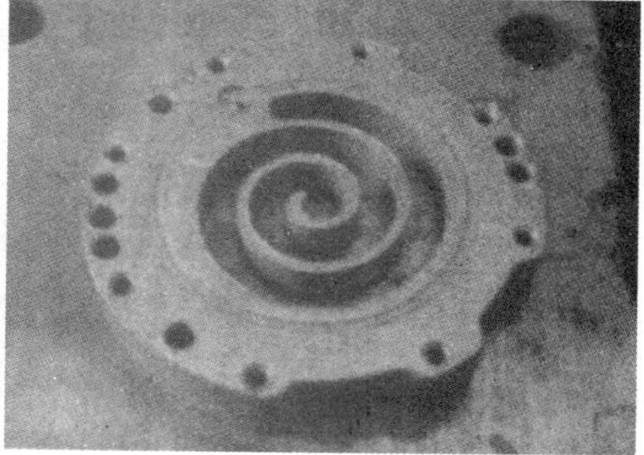

图 5-14　3D 打印的不锈钢试件

图 5-15　采用 Laser Form A6 材料打印成形的金属模具

图 5-16　采用 DirectSteel 50-V1 材料打印成形的金属构件

最近，美国应用光学与精密工程研究所（Fraunhofer IOF）利用SLM 3D打印技术将扫描镜和太空望远镜的重量减轻了75%，如图5-17所示。利用选择性激光熔化的金属3D打印技术制造出超轻的金属镜，其秘诀在于轻量化设计，包括无序和对称性结构的采用，使用的材料有AlSi12、AlSi40和Al6061。Fraunhofer IOF研究发现，高硅铝合金拥有非常高的冷却率，可以用来熔化粉末粒子，因此作为3D打印材料是很合适的。据称，用这种材料做出来的部件，其力学性能“相当或优于”拥有相同化学成分的传统合金，同时其微观结构的孔隙度低于0.05%。3D打印出来的金属镜还不能直接使用，还需要通过其他技术进行后处理，实现高光学精度。Fraunhofer IOF表示，经过后处理，这个150mm大小的金属镜拥有“极高的稳定性和刚度”，表面粗糙度<1nm RMS，形状误差<150nm PV。

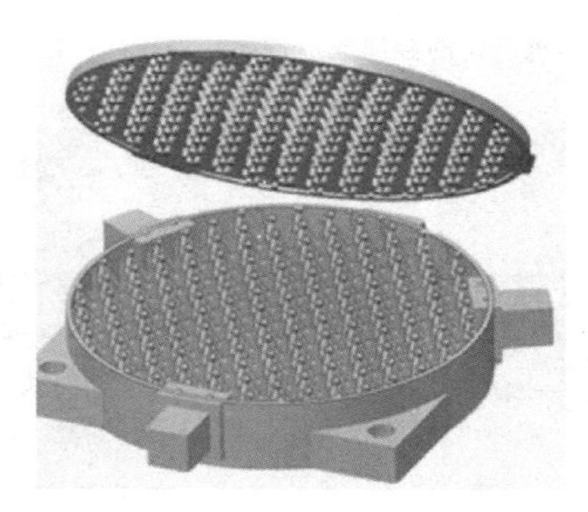

图5-17　3D打印的扫描镜和望远镜的部件

5.2 激光熔覆成形

激光熔覆成形（Laser Cladding Forming，LCF）又称为激光熔覆沉积（Laser Cladding Deposition，LCD）、激光熔化沉积（Laser Metal Deposition，LMD）或激光近净成形（Laser Engineered Net Shaping，LENS）技术，于20世纪90年代由美国Sandia国家实验室首次提出。激光熔覆技术成形机采用的工艺称为选区激光熔覆，属于定向凝固沉积式增材制造工艺，利用激光束将合金粉末迅速加热并熔化，快速凝固后形成稀释率低、呈冶金结合的层体。

5.2.1 激光熔覆成形工作原理

激光熔覆成形技术是定向凝固沉积成形工艺的一种，其工作原理是：首先，大功率激光器产生的激光束聚焦于基板上，在基板表面产生熔池，同时由送粉系统进入喷头的气-粉粒流中的金属粉末注入熔池并熔化；然后，工作台在计算机控制下实现坐标轴X-Y方向的移动，按照成形件截面层的图形轮廓要求相对喷头运动，Z向的运动是由激光束及送粉机构的共同运动实现的；熔池中熔化的金属不断凝固，逐步形成金属截面层。激光熔覆成形系统主要由计算机、粉末输送系统、激光器和数控工作台组成，如图5-18所示。

激光熔覆成形工艺采用聚焦激光束作为热源熔化金属粉末，金属粉末在运载气体的作用下构成气-粉粒流，并按控制流速从喷头射到激光束的焦点处，金属粉末在此焦点熔化，然后随着激光束的移动，熔化金属液沉积在工作台基板的预定位置。按照气-粉粒流的喷嘴相对激光束的位置，可将粉粒流型气动喷头分为同轴送粉式与侧向送粉式两种。在这两种喷头中，气-粉粒流与激光束的照射同时存在，因此这两种喷头统称为同步送粉式喷头，如图5-19所示。采用同步送粉式激光熔覆技术，具有热影响区小、可获得具有良好性能的枝晶微观结构、熔覆

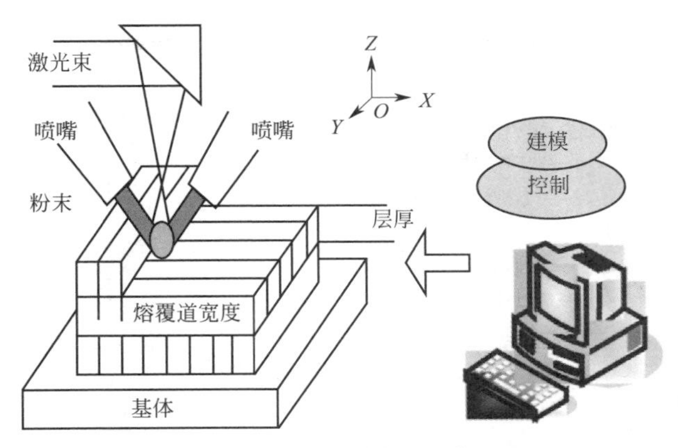

图 5-18　激光熔覆成形工作原理

件变形比较小、过程易于实现自动化等优点，已广泛应用于新材料制备和耐磨涂层。若同种金属材料多层熔覆，熔覆层间仍属于良好的冶金结合，这为制造和修复高性能致密金属零部件提供了可能性。

(a)同轴

(b)测向

图 5-19　激光熔覆同步送粉方式

同轴送粉激光熔覆式气动喷头原理如图 5-20 所示。由图可见，聚焦的大功率激光束从喷头的中央通过后投射至基板上，来自送粉系统的气-粉粒流通过送粉管将金属粉末输送至喷头的周围，并经喷嘴实时同步喷射沉积至基板，聚焦的激光束使基板上形成熔池并使注入的金属粉末熔化；当喷头和其中的激光束移开后，已熔化的粉末迅速重新凝固成为固态，并且和基板（或已成形的前一层材料）牢固地结合在一起。图 5-21 为同轴送粉激光熔覆式气动喷头。图 5-22 为多送粉管路同轴送粉激光熔覆式气动喷头。

侧向送粉激光熔覆式气动喷头如图 5-23 所示。激光束通过反射镜和聚焦镜后，使基板上形成小熔池，并使由侧面供粉管同步射入熔池的气-粉粒流中的金属粉粒熔化，然后随着喷头的离开，熔化的金属迅速冷却，逐步构成金属构件的截面轮廓。通入保护性气体（氩气）的作用是遮蔽熔池，避免金属粉末熔化时发生氧化，并使粉末表面有更好的润湿性，以便层与层之间能更牢固地相互黏结。

为了保证送粉管路的几何中心与光束同轴，研究人员研制了一种光内同轴送粉喷嘴（送粉管位于光束内部，粉末垂直下落，激光光斑包围粉斑），如图 5-24 所示。气套环绕出粉针头，吹气方向与粉末方向完全一致。保护气体形成气帘，将粉末流束缚成很细的一束，从而可以提高加工精度及粉末利用率。

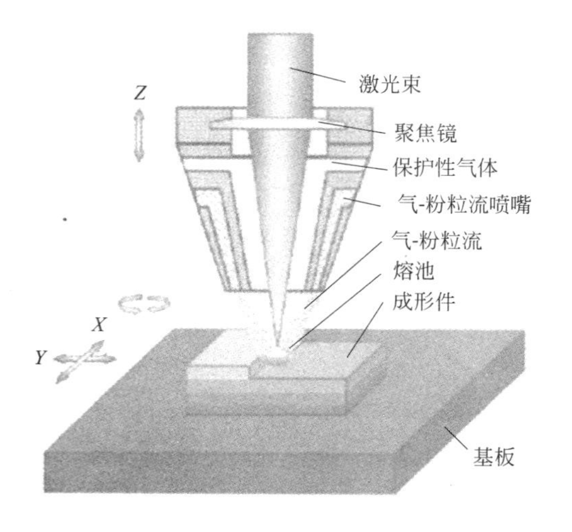

图 5-20 同轴送粉激光熔覆式气动喷头原理

图 5-21 同轴送粉激光熔覆式气动喷头

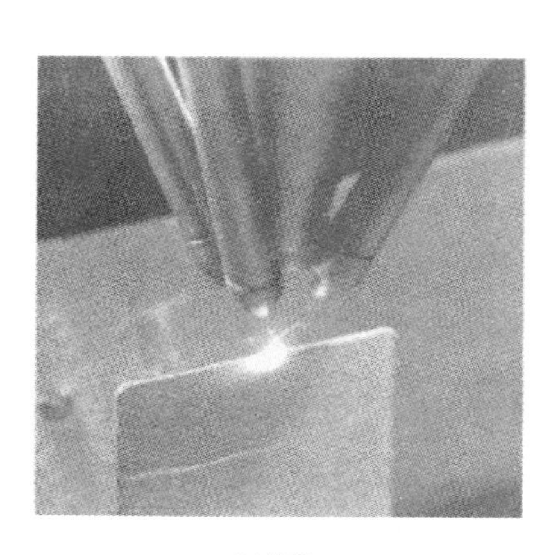

(a)外观

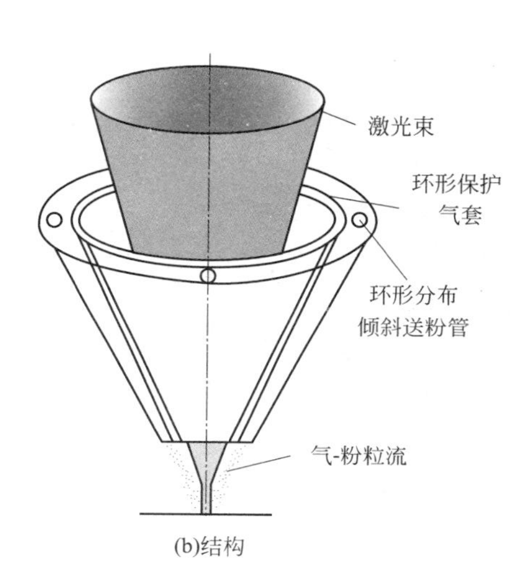

(b)结构

图 5-22 多送粉管路同轴送粉激光熔覆式气动喷头

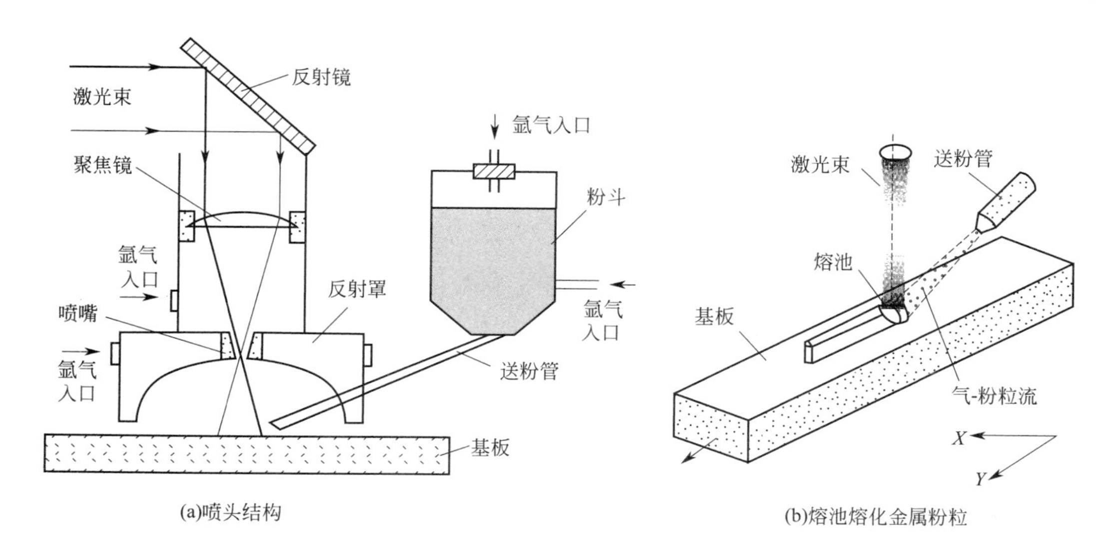

(a)喷头结构

(b)熔池熔化金属粉粒

图 5-23 侧向送粉激光熔覆式气动喷头

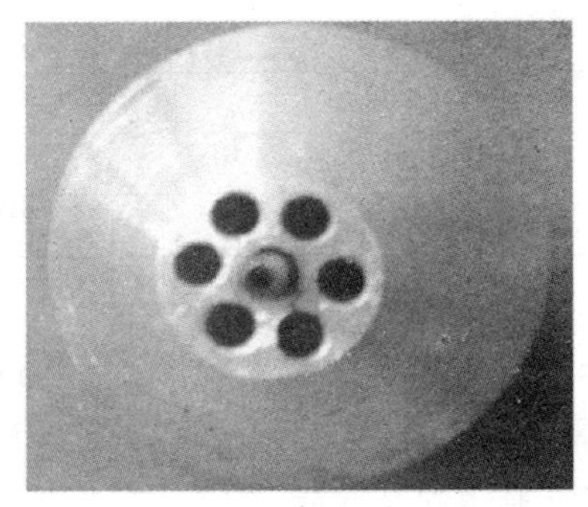

图5-24 光内同轴送粉喷嘴（带气套）

激光熔覆成形技术可广泛应用于金属及合金的直接成形，成形效率高，特别适合于大型钛合金件的成形。钛合金具有密度低、比强度高、屈强比高、耐蚀性及高温力学性能好等突出特点，在工业装备中用量越来越大，广泛用来制作各种机身加强框、梁和接头等大型关键主承力复杂构件。采用锻造后机械加工等传统技术制造这些大型构件需要大型钛合金铸锭的熔铸与制坯装备，以及万吨级以上重型锻压设备，制造工序繁多，工艺复杂，周期长，材料利用率低（一般为5%～10%），成本高。因此，国内外许多大学和研究机构正大力进行钛合金构件激光熔覆成形的应用研究。

5.2.2 激光熔覆成形技术特点

激光熔覆成形技术与传统的切削加工技术相比，其优势如下。

a. 加工成本低，没有前后的加工处理工序。

b. 所选熔覆材料广泛且可以使模具有更长的使用寿命。

c. 几乎是一次成形，材料利用率高。

d. 准确定位且面积较小的激光热加工区以及熔池能够得以快速冷却，是激光熔覆成形系统最大的特点：一方面可以减少对工作底层的影响；另一方面可以保证所成形的部分有精细的微观组织结构，成形件致密，保证有足够好的强度和韧性。

e. 该工艺和激光焊接及激光表面喷涂相似，成形要在由氩气保护的密闭仓中进行。保护气氛系统是为了防止金属粉末在激光成形中发生氧化，降低沉积层的表面张力，提高层与层之间的浸润性，同时有利于提高工作环境的安全。

LCF工艺与SLM工艺都是采用大功率激光对金属粉末进行熔化后冷却成形。两者的基本原理是一致的，所不同的是前者采用的是同步送粉激光熔覆，而后者采用预制送粉激光熔覆。由于建造过程中设备系统可实现的精度控制以及建造方式上的差异，两者制造出来的金属构件的精度质量与性能等指标也存在着许多差异，具体对比如下。

① 成形精度　LCF激光成形采用开环控制，属于自由成形。实际成形高度误差与Z轴增量有很大的关系，因为Z轴增量决定了聚焦透镜与制造工件之间的垂直距离，其大小直接影响激光光斑的大小，进而影响激光能量密度的大小。SLM采用预制粉末铺层，其层厚比较均匀且层厚尺寸可以精确控制，在涂层过程可以补偿粉层高度，且激光聚焦一直保持在固定的高度平面上。相比较而言，LCF适用于粗加工且尺寸较大的零件，而SLM适用于加工尺寸相对较小且尺寸精度要求相对较高的零件。

② 成形效率　在大致相同的工艺条件及精度质量等要求下，由于SLM激光跳转速度与扫描速度较LCF高出一个数量级以上，因此SLM的加工效率较LCF要高。以20mm×20mm×10mm长方体成形为例，两种工艺方法的加工参数如表5-4所示，其工艺加工时间如表5-5所示。此长方体的加工时间：SLM为LCF的60%。

表5-4　LCF与SLM工艺的加工参数

成形方法	切片层厚/mm	单道熔覆/mm	搭接率/%	加工层数	跳转速度/(mm/min)	扫描速度/(mm/min)
LCF	0.04	0.75	33	251	1500	900
SLM	0.04	0.12	33	251	60000	10000

表 5-5 LCF 与 SLM 工艺加工时间对比

成形方法	单层加工时间/s	总加工时间/h
LCF	54	3.765
SLM	24	2.26

③ 微观结构与性能　两种工艺方法制作的结构件微观低倍形貌都清晰可见扫描路径，高倍形貌都可见层间的叠层痕迹。两者的金相组织均显示为枝状晶组织，且定向凝固特征明显，晶粒增长方向为温度梯度较大的方向。LCF 结构件的抗拉强度优于 SLM 结构件，但 SLM 结构件显微硬度要高于 LCF 结构件。

5.2.3 激光熔覆成形典型设备

（1）鑫精合激光科技公司

针对重大装备关键重要构件加工需求，鑫精合激光科技公司自主研发了国际成形尺寸最大的激光沉积制造设备 TSC-S4510，填补了激光沉积制造大型装备的空白，如图 5-25 所示。表 5-6 为 TSC-S 系列激光沉积式 3D 打印机的技术参数。

图 5-25　TSC-S4510 型激光沉积式金属 3D 打印机

表 5-6 TSC-S 系列激光沉积式 3D 打印机的技术参数

成形尺寸/mm	TSC-S4510:4500×4500×1500	基板加热/℃	0～400
	TSC-S2510:2500×1500×1800	尺寸精度/mm	±0.02(以标准件为准)
	TSC-S1510:1500×1000×1000	打印材料	钛合金/铝合金/高温合金/不锈钢/高强钢
分层厚度	0.1～1.5mm	光学系统	
工作气体	Ar	激光系统	光纤激光器 10000W(可按需定制)
成形腔室氧含量	$<50\times10^{-6}$	光斑直径/mm	2～14
送粉方式	负压载气式送粉	软件	
粉末粒度范围	60～150 目	操作系统	Windows
送粉器	双料仓高精度送粉器	控制软件	TSC LDMer
成形效率/(g/h)	最大 1500	数据格式	STL
扫描速度/(mm/s)	0～10		

（2）北京隆源公司

北京隆源公司自主研发的同轴送粉金属 3D 打印系统可适用于不锈钢、工具钢、钛合金、铝合金、镍基合金、碳化钨硬质合金、钨铬钴合金、钴铬钼合金、青铜合金、贵金属合金等多种金属材料，可实现激光 3D 打印、激光熔覆、激光合金化等多种加工工艺。该技术具有粉末利用率高、成形尺寸大、成形效率高、成形致密度好等显著特点，可实现大型钛合金材料轻质承力整体结构件及复杂异形整体结构件的制造，广泛应用于航空航天、军工、汽车、钢铁化工等领域，如图 5-26 所示。AFS-D800 激光 3D 打印机的技术参数如表 5-7 所示。

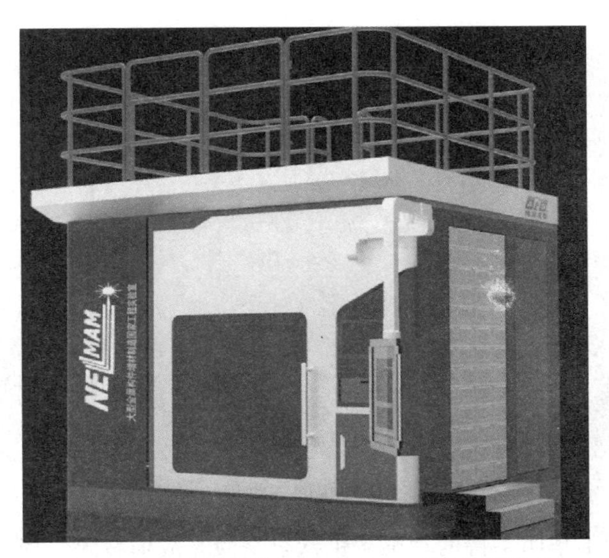

图 5-26　北京隆源公司 AFS-D800 型 3D 打印机

表 5-7　AFS-D800 激光 3D 打印机的技术参数

$X/Y/Z$ 工作行程/mm	900/900/700	打印材料	不锈钢、钛合金、模具钢、钴铬合金、镍基合金
$X/Y/Z$ 进给速度/(m/min)	6	光学系统	
定位精度/mm	0.05	激光系统	光纤/半导体
分层厚度/mm	0.3～1	光斑直径/mm	1.2～2
氧含量	$\leqslant 50\times10^{-6}$	软件	
A 轴倾转角度	±110°	控制软件	AFS Control
C 轴转动角度	360°	数据格式	STL
A 轴/C 轴重复精度	4″		

5.2.4　激光熔覆成形工艺应用

有关研究结果表明，采用激光熔覆成形技术打印的钛合金、不锈钢和镍基合金等成形件的性能甚至超过退火状态下的棒材。3D 打印成形件与退火棒材的性能比较如表 5-8 所示。

表 5-8　LCF 成形件与退火棒材的性能比较

材料	状态	抗拉强度/MPa	屈服强度/MPa	断后延伸率/%
06Cr17Ni12Mo2	LCF 成形	799	500	50
	退火棒料	591	243	50
GH3625	LCF 成形	938	584	38
	退火棒料	841	403	30
TC4	LCF 成形	1077	973	11
	退火棒料	973	834	10

鑫精合激光科技发展有限公司将某航天器部件拆分成 6 个直径 2m 左右的大零件，采用同轴送粉方式分别打印每个大零件，3D 打印并加工后再进行整体焊接。在过去，这样巨大的金属件从开模具到锻造，再到机械加工，是一个非常浩大的工程，通常需要一年时间才能完成，

而用 3D 打印的方式仅需要 3～6 个月。对于这种巨大的钛合金零件，将用在载人航天器上的飞行员返回舱，它要承受返回舱穿过大气层，并承受着陆地面的巨大冲击力，所以对金属部件的性能要求也是极为苛刻的。工作人员对 3D 打印出来的金属性能一一进行检测，显示金属强度已经超过客户提出指标的 5%。图 5-27 为 3D 打印的大型航天结构件。

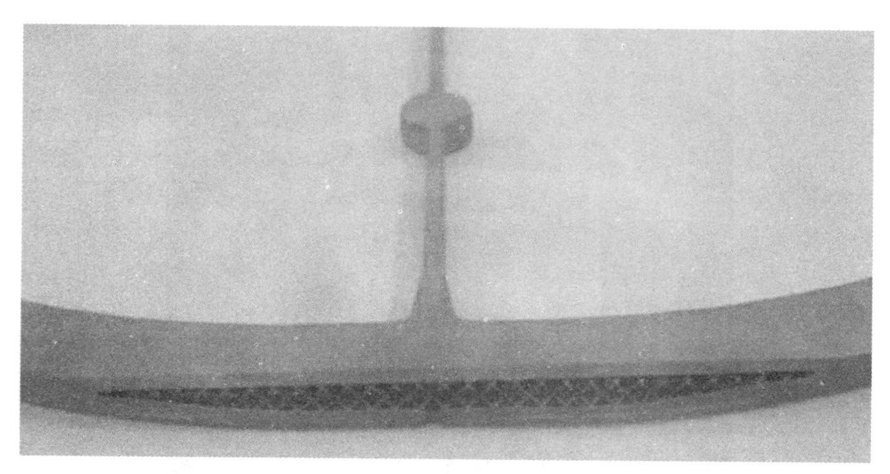

图 5-27　3D 打印的大型航天结构件

北京航空航天大学王华明主持的“某飞机钛合金激光成形技术”项目，研制生产出我国飞机装备中钛合金等高性能难加工金属关键整体构件（图 5-28），并在我国大型飞机等多型飞机研制和生产中得到实际应用，从而使我国成为突破飞机钛合金大型主承力结构件激光快速成形技术并实现装机应用的国家。

激光直接制造航空钛合金构件除了自身的原理优势和特点外，还在于能够实现飞机减重和降低制造成本，主要表现为：适用于制造空腔（心）结构零件，对零件的复杂形状几乎没有限制；适用于制造大型整体薄壁类零件，材料利用率大大高于传统数控切削加工；能够根据需要在同一零件的不同部位采用不同材料，即可制造双性能盘以提高发动机的推重比。

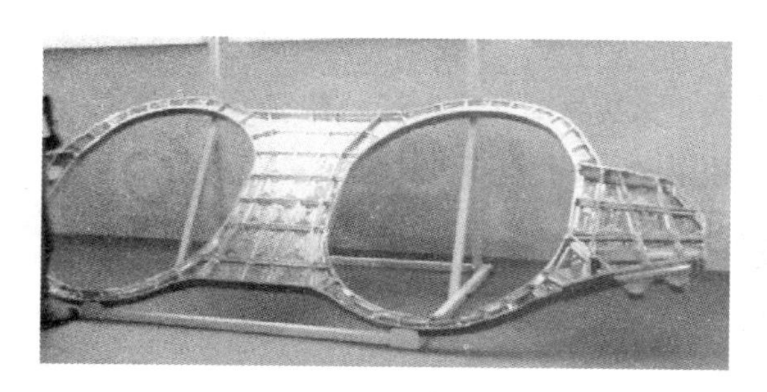

图 5-28　3D 打印的飞机钛合金大型复杂整体构件

图 5-29　AeroMet 公司带有惰性气体保护箱的大型零件成形机

图 5-29 为 AeroMet 公司带有惰性气体保护箱的大型零件成形机，能够制成的零件尺寸达到 2400mm×900mm×225mm（图 5-30）。

图 5-31～图 5-33 为我国利用同步送粉激光熔覆式 3D 打印技术成形的一些金属件。

图5-30 飞机整体钛合金隔框

图5-31 镍基高温合金双合金轴承座后机匣

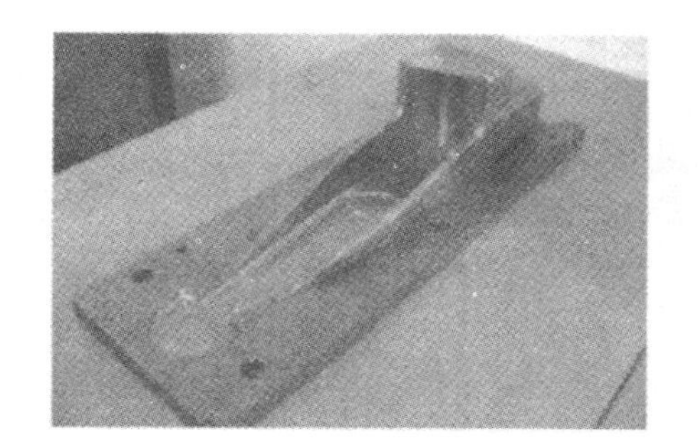

图5-32 TC4钛合金接头

图5-33 TC4钛合金方向舵

5.3 电子束熔化成形

5.3.1 电子束熔化成形工作原理

电子束熔化成形（Electron Beam Melting，EBM）技术是近年来一种新兴的先进金属成形制造技术。高能量密度电子束加工时将电子束的动能在材料表面转换成热能，能量密度高达10^6～10^9 W/cm^3，功率可达到100kW。由于能量与能量密度都非常高，电子束足以使任何材料迅速熔化或气化。因此，电子束不仅可以加工钨、钼、钽等难熔金属及其合金，而且可以对陶瓷、石英等材料进行加工。此外，电子束的高能量密度使得它在生产过程中的加工效率也非常高。

EBM成形机类似于SLM成形机，其区别在于EBM成形机的熔化能量源是电子束，而不是激光束。EBM成形机由电子束枪、真空系统、控制系统和电源等组成（图5-34）。在电子束枪中，钨灯丝白热化并产生电子束，聚焦线圈产生的磁场将电子束聚集为适当的直径，偏转线圈产生的磁场将已聚焦的电子束偏向工作台粉末的靶点。由于电子束枪固定不动，无需移动机械构件来使电子束偏转扫描，所以有很高的扫描速度和体积成形率。电子束能量通过电流来控制，扫描速度可达1000m/s，精确度可达±0.05mm，粉层厚度一般为0.05～0.20mm。

EBM成形机工作时过程（图5-35）是：首先在工作台上铺设一层粉末（如金属粉）并压实；然后电子束在计算机的控制下按照工件截面轮廓的信息进行选区扫描，金属粉末在电子束的轰击下被熔结在一起，构成工件一层的截面轮廓并与下面已成形的部分黏结；一层扫描完成后，工作台向下或电子束向上移动一定距离，进行下一层的铺粉、扫描、熔结，构成工件新一层截面轮廓，并牢固地黏结在前一层上；如此重复，直至整个工件成形完成为止；最后，去除未烧结的多余粉末，便得到所需的 3D 成形件。

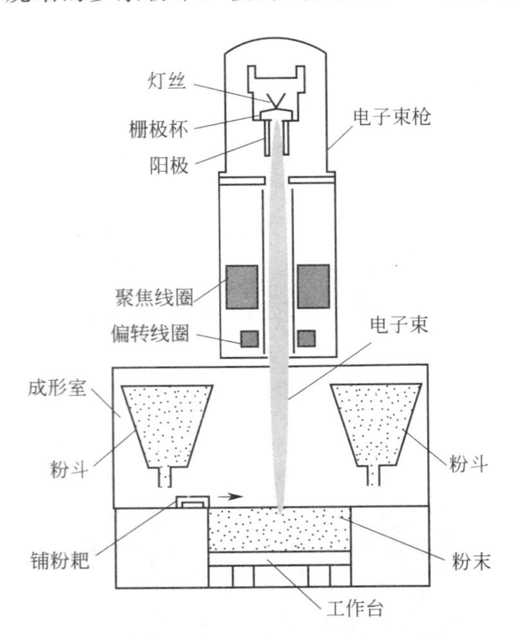

图 5-34　EBM 成形机工作原理

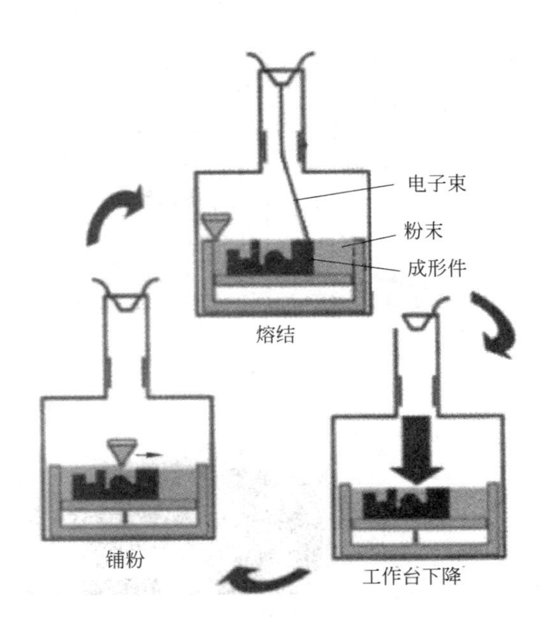

图 5-35　EBM 成形机工作过程

5.3.2　电子束熔化成形技术特点

与 SLS 和 SLM 工艺相比，电子束熔化成形技术在真空环境下成形，金属氧化的程度大大降低；真空环境同时也提供了一个良好的热平衡系统，从而加大了成形的稳定性，零件的热平衡得到较好控制；成形速度得到较大提高、与传统工艺相比，电子束熔化成形技术具有零件材料利用率高、未熔化粉末可重新利用、无需工具模具、节省制造成本、开发时间可显著缩短等优点。电子束熔化成形技术特点如下。

a. 电子束能够极其微细地聚焦，甚至能聚焦到 0.1μm，所以加工面可以很小，是一种精密微细的加工方法。

b. 电子束能量密度很高，属于非接触式加工，可加工材料范围很广，对脆性、韧性、导体、非导体及半导体材料都可加工。

c. 电子束的能量密度高，因而加工生产率很高。例如，每秒钟可在 2.5mm 厚的钢板上钻 50 个直径为 0.4mm 的孔。

d. 由于电子束加工在真空中进行，因而污染少，加工表面不氧化，特别适用于加工易氧化的金属及合金材料，以及纯度要求极高的半导体材料。

e. 电子束加工需要一整套专用设备和真空系统，价格较贵，生产应用有一定局限性。

与激光束相比，电子束具有如下诸多优点。

a. 能量利用率高。电子束的能量转换效率一般为 75%以上，比激光的能量转换效率要高许多。

b. 无反射，加工材料广泛。金、银、铜、铝等对激光的反射率很高，且熔化潜热很高，不易熔化；而电子束加工不受材料反射的影响，很容易加工用于激光难于加工的材料。

c. 功率高。电子束可以容易地做到几千瓦级的输出，而大多数激光器功率在 1～5kW 之间。

d. 对焦方便。激光束对焦时，由于透镜的焦距是固定的，所以必须移动工作台；而电子束则是通过调节聚束透镜的电流来对焦，因而可在任意位置上对焦。

e. 加工速度更快。电子束设备依靠磁偏转线圈操纵电子束的移动进行二维扫描，扫描频率可达20kHz，不需要运动部件；而激光束设备必须转动反射镜或依靠数控工作台的运动来实现该功能。

f. 运行成本低。据国外统计，电子束运行成本是激光束运行成本的一半。激光器在使用过程中要消耗气体，如 N_2、CO_2、He 等，尤其是 He 的价格较高；电子束一般不消耗气体，仅消耗价格不算很高的灯丝，且消耗量不大。

g. 设备可维护性好。电子束加工设备零部件少的特点使得其维护非常方便，通常只需更换灯丝；激光器拥有的光学系统则需经常进行人工调整和擦拭，以便其发挥最大功率。

5.3.3 电子束熔化成形工艺应用

世界首台电子束熔化成形机是由瑞典 Arcam AB 公司发明的，并成功应用于加工专为病人量身定做的植入手术所需的人工关节或其他精密部件。该机器系利用电子束将钛金属的粉末在真空中加热至熔融，并在计算机辅助设计下精确成形（如制成钛膝关节、髋关节等）。由于钛粉末在真空中熔融并成形，故可避免在空气中熔融所带来的氧化缺陷等质量事故。图5-36为该公司生产的EBM式成形机，其技术参数如表5-9所示。

图5-36　瑞典 Arcam AB 公司生产的 EBM 成形机

表5-9　瑞典 Arcam AB 公司生产的 EBM 成形机主要技术参数

项目	型号			
	Q10	Q20	A2	
成形室尺寸/mm	200×200×180	ϕ350×380	200×200×350	ϕ300×200
成形件精度	—	—	±(0.13～0.20)	
成形件表面粗糙度 Ra/μm	—	—	25～35	
电子束功率/W	3000	3000	50～3500,连续可调	
电子束直径/mm	0.10	0.18	0.20～1.00,连续可调	
电子束扫描速度/(m/s)	8000	连续可调	8000	
体积成形率/(cm^3/h)	—	—	55、80	
成形材料	制作医疗植入体用钛合金粉等	制作航空航天器用钛合金粉等	制作航空航天器用钛合金粉等	
外形尺寸/mm	1850×900×2200	2300×1300×2600	1850×900×2200	
质量/kg	1420	2900	1420	

电子束熔化成形的结构件多用于航空航天难变形合金结构件的制造、医疗领域定制的钛合金植入体的制造以及汽车领域变速箱体等复杂结构件的制造等。EBM 工艺的材料多为航空航天及医疗领域常用的钛合金材料（如 Ti6A14V 等），材料特性如表 5-10 所示。

表 5-10 Arcam AB 公司生产的 EBM 成形机使用的成形材料特性

项目	材料牌号			
	Ti6Al4V	Ti6Al4V EL1	Ti6Al4V Grade2	ASTM F75
弹性模量/GPa	120	120	—	—
抗拉强度/MPa	1020	970	570	960
屈服强度/MPa	950	930	540	560
断裂延伸率/%	14	16	21	20
硬度(HRC)	33	32	—	47
材质/	钛合金			钴铬合金

图 5-37 为采用 EBM 成形工艺 3D 打印的汽轮压缩机承重体，材料为 Ti6Al4V，零件尺寸为 ϕ267mm×75mm，质量为 3.5kg，耗时 30h。图 5-38 为该工艺打印的火箭发动机叶轮，材料为 Ti6Al4V EL1，零件尺寸为 ϕ140mm×80mm，质量为 2.5kg，耗时 16h。

图 5-37 汽轮压缩机承重体

图 5-38 火箭发动机叶轮

5.4 电子束熔覆成形

电子束熔覆成形（Electron Beam Freeform Fabrication，EBFF）是定向能量沉积式增材制造工艺的一种。这种打印机工作时，电子束聚焦于基板上形成小熔池，熔化同步送入的金属丝，电子束因扫描运动而离开熔化点后，熔化的金属沉积、覆盖于基板上，然后电子束在基板的下一个位置形成小熔池，继续熔化金属丝，逐步形成一条条所需的熔覆迹线和截面图形，直到金属构件成形完毕为止。图 5-39 为同步送丝电子束熔覆式打印机原理。

电子束熔覆成形具有能量功率高（几千瓦）、能量密度高（光斑直径<0.1μm）、扫描速度快、对焦方便和加工材料广等优点。电子束熔覆成形工艺能成形各种可焊接的合金构件，特别是宇航用高反射率合金（如铝合金、铜合金和钛合金）构件。这种工艺的材料利用率几乎可达 100%，能源利用率接近 95%，可以用高于 2500cm^3/h 的体积成形率沉积金属构件的大块金属部分，用较低体积成形率沉积同一构件的精细部分，其效率仅取决于定位精度和送丝速率。

图 5-40 为电子束熔覆成形的金属构件，这些构件通过最终的机械加工后可达到期望的表面粗糙度和加工精度。

研究人员在对 2219 铝合金材料进行成形试验后指出，X-Y 面上的运动速度、送丝速率和

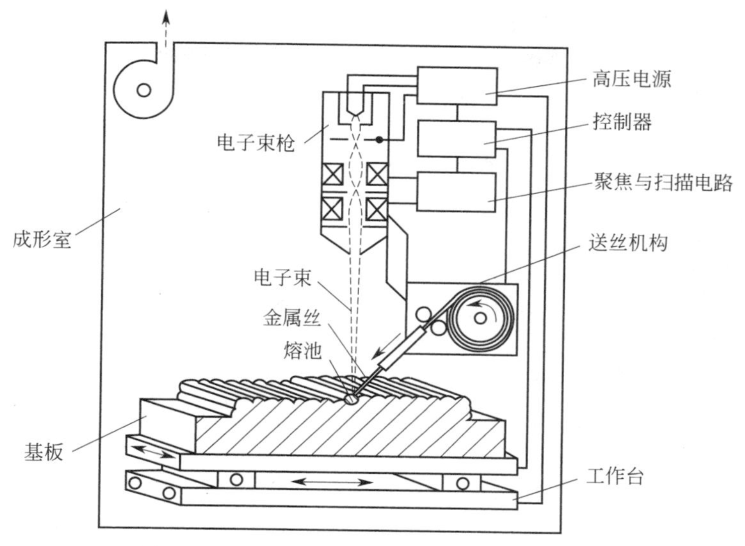

图 5-39　同步送丝电子束熔覆式打印机原理

电子束功率是影响成形件形状和微观结构的最重要参数。低运动速度将导致不均匀微观结构和大晶粒。提高运动速度会使沉积层的宽度和高度减小，使冷却速度更快，从而产生较均匀的微观结构和较小的等轴晶粒；提高送丝速率会导致沉积宽度变窄和沉积高度增加。在较高送丝速率下，冷却速度也较快，会产生均匀的细等轴晶粒结构。用 EBF 工艺成形的 2219 铝合金构件的抗拉强度处于完全退火铝板与固溶体处理后直接自然时效铝板的抗拉强度之间。

图 5-40　电子束熔覆成形的金属构件

5.5　熔化液滴喷射沉积成形

5.5.1　熔化液滴喷射沉积成形工作原理

金属构件熔化液滴喷射沉积成形又称为基于液滴的金属制造（Droplet-based Metal Manufacturing，DMM）、基于均匀金属微滴喷射的 3D 打印等。它是一种材料喷射增材制造工艺，其原理是将金属材料置于坩埚（或加热器）中熔化，然后在脉冲压电驱动力或脉冲气压力的作用下，使金属熔化液从小喷嘴射出并形成熔化液滴，选择性地沉积并凝固于工作台的基板上，逐步堆积成形为 3D 金属构件，如图 5-41 所示。这种成形方式没有在基板上形成熔池的过程，只依靠熔化液滴本身的热量使其与基板结合的界面发生局部重熔，凝固后形成冶金结合，而且熔化液滴的尺寸很小，冷却与凝固速度快，所得成形件的微观组织细小均匀。

金属构件熔化液滴喷射沉积成形不需昂贵的能源，成形所用打印机的成本较低，特别适合于高能束反射率高的金属构件直接成形。金属构件熔化液滴喷射沉积式成形工艺的喷射方式有多种形式，可以采用压电器件驱动，通过改变偏转板的电场力实现连续式均匀喷射；也可以采用气压直接驱动的按需可控喷射等。

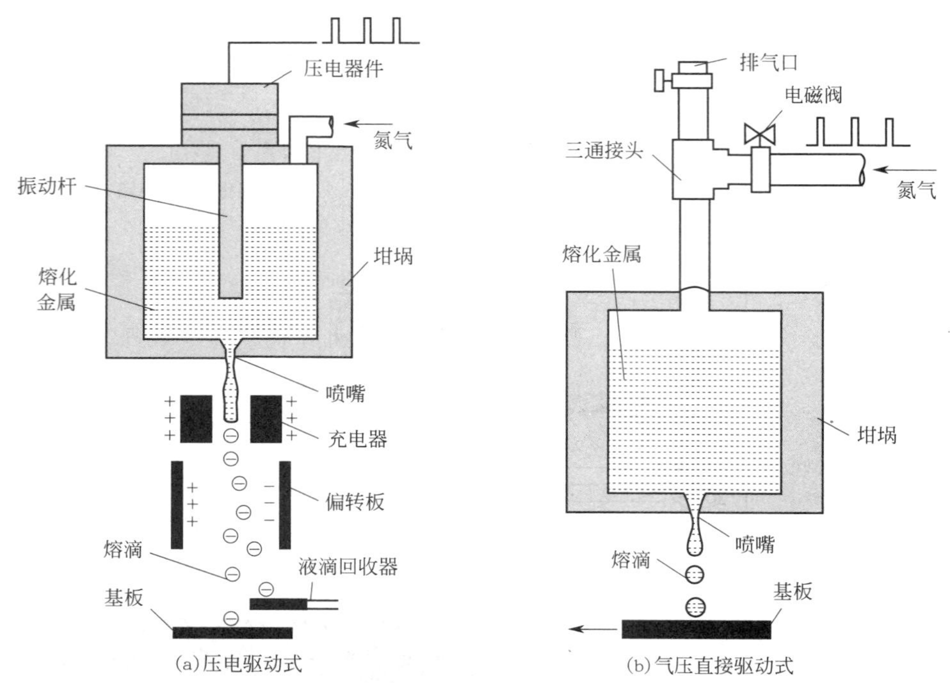

图 5-41　熔化液滴喷射成形原理

连续式均匀金属微滴喷射是在持续压力的作用下，使喷射腔内流体经过喷孔形成毛细射流，并在激振器的作用下断裂成为均匀液滴流。该技术最早是由美国麻省理工学院和美国加州大学欧文分校在 20 世纪 90 年代基于 Rayleigh 射流线性不稳定理论提出的。如图 5-41(a) 所示，坩埚内熔体先在气压作用下流出喷嘴形成射流，并同时由压电陶瓷产生周期性扰动。当施加扰动的波长大于射流径向周长时，射流内部产生压力波动，结合表面张力的作用，射流半径发生变化。当扰动幅度等于射流初始半径时，射流断裂形成微滴。研究表明，当对射流施加波数 k 约为 0.697 的正弦波扰动时，可实现均匀金属液滴的产生。由于微滴产生速率较高，需在射流断裂后经过充电、偏转电场来控制其飞行轨迹与沉积位置。

按需式金属微滴喷射是利用激振器在需要时产生压力脉冲，改变腔内熔体体积，迫使流体内部产生瞬间的速度和压力变化驱使单颗熔滴形成。相比于连续式微滴喷射技术，按需式喷射时一个脉冲仅对应一颗熔滴，因而具有喷射精确可控的优点，但喷射速度远低于连续式喷射。如图 5-41(b) 所示为按需式喷射金属微滴形成的过程，驱动器按需产生脉冲压力挤压腔内熔液，熔液受迫向下流动形成液柱，在腔内压力、表面张力作用下，更多的熔液流出、液柱伸长，逐渐形成近似球形。当腔内压力减小后，喷嘴出口处流体的速度将小于先期流出流体的速度，导致液柱发生颈缩并断裂成单颗熔滴。

5.5.2　熔化液滴喷射沉积成形影响因素

金属熔化微滴喷射沉积成形质量主要包括制件尺寸精度、表面质量、内部质量等，分层厚度、扫描步距、熔滴温度、基板温度等工艺参数对成形件质量有较大影响。零件沉积方向上的尺寸精度主要受分层厚度的影响，分层切片厚度越小，零件模型分层切片后获得的层面数目越大，零件沉积方向上的尺寸增大；相反，如果分层厚度越大，就会使零件分层切片后获得的层面数目越小，进而导致零件沉积方向上的尺寸缩小。通过实验和理论推导，在确定单颗熔滴铺展高度后，可对最优分层厚度进行预测。扫描步距是影响制件外观形貌和内部质量的重要因素之一。不同扫描步距下微滴间可能产生搭接现象，当扫描步距过大时，熔滴间无法有效搭接成形实体；当扫描步距过小时，熔滴间发生过度搭接而隆起。对不同扫描步距下成形的制件内部进行观察，当搭接率过大或者过小时，内部均会产生孔洞。可以采用基于体积恒定法的最优化步距算法来确定合适的扫描步距。微观孔洞和冷隔属微滴喷射沉积件内部常见的微观缺陷，主要受熔滴温度、基板温度等的影响。当熔滴温度较低时，液相分数较小，熔滴间搭接间隙难以填充完全，形成间隙孔洞。当基板温度过低时，熔滴在较短时间内就会完全凝固，可供熔滴铺展以及填充搭接间隙的时间较短，也会引起间隙孔洞。除间隙孔洞外，在熔滴最后凝固的区域还会存在凝固收缩孔洞，此类孔洞通常难以完全消除，因其尺寸小、数量少，对整体性能影响不大。此外，熔滴温度与基板温度的合适匹配也是保证熔滴间良好重熔及冶金结合的必要条件。可以通过采用有限单元法和单元生死技术对沉积过程进行动态模拟，以获得金属沉积过程中熔滴温度和基板温度的最佳匹配值。

5.5.3 熔化液滴喷射沉积成形工艺应用

基于金属熔化滴喷射的3D打印技术，目前其应用主要集中在以下两个方面。

(1) 金属件直接成形

微滴喷射技术产生的金属熔滴尺寸均匀、飞行速度相近，通过对工艺参数的有效控制，可以实现沉积制件形状和内部组织控制，因此在复杂金属件直接成形方面具有独特优势。加州大学率先将金属微滴连续喷射技术应用于铝合金管件的直接成形，其内部晶粒尺寸均匀细小，抗拉强度和屈服强度与铸态相比提高约30%。

(2) 电子封装/电路打印

连续式微滴喷射技术可高效率制备均匀细小金属颗粒。在充电偏转装置控制下，沉积精度可达±12.5μm，但是由于其不能按需产生液滴，所以多用于焊球制备和简单形状电路打印。而按需式喷射技术可实现微滴定点沉积，因此在焊球打印、电子封装、复杂结构电路打印方面更具优势。

熔化液滴喷射沉积技术具有喷射材料范围广、无约束自由成形和无需昂贵专用设备等优点，是一种极具发展潜力的增材制造技术。目前，该技术已应用于金属件直接成形、微电子封装和焊球制备等领域，在非均质材料及其制件制备、结构功能一体化制造以及航空航天等高技术领域也具有重要的应用前景。

5.6 金属构件黏结剂喷射式成形

在黏结剂喷射式3D打印机上可实现金属构件的间接打印成形，所用的“墨水”有黏结剂和溶剂两种，因此有相应两种打印成形工艺：向金属粉层喷射黏结剂式打印成形工艺，或向已预混聚合物的金属粉层喷射溶剂式打印成形工艺。

(1) 向金属粉层喷射黏结剂式打印成形工艺

采用向金属粉层喷射黏结剂式打印成形工艺时，首先由喷头向已铺设在3D打印机工作台上的金属粉层喷射黏结剂，构成所需构件的生坯件；然后将生坯件置于加热炉中烧除黏结剂，并烧结金属粉，构成有一定孔隙的金属构件；最后渗铜锡合金（含质量分数为90%的铜与质量分数为10%的锡），使构件达到全密度。

针对20Cr13不锈钢构件，采用粉粒平均直径为44μm的不锈钢粉末，粉层厚度为100μm，喷射黏结剂的单个液滴体积为140pL，所得生坯件中的金属颗粒被黏结剂桥连接。将生坯件置于加热炉中，烧除黏结剂，并在1120℃下将其烧结成相对密度（材料密度与其理论密度之比）为60%的不锈钢齿轮（图5-42），然后再渗铜锡合金使齿轮达到全密度，其屈服强度可

图 5-42　3D打印的不锈钢齿坯

达455MPa，抗拉强度可达680MPa，硬度可达26～30HRC。

图5-43所示为金属构件的打印成形过程，它包括以下三个步骤。

① 原材料喷雾干燥　对粉状金属氧化物（如Fe_3O_4等）和黏结剂（如质量分数为2%或4%的PVA）混合而成的浆料进行喷雾干燥，构成符合需要的平均直径为25μm的均匀球形粉末。

② 打印成形金属生坯件　将干燥的金属氧化物粉末注入3D打印机的粉斗中，启动打印机，自动进行铺粉、喷射黏结剂等动作，逐层打印工件截面轮廓，成形金属生坯件。成形层厚为100μm，生坯件在450℃的加热炉内经干燥处理，去除黏结剂。

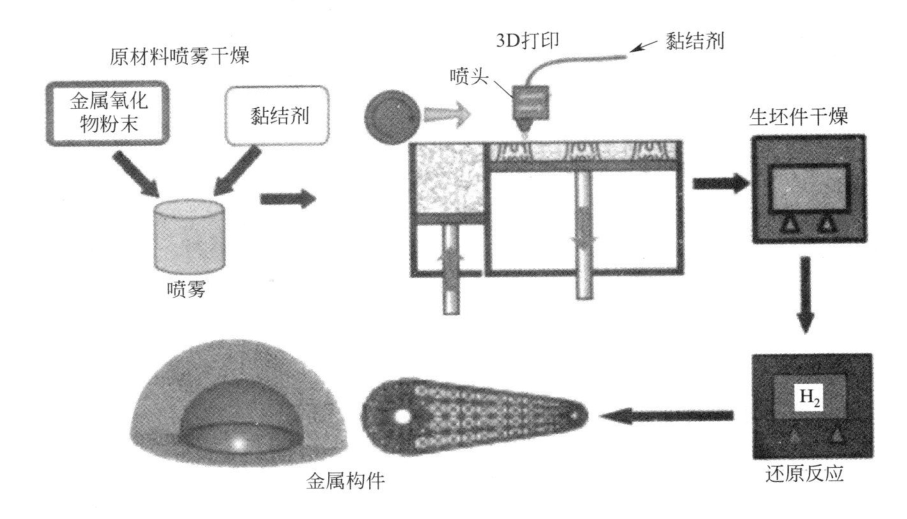

图 5-43　3D打印金属构件的成形过程

③ 将生坯件还原为金属件　典型的还原剂为氢气或一氧化碳，进行还原反应时，在850℃的温度下这些气体与金属生坯件中的氧发生反应，形成水蒸气并被排除，然后在1300℃温度下烧结生坯件，得到金属件。进行还原反应的化学反应式如下：

$$Fe_3O_4 + 4H_2 \longrightarrow 3Fe + 4H_2O$$

由于黏结剂喷射式3D打印成形不需支撑结构，所用粉末颗粒精细，因此可成形有孔的微细结构金属件（细胞状工件），其微孔尺寸可小至0.5～2mm，壁厚可小至50～300μm，特征尺寸可小至0.1mm。

(2) 向已预混聚合物的金属粉层喷射溶剂式打印成形工艺

向已预混聚合物（热塑性黏结剂）的金属粉层喷射溶剂式打印成形过程包括向预混聚合物的金属粉喷射溶剂，使黏结剂溶解并黏结粉层、溶剂蒸发以及粉层固化为生坯件等步骤。预混聚合物的金属粉经湿混、烘干、碾磨和筛选等工序制成，颗粒直径约为100μm，喷射溶剂的单个液滴体积约为10pL，粉层厚度为50～200μm。成形所得生坯件需置于加热炉中，在450～650℃氢气下烧除黏结剂，在1330℃氩气下烧结成形，其相对密度可达95%。打印成形后渗铜的20Cr13不锈钢注塑模镶块，其屈服强度为455MPa，抗拉强度为680MPa，硬度为26～30HRC。

5.7　金属构件3D冷打印成形

3D冷打印技术是一种可打印成形金属零件的新型3D打印技术。它以低黏度、高固相含量的金属料浆作为打印时的“墨水”，通过打印机喷头将金属料浆喷射到打印平台上，同时以化学引发、热引发等方式引发料浆中有机单体的聚合反应，形成三维网状结构将金属粉体原位包覆固定，使金属料浆迅速固化，实现金属零件坯体的逐层打印。坯体经干燥、脱脂和烧结得到致密金属零件。整个打印过程在室温或低温（<100℃）条件下进行，因此被称为“冷成形”。3D冷打印技术原理如图5-44所示，其中图（a）为利用两个喷头交替作用使金属料浆和化学引发剂混合，引发料浆原位固化；图（b）为通过热源使金属料浆固化。

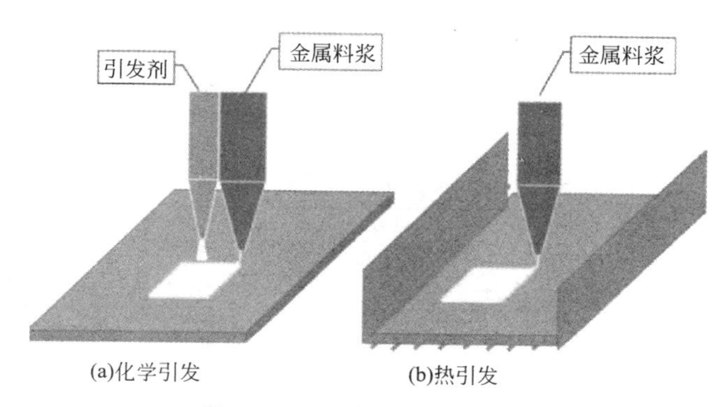

图5-44　3D冷打印技术原理

3D冷打印技术建立在料浆浇注技术和增材制造理论的基础之上，通过控制金属料浆逐层固化、堆叠，来成形金属零件坯体，其主要工艺特点如下。

① 原材料范围广　3D冷打印技术对原料粉末要求低，大部分金属粉末和陶瓷粉末都已开发出了较为成熟的料浆体系，配制的料浆性能满足3D冷打印技术要求，并且可较为方便地在料浆中添加所需组元粉末；利用金属和金属、金属和非金属的组合效果，生产各种复合材料和特殊性能材料。

② 卓越的成形能力　3D冷打印技术能一体化成形具有任意复杂空间结构的金属零件坯体，坯体经干燥、脱脂和烧结制得致密的金属零件。

③ 产品精度高　3D冷打印设备打印精度可达到0.1mm，打印成形的零件坯体尺寸精度和表面精度高。

④ 设备造价低　冷打印过程中不使用高能束加热熔融金属粉末，因此无需高能束加热熔化系统和配套的高纯惰性气氛或高真空保护装置，设备造价大幅度降低。

⑤ 生产效率高　通过对引发作用的调节，可以实现料浆即时固化，生产周期短。技术的主要部分仅为成形和烧结，工序简单，无需繁杂的后续处理，易集成化，技术成熟后投入工业化生产可能性高。

3D冷打印技术以低黏度、高固相含量的金属料浆为打印原料，打印成形的零件坯体成分均匀、密度高、尺寸精度和表面精度高；在干燥、脱脂和烧结过程中，坯体收缩均匀，烧成密度高，不易出现开裂、翘曲和变形等缺陷，产品性能良好。3D冷打印技术突破了传统制造工艺在外形上的限制和普通金属3D打印技术在原材料选择上的局限，可高效率、一体化地生产形状十分复杂的金属零部件。

图5-45为通过3D冷打印技术制造的GT35钢结硬质合金封闭式叶轮。3D冷打印成形时

打印层厚为0.1mm，因此封闭式叶轮坯体的尺寸精度和表面精度较高。烧结过程中坯体收缩均匀，整个封闭式叶轮除叶片连接处有稍许不平整外，其余部分表面光滑，形状、尺寸和结构均满足设计的目的及要求。表5-11为烧结态GT35钢结硬质合金的性能对比。

图5-45 GT35钢结硬质合金封闭式叶轮

表5-11 烧结态GT35钢结硬质合金性能

制造工艺	密度/(g/cm³)	相对致密度/%	硬度/HRC	断裂强度/MPa
3D冷打印	6.22	96.8	67	1410
粉末冶金	6.40～6.60	—	68～72	1400～1800

图5-46 3D冷打印YG8硬质合金角度铣刀

图5-46为经过烧结处理的YG8硬质合金角度铣刀。其制作过程为：首先，将溶剂甲苯与有机单体甲基丙烯酸羟乙酯（HEMA）按体积比1∶1的比例混合，加入质量分数为0.05%的交联剂*N*,*N*′-亚甲基双丙烯酰胺和0.03%的催化剂二甲基苯胺，充分溶解混合均匀，制得有机单体（HEMA）体积分数为50%的预混液。在其中加入适量YG8硬质合金粉末搅拌均匀，为控制其黏度低于1Pa·s，使用超分散剂Solsperse-6000分散料浆中的YG8粉末，降低料浆黏度，提高其流动性，随后在N_2气氛下球磨10h获得固相含量（体积分数）为58%的YG8硬质合金悬浮料浆，并进行真空脱气处理。然后，通过3D冷打印设备打印成形YG8硬质合金角度铣刀坯体，打印层厚为0.2mm，打印速度为90mm/s。打印过程中整个打印室温度为60℃，使料浆固化反应在30s内充分进行。以相同的YG8硬质合金料浆和打印参数，打印出力学性能试样坯体。

将角度铣刀坯体和力学性能试样坯体放置于真空干燥箱中，在80℃真空干燥6h。随后在真空环境中400℃保温2h进行脱脂处理，脱脂后的坯体升温至1400℃保温1h烧结。对力学性能试样进行相关测试，检测烧结态YG8硬质合金性能，如表5-12所示。烧结成品收缩均匀，尺寸精度高，棱角分明，无明显缺陷，其物理性能与传统压制烧结工艺制品的性能接近。

表5-12 3D冷打印YG8合金性能与传统工艺性能比较

制造工艺	密度/(g/cm³)	孔隙率/%	硬度/HRC	断裂强度/MPa
3D冷打印	14.71	<0.02	91	2380
压制/烧结	14.72	<0.02	90	250

第6章 黏结剂喷射成形

6.1 黏结剂喷射成形工作原理

黏结剂喷射 3D 打印机（Three Dimensional Printing and Gluing，3DPG，常被称为 3DP）是利用黏结剂喷涂在成形材料粉上使其成形的一种增材制造装备，又称三维印刷技术。该项技术是由麻省理工学院教授 Emanual M. Sachs 和 John S. Haggerty 于 1993 年开发的，1995 年由 Z Corp 公司将该技术推向产业化。该工艺以某种喷头作为成形源，其运动方式与喷墨打印机的打印头类似，在台面上做 *XY* 平面运动，所不同的是喷头喷出的不是传统喷墨打印机的墨水，而是黏结剂；基于快速成形技术基本的堆积建造方式，实现原型的快速制作。与 SLS 技术相比，3DP 技术的设备投资小、使用寿命长、易于维护且环境适应性好，近年来因其材料应用广泛、设备成本较低且可小型化使用等优点，发展非常迅速。

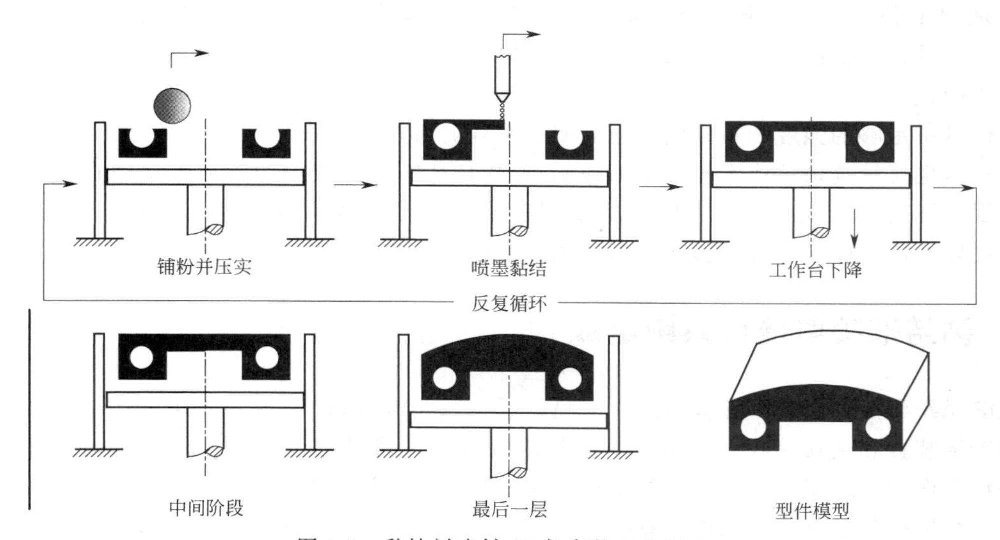

图 6-1 黏结剂喷射 3D 打印的工艺原理

黏结剂喷射 3D 打印的工艺原理如图 6-1 所示。首先按照设定的层厚进行铺粉，随后根据每层叠层的截面信息，利用喷嘴按照指定的路径将液态黏结剂喷在预先铺好的粉层特定区域，之后将工作台下降一个层厚的距离，继续进行下一叠层的铺粉，逐层黏结后去除多余底料以得到所需形状制件。其工艺过程如下。

a. 利用三维 CAD 软件完成所需制作的 3D 模型设计。

b. 在计算机中将模型生成 STL 文件，利用专用软件将其切成薄片。

c. 转换成矢量数据，控制黏结剂喷头移动的走向和速度。

d. 采用专用的铺粉装置，将陶瓷等粉末铺在活塞台面上。

e. 用校平鼓将粉末辊平，粉末的厚度等于计算机切片处理中片层的厚度。

f. 按照步骤 c 的要求，利用计算机控制的喷头进行扫描、喷涂、黏结。

g. 计算机控制活塞使之下降一个层片的高度。

h. 重复步骤 d～g 四步，一层层地将整个零件坯体制作完成。

i. 取出零件坯，去除未黏结的粉末，并将这些粉末回收。

j. 在温控炉中对零件坯进行焙烧等后续处理。

6.2 黏结剂喷射成形技术特点

3DP 技术的优势主要集中在成形速度快、无需支撑结构，而且能够打印出全彩色的产品，这是目前其他技术都比较难以实现的。当前采用 3DP 技术的设备不多，比较典型的是 Z Corp 公司（已被 3D Systerns 公司收购）的 ZPrinter 系列，这也是当前一些高端 3D 照相馆所使用的设备。ZPrinter 系列高端产品 Z650 已能支持 39 万色的产品打印，色彩方面非常丰富，基本接近传统喷墨二维打印的水平。在 3D 打印技术各大流派中，该技术也被公认在色彩还原方面是最有前景的，基于该技术的设备所打印的产品在实际体验中也最为接近于原始设计效果。

与其他打印技术相比，3DP 技术的主要优点如下。

a. 打印速度快，无需添加支撑。

b. 技术原理同传统工艺相似，可以借鉴很多二维打印的成熟技术和部件。

c. 可以在黏结剂中添加墨盒以打印全色彩的原型。

但是 3DP 技术的不足也同样非常明显。首先，打印出的工件只能通过粉末粘接，受黏结材料限制，其强度很低，基本上只能作为测试原型。其次，由于原材料为粉末，导致工件表面远不如光固化快速成形（SLA）等工艺成品的粗糙度，并且精细度方面也要差很多。所以为使打印工件具备足够的强度和粗糙度，还需要一系列的后处理工序。此外，由于制造相关原材料粉末的技术也比较复杂、成本较高，所以目前 3DP 技术的主要应用领域都集中在专业应用上面，桌面级别的 3DP 打印机能否大范围推广还需要后续观察。该工艺最致命的缺点在于成形件的强度较低，只能作为概念验证原型使用，难以用于功能性测试。

6.3 黏结剂喷射成形系统组成

3DP 系统组成如图 6-2 所示，主要由喷墨系统、*XYZ* 运动系统、成形工作缸、供料工作缸、铺粉辊装置和余料回收袋等组成。铺粉辊装置首先将供料工作缸中的粉末送至成形工作缸，并在工作台（或基底）上铺撒一薄层，喷墨系统在计算机控制下，随 *XYZ* 运动系统扫描工作台，并根据各层轮廓信息供应黏结剂，有选择性地喷射到粉末上。加工完一层后，工作台自动下降一个层厚，供料工作缸上升一个层厚，辊筒继续在工作台上铺一薄层，如此循环直至得到所要加工的零件为止。

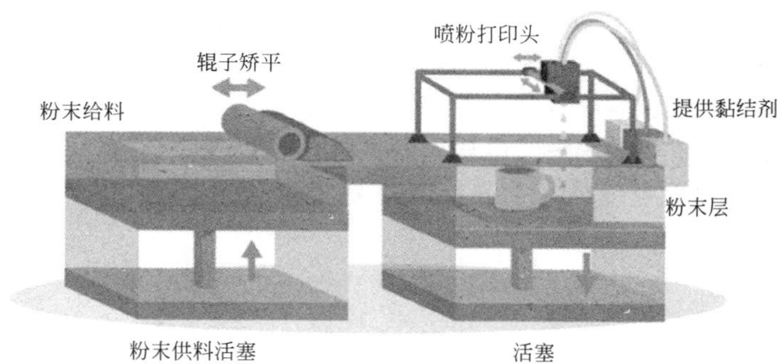

图 6-2　3DP 系统组成

6.3.1 喷射系统

喷头是黏结剂喷射式 3D 打印机的关键部件。按照喷头的动力驱动形式，可将其分为气动式喷头、电动式喷头等。

(1) 气动式喷头

采用气动式喷头的 3D 打印机，按照气动式喷头的结构不同又分为活塞开关型、时间-压力型、容积型、膜片型和雾化型等。

图 6-3 为活塞开关型气动喷头，当控制系统使压缩空气通过入口进入喷头时，活塞和与其相连的针阀克服弹簧压力向上运动开启阀口，自流体入口进入的流体材料（“墨水”）通过阀口和空心针头（标准针头的最小内径为 60μm）射出。当控制系统使喷头中的压缩空气排气时，在弹簧力的作用下，活塞和与其相连的针阀向下复位，阀口关闭，喷头停止喷射流体材料。用流量控制旋钮调节弹簧的预压量可以改变针阀的开启量，从而使通过喷头的流体流量发生变化。

图 6-4 为采用活塞开关型气动喷头的 3D 打印机原理。采用活塞开关型气动喷头虽能控制喷头喷射流体的启停动作，但难以控制流过喷头的流体的流速等特性参数。另外，由于受喷头中机械运动零件惯性的影响，这种喷头的灵敏度、工作频率和喷射液滴的体积精度不够高。

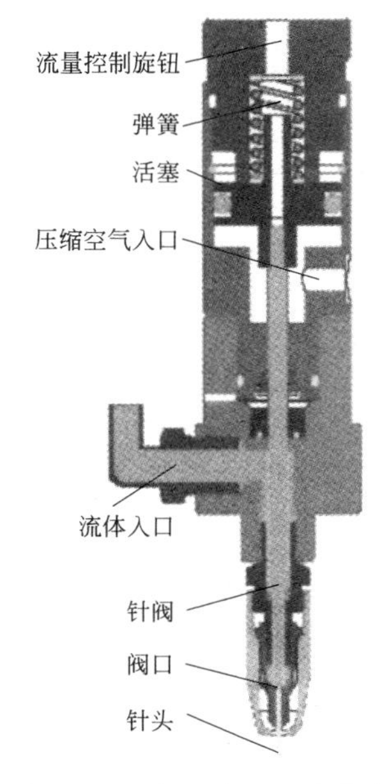

图 6-3　活塞开关型气动喷头

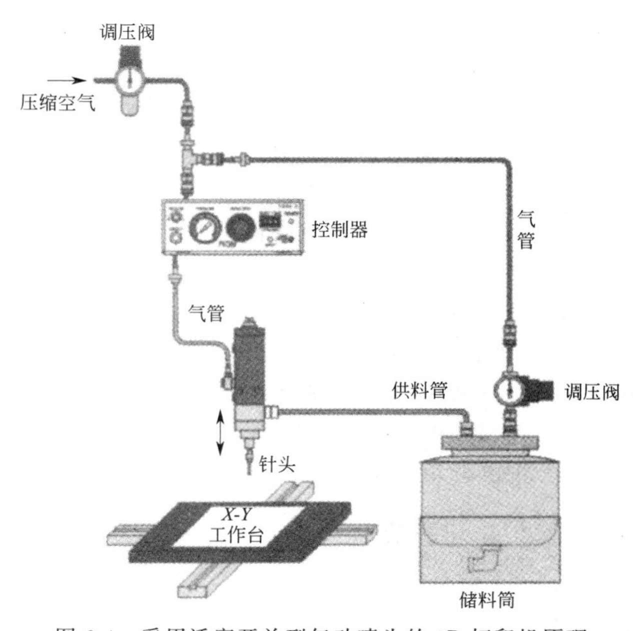

图 6-4　采用活塞开关型气动喷头的 3D 打印机原理

（2）电动式喷头

采用电动式喷头的 3D 打印机，按照电动式喷头的结构不同又分为电磁阀操控型、微注射器型、电流体动力型、电场偏转型、电动螺杆型和复合型等。

图 6-5 为电磁阀操控型喷头，采用电磁阀的开关动作操控“墨水”的输送与喷射，喷嘴内径为 50～500μm，平均喷射速度约为 10m/s，最大流量为 2mL/s。

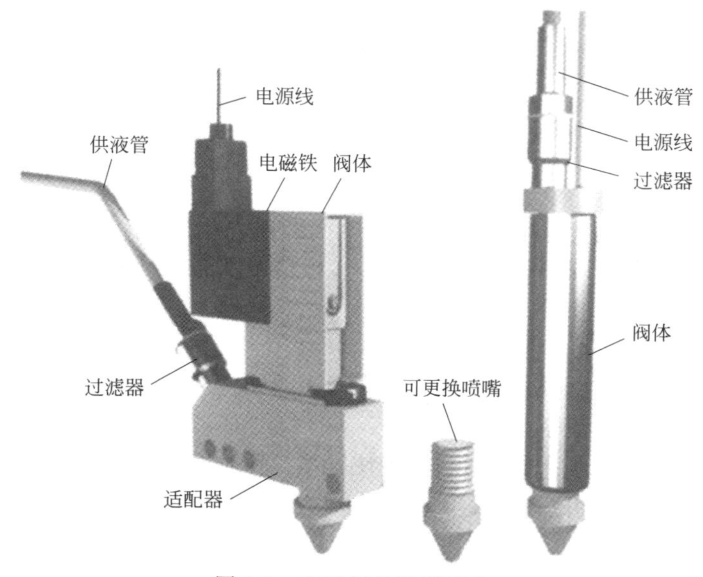

图 6-5 电磁阀操控型喷头

（3）压电式喷头

压电式喷墨头是利用压电陶瓷的压电效应，当压电陶瓷的两个电极加上电压后，振子发生弯曲变形，对腔体内的液体产生一个压力，这个压力以声波的形式在液体中传播，如图 6-6 所示。在喷嘴处，如果这个压力可以克服液体的表面张力，其能量足以形成液滴的表面能，则在喷嘴处的液体就可以脱离喷嘴而形成液滴。压电式按需滴落喷头有三种结构形式，即弯曲式、剪切式和推杆式，其中弯曲式压电喷头较为常用。

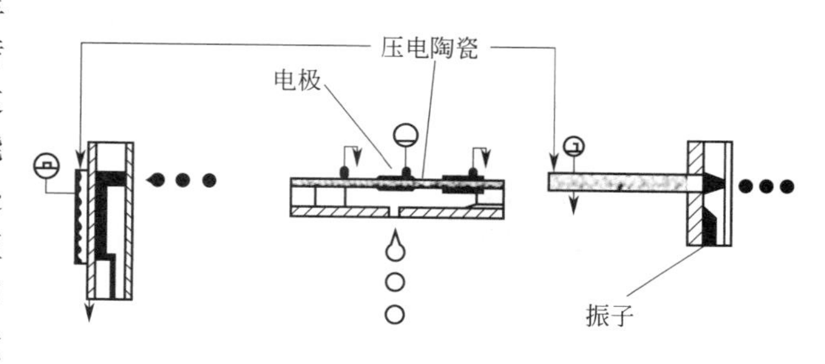

图 6-6 压电式喷头

（4）热发泡式喷头

热发泡式喷墨原理如图 6-7 所示，将墨水装入一个非常微小的毛细管中，通过一个微型的加热垫迅速将墨水加热到沸点。这样就生成了一个非常微小的蒸汽泡，蒸汽泡扩张就将一滴墨水喷射到毛细管的顶端。停止加热，墨水冷却，蒸汽凝结收缩，从而使墨水停止流动，直到下一次再产生蒸汽并生成一个墨滴。

6.3.2 XYZ 运动系统

XYZ 运动是 3DP 工艺进行三维制件的基本条件。在图 6-8 所示的 3DP 运动系统示意图中，*X*、*Y* 轴组成平面扫描运动框架，由伺服电动机驱动控制喷头的扫描运动；伺服电动机驱动控制工作台做垂直于 *XY* 平面的 *Z* 向运动。扫描机构几乎不受载荷，但运动速度较快，具

有运动的惯性，因此应具有良好的随动性。Z 轴应具备一定的承载能力和运动平稳性。

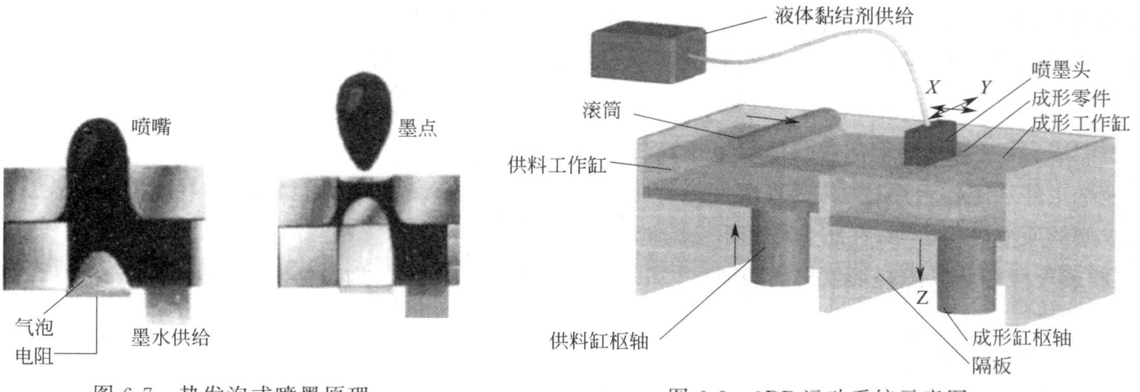

图 6-7　热发泡式喷墨原理

图 6-8　3DP 运动系统示意图

6.3.3 其他部件

① 成形工作缸　在缸中完成零件加工，工作缸每次下降的距离即为层厚。零件加工完后，工作缸升起，以便取出制作好的工件，并为下一次加工做好准备。工作缸的升降由伺服电动机通过滚珠丝杠驱动。

② 供料工作缸　提供成形与支撑粉末材料。

③ 余料回收袋　安装在成形机壳内，回收铺粉时多余的粉末材料。

④ 铺粉辊装置　包括铺粉辊及其驱动系统。其作用是把粉末材料均匀地铺平在工作缸上，并在铺粉的同时把粉料压实。

6.4 黏结剂喷射成形系统控制技术

3DP 工艺控制系统由以下模块组成：喷头驱动模块、运动控制模块、接口及数据传输模块、RIP 处理模块、上位机控制台总控模块及辅助控制模块。图 6-9 是 3DP 控制系统整体框架。喷墨控制板负责接收计算机处理过的二维点阵数据，并对 Y 轴电动机增量型编码器的反馈信号进行光栅解码，从而获得电动机的当前位置和运动状态。运动控制卡负责接收控制面板的指令并控制 5 个电动机的协调运动和执行计算机发送过来的清洗指令。喷墨控制和电动机控制是在计算机的上位机喷墨控制软件协调下工作的，主要通过 USB 接口和 RS-232 接口进行通信。

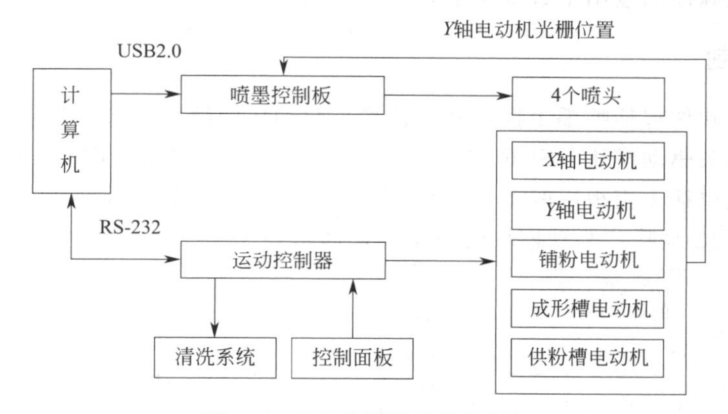

图 6-9　3DP 控制系统整体框架

控制系统中各个模块的功能划分和它们之间的通信如图6-10所示。PC中运行喷墨控制软件和分层切片软件，光栅解码模块、USB2.0接口模块等集成在主控芯片上，并且该主控芯片还负责对外部传感器获得的信号进行处理，依次做出下一步的指令动作。

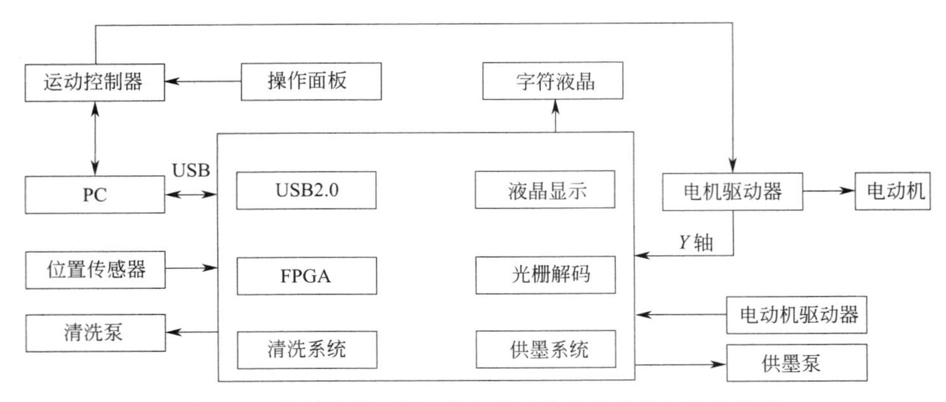

图6-10 控制系统中各个模块的功能划分及其之间的通信

6.4.1 运动控制

运动控制部分的硬件包括运动控制卡、光电位置传感器、控制面板、电动机及其驱动器等。图6-11是运动控制部分的连接示意图。该部分由运动控制卡实现各电动机的运动控制，通过查询操作面板的按键操作实现手动铺粉的功能。

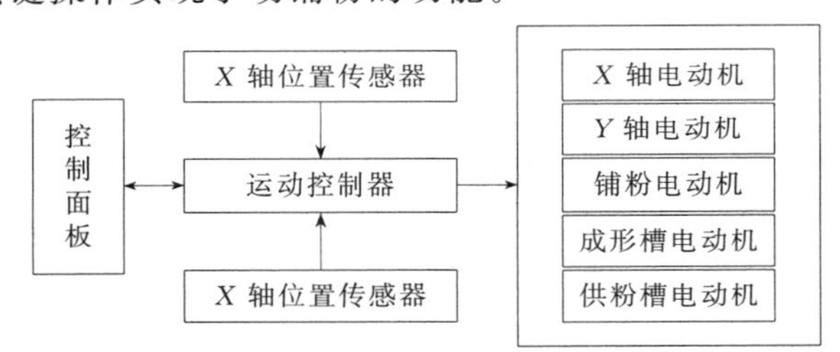

图6-11 运动控制部分的连接示意图

运动控制卡对电动机的控制模式有转矩控制模式、位置控制模式和速度控制模式三种。由于本系统电动机的功能是完成精确定位和按指定速度运动，所以采用位置控制模式按集电极开路方式进行运动控制卡和电动机驱动器之间的连接。位置控制方式是通过输出脉冲的频率确定电动机转速，通过脉冲的输出个数确定电动机的转动距离。

6.4.2 喷墨控制

喷墨控制部分硬件包括喷墨主控板和4色喷头驱动板两部分。该部分包括USB2.0接口模块、电源模块、喷头驱动模块、SDRAM接口模块和基于ALTERA FPGA的主控模块等。

喷头驱动模块包括主控板内驱动模块和喷头驱动板两个部分，微型数字化喷嘴采用的是热发泡式喷头。图6-12是喷头驱动模块的数据处理框图。

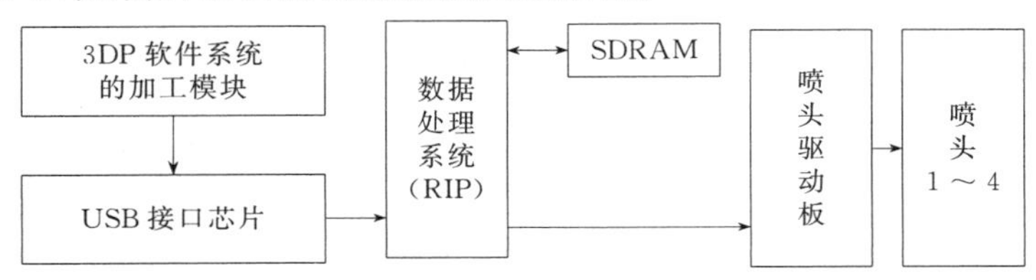

图6-12 喷头驱动模块的数据处理框图

6.4.3 主控制模块

主控模块负责以下几个方面的功能。a. 在数据接收阶段，将上位机发送过来的数据，通过 USB 接口以 DMA 方式进行处理和存储；在打印阶段将 RAM 中的数据按照喷头的打印速度取出，并通过 8 位数据总线发送出去。b. 喷墨数据的读取和将并行数据发送给喷头驱动板。c. 根据电动机的光栅计数，得出电动机的当前坐标。

打印数据的发送功能是把待打印的并行数据从 RAM 中依次取出并发送给喷头驱动板，然后驱动不同颜色喷头喷出墨水；依次取出数据的频率是由打印喷头的运动速度和相对位置坐标决定的。

6.4.4 通信接口及温度控制

3DP 成形系统各部分模块之间的通信方式主要有 USB 通信和串口通信两种。USB 通信功能有数据传输和系统工作状态的获取；串口通信的功能包括 PC 通过串口对运动控制卡编程和通过串口接收各轴的当前运动状态，并根据当前状态决定后续的动作。

3DP 成形装置的成形材料为粉末状，含有石膏成分和一些其他微细颗粒，较易受潮而结块，而且喷头喷射的墨水和粉末之间的物理/化学作用在一个合适的温度（大约 35℃）下会更加有效。因此，在系统工作过程中或平时闲置时，都需要对工作空间进行加热，以增强系统成形工作的可靠性和成形件的成形质量，并能防止成形材料受潮结块。

加热装置为红外陶瓷加热板和一个轴流风扇，红外陶瓷加热板能够迅速加热周围空气，然后通过轴流风扇将热风吹进工作空间，以对流的形式提升工作空间的温度。在工作空间中有一个温度传感器对空间温度进行采样。当采样到空间温度（主要是成形工作部分周围）达到设定的温度范围时，温控器控制其继电器的断开以切断陶瓷加热板的工作电源，使其停止工作。如果工作空间温度低于设定的工作温度范围时，温控器又会接通继电器从而接通加热片的工作电源，使其开始工作，如此构成一个闭环的控制回路。

在整个三维成形系统刚启动时，加热装置就开始工作，直到工作空间温度达到设定值后，温控器会向运动控制卡发送一个信号，告知运动控制卡系统工作前的加热工作已经完成，系统可以开始工作。只有当运动控制卡检测到该信号后，系统才会开始工作，否则一直处于等待状态。

6.5 成形材料

3DP 材料来源广泛，包括尼龙粉末、ABS 粉末、金属粉末、陶瓷粉末、塑料粉末和干细胞溶液等，也可以是石膏、砂子等无机材料。胶黏剂液体有单色和彩色，可以像彩色喷墨打印机一样打印出全彩色产品；可用于打印彩色实物、模型、立体人像、玩具等，尤其是塑料粉末打印物品具有良好的力学性能和外观；将来成形材料应向各个领域的材料发展，不仅可以打印粉末塑料类材料，也可以打印食物类材料。

3DP 打印成形除了一般工业模型外，还可以成形彩色模型，特别适合生物模型、化工管道及建筑模型等。此外，彩色原型制件可通过不同颜色来表现三维空间内的温度、应力分布情况，这对于有限元分析是非常好的辅助工具。

三维打印成形可用于制作母模、直接制模和间接制模，对正在迅速发展和具有广阔前景的快速模具领域起到积极的推动作用。将三维打印成形制件经后处理作为母模，浇注出硅橡胶模，然后在真空浇注机中浇注聚亚胺酯复合物，可复制出一定批量的实际零件。聚亚胺酯复合物与大多数热塑性塑料性能大致相同，生产出的最终零件可以满足高级装配测试和功能验证。直接制作模具型腔是真正意义上的快速制造，可以采用混合用金属的树脂材料制成，也可以直接采用金属材料成形。三维打印快速成形直接制模能够制作带有工形冷却道的任意复杂形状模具，甚至在背衬中构建任何形状的中空散热结构，以提高模具的性能和寿命。

快速成形技术的发展目标是快速经济地制造金属、陶瓷或其他功能材料零件。美国 Extrude Hone 公司采用金属和树脂黏结剂粉末材料，逐层喷射光敏树脂黏结剂，并通过紫外光照射进行固化，成形制件经二次烧结和渗铜，最后形成 60% 钢和 40% 铜的金属制件。其金属粉末材料的范围包括低碳钢、不锈钢、碳化钨以及上述材料的混合物等。美国 ProMetal 公司通过喷射液滴逐层粘接覆膜金属合金粉末，成形后再进行烧结，直接生产金属零件。美国 Automated Dynamics 公司则通过生产喷射铝液滴的快速成形设备，每小时可以喷射 1kg 的铝滴。

6.5.1 成形粉末材料

① 石膏粉　在石膏粉中加入一些改性添加剂后能用于黏结剂喷射式 3D 打印机的成形材料。这种材料在水基液体的作用下能快速固化并有一定的强度，因此得到广泛应用。

② 淀粉　淀粉是一种廉价的材料，由于它黏结后的强度较低，所做的成形件一般只用于外观评价。

③ 陶瓷粉　陶瓷粉黏结成形后形成半成品，再将此半成品置于加热炉中，使其烧结成陶瓷壳型，可用于精密铸造。但是，用陶瓷粉作为成形材料时，所用黏结剂的黏度一般比水基液体的黏度大，喷头容易堵塞；此外，在陶瓷黏结、固化的过程中，还可能发生较大的翘曲变形。

④ 铸造用砂的粉末　如硅石粉、合成石粉等。

⑤ 金属粉　如不锈钢粉、青铜粉、工具钢粉、钛合金粉等。

⑥ 玻璃粉　如乳白色磨砂玻璃粉、高光泽黑色玻璃粉、高光泽白色玻璃粉等。

⑦ 塑料粉　如聚甲基丙烯酸甲酯粉等。

用于黏结喷射式打印机的粉末应满足以下几点基本要求：粒度应足够细，一般应为 30～100μm，以保证成形件的强度和表面品质；能很好地吸收所喷射的黏结剂，形成工件截面；低吸湿性，以免从空气中吸收过量的湿气而导致结块，影响成形件的品质；易于分散，性能稳定，可长期储存。

6.5.2 黏结剂材料

3DP 工艺使用的黏结剂是水溶性混合物，包括：聚合物，如甲氧基聚乙二醇、聚乙烯醇（PVA）、胶体状二氧化硅、聚乙烯吡咯烷酮（PVP）等；碳水化合物，如阿拉伯胶、刺槐豆胶等；糖和糖醇，如蔗糖、葡萄糖、果糖、乳糖、山梨糖醇、木糖醇等。

对黏结剂喷射式 3D 打印机使用的黏结剂有以下基本要求：具有较高的黏结能力；具有较低的黏度且颗粒尺寸小（10～20μm），能顺利地从喷嘴中流出；能快速、均匀地渗透粉末层并使其黏结，即黏结剂应具有浸渗剂的性能。

采用的黏结剂应与粉末材料相匹配，如陶瓷粉最好采用有机黏结剂（如聚合树脂）或胶体状二氧化硅。在陶瓷粉中还可混入粒状柠檬酸，使喷射胶体状二氧化硅后陶瓷粉能迅速胶合。石膏和淀粉可采用水基黏结剂，它们不易堵塞喷头且价格低廉。

为改善粉材与黏结剂的性能，还可在其中添加下列物质。

① 填充物　填充物为被固结物提供机械构架，其颗粒尺寸为 20～200μm，大尺寸颗粒能在粉层中形成大的孔隙，从而使黏结剂能快速渗透，成形件的性能更均匀：采用较小尺寸的颗

粒能提高成形件的强度。最常用的填充物是淀粉，如麦芽糊精。

② 增强纤维　增强纤维用来提高成形件的机械强度，更好地控制其尺寸，而又不会使粉末难以铺设。纤维的长度应大致等于分层厚度，较长的纤维会损害成形件的表面粗糙度，而采用太多的纤维会使铺粉格外困难。最常用的增强纤维有纤维素纤维、碳化硅纤维、石墨纤维、铝硅酸盐纤维、聚丙烯纤维、玻璃纤维等。

③ 打印助剂　通常采用卵磷脂作为打印助剂，它是一种略溶于水的液体。在粉末中加入少量的卵磷脂后，可以在喷射黏结剂之前使粉粒轻微黏结，从而减少灰分的形成。喷洒黏结剂之后，在短时间内卵磷脂继续使未溶解的颗粒相黏结，直到溶解为止。这种效应能减少打印层短暂时间内的变形，这段时间正是使黏结剂在粉层中溶解与再分布所需的；也可采用聚丙二醇、香茅醇作为打印助剂。

④ 活化液　活化液中含有溶剂，使黏结剂在其中能活化，良好地溶解。常用的活化液有水、甲醇、乙醇、异丙醇、丙酮、二氯甲烷、乙酸、乙酰乙酸乙酯等。

⑤ 润湿剂　润湿剂用于延迟黏结剂中的溶剂蒸发，防止供应黏结剂的系统干涸、堵塞。对于含水溶剂，最好用甘油作为润湿剂，也可用多元醇，如乙二醇、丙二醇等。

⑥ 增流剂　增流剂用于降低流体与喷嘴壁之间的摩擦力，或者降低流体的黏度，提高其流动性，以粘接更厚的粉层，更快地成形工件。可用的增流剂有乙二醇双乙酸盐、硫酸铝钾、异丙醇、乙二醇-丁基醚、二甘醇-丁基醚、三乙酸甘油、乙酰乙酸乙酯以及水溶性聚合物等。

⑦ 染料　染料可用来提高对比度，以便于观察。适用的染料有萘酚蓝黑、原生红等。

采用上述添加物时，除活化液外，先将黏结剂、填充物、增强纤维、打印助剂、润湿剂、增流剂、染料与成形材料（如陶瓷粉）构成混合物，并将此混合物一层层地铺设在工作台上，然后再用喷头选择性地喷射活化液，使黏结剂在其中活化、溶解而产生黏结作用。显然，由于黏结剂已先混合在成形材料中，不必另外用喷头喷射。因此，与喷洒黏结剂的3D打印成形相比，喷嘴与供料系统不易堵塞，可靠性更高。

黏结剂喷射3D打印工艺具有成本低、材料广泛、成形速度快、安全性好、应用范围广泛等优点，但该种工艺的特点也决定了所制作件模型精度不高、表面较粗糙、易变形、易出现裂纹、模型强度低等缺点。

6.6 3DP工艺成形质量影响因素

为了提高3DP成形系统的成形精度和速度，保证成形的可靠性，需要对系统的工艺参数进行整体优化。这些参数包括喷头到粉末层的距离、每层粉末的厚度、喷射和扫描速度、辊轮运动参数、每层喷射间隔时间等。

（1）喷头到粉末层的距离

喷头到粉末层的距离太远会导致液滴发散，影响成形精度；反之，则容易导致粉末溅到喷头上，造成堵塞，影响喷头的寿命。在一般情况下，该距离在1～2 mm之间效果较好。

（2）每层粉末的厚度

每层粉末的厚度即工作平面下降一层的高度。在成形过程中，水膏比（即喷墨量与石膏粉的质量比值）对成形件的硬度和强度影响最大。水膏比的增加可以提高成形件的强度，但是会导致变形的增加。层厚与水膏比成反比，层厚越小，水膏比越大，层与层黏结强度越高，但是会导致成形的总时间成倍增加。在系统中，根据所开发的材料特点，层厚在0.08～0.2mm之间效果较好，一般小型模型层厚取0.1mm，大型取0.16mm。此外，由于是在工作平面上开始成形，在成形前几层时层厚可取稍大一点，以便于成形件的取出。

（3）喷射速度和扫描速度

喷头的喷射速度和扫描速度直接影响到制件的精度和强度。低的喷射速度和扫描速度对成形精度的提高，是以成形时间增加为代价的，在3DP成形的参数选择中需要综合考虑。

（4）辊轮运动参数

铺覆均匀的粉末在辊子作用下流动。粉末在受到辊轮的推动时，粉末层受到剪切力作用而相对滑动，一部分粉末在辊子推动下继续向前运动，另一部分在辊子底部受到压力变为密度较高、平整的粉末层。粉末层的密度和平整效果除了与粉末本身的性能有关，还与辊子表面质量、辊子转动方向以及辊子半径 R、转动角速度 ω、平动速度 v 有关。

① 辊轮表面质量　辊轮表面与粉末的摩擦因数越小，粉末流动性越好，已铺平的粉末层越平整，密度越高；辊轮表面还要求耐磨损、耐腐蚀和防锈蚀。采用铝质空心辊筒表面喷涂聚四氟乙烯的方法，可以很好地满足上述要求。

② 辊轮转动方向　辊轮的转动有两种方式，即顺转和逆转。逆转方式是辊轮从铺覆好的粉末层切入，从堆积粉末中切出；顺转则与之相反。辊子采用逆转方式有利于粉末中的空气从松散粉末中排出，而顺转则使空气从已铺平的粉末层中排出，造成其平整度和致密度的破坏。

③ 辊轮半径 R、转动角速度 ω、平动速度 v　辊轮的运动对粉末层产生两个作用力，一个是垂直于粉末层的法向力 P_n，另一个是与粉末层摩擦产生的水平方向力 P_t。辊轮半径 R、转动角速度 ω、平动速度 v 是辊轮外表面运动轨迹方程的参数，它们对粉末层密度和致密度有着重要的影响。一般情况下，辊轮半径 $R=10\text{mm}$，转动角速度 ω、平动速度 v 可根据粉末状态进行调整。

④ 每层成形时间　每层成形时间的增加，容易导致黏结层翘曲变形，并随着辊轮的运动而产生移动，造成 Y 方向尺寸变化，同时成形的总时间增加。所以，需要有效地提高每层成形速度。由于快的喷射扫描速度会影响成形精度，过快的辊轮平动速度则容易导致成形 Y 方向尺寸的增加。因此，每层成形速度的提高需要较大的加速度，并有效地缩短辅助时间。一般情况下，每层成形时间在30～60s之间，这相比其他快速成形的方式要快很多。

⑤ 其他　如环境温度、清洁喷头间隔时间等。环境温度对液滴喷射和粉末的黏结、固化都会产生影响。温度降低会延长固化时间，导致变形增加，一般环境温度控制在10～40℃之间是较为适宜的。清洁喷头间隔时间根据粉末性能有所区别，一般喷射20层后需要清洁一次，以减少喷头堵塞的可能性。

6.7　3DP打印机

目前，使用黏结剂喷射技术开发出来的商品化设备主要有Z Corp公司的Z系列，3D Systems公司开发的ProJet系列，ExOnerate公司的S-Max，Voxeljet公司的VX系列，Therics公司的TheriForm，富奇凡LTY型打印机等。

6.7.1　3D Systems公司的3D打印机

Z Corp公司（现已并入3D Systems公司）推出的几款设备参数如表6-1所示。

表6-1　Z Corp公司的设备参数

参数＼型号	Z150	Z250	Z350	Z450	Z650
颜色	白	64色	白	180000色	390000色
打印分辨率/dpi	300×450	300×450	300×450	300×450	600×540

续表

参数＼型号	Z150	Z250	Z350	Z450	Z650
最小特征尺寸/mm	0.4	0.4	0.15	0.15	0.10
成形速度/(mm/h)	20	20	20	23	28
模型尺寸/mm	236×185×127	236×185×127	203×254×203	203×254×203	254×381×203
层厚/mm	0.1	0.1	0.089～0.102	0.089～0.102	0.089～0.102
喷头数量/个	304	604	304	604	1520
数据格式	STL、VRML、PLY、3DS、ZPR	STL、VRML、PLY、3DS、ZPR	STL、VRML、PLY、3DS、ZPR	STL、VRML、PLY、3DS、ZPR	STL、VRML、PLY、3DS、ZPR
设备尺寸/mm	740×790×1400	740×790×1400	1220×790×1400	1220×790×1400	1800×740×1450

图6-13～图6-17为Z Corp公司几款3D打印机设备及其制作的模型。

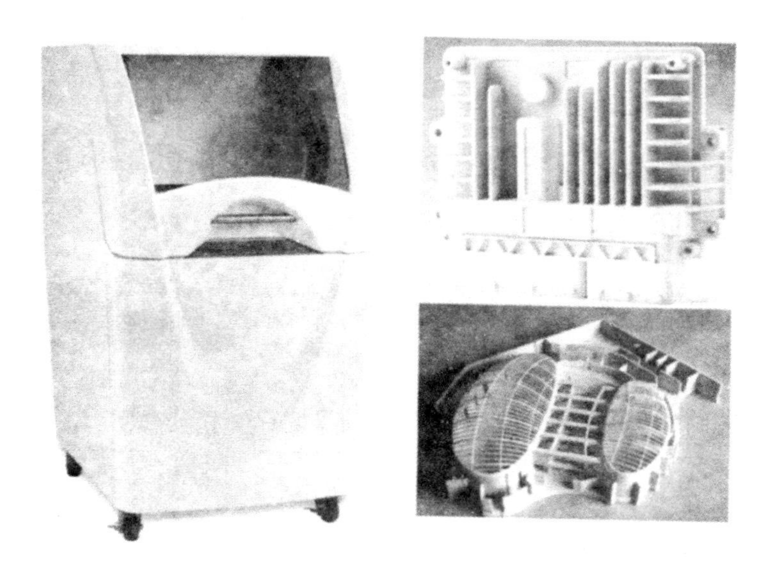

图6-13 Z150设备及其制作的模型

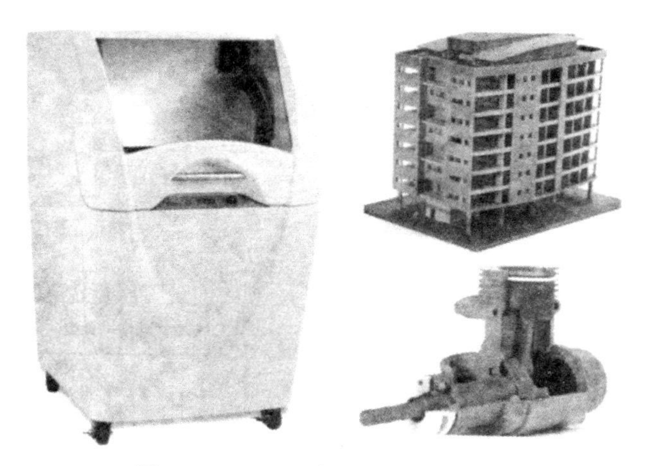

图6-14 Z250设备及其制作的模型

图 6-15　Z350 设备及其制作的模型

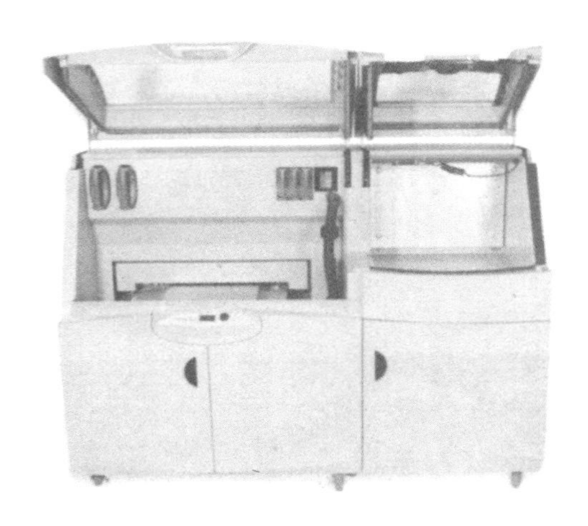

图 6-16　Z450 设备

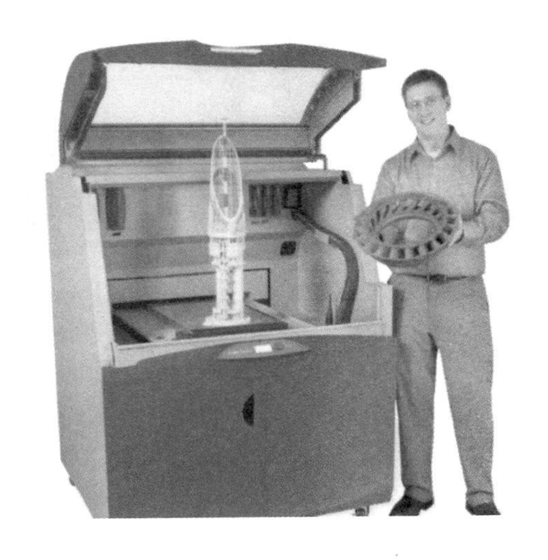

图 6-17　Z650 设备

3D Systems 公司生产的 ProJet 4500 型黏结喷射式 3D 打印机采用 ColorJet Printing（CJP）技术，成形材料为 VisiJet C4 Spectrum 塑料粉，能打印连续渐变色的全彩色柔性/高强度塑料件，其主要技术参数如表 6-2 所示。VisiJet C4 Spectrum 塑料粉的特性如表 6-3 所示。

表 6-2　ProJet 4500 型 3D 打印机的主要技术参数

成形室尺寸/mm	203×254×203	成形件最小特征尺寸/mm	0.1
打印分辨率/dpi	600×600	成形材料	VisiJet C4 Spectrum
分层厚度/mm	0.1	外形尺寸/mm	1620×1520×800
高度方向成形速度/(mm/h)	8	设备质量/kg	272

表 6-3　VisiJet C4 Spectrum 塑料粉的特性

拉伸模量/MPa	1600	抗弯强度/MPa	24.4
抗拉强度/MPa	24.8	硬度/HSD	79
断裂延伸率/%	3.6	热变形温度/℃(0.45MPa 下)	57
弯曲模量/MPa	1125		

6.7.2　ExOne 公司的 3D 打印机

ExOne 公司生产的黏结喷射式 3D 打印机主要技术参数如表 6-4 所示。

表 6-4 ExOne 公司生产的黏结喷射式 3D 打印机主要技术参数

参数 \ 型号	S-MAX	S-Print Silicate	M-Print	M-Flex	X1-Lab
成形室尺寸/mm	1800×1000×700	800×500×400	800×500×400	400×250×250	40×60×35
打印分辨率/μm	100×100	100×100	70×70	64×64	64×64
体积成形率	59400～165000 cm³/h	16000～86000 cm³/h	1780cm³/h	30s/层，1200～1800cm³/h	60s/层
成形速度/(mm/h)	20	20	20	23	28
分层层厚/mm	0.28～0.50	0.28～0.38	最小 0.50	最小 0.10	最小 0.05
外形尺寸/mm	6900×3520×2860	3270×2540×2860	3270×2540×2860	1674×1278×1552	965×711×1066
质量/kg	6500	3500	3500	—	—
成形材料	铸造用砂	铸造用砂	金属粉	金属粉	金属粉、玻璃粉

图 6-18 为 S-MAX 型 3D 打印机。S-MAX 是目前市场上规模最大、速度最快的 3D 砂岩打印机，由 ExOne 在 2010 年推出。S-MAX 的工作原理是在一个特别设计的砂岩容器中选择性地喷射铸造级树脂成为薄层。这种增量法可以直接利用 CAD 数据来创建复杂的砂型铸造型芯和铸模，省去了创建一个型芯或铸模实体的过程。ExOne S-MAX 打印机能够生产的最大尺寸是 1800mm×1000mm×700mm，打印精确、快速，显著缩短交货时间。

图 6-18 S-MAX 型 3D 打印机

英国 3D 打印服务公司 3Dealise 在一无设计图、二无模具的情况下，使用 S-MAX 3D 打印机为客户复制了经典老爷车 1912 Brush 损坏的汽缸（图 6-19）。使用 3D 扫描原来的汽缸，通过专用软件纠正损伤部位进行修理，制造出模具和母模的型芯。接下来，打印出砂模。当打印过程完成后，将模具清洁并涂覆，然后放置在一个模具成形盒中；而铸造过程和传统的工艺是相同的，在短短两个星期即完成了这项非常具有挑战性的任务。

图 6-20 是 ExOne S-Max 创建的一个 ϕ1200mm 泵的砂模。

6.7.3 Voxeljet 公司的 3D 打印机

Voxeljet 公司生产的 3D 打印机技术参数如表 6-5 所示。

图 6-19　打印的汽缸模型

图 6-20　ϕ1200mm 泵的砂模

表 6-5　Voxeljet 公司生产的黏结喷射式 3D 打印机主要技术参数

参数 \ 型号	VX200	VX500	VXC800	VX1000	VX4000
成形室尺寸/mm	300×200×150	500×400×300	850×500×1500/200	1060×600×500	4000×2000×1000
喷头类型	标准	标准	标准	标准/HP	HP
喷嘴数量/个	256	2656	2656	2656/10624	26560
打印宽度/mm	21	112	112	112/450	1120
打印分辨率/dpi	300	600	600	600	600
成形件精度	—	0.3%；最小±100μm		—	—
体积成形率	59400～165000 cm^3/h	16000～86000 cm^3/h	1780cm^3/h	30s/层，1200～1800 cm^3/h	60s/层
高度方向成形速度/(mm/h)	12	15	35	36	15.4
分层层厚/mm	0.15	0.08～0.15	0.30	0.10～0.30	0.12～0.30
外形尺寸/mm	1700×900×1500	1800×1800×1700	4000×2800×2200	2400×2800×2000	19500×3800×7000
质量/kg	450	1200	2500	3500	—

表 6-6、表 6-7 所示分别是 Voxeljet 公司生产的黏结剂喷射式 3D 打印机采用的塑料粉和硅石粉的特性。

表 6-6　Voxeljet 公司生产的黏结剂喷射式 3D 打印机采用的塑料粉特性

项目	塑料名称	
	聚甲基丙烯酸甲酯（PMMA，粒度为 55μm）	聚甲基丙烯酸甲酯（PMMA，粒度为 85μm）
黏结剂	Polypor B	Polypor C
抗拉强度/MPa	4.3	3.7
燃烧温度/℃	700	600
残余灰分含量（质量分数）/%	＜0.3	＜0.02
最佳适用范围	熔模铸造	熔模铸造、建筑模型

表 6-7　Voxeljet 公司生产的黏结剂喷射式 3D 打印机采用的硅石粉特性

黏结剂	无机黏结剂	烧失量（质量分数）/%	＜1
抗弯强度/MPa	220～280	最佳适用范围	铸造砂型和砂芯的打印

图 6-21 是 Voxeljet 公司生产的黏结剂喷射式 3D 打印机 VX4000，图 6-22 为该款打印机的成形室。

图 6-21　Voxeljet 公司生产的黏结剂喷射式 3D 打印机 VX4000

图 6-22　VX4000 打印机的成形室

采用 Voxeljet 公司生产的 3D 打印机制作电单车摇杆的整个过程如下。电单车摇杆的 CAD 模型如图 6-23 所示，该摇杆的材料为纤维复合材料，传统的制造方法是通过铣床加工出模具，由于成形件的结构复杂，因此制造周期长、成本高。采用 Voxeljet 公司生产的水溶性 3D 打印机，通过建造核心部件层状结构的方法，在几天之内完成复杂纤维复合材料零件的制作。

Voxeljet 使用基于粉末的 3D 打印工艺，此方法的特征在于根据 CAD 数据直接逐步生产部件。在制备过程中，数据被分割成可被打印机处理的位图图像。

第一步，打印核心部件。把特定量的粉末添加到建造盒里面的建造平台，该粉末扩散装置被引导通过建造空间并铺平粉末。在此步骤之后，一个喷墨打印头喷出活化液到粉末上，从而激活粉末层中的黏结剂，并将它的颗粒黏结在一起。为构建核心部件的整个主体，该建造平台下降一层并且重新开始该过程。重复这个工序，直到该部件在粉末中最终完成。

打印过程完成后，该部件可以从松散粉末中取出（图 6-24）。为了正确地进行清洁，需要风吹或喷砂处理，在一个对流烘箱中完成一个简短的硬化阶段过程。该 Voxeljet IOB 粉末材料的主要成分是石英砂。另外，还包含一种黏结剂，它可以被喷头喷出的水基液体激活。

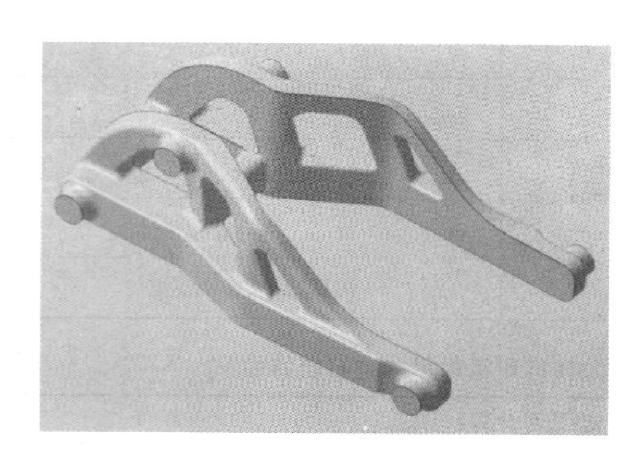

图 6-23　电单车摇杆的 CAD 模型

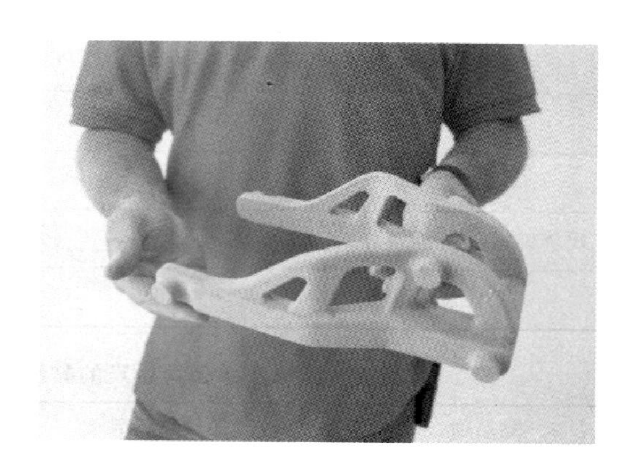

图 6-24　3D 打印的核心部件

第二步，涂层。3D 打印过程生成的部件具有一定的孔隙。这些孔隙在叠层过程中必须进行安全填充处理。为了达到较好的填充效果，需要采用两个步骤对其进行处理：首先使用德国 Hüttenes-Albertus 工厂生产的 Zirkofluid 6672 型号材料，该浆料是基于乙醇的一种分散剂，因此对打印的核心部件没有任何影响。该涂层是通过把部件快速在 Zirkofluid 灰浆中浸泡形成的。浸泡后，该部件还待检查是否有溢出和液滴，这些都可以被擦拭掉。这个浆料的涂覆过程最终将在对流烘箱中以 60～80℃温度下烘干完成。其次，采用瑞士 Aeroconsult 公司生产的密封剂（Aquaseal）来实现对精细层孔隙的完全填充。Aquaseal 是一种水基剂，它可通过手工刷涂或喷枪喷到工件表面上。该部件随后在 60～80℃的对流烘箱内被烘干。为了获得一个可靠的密封表面，涂层可以重复做几次。

第三步，核心部件的叠层。应用聚酯材料，该聚酯材料的聚合物通过玻璃纤维组织得到强化。由于该快速硬化材料的硬化时间大约为 5min，因此这一步骤可以在不妨碍工作过程情况下被快速重复。两种材料的混合被涂刷上核心部件，如果表面由于聚合作用变黏，应用玻璃纤维组织并用刷子抹平。重复这些步骤，直到材料壁厚达到 1mm，如图 6-25 所示。

第四步，移除核心部件。为了移除核心部件，要在聚合物材料上对应镶嵌金属嵌件的位置进行钻孔。利用核心部件在温水中溶解的特性，将整个部件浸入水中，并保持浸泡在水中约 2h。在某些情况下，有必要通过使用管和注射器，在叠层体的长通道内产生所需要的对流。所有材料必须被安全地移出以优化部件的重量。

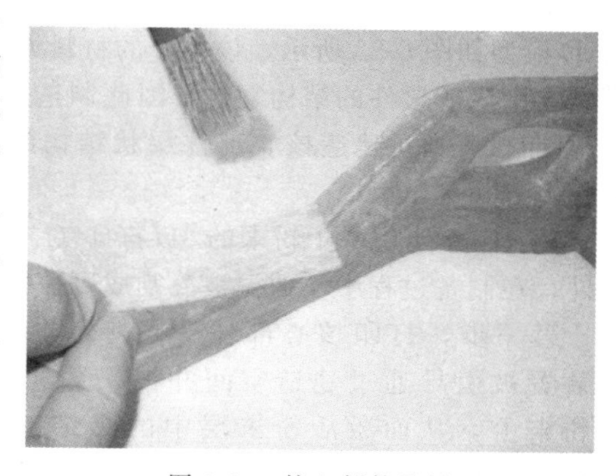

图 6-25　核心部件叠层

第五步，打磨。移除内部的核心部件后，聚合物材料表面有时会出现一些粗糙和各种缺陷的部位，如残存空气或错位纤维材料。因此，需要采用填充和打磨的工序来使表面更光滑；之后，也可以对该部件进行喷漆。

制作的整个工序过程如图 6-26 所示，从左至右依次为 3D 打印的核心部件、涂层、叠层、冲洗出来的核心部件、打磨喷色的部件、图 6-27 为摇杆成品。

图 6-26　整个工序过程

6.7.4　上海富奇凡公司的 LTY 型 3D 打印机

图 6-28 所示为上海富奇凡机电科技有限公司生产的 LTY-200 型黏结剂喷射式 3D 打印机，它由铺粉机构、Z 向运动机构、X 向运动机构、喷头与 Y 向运动机构、余粉回收装置、机架及控制系统等几个部件组成。其中，铺粉机构为粉斗-辊轮式，采用粉斗供给粉材，用辊轮铺粉。

LTY-200 型 3D 打印机的成形分辨率高达 0.02mm。采用高品质精密驱动与传动器件，运动精度高；能快速成形工业用零件，或生物医学工程领域所需复杂微孔结构（如可控缓释药片、组织工程所需骨架）；有自行研制的高品质、低成本粉材与黏结剂；体积小、噪声小、无振动。售价大大低于国外同类快速成形机，并且运行费用低，能在办公室使用，能作为一般外部设备与普通计算机方便连接。

图 6-27　摇杆成品

图 6-28　富奇凡公司 LTY-200 型黏结剂喷射式 3D 打印机

表 6-8 为富奇凡公司 LTY-200 型黏结剂喷射式 3D 打印机的主要技术参数。

表 6-8 富奇凡公司 LTY-200 型黏结剂喷射式 3D 打印机的技术参数

型号	LTY-200
成形件最大尺寸/mm	250×200×200
成形件精度/mm	±0.2
打印分辨率/dpi	600×600
驱动系统	X 轴：步进电动机通过精密滚珠丝杠驱动，精密直线导轨导向
	Y 轴：HP 喷墨打印机驱动系统
	Z 轴：步进电动机通过精密滚珠丝杠驱动，精密圆柱导轨导向
切片软件	LTY 切片软件
外部计算机要求	普通 PC
文件输入格式	STL 格式
成形材料	特定配方的石膏粉与黏结剂，陶瓷粉与黏结剂
	可控缓释药粉材与黏结剂/药物
电源	220V/50Hz，最大电流 5A
机器外形尺寸/mm	840×580×1040
机器质量/kg	约 80

图 6-29 为富奇凡公司 LTY-200 型黏结剂喷射式 3D 打印机的成形件。

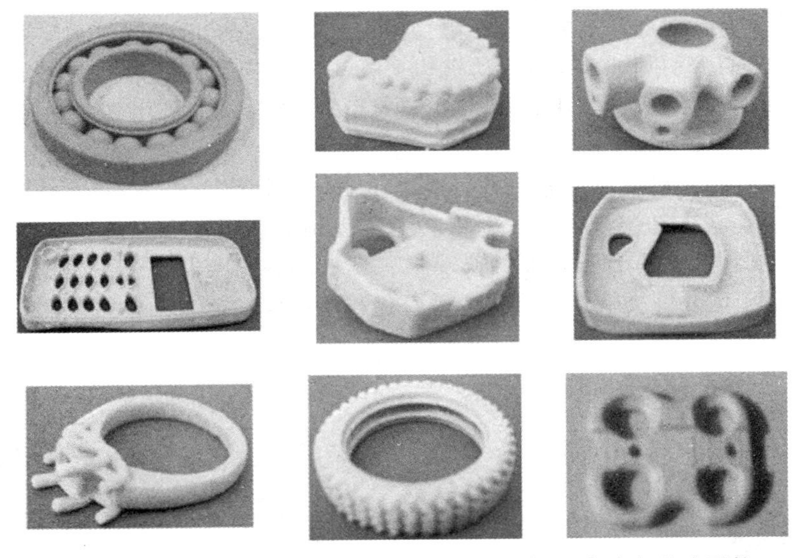

图 6-29 富奇凡公司 LTY-200 型黏结剂喷射式 3D 打印机的成形件

6.8 3DP 技术的应用

3DP 技术不仅可以打印石膏类材料、金属粉末、陶瓷粉末，还可以打印混凝土制品、食品、生物细胞等。

6.8.1 原型全彩打印

3DP 技术在 MIT 的实验室实现后便迅速转化为了专利，在 20 世纪 90 年代被多家公司根据不同材料获得使用权。原型全彩打印代表性公司为 Z Corp（现已被 3D Systems 公司收购）公司，主要使用石膏作为原材料，黏结剂可以被着色，从而制造出多彩的打印模型。图 6-30 为 Z Corp 公司于 2005 年推出的世界第一台彩色 3D 打印机 Spectrum Z510。图 6-31～图 6-33 为 3D 打印的全彩模型。

图 6-30　Z Corp 公司于 2005 年推出的
世界第一台彩色 3D 打印机 Spectrum Z510

图 6-31　3DP 技术打印的全彩人像

图 6-32　3DP 技术打印的全彩汽车组件

图 6-33　利用 3D Systems 公司的全彩打印技术制成的模型

6.8.2　金属直接成形

使用 3DP 打印金属的技术被 ExOne 公司商业化。ExOne 公司是纳斯达克上市公司，2005

年从有着 50 余年历史的精密特种加工和自动化解决方案供应商 Extrude Hone 公司独立出来，专注于 3D 打印业务。如今 ExOne 公司制造的产品材料包括金属、石英砂和陶瓷等多种工业材料，其中金属材料以不锈钢为主。当利用 3DP 技术制造金属零件时，金属粉末被一种特殊的黏结剂所黏结而成形，然后从 3D 打印机中取出，放到熔炉中烧结得到金属成品。图 6-34 为 ExOne 公司利用 3DP 技术制造的金属零件。

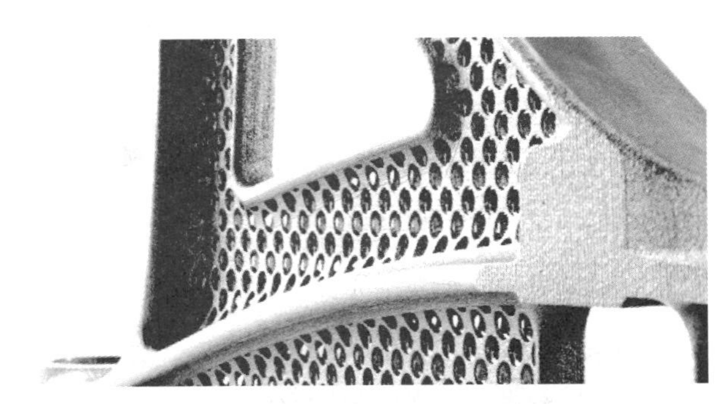

图 6-34　ExOne 公司利用 3DP 技术制造的金属零件

6.8.3　砂模铸造成形

砂模铸造成形是一种间接制造金属产品的方式。利用 3DP 技术将铸造用砂制成模具，之后便可用于传统工艺的金属铸造。专门采用 3DP 技术生产模具的公司是德国的 Voxeljet 公司，所生产的设备能够用于铸造模具的生产。图 6-35 为利用砂模铸造成形制作金属零件流程图。图 6-36 为 Voxeljet 公司制造的砂模以及利用砂模铸造成形的金属零件。

图 6-35　利用砂模铸造成形制作金属零件流程图

图 6-36　Voxeljet 公司制造的砂模以及利用砂模铸造成形的金属零件

第7章

叠层实体制造

7.1 概述

叠层实体制造（Laminated Obiect Manufacturing，LOM）快速原型技术是一种薄片材料叠加工艺，又称为分层实体制造。该技术最早由美国 Helisys 公司的工程师 Michael Feygen 于 1986 年研制成功，后来由于技术合作被引进中国，目前南京紫金立德电子有限公司成为全球唯一拥有该技术核心专利的公司。分层实体制造法也成为众多快速成形技术中唯一由中国企业掌握的关键技术，基于该技术的商业 3D 打印机也于 2010 年成功推出。这项技术多使用纸材，具有成本低廉、制件速度快、精度高且外观优美等特点，因此在产品概念设计、造型设计和制造母模等方面应用较广。相比其他快速原型制造方法，LOM 成形技术受到的关注更多。叠层实体制造技术涉及计算机造型、激光应用、精密机械传动和控制、材料科学技术等。

7.2 LOM 成形工作原理

图 7-1 所示是一种最先出现的 LOM 成形机原理，这种成形机由原材料存储及送进机构、热黏压机构、激光切割系统、可升降工作台和数控系统等组成。原材料存储及送进机构将存于其中底面涂覆热熔胶的纸，逐步送至工作台的上方。热黏压机构将一层层纸黏合在一起。激光切割系统按照计算机提取的工件横截面轮廓线，逐一在工作台上方的纸上刻出轮廓线，并将无轮廓区切割成小网格，以便在成形之后能剔除废料。网格的大小根据成形件的形状复杂程度选定，网格越小，越易剔除废料，但花费的成形时间较长。可升降工作台支承正在成形的工件，并在每层成形之后降低一层纸的厚度（通常为 0.1～0.2mm），以便送进、黏合和切割新的一层纸。数控系统执行计算机发出的指令，使一段段的纸逐步送至工作台的上方，然后黏合、切割，最终形成 3D 工件。用这种成形机制作工件时，只需切割工件截面的轮廓线就可形成工件的整个截面，因此比较省时，比较适合于制作中大型厚实工件。

LOM 成形机的工作过程如图 7-2 所示，成形结束后得到包含成形件和废料的叠层块，成形件被废料小网格包围，剔除这些小网格之后，便可得到成形件。显然，用这种成形机成形时，不必另外设置支撑结构，废料小网格本身就能起支撑结构的作用。

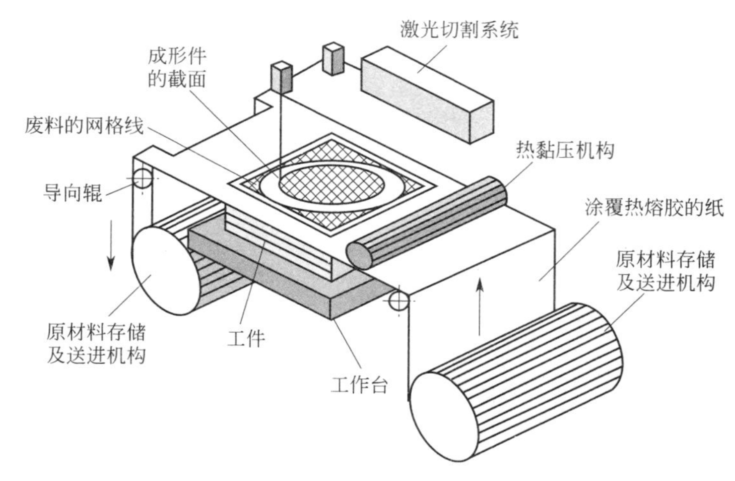

图 7-1　LOM 成形机原理

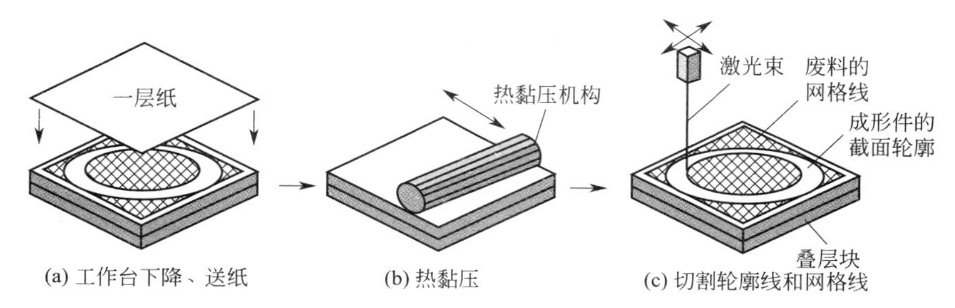

图 7-2　LOM 成形机的工作过程

7.3 叠层实体制造技术特点

目前，该打印技术能成熟使用的打印材料相比熔融挤压式（FDM）设备而言要少很多，最为成熟和常用的是涂有热敏胶的纤维纸。由于原材料的限制，导致打印出的最终产品在性能上仅相当于高级木材，在一定程度上限制了该技术的推广和应用。该技术同时又具备工作可靠、模型支撑性好、成本低、效率高等优点，但缺点是打印前准备和后处理都比较麻烦，并且不能打印带有中空结构的模型。在 LOM 具体使用中多用于快速制造新产品样件、模型或铸造用木模。LOM 打印技术的优点主要有以下几个方面。

a. 成形速度较快。由于 LOM 本质上并不属于增材制造，无需打印整个切面，只需要使用激光束将物体轮廓切割出来，所以成形速度很快，因而常用于加工内部结构简单的大型零部件。

b. 模型精度很高，可以进行彩色打印，同时打印过程造成的翘曲变形非常小。

c. 原型能承受高达 200℃的温度，有较高的硬度和较好的力学性能。

d. 无需设计和制作支撑结构，可直接进行切削加工。

e. 原材料价格便宜，原型制作成本低，可用于制作大尺寸的零部件。

LOM 技术的缺点也非常显著，主要包括以下几个方面。

a. 受原材料限制，成形件的抗拉强度和弹性都不够好。

b. 打印过程有激光损耗，需要专门实验室环境，维护费用高昂。

c. 打印完成后不能直接使用，必须手工去除废料，因此不宜构建内部结构复杂的零部件。

d. 后处理工艺复杂，原型易吸湿膨胀，需进行防潮等处理流程。

e. Z 轴精度受材质和胶水层厚决定，实际打印成品普遍有台阶纹理，难以直接构建形状精细、多曲面的零件，因此打印后还需进行表面打磨等处理。

另外，由于纸材最显著的缺点是对湿度极其敏感，LOM 原型吸湿后工件 Z 轴方向容易产生膨胀，严重时叠层之间会脱落。为避免因吸湿而造成的影响，需要在原型剥离后的短期内迅速进行密封处理。经过密封处理后的工件可以表现出良好的性能，包括强度和抗热抗湿性。

7.4　叠层实体制造系统组成

LOM 系统结构组成如图 7-3 所示，主要由切割系统、升降系统、加热系统以及原料供应与回收系统等组成。其中，切割系统采用大功率激光器。系统工作时，首先在工作台上制作基底，工作台下降，送纸辊筒送进一个步距的纸材，工作台回升，热压辊筒辊压背面涂有热熔胶的纸材，将当前叠层与原来制作好的叠层或基底粘贴在一起。切片软件根据模型当前层面的轮廓控制激光器进行层面切割，逐层制作，当全部叠层制作完毕后，再将多余废料去除。

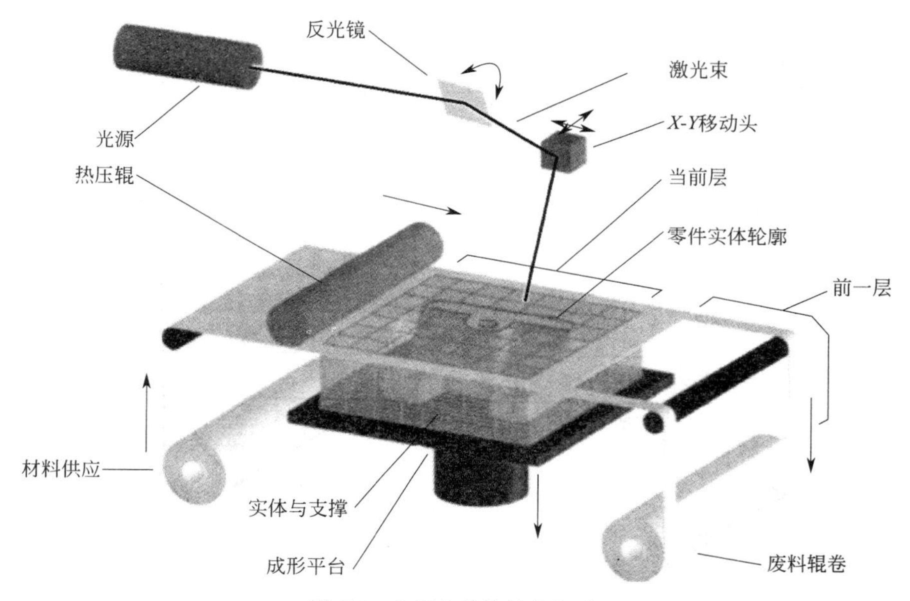

图 7-3　LOM 系统结构组成

7.4.1　切割系统

轮廓切割可采用 CO_2 激光或刻刀。刻刀切割轮廓的特点是没有污染、安全，系统适合在办公室环境工作。激光切割的特点是能量集中，切割速度快；但有烟，有污染，光路调整要求高。

(1) 激光切割

图 7-4 为激光切割原理。LOM 采用激光切割，即利用经聚焦的高功率密度激光束照射工件，使被照射的材料迅速熔化、气化、烧蚀或达到燃点；同时借助与光束同轴的高速气流吹走熔融物质，将工件割开。

激光切割可分为激光气化切割、激光熔化切割、激光氧气切割和激光划片与控制断裂四类。

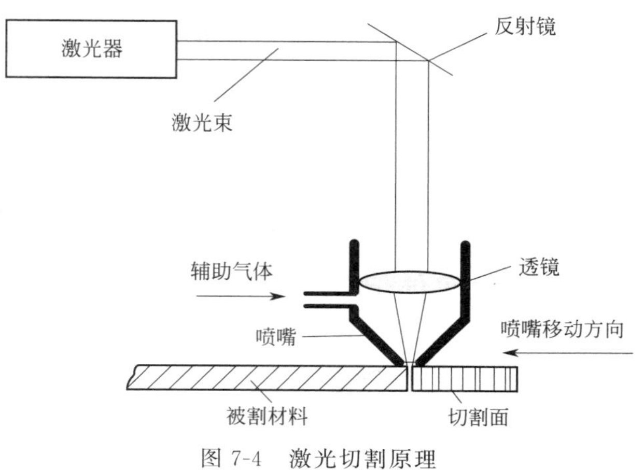

图 7-4　激光切割原理

① 激光气化切割　利用高能量密度的激光束加热工件，使温度迅速上升，在非常短的时间内达到材料的沸点，材料开始气化，形成蒸气。这些蒸气的喷出速度很大，在蒸气喷出的同时，材料上形成切口。材料的气化热一般很大，所以激光气化切割时需要很大的功率和功率密度。激光气化切割多用于极薄金属材料和非金属材料，例如纸、布、木材、塑料和橡皮等。

② 激光熔化切割　用激光加热使金属材料熔化，然后通过与光束同轴的喷嘴喷吹非氧化性气体（如 Ar、He、N_2 等），依靠气体的强大压力使液态金属排出，形成切口。激光熔化切割不需要使金属完全气化，所需能量只有气化切割的 1/10。激光熔化切割主要用于一些不易氧化的材料或活性金属，如不锈钢、钛、铝及其合金等。

③ 激光氧气切割　其原理类似于氧乙炔切割，它利用激光作为预热热源，利用氧气等活性气体作为切割气体。喷吹出的气体一方面与切割金属作用发生氧化反应，放出大量的氧化热；另一方面把熔融的氧化物和熔化物从反应区吹出，在金属中形成切口。由于切割过程中的氧化反应产生了大量热，所以激光氧气切割所需要的能量只是熔化切割的 1/2；而切割速度远远大于激光气化切割和熔化切割。激光氧气切割主要用于碳钢、钛钢以及热处理钢等易氧化的金属材料。

④ 激光划片与控制断裂　利用高能量密度的激光在脆性材料的表面进行扫描，使材料受热蒸发出一条小槽，然后施加一定的压力，脆性材料就会沿小槽处裂开。激光划片用的激光器一般为 Q 开关激光器和 CO_2 激光器。控制断裂是利用激光刻槽时所产生的陡峭的温度分布，在脆性材料中产生局部热应力，使材料沿小槽断开。

LOM 主要采用 CO_2 激光器。CO_2 激光切割是用聚焦镜将 CO_2 激光束聚焦在材料表面使材料熔化，同时用与激光束同轴的压缩气体吹走被熔化的材料，并使激光束与材料沿一定轨迹做相对运动，从而形成一定形状的切缝。LOM 的光学系统在结构上与 SL 系统相似，主要由激光发射器、一系列反光镜，以及分别用于实现 X、Y 方向运动的伺服电动机、滚珠丝杠、导向光杠以及滑块等组成。在 LOM 中，光学系统一方面使激光将纸切割出对应的模型截面，另一方面将纸上对应区域的非模型截面部分切割成网格状。

采用激光切割的 LOM 系统，存在以下不足。

a. 激光切割子系统成本高。激光子系统包括激光器、冷却器、电源和光路系统等，直接导致整套设备成本过高。

b. 因激光焦点光斑直径以及切割处材料燃烧气化产生的切缝对制件精度有影响，而切割深度合适与否又会影响边料分离。当前的激光切割系统除需要考虑光斑补偿问题，还要根据加工工艺动态调整激光功率和切割速度的匹配关系。此外，加工质量也与镜头的聚焦性能和激光器本身有关。

c. 系统控制复杂。为了提高加工质量，必须根据工艺动态调整激光功率与切割速度匹配（主要是解决能量的控制问题，控制能量与速度的匹配）。

d. 激光切割材料特别是材料背面胶质时的燃烧气化过程产生异味气体，对环境和操作人员有影响。

（2）刻刀切割

采用刻刀切割的切割系统由惯性旋转刻刀及其刀套、刀架和 XY 运动定位系统组成。刻刀径向为轴承固定，上端是具有轴向定位功能的微型精密三珠轴承，下端是微型滚动轴承。刻刀的轴向通过三珠轴承和磁铁的引力来固定，如图 7-5 所示。刻刀的材料、角度参数、偏心距、刻刀能否灵活旋转等对切割性能和制件质量会产生影响。

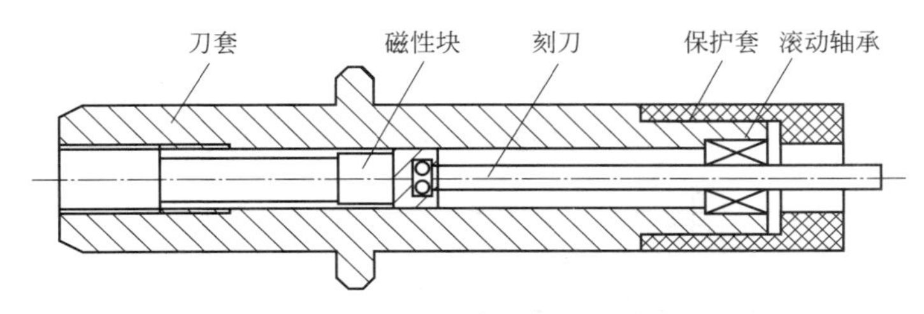

图 7-5　惯性旋转刻刀结构

LOM 系统采用惯性旋转刻刀代替激光切割的直接好处如下。

a. 降低了设备成本。如果采用皮带定位传动，价格可进一步降低。

b. 无需考虑光斑补偿问题。刻刀只是将材料分离，材料并没有任何损失，切缝可以很窄，这样提高了制件的成形精度。

c. 刻刀的切割控制简单。激光切割要控制能量与速度的匹配，特别是在加、减速阶段，以提高切割质量。刻刀子系统由于不存在能量控制问题，因而无需这种匹配控制，简化了控制系统，提高系统的可靠性。

d. 取消了激光器，也就消除了激光切割燃烧气化产生异味气体对环境和操作人员造成的影响。

7.4.2　升降系统

升降系统用于实现工作台的上下运动，以便调整工作台的位置以及实现模型的按层堆积。LOM 成形机的升降系统一般采用双层平台的结构，将 X、Y 扫描定位机构和热压机构分别安装在两个不同高度的平台上。这种设计避免 X、Y 定位机构和热压装置的运动干涉，同时使设备总体尺寸不至于过大。双层平台中的上层平台称为扫描平台，在上面安装 X、Y 扫描定位机构以及 CO_2 激光器和光束反射镜等，可使从激光光源到最后聚焦镜的整个光学系统都在一个平台上，提高了光路的稳定性和抗震性。下层平台称为基准平台，在上面安装热压机构和导纸辊，同时它还连接扫描平台和升降台 Z 轴导轨，是整个设备的平面基准；上面还有较大的平面面积，可以作为装配时的测量基准。

工作台一般以悬臂形式通过位于一侧的两个导向柱导向，有利于装纸、卸原型以及进行各种调整等操作。用于导向的两根导向柱由直线滚动导轨副实现。工作台与直线导轨副的滑块相连接。为实现工作台的垂直运动，由伺服电动机驱动滚珠丝杠转动，再由安装在工作台上的滚珠螺母使工作台升降。

7.4.3　加热系统

加热系统的作用主要是将当前层涂有热熔胶的纸与前一层被切割后的纸加热，并通过热压辊的碾压作用使它们粘接在一起，即每当送纸机构送入新的一层纸后，热压辊就应往返碾压一次。LOM 工艺的加热系统按照结构来划分，通常有两种：辊筒式和平板式。

（1）辊筒式加热系统

该种系统由空心辊筒和置于其中的电阻式红外加热管组成，用非接触式远红外测温计测量辊筒表面的温度，由温控器进行闭环温度控制。这种加热系统的优点在于：辊筒在工作过程中对原材料只施加很小的侧向力，不易使原材料发生错位或滑移，不易将熔化的黏结剂挤压至网格块的切割侧面而影响剥离。其缺点在于：辊筒与原材料之间为线接触，接触面过小导致传热效率低，因此所需的加热功率较大。一般来说，辊筒的设定温度应大大高于原材料上黏结剂的熔点。为实现加热功能，压辊采用钢质空心管，在管内部装有加热棒，使辊加热。图 7-6 所示为热压辊工作原理。

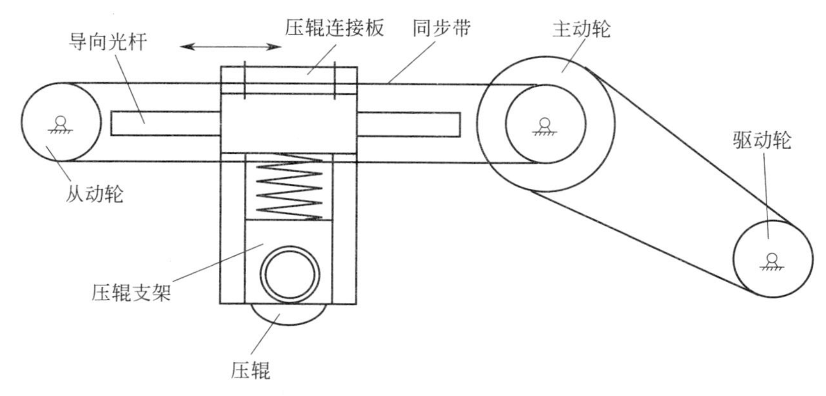

图 7-6 热压辊工作原理

在工作过程中，伺服电动机通过驱动轮驱动主动轮旋转，主动轮和从动轮又驱动同步带行走，同步带与压辊连接板固连在一起，因此会驱动压辊支架行走，从而实现热压辊的往复行走。为保证对纸的碾压平整，压辊支架采用了浮动结构。当压辊行走时，通过导向光杠进行导向。位于压辊连接板上的传感器用于测量压辊的温度。

（2）平板式加热系统

该种加热系统由加压板和电阻式加热板组成，用热电偶测量加压板的温度，由温控器进行闭环温度控制。这种加热系统的优点在于：结构简单，加压板与原材料之间为面接触，传热效率高，因此所需加热功率较小，加压板相对成形材料的移动速度可以比较高。其缺点在于：加压板在工作过程中对原材料施加的侧向力比辊筒式大，可能使原材料发生错位或滑移，并将熔化的黏结剂挤压至网格块的切割侧面而影响剥离。图 7-7 为平板式加热方式示意图。

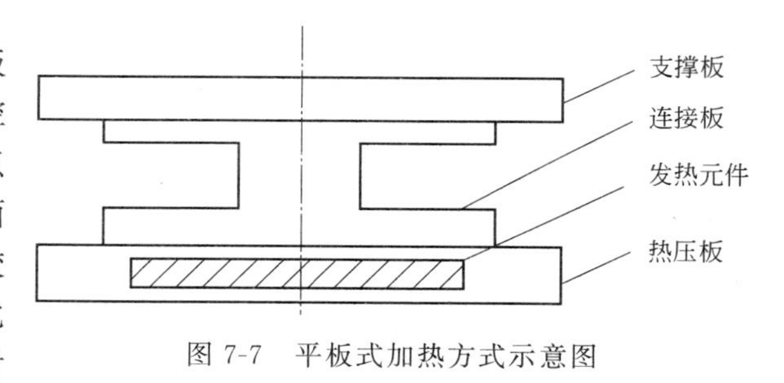

图 7-7 平板式加热方式示意图

7.4.4 材料供给与回收系统

送纸装置的作用是：当激光束对当前层的纸完成扫描切割，且工作台向下移动一定距离后，将新一层纸送入工作台，以便进行新的粘接和切割。送纸装置的工作原理如图 7-8 所示。送纸辊在电动机的驱动下顺时针转动，带动纸行走，达到送纸的目的。当热压辊对纸进行碾压或激光束对纸进行切割时，收纸辊停止旋转。当完成对当前层纸的切割，且工作台向下移动一定的距离后，收纸辊转动，实现送纸。

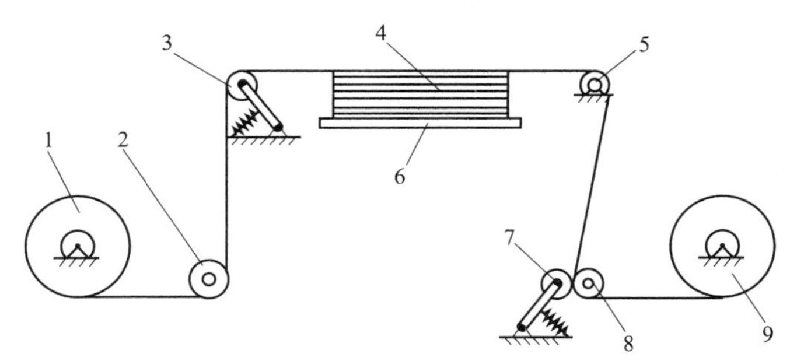

图 7-8　送纸装置工作原理

1—收纸辊；2—调偏机构；3—张紧辊；4—切割后的原型；
5,8—支撑辊；6—工作台；7—压紧辊；9—送纸辊

（1）收纸辊部件

收纸辊工作原理如图 7-9 所示。电动机 1 通过锥齿轮副 2 驱动收纸辊轴 4 旋转，使收纸辊旋转而实现收纸。由于收纸辊部件要安放在成形机内，为便于取纸，操作者应能够方便地将收纸辊部分从成形机内拉出，故将收纸辊部分安装在导轨上，而且部分导轨可以折叠，以便使整个收纸辊部件位于设备的机壳内部。在收纸辊机构的每一个支撑立板上安装有两个轴承，收纸辊轴直接放在轴承上，以便于卸纸。

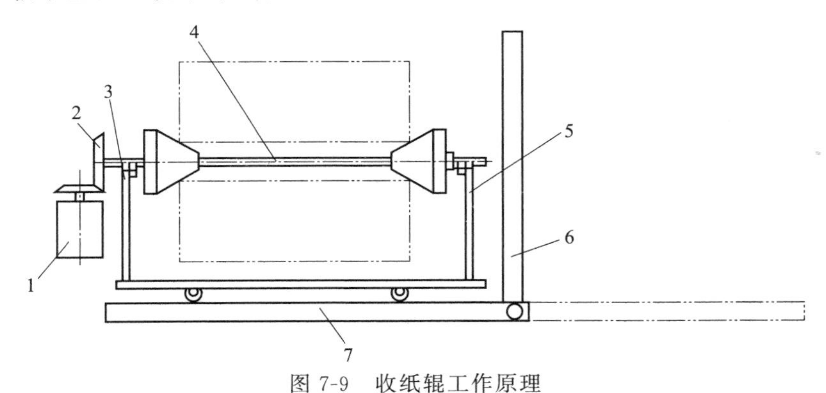

图 7-9　收纸辊工作原理

1—电动机；2—锥齿轮副；3—左支撑立板；4—收纸辊轴；
5—右支撑立板；6—可折叠式导轨；7—固定导轨

（2）调偏机构

调偏机构的作用是通过改变作用于纸上的力来调整纸的行走方向，防止其发生偏斜。调偏机构的工作原理如图 7-10 所示。调偏辊 3 安装在调偏辊支座 4 上，利用两个调整螺钉 2 可使调偏辊支座以及调偏辊绕转轴螺钉 5 旋转，以改变纸的受力状况，实现调偏。调偏后，通过固定用螺钉 1 和转轴螺钉 5 将调偏辊支座固定在成形机机架上。

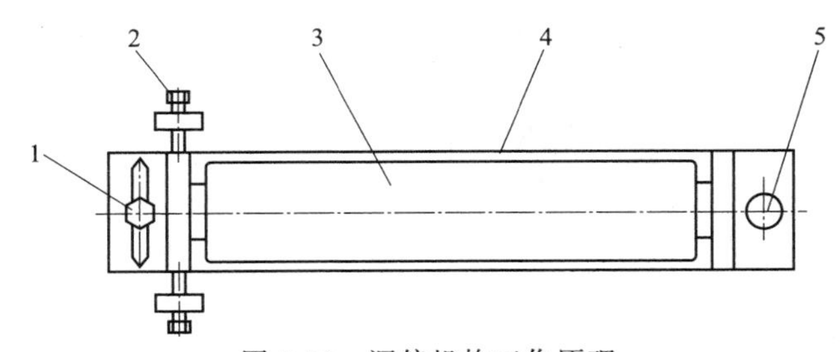

图 7-10　调偏机构工作原理

1—固定用螺钉；2—调整螺钉；3—调偏辊；4—调偏辊支座；5—转轴螺钉

（3）压紧辊组件

压紧辊的作用是保证将纸平整地送到工作台。因此，要保证压紧辊与支撑辊有良好的接触，其结构如图 7-8 所示。在图 7-8 所示的送纸装置工作原理中，支撑辊 5、8 用于支撑纸的行走，张紧辊 3 用于使纸始终保持张紧状态。

7.5 叠层实体制造系统控制技术

LOM 系统控制框图如图 7-11 所示，*X* 轴定位和 *Y* 定位完成零件截面切割，扫描出各种复杂的轮廓图形，有较强的联动要求。它们之间是联动关系，需要至少有直线插补功能的数控系统控制；CO_2 激光功率控制则需要与激光切割，即 *X*、*Y* 的运动速度呈一定的比例关系，它与 *X*、*Y* 轴的运动也有联动关系；*Z* 轴定位、热压定位和复卷定位之间以及与前面三个控制对象（*X* 轴定位、*Y* 定位和 CO_2 激光功率控制）之间没有明显的联动关系，它们在时序上是分开的，不同时运动；快门控制的状态只有两个（通、断），是开关量，用一位二进制数就可以控制，它与 *X*、*Y* 的扫描运动也有协调关系，即在一定位置准确、快速地通断。刻刀系统与其相比就显得相对简单，只需要配合运动的轨迹适时地对刀头进行抬升下降即可。热压温度控制是一个较独立的控制量，与其他对象没有明显的协同要求；工件高度测量是输入信号。为简化机构，采用间接测量的办法。将差动变压器安装在热压装置上，测量加工平面的高度。为了求得加工零件的高度，则需要知道 *Z* 轴的定位位置，由 *Z* 轴下降的相对距离来测量工件高度；走纸距离测量也是输入信号。用光电旋转编码器安装在放纸轴上，测量放纸轴的转动角度，计算出纸带移动的具体距离。

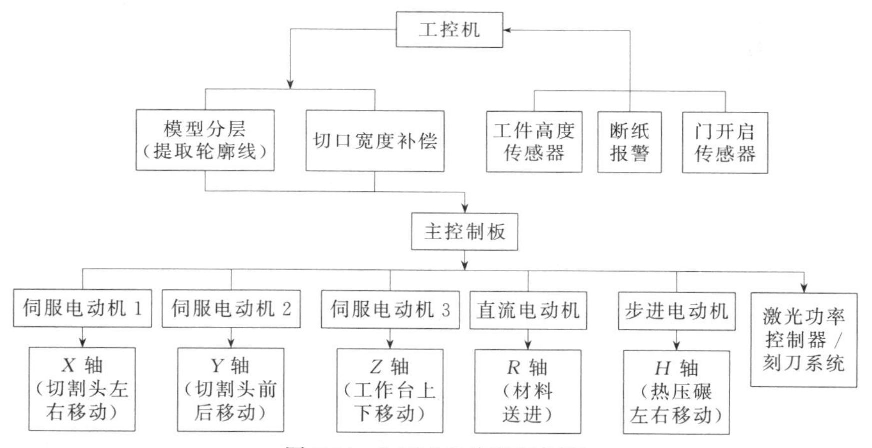

图 7-11　LOM 系统控制框图

采用激光切割成形纸获取原型，要求 LOM 的扫描速度与激光功率相匹配。如果激光器输出功率不随扫描速度的变化而变化，当扫描速度减小时，激光头在特定距离内的停留时间延长，激光器输出能量将增加，从而使成形纸吸收能量增加。尽管成形纸的热导率较低，但是氧助燃烧作用仍会扩大激光的热影响区而使切口宽度变宽，从而降低原型尺寸精度，同时通过切口泄漏的激光束会切割已经成形的下层，降低原型的表面质量，也浪费了能源；当扫描速度变大时，激光头在特定距离内的停留时间缩短，激光器输出能量不足以将非零件部分与零件部分切割开，并且也不易切碎非零件部分，不利于切割完毕后废料的去除。

激光功率与扫描速度的正确匹配包含两层含义：一是激光功率与扫描速度成正比，二是激光功率与扫描速度同步输出。最好的控制方案是通过上位机对位移单元和激光单元进行并行控制，且在激光单元与位移单元之间建立双向的信息通道。并行控制可以让两单元的输出基本同步，其延迟仅仅取决于两单元的硬件延迟；双向的信息通道可以让两单元相互之间知道对方的信息，从而可以对自己进行相应的调整，并达到最佳配合。一种较为简便的控制方案是：上位机只直接控制位移单元扫描速度输出，让激光单元对位移单元进行跟踪，实时检测扫描速度的信号，以其作为匹配控制系统的输入物理量，以其变化直接驱动参数匹配控制系统的输出物理量（激光功率）的变化，即激光功率根据扫描速度的变化实时调整。由此，在两者之间建立一种主从式（master-slave）跟踪耦合关系。只要输出能对输入瞬间做出响应，在工程上就可认为两者输出基本是同步的，从而达到激光功率与扫描速度的良好匹配，由此可获得良好的切割质量。

7.6 叠层实体制造工艺成形质量影响因素

影响LOM成形精度的主要因素有LOM系统本身的精度、系统操作参数的设置、由CAD模型输出STL数据文件时的精度、分层厚度及切片时造成的误差以及环境参数等。

7.6.1 分层制造引起的台阶效应对成形精度的影响

由LOM成形工艺的流程可知，原型在高度方向上不可避免地产生台阶效应，如图7-12所示。设纸厚为t，原型表面的倾斜角为α，则成形件表面的最大粗糙度为即Ra_{max}，在厚度一定的情况下倾斜角越小，原型表面越粗糙。在成形机上取下成形件后进行打磨和抛光，可去掉因分层制造引起的小台阶，使其表面光滑。

7.6.2 STL格式拟合精度对成形精度的影响

在LOM成形前，将CAD模型进行STL格式化，用一系列小三角形平面的组合逼近CAD模型，与设计的CAD模型之间存在以下差异：小三角面的组合是CAD模型表面的一阶近似；STL模型的边界上有时有凹凸现象；在表面曲率变化较大的分界处，可能出现锯齿状的小凹坑；有微小特征结构（如很窄的缝隙、筋条或很小的台阶等）遗漏。为了克服经STL格式化后再切片的弊病，国内外进行了直接切片（即用原始CAD模型进行直接切片）的研究，并已推出多种直接切片软件。

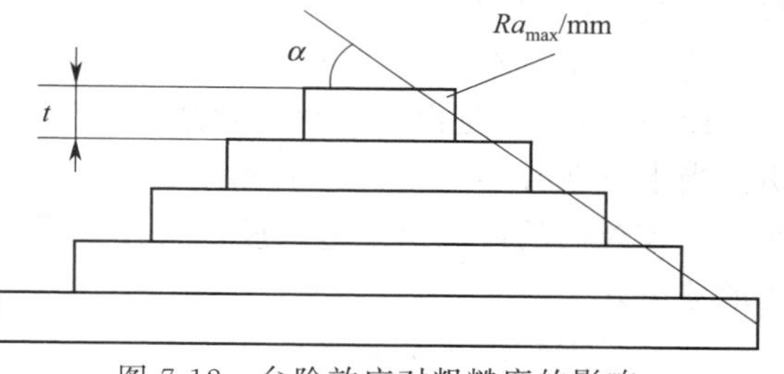

图7-12 台阶效应对粗糙度的影响

7.6.3 分层方法对成形精度的影响

理想的分层应沿某一方向将三维CAD模型分解为多个精确的层片模型，而每一个层片模型的侧面与三维模型相应位置的几何特征完全一致。然而在实际工作中，不能采用理想分层方法，其主要原因是：理想分层后每个层片模型仍具有三维几何特征，不能用二维数据进行精确描述，因而无法提供准确的控制信息。具体的工艺难以保证层片厚度方向的轮廓形状。因此，每一层片只能用直壁层片近似，用二维特征截面近似代替整个层片的几何轮廓信息。在LOM成形工艺中，有以下两种分层方法。

(1) 根据所选定的层厚（纸的名义厚度）进行分层

根据所选定的层厚一次性对模型进行切片分层，将各层的数据存储在相应的数据文件中，计算机顺序调用各层的数据，控制成形机完成产品模型的制作。这种分层方法虽然比较简单，但是纸厚的累积误差造成成形件 Z 向尺寸精度无法控制，而且不能保证成形件每一高度处的截面轮廓完全符合 STL 模型相应高度处的截面轮廓。

（2）实时测厚实时分层

对升降工作台采用闭环控制，根据正在成形的工件的每层实测高度，对 STL 模型进行实时分层，以获取相应截面的数据。这不仅能较真实地反映 STL 模型相应高度处的截面轮廓，而且可以消除纸厚的累积误差对产品 Z 向尺寸精度的影响。实践证明，实时测厚实时分层能很好地控制成形件的精度。

7.6.4 成形机对成形精度的影响

激光头的运动定位精度，X、Y 轴系导轨的垂直度，Z 轴与工作台面的垂直度等都会对成形精度产生影响。但以现代数控技术和精密传动技术，可以将激光头的运动定位精度控制在±0.02mm 以内，激光头的重复定位精度控制在 0.01mm 以内，相对于现阶段成形件的精度±0.2mm 而言，其影响甚微。

7.6.5 成形材料的热湿变形对成形精度的影响

热湿变形表现为成形件的翘曲、扭曲、开裂等。热湿变形是影响 LOM 成形精度最关键、最难控制的因素之一。

（1）热变形

目前，LOM 成形材料普遍采用表面涂有热熔胶的纸，在成形过程中通过热压装置将一层层的纸黏合在一起。由于纸和胶的热膨胀系数相差较大，加热后胶迅速熔化膨胀，而纸的变形相对较小；在冷却过程中，纸和胶的不均匀收缩，使成形件产生热翘曲、扭曲变形。剥离废料后的成形件，由于内部有热残余应力而产生残余变形。在成形件刚度较小的部分（薄壁、薄筋），严重时引起开裂。

（2）吸湿变形

LOM 成形件是由复合材料叠加而成的，其湿变形遵守复合材料的膨胀规律。实验研究表明，当水分在叠层复合材料的侧向开放表面聚集之后，将立即以较大的扩散速度通过胶层界面，由较疏松的纤维组织进入胶层，使成形件产生湿胀，损害连接层的结合强度，导致成形件变形甚至开裂。

（3）减少热湿变形的措施

① 改进黏胶的涂覆方法　涂覆在纸上的黏胶为颗粒状时，由于其降温收缩时相互影响较小，热应力也小，所以成形件翘曲变形较小，不易开裂。

② 改进后处理方法　在成形件完全冷却后进行剥离和在成形件剥离后立即进行表面涂覆处理，可提高成形件的强度。

③ 预先进行反变形修正　根据成形件的热变形规律，预先对 CAD 模型进行反变形修正。

7.7 叠层实体制造工艺后处理

对 LOM 工艺成形件进行后处理，可以提高表面质量和表面粗糙度等。

（1）去除废料

原型件加工完成后，将原型件从工作台取下，去掉边框后，仔细将废料剥离得到原型件；然后对原型件进行抛光、涂漆，以防止零件吸湿变形，同时得到更完美的外观。

（2）表面涂覆

LOM原型经过余料去除后，为了提高原型的性能和便于表面打磨，经常需要对原型进行表面涂覆处理，表面涂覆的好处如下：提高强度；提高耐热性；改进抗湿性；延长原型的寿命；易于表面打磨等处理；经涂覆处理后，原型可更好地用于装配和功能检验。

纸材的最显著缺点是对湿度极其敏感，LOM原型吸湿后叠层方向尺寸增长，严重时叠层会相互之间脱离。为避免因吸湿而引起的这些后果，在原型剥离后短期内应迅速进行密封处理。表面涂覆可以实现良好的密封，而且同时可以提高原型的强度和抗热抗湿性。表面涂覆的工艺过程如下。

a. 将剥离后的原型表面用砂纸轻轻打磨。

b. 按规定比例配备涂覆材料（如双组分环氧树脂的质量比：100份TCC-630配20份TCC-115N硬化剂），并混合均匀。

c. 在原型上涂刷一薄层混合后的材料，因材料的黏度较低，材料会很容易浸入纸基的原型中，浸入的深度可以达到1.2～1.5mm。

d. 再次涂覆同样混合后的环氧树脂材料以填充表面的沟痕并长时间固化。

e. 对表面已经涂覆了坚硬的环氧树脂材料的原型再次用砂纸进行打磨，打磨之前和打磨过程中应注意测量原型的尺寸，以确保原型尺寸在要求的公差范围之内。

f. 对原型表面进行抛光，达到无划痕的表面质量之后进行透明涂层的喷涂，以增加表面的外观效果。

通过上述表面涂覆处理后，原型的强度和耐热防湿性将得到显著提高。

7.8 叠层实体制造的材料

LOM材料一般由薄片材料和黏结剂两部分组成，薄片材料根据对原型性能要求的不同可分为纸片材、金属片材、陶瓷片材、塑料薄膜和复合材料片材。用于LOM纸基的热熔性黏结剂按基体树脂类型分，主要有乙烯-醋酸乙烯酯共聚物型热熔胶、聚酯类热熔胶、尼龙类热熔胶或其混合物。

LOM基体薄片材料主要是纸材。这种纸材由纸质基底和涂覆的黏结剂、改性添加剂组成。材料成本低，基底在成形过程中始终为固态，没有状态变化，因此翘曲变形小，最适合中大型零件的成形。在新加坡KINERGY公司生产的纸材中，采用了熔化温度较高的黏结剂和特殊的改性添加剂。所以，用这种材料成形的制件坚如硬木（制件水平面上的硬度为18HR，垂直面上的硬度为100HR），表面光滑，有的材料能在200℃下工作，制件的最小壁厚可达0.3～0.5mm。成形过程中只有很小的翘曲变形，即使间断地进行成形也不会出现不黏结的裂缝，成形后工件与废料易分离，经表面涂覆处理后不吸水，有良好的稳定性。

作为纸基黏合剂的热熔胶是一种可塑性的黏合剂，在一定温度范围内其物理状态随温度改变而改变，而化学特性不变。困扰分层实体打印的一个重要问题就是翘曲问题，而黏合剂的选择往往对零件的翘曲与否有着重要的影响。

纸材料的选取、热熔胶的配置及涂布工艺均要从保证最终成形零件的质量出发，同时要考虑成本。对于纸材的性能，要求厚度均匀、具有足够的抗拉强度，黏结剂要有较好的湿润性、涂挂性和黏结性等。

（1）纸的性能

对于黏结成形材料的纸材，有以下要求。

a. 抗湿性，保证纸原料（卷轴纸）不会因时间长而吸水，从而保证热压过程中不会因水分的损失而产生变形及粘接不牢。纸的施胶度可用来表示纸张抗水能力的大小。

b. 良好的浸润性，保证良好的涂胶性能。

c. 抗拉强度好，保证在加工过程中不被拉断。

d. 收缩率小，保证热压过程中不会因部分水分损失而导致变形，可用纸的伸缩率参数计量。

e. 剥离性能好。因剥离时破坏发生在纸张内，要求纸的垂直方向抗拉强度不是很大。

f. 易打磨，表面光滑。

g. 稳定性好，成形零件可长时间保存。

表 7-1 和表 7-2 分别是新加坡 KINERGY 公司和美国 Cubic Technologies 公司的纸材物性指标。

表 7-1　新加坡 KINERGY 公司的纸材物性指标

型号	K-01	K-02	K-03
宽度/mm	300～900	300～900	300～900
厚度/mm	0.12	0.11	0.09
黏结温度/℃	210	250	250
成形后的颜色	浅灰	浅黄	黑
成形过程翘曲变形	很小	稍大	小
成形件耐温性	好	好	很好(>200℃)
成形件表面硬度	高	较高	很高
成形件表面光亮度	好	很好	好
成形件表面抛光性	好	好	很好
成形件弹性	一般	好	一般
废料剥离性	好	好	好
价格	较低	较低	较高

表 7-2　美国 Cubic Technologies 公司的纸材物性指标

<table>
<tr><td>型号</td><td colspan="2">LPH042</td><td colspan="2">LXP050</td><td colspan="2">LGF045</td></tr>
<tr><td>材质</td><td colspan="2">纸</td><td colspan="2">聚酯</td><td colspan="2">玻璃纤维</td></tr>
<tr><td>密度/(g/cm^3)</td><td colspan="2">1.449</td><td colspan="2">1.0～1.3</td><td colspan="2">1.3</td></tr>
<tr><td>纤维方向</td><td>纵向</td><td>横向</td><td>纵向</td><td>横向</td><td>纵向</td><td>横向</td></tr>
<tr><td>弹性模量/MPa</td><td>2524</td><td></td><td>3435</td><td></td><td></td><td></td></tr>
<tr><td>抗拉强度/MPa</td><td>26</td><td>1.4</td><td>85</td><td></td><td>>124.1</td><td>4.8</td></tr>
<tr><td>抗压强度/MPa</td><td>15.1</td><td>115.3</td><td>17</td><td>52</td><td></td><td></td></tr>
<tr><td>压缩模量/MPa</td><td>2192.9</td><td>406.9</td><td>2460</td><td>1601</td><td>—</td><td>—</td></tr>
<tr><td>最大变形程度/%</td><td>1.01</td><td>40.4</td><td>3.58</td><td>2.52</td><td>—</td><td>—</td></tr>
<tr><td>抗弯强度/MPa</td><td colspan="2">2.8～4.8</td><td colspan="2">4.3～9.7</td><td colspan="2">—</td></tr>
<tr><td>玻璃化转变温度/℃</td><td colspan="2">30</td><td>—</td><td>—</td><td colspan="2">53～127</td></tr>
<tr><td>膨胀系数/$10^{-6}K^{-1}$</td><td>3.7</td><td>185.4</td><td>17.2</td><td>229</td><td>X:3.9/Y:15.5</td><td>Z:111.1</td></tr>
</table>

(2) 热熔胶

黏结成形工艺中的成形材料多为涂有热熔胶的纸材，层与层之间的黏结是靠热熔胶保证的。热熔胶的种类很多，其中 EVA 型热熔胶的需求量最大，占热熔胶消费总量的 80%左右。当然，在热熔胶中还要添加某些特殊的组分。叠层实体制造工艺用纸材对热熔胶的基本要求如下。

a. 良好的热熔冷固性（70～100℃开始熔化，室温下固化）。

b. 在反复“熔融-固化”条件下，具有较好的物理化学稳定性。

c. 熔融状态下与纸具有较好的涂挂性和涂匀性。

d. 与纸具有足够的黏结强度。

e. 良好的废料分离性能。

(3) 涂布工艺

涂布工艺包括涂布形状和涂布厚度两个方面。涂布形状是指采用均匀式涂布还是非均匀式涂布，而非均匀式涂布有多种形状。均匀式涂布采用狭缝式刮板进行涂布；非均匀式涂布则采用条纹式和颗粒式，这种方式可以减小应力集中，但设备比较贵。涂布厚度是指在纸材上涂多厚的胶，在保证可靠黏结的情况下，尽可能涂薄，减少变形、溢胶和错移是选择涂布厚度的原则。

现在已经运用LOM方法制造出金属薄板的零件样品，相关工艺也在进一步完善。美国Helisys公司采用金属带、不锈钢带为成形材料，利用LOM工艺，通过切割这些金属薄板并层压可以直接制造出金属件或金属模具。这是LOM技术目前发展的一个主要方向。

目前国外3D打印的材料已有100多种，而国产材料仅几十种，许多材料还依赖进口，价格相对高昂。国内对于金属的分层实体打印无论在材料还是在打印技术方面国内开展研究都较少，纸材、塑料的分层制造技术大多是在模具成形和模型制造方面应用广泛。陶瓷基的3D打印主要是应用于工艺品的制备，距离应用于工程结构件的生产尚存一定差距。

7.9 叠层实体制造成形设备

7.9.1 南京紫金立德公司的成形机

图7-13为南京紫金立德电子有限公司生产的Solido SD300-2Pro型成形机，采用的成形叠层材料厚度为0.15mm的PVC塑料薄膜（在熨平机构内涂胶），用刻刀在塑料薄膜上刻写成形件的截面轮廓线，用笔尖粗细不同的3支去胶笔涂覆解胶剂，以便消除轮廓线外胶水的黏性。

在使用Solido SD300-2Pro型成形机制作工件时，首先将三维的CAD设计文档导入附带的SDView软件中，切割刀根据每个横切面的数据，在一层层的PVC薄膜上进行切割，并依次堆叠。每层PVC薄膜之间用胶水黏合，而不需要黏合的地方用解胶水将胶水擦掉。不出几小时，将堆叠完成的PVC板块取出，去除多余的PVC材料，成形件的制作即可完成。该成形机的成形室尺寸为160mm×210mm×135mm，PVC塑料薄膜材料的热变形温度为57～60℃（0.45MPa下）。

图7-13　南京紫金立德公司生产的Solido SD300-2Pro型成形机

7.9.2 武汉滨湖机电公司的成形机

武汉滨湖机电技术产业有限公司是由华中科技大学和深圳创新投资集团公司共同组建。该公司地处武汉中国光谷，主要从事光电机一体化设备的研究、开发、生产和销售，是集工贸于一体的高新技术企业。该公司于1991年开始快速成形技术的研究，1994年成功开发薄材叠层快速成形系统样机HRP-I，这是我国第一台快速成形装备。图7-14为HRP-IIIA LOM快速成形机，表7-3为该系列成形机的技术参数。

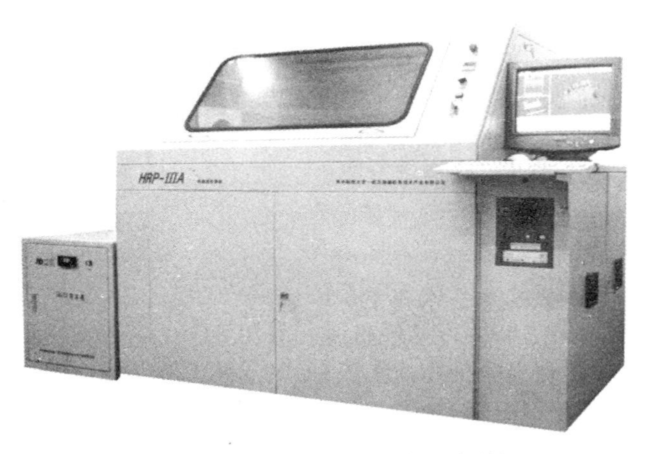

图 7-14　HRP-IIIA LOM 快速成形机

表 7-3　HRP 系列成形机的技术参数

型号 参数	HRP-ⅡB	HRP-ⅢA
成形空间 ($L\times W\times H$)/mm	450×350×350	600×400×500
激光器	50W,CO_2	50W,CO_2
重复定位精度/mm	0.02	0.02
最大切割速度/(mm/s)	600	650
应用软件	奥略 Power RP	奥略 Power RP
输入格式	STL 文件	STL 文件
成形材料	热熔树脂涂覆纸	热熔树脂涂覆纸
叠层厚度/mm	0.08～0.15	0.08～0.15
主机外形尺寸/mm	1750×980×1500	1860×1100×1700
系统总质量/kg	500	600

(1) 硬件配置

① *X-Y* 扫描单元　*X-Y* 扫描单元由交流伺服驱动和滚珠丝杠传动组成，交流伺服驱动采用国际著名厂家松下交流伺服电动机及其驱动单元，*X* 轴采用精密滚珠丝杠单元，*Y* 轴采用精密滚珠丝杠导轨单元。它具有精度高、结构紧凑、美观、质量小、运动平稳、噪声小的优点，以上配置保证了扫描系统的高精、高速和平稳传动。

② 升降工作台（即 *Z* 轴）　为 4 柱导向和滚珠丝杠传动，并采用松下交流伺服电动机驱动，保证了工作台的高精、高速和平稳传动。

③ 无拉力叠层材料送进系统　送进可靠，速度高，只需很小搭边即可保证材料的可靠送进，材料利用率比同类产品高 20%以上。还可用很薄的材料以提高制件精度。

④ 激光器　采用国产 50W CO_2 激光器，具有较高的性能价格比，并配以全封闭恒温水循环冷却系统，具有较高的性能价格比。

⑤ 抽风排烟装置　采用随动式吹风装置，能及时、充分地排出烟尘，防止烟尘污染透镜及工作环境。

(2) 软件配置

采用功能强大的 Power RP 软件，具有易于操作的友好图形用户界面，开放式的模块化结构，国际标准输入/输出接口。该软件有以下功能模块。

a. 数据处理方面：STL 文件识别及重新编码；容错及数据过滤切片，可提高工作效率；STL 文件可视化，具有旋转、缩放等图形变换功能。

b. 原型制作实时动态仿真。

c. 控制软件方面：数据拟合；高速插补控制；任意组合曲线的高速、高精连续加工，其中包括速度规划和速度预测，保证了轮廓高速和高精加工。激光能量随切割速度适时控制，能保证切割深度和线宽均匀，切割质量良好；激光光斑直径随内外轮廓自动补偿，提高了制件精度；系统故障诊断，故障自动停机。

（3）性能优良成本低廉的叠层材料

公司提供黏结可靠、强度高、容易剥离废料、制件精度稳定、成本低廉、对环境无污染的新型 LOM 工艺用材料，综合性能超过国外产品。

7.9.3 美国 Helisys 公司的成形机

该公司在 1990 年推出了第一台 LOM-1015 成形机（图 7-15），并将该技术商业化。后来该公司又推出了 LOM-1050 和 LOM-2030 两种型号成形机（图 7-16），成形材料为纸基薄材、塑胶、复合材料，成形规格为 812mm×550mm×508mm，切割速度为 500mm/s 。

图 7-15 第一台 LOM 设备 LOM-1015 成形机

图 7-16 LOW-2030 快速成形机

7.10 叠层实体制造技术的应用

7.10.1 产品外观评价、结构设计验证

快速成形系统可以在较短时间内将三维 CAD 模型转变成实物原型，可用来进行外观评价和广泛征求各方面的意见；同时，可以及时发现产品结构设计中存在的各种缺陷和错误，减少和避免由此造成的损失，可大大缩短新产品设计开发周期，提高开发的成功率。图 7-17 为采用 LOM 工艺制作的电话机盖。图 7-18 为汽车空调罩的薄材叠层制件。

图 7-19 为某客车 LOM 原型件的效果图（在 LOM 模型上进行喷漆和必要装饰处理后的效果图），根据某客车公司提出的某豪华客车外观设计开发要求，利用三维 CAD 软件进行外观设计，使用叠层实体快速成形机按三维计算机模型进行整车快速原型制造。

7.10.2 新产品试制

在新产品试制过程中，LOM技术可以为快速翻制模具提供母模原型，特别是用于软质模具（或简易模具）的制造，从而试制少量新产品。软质模具主要用于小批量零件或者用于产品的试生产。首先，利用LOM技术加工原型件，经过表面处理，作为硅橡胶模具的母样；其次，通过真空注塑机制造硅橡胶模具；然后，用硅橡胶软模，在真空注型机中浇注出高分子材料制件，以此试制新产品，如图7-20所示。

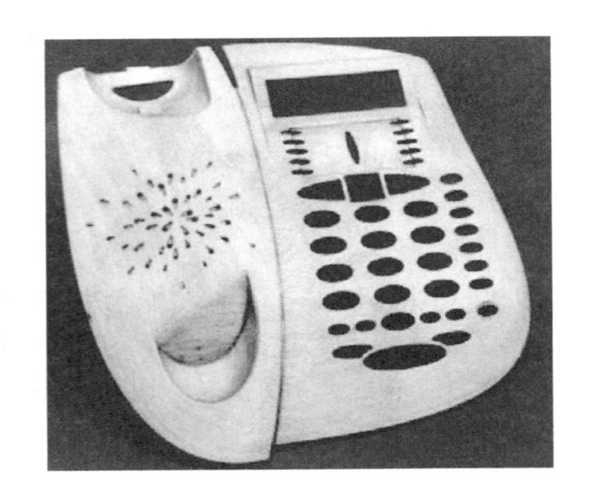

图7-17 电话机盖

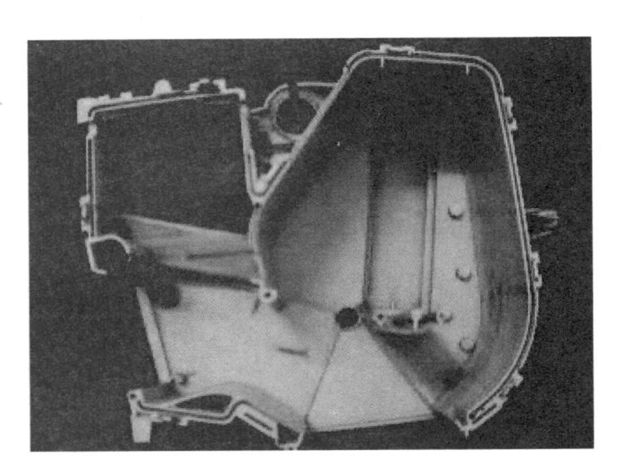

图7-18 汽车空调罩的薄材叠层制件

图7-19 某客车LOM原型件的效果图

7.10.3 快速制模

LOM工艺快速成形的原型件，由于采用了熔化温度较高的黏结剂和特殊的改性添加剂，强度类似硬木，可承受200℃左右的高温，具有较好的力学强度和稳定性。经过适当的表面处理，如喷涂清漆、高分子材料或金属后，可作为各类间接快速制模工艺的母模，或直接作为模具用于生产。薄材叠层制件可代替木模直接用于砂型铸造。与传统制造木模方法相比，薄材叠层方法可以制作任意复杂曲面的模型，模型精度高，加工时间可由几个月缩短至几天，无需熟练的木模工，加工时不需人员看管。将这种方法与转移涂料法铸造或射挤压铸造方法相结合，可进一步提高铸件质量。铸造用气化模要求模具具有均匀的壁厚，即其外形与内腔形状成比例，通常称为“随形”。制造这类模具采用数控加工，加工时间长，材料消耗大，成本高。采用薄材叠层方法通过精密铸造制作铸造用气化模，可以无需数控加工，节省材料，大幅度减少费用，缩短模具制造周期。对于形状复杂的中小型铸件，其优势尤为突出。

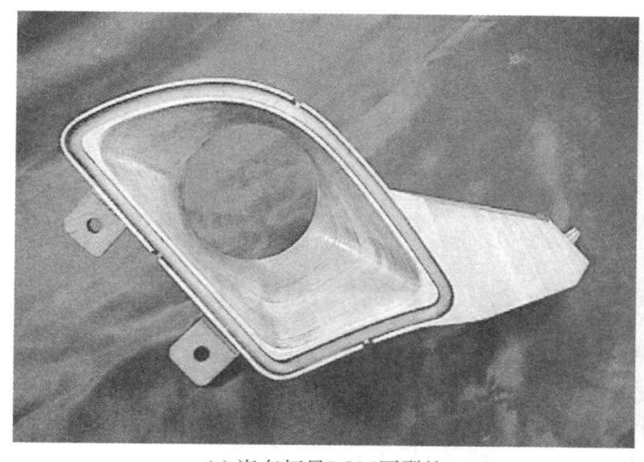

(a) 汽车灯具LOM原型件

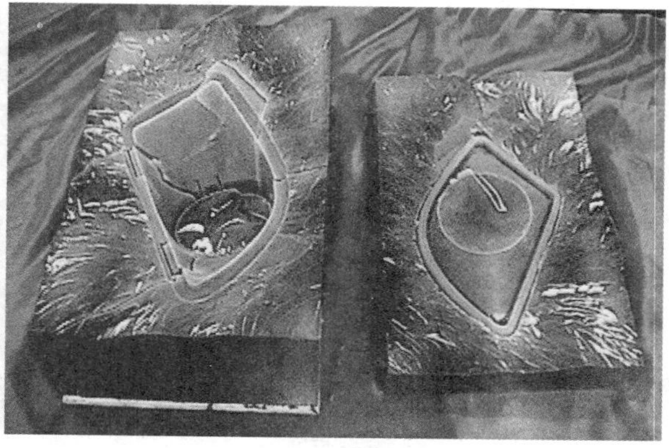

(b) 硅橡胶软模

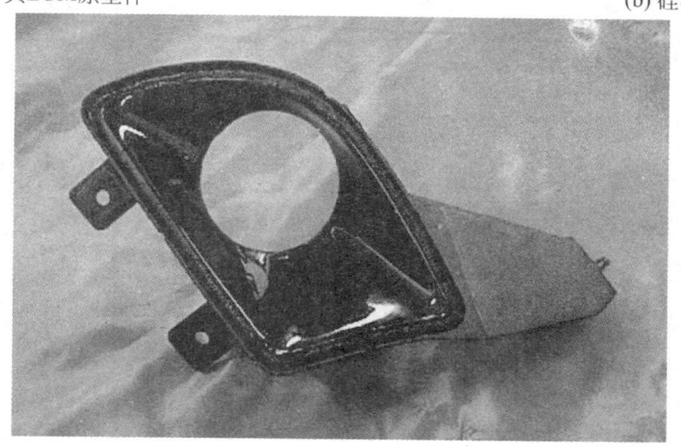

(c) 高分子材料制件

图 7-20　汽车灯具新产品的试制

图 7-21 所示为某机床操作手柄原型件制作，材料为铸铁件。如果采用人工方式制作砂型铸造用的木模比较困难，而且精度得不到保证。直接由 CAD 模型高精度地快速制作砂型铸造的木模，克服了人工制作的局限和困难，极大地缩短了产品生产的周期并提高了产品的精度和质量。

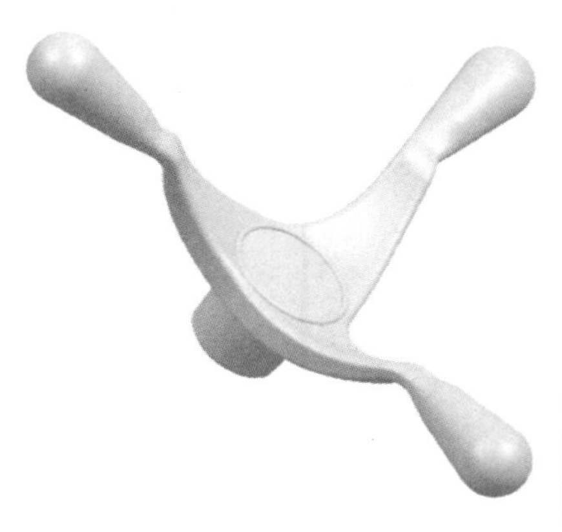

图 7-21　铸铁手柄的 CAD 模型和 LOM 原型件

7.10.4　工艺品制作

利用 LOM 工艺制作的艺术品如图 7-22 所示。

图 7-22　利用 LOM 工艺制作的艺术品

第8章 3D打印成形材料

3D打印材料是3D打印技术发展的重要物质基础。3D打印技术的兴起和发展，离不开3D打印材料的发展，在某种程度上3D打印材料的发展决定着3D打印能否有更广泛的应用。目前，可用的3D打印材料种类已超过200种，但对应现实中纷繁复杂的产品还是远远不够。3D打印材料主要包括工程塑料、光敏树脂、橡胶类材料、金属材料和陶瓷材料等。除此之外，彩色石膏材料、人造骨粉、细胞生物原料以及砂糖等食品材料也在3D打印领域得到了应用。3D打印所用的这些原材料都是专门针对3D打印设备和工艺而研发的，与普通的塑料、石膏、树脂等有所区别，其形态一般有粉末状、丝状、层片状、液体状等。通常，根据打印设备的类型及操作条件的不同，所使用的粉末状3D打印材料的粒径为1～100μm不等；而为了使粉末保持良好的流动性，一般要求粉末要具有高球形度。

工业产品中95%以上是金属材质。目前适用于金属3D打印的材料只有10余种，严重地限制了工业级3D打印的发展，而且只有专用的金属粉末材料才能满足金属零件的打印需要。需要用到金属粉末材料的3D打印为工业级打印机包括选择性激光烧结（SLS)、选择性激光熔化（SLM、DLS)、激光直接金属堆积（DMD）技术。目前在工业级3D打印材料方面存在的问题主要如下。

a. 可适用的材料成熟度跟不上3D市场的发展。

b. 打印流畅性不足。

c. 材料强度不够。

d. 材料对人体的安全性与对环境的友好性存在矛盾。

e. 材料标准化及系列化规范的确定。

3D打印对粉末材料的粒度分布、松装密度、氧含量、流动性等性能要求很高。但目前还没有形成一个行业性的标准，因此在材料特性的选择上前期要花很长时间。

8.1 塑料材料

塑料是指以树脂为基础原料，加入各种添加剂，在一定温度、压力下塑制成形，在常温下能保持其形状不变。树脂是塑料的主要成分，对塑料性能起决定性作用。树脂是一种有机聚合物，在常温下呈固态或半固态或液态，在塑料中树脂用于胶粘其他成分材料，赋予塑料可塑性和流动性。塑料中的添加剂是为改善塑料某些性能而加入的物质。其中的填料（填充剂）主要起增强作用；增塑剂用于提高树脂的可塑性和柔软性；固化剂用于使热固性树脂由线型结构转变为体型结构；稳定剂用于防止塑料老化，延长其使用寿命；润滑剂用于防止塑料加工时粘在模具上，使制品光亮；着色剂用于塑料制品着色。其他的还有发泡剂、催化剂、阻燃剂、抗静电剂等。

8.1.1 塑料的分类

（1）按成形性能分类

① 热塑性塑料　指在特定温度范围内能反复加热软化和冷却硬化的塑料，其分子结构是链状或枝状结构，变化过程可逆。热塑性塑料常采用注射、挤出或吹塑等方法成形。热塑性塑料受热时软化，冷却后变硬，具有可塑性和重复性，其树脂结构为线型或支链型，弹性、塑性好，硬度低。

② 热固性塑料　在受热或其他条件下能固化成不熔性物质的塑料，其分子结构最终为网状结构，变化过程不可逆。热固性塑料常用于压缩成形，有的也可以采用注射成形。热固性塑料加热固化后不再软化，其树脂结构为体型（网状型），硬度高，脆性大，无弹性和塑性。

表 8-1 为常用热塑性塑料和热固性塑料。

表 8-1　常用热塑性塑料和热固性塑料

种类	中文名称与缩写代码	
热塑性塑料	聚氯乙烯(PVC)	硬聚氯乙烯(RPVC)
		软聚氯乙烯(RPVC)
	聚乙烯(PE)	低密度聚乙烯(LDPE)
		高密度聚乙烯(HDPE)
		线型低密度聚乙烯(LLDPE)
		超低密度聚乙烯(VLDPE)
	聚苯乙烯(PS)	
	聚丙烯(PP)	
	聚甲醛(POM)	
	聚碳酸酯(PC)	
	丙烯腈-丁二烯-苯乙烯共聚物(ABS)	
	氯化聚醚(CPT)	
	聚甲基丙烯酸甲酯(有机玻璃)PMMA	
	聚酰胺(尼龙)	尼龙 66(PA66)
		尼龙 6(PA6)
		尼龙 11(PAll)
	氟塑料	聚四氟乙烯，俗称塑料王(PTFE)
		聚三氟乙烯(PCTFE)
		聚偏氟乙烯(PVDF)
		聚氟乙烯(PVF)

种类	中文名称与缩写代码	
热塑性塑料	聚砜	聚砜(PSF)、聚芳砜(PAS)聚醚砜(PES)、聚苯砜(PPSU)
	线型聚酯树脂(PETP)	
	聚苯醚(PPO)	
	纤维素衍生物塑料	硝酸纤维素塑料(赛璐珞)CN
		醋酸纤维素塑料(CA)
		乙基纤维素塑料(EC)
		羧甲基纤维素塑料(CMC)
热固性塑料	酚醛树脂	酚醛塑料粉(又称为电木粉或胶木粉)PF
		纤维状酚醛塑料
		层状酚醛塑料(玻璃布层酚醛塑料，又称为“玻璃钢”)
	氨基树脂	脲醛塑料(脲醛压塑粉俗称“电玉”)UF
		三聚氰胺-甲醛塑料(MF)
	环氧树脂(EP)	
	不饱和或体型聚酯树脂(UP 等)	
	有机硅塑料(DSMC)	

（2）按用途分类

① 通用塑料　产量大、用途广、价格低、性能一般的塑料，常用于非结构材料。如聚乙烯、聚丙烯、聚苯乙烯、聚氯乙烯、酚醛塑料和氨基塑料六大类，其产量约占世界塑料总产量的 80%。

② 工程塑料　能承受一定的外力作用，并有良好的力学性能和尺寸稳定性，在高低温下仍能保持其优良性能，可以作为工程结构件的塑料，如 ABS、聚酰胺、聚甲醛、聚碳酸酯、聚苯醚、聚苯硫醚、聚砜、聚酰亚胺、聚醚醚酮以及各种增强塑料（加入玻璃纤维、布纤

维等)。

③ 特种塑料　一般指具有特种功能(如耐热、自润滑等)应用于特殊用途的塑料，如医用塑料、光敏塑料、导磁塑料、超导电塑料、耐辐射塑料、耐高温塑料等。

8.1.2 塑料的性能特点

① 塑料的优点　密度小(一般为0.9～2.3 g/cm^3)；耐蚀性、电绝缘性、减摩、耐磨性好；有消声吸振性能；良好的工艺性能。

② 塑料的缺点　刚性差(为钢铁材料的1/100～1/10)，强度低；耐热性差、热膨胀系数大(是钢铁的10倍)、热导率低(只有金属的1/600～1/200)；蠕变温度低、易老化。

在3D打印领域，塑料是最常用的打印材料。常用塑料的种类有ABS塑料、PLA(聚乳酸)、尼龙、PC等，通过不同比例的材料混合，可以产生出将近120种软硬不同的新材料。

8.1.3 尼龙材料

(1) 尼龙材料简介

尼龙(Nylon)又称聚酰胺纤维，密度为1.15g/cm^3，是分子主链上含有重复酰胺基团的热塑性树脂总称。尼龙外观为白色至淡黄色颗粒，制品表面有光泽且坚硬。

尼龙的品种众多，其主要品种有尼龙6、尼龙12、尼龙66、尼龙610等。尼龙有很好的耐磨性、韧性和冲击强度，可用于具有自润滑作用的齿轮和轴承的制备。尼龙耐油性好，阻透性优良，无臭、无毒，也是性能优良的包装材料，可长期存装油类产品，制作油管等。尼龙6和尼龙66主要用于合成纤维，含芳香基团的尼龙纺丝得到的纤维称为芳纶，其强度可同碳纤维媲美，是重要的增强材料，在航天工业中被大量使用。尼龙的不足之处是在强酸或强碱条件下不稳定，吸湿性强，吸湿后的强度虽比干时强度大，但变形性也大。

(2) 尼龙材料的性能

① 力学性能　尼龙具有优良的力学性能。其拉伸强度、抗压强度、冲击强度、刚性及耐磨性都比较好，适合制造一些需要高强度、高韧性的制品。但是其力学性能受温度及湿度的影响较大。其拉伸强度随温度和湿度的增加而减小。尼龙的冲击性能很好，其随温度和吸水率的增大而上升，硬度随含水率的增大而下降。

② 电性能　在低温和干燥的条件下，尼龙具有良好的电绝缘性；但是，在潮湿的条件下，其体积电阻率和介电强度均会降低，介电常数和介电损耗也会明显增大。在FDM和SLS工艺打印中均需避免尼龙粉末因摩擦生成静电对打印的干扰。

③ 热性能　尼龙属于极性较强的一类高分子材料。分子间可以形成氢键，因此熔融温度(T_m)比较高，且熔融温度范围比较窄，有明显的熔点。尼龙的热变形温度(T_f)较低，一般在80℃以下。由于多数尼龙的熔融温度(T_m)远大于热变形温度(T_f)，导致尼龙的熔体黏度较小，无法满足熔融沉积成形(FDM)打印的要求，因此尼龙材料多数采用SLS工艺进行打印。

④ 耐化学药品性能　尼龙具有良好的化学稳定性、结晶性和高的内聚能，不溶于普通的溶剂。由于它能耐很多化学药品，所以不受酸、碱、酮、醇、酯、油脂、润滑油、汽油、盐水及清洁剂的影响。在常温下，尼龙溶解于某些盐的饱和溶液和一些强极性溶剂。它还对某些细菌表现出很好的稳定性，因此可以用于一些生物医用器械的打印。

⑤ 其他性能　尼龙耐候性一般，长时间暴露于大气中会变脆，力学性能明显下降。加入炭黑和稳定剂后可以改善其耐候性。

聚酰胺无臭、无味、无毒，多数具有自熄性，即使燃烧也很缓慢，且火焰传播速度很慢，离火后会慢慢熄灭。因此 3D 打印尼龙材料往往无需外加阻燃剂。

目前通过几个方面的改性有助于提高 3D 打印尼龙材料的综合性能：降低吸水性；提高尺寸稳定性；提高阻燃性；提高力学性能；改善低温脆性；提高耐磨性；降低成本。

（3）可用于 FDM 技术的尼龙材料产品——尼龙 12

当前，多数国内外企业生产、销售的耐用性尼龙材料都只适合于用选区激光烧结（SLS）方法进行加工，而 Stratasys 公司推出的 FDM 尼龙 12 则是一种主要适合于 FDM 打印方式，用于制造具有高机械强度部件的耐用性尼龙材料，从而体现了与众不同的独特性能优势，有望成为 3D 打印用耐用性尼龙材料发展的新方向。

对比所有 FDM 热塑性塑料，FDM 尼龙 12 具有最佳的 Z 轴层压、最高的冲击强度，以及出色的化学抗腐蚀性能。FDM 尼龙 12 打印的制品具有较高的坚韧度。其断裂伸长率比其他制造技术制备的材料高出 100%～300%，并且拥有更出色的抗疲劳性。FDM 尼龙 12 主要用于高耐疲劳度零件的制造，包括可重复使用的卡扣以及摩擦贴合嵌件。其在航空和汽车领域的应用主要包括定制生产工具、夹具和卡具以及用于内饰板、低热进气组件和天线罩的原型。在消费品的产品开发方面，FDM 尼龙 12 主要用于制造卡扣面板以及防冲击组件的耐用原型。尼龙 12 还具有良好的生物相容性，经认证达到食品安全等级，高精细度，性能稳定，能承受高温烤漆和金属喷涂，适用于制作展示模型、功能部件、真空铸造原型、最终产品和零配件。它的表面是有一种沙沙的、粉末的质感，也略微有些疏松。尼龙 12 广泛应用于汽车、家电、电子消费品，图 8-1 为尼龙产品样件。

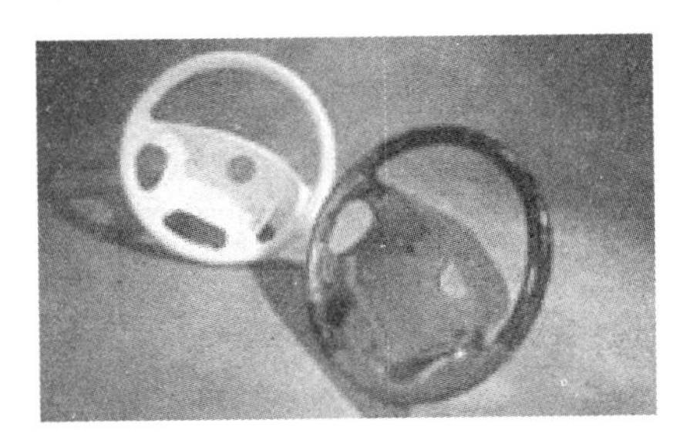

图 8-1　尼龙产品样件

表 8-2 为 FDM 尼龙 12 材料的力学性能指标，表 8-3 为 FDM 尼龙 12 材料的热性能指标。

表 8-2　FDM 尼龙 12 材料的力学性能指标（20℃）

力学性能	检测方法	公制 XZ Axis	公制 ZX Axis
拉伸屈服强度(Type 1,0.125″,0.2″/min)	ASTM D638	32 MPa	28 MPa
拉伸断裂强度(Type 1,0.125″,0.2″/min)	ASTM D638	46 MPa	38.5 MPa
拉伸模量(Type 1,0.125″,0.2″/min)	ASTM D638	1282 MPa	1138 MPa
拉伸断裂延伸率(Type 1,0.125″,0.2″/min)	ASTM D638	30%	5.4%
拉伸屈服延伸率(Type 1,0.125″,0.2″/min)	ASTM D638	2.4%	2.7%
抗弯强度(Method 1,0.05″/min)	ASTM D790	67 MPa	61 MPa
弯曲模量(Method 1,0.05″/min)	ASTM D790	1276 MPa	1180 MPa
弯曲断裂应变(Method 1,0.05″/min)	ASTM D790	无断裂	>10%
悬臂梁式冲击，切口(Type A,23℃)	ASTM D256	135 J/m	53 J/m
悬臂梁式冲击，无切口(Type A,23℃)	ASTM D256	1656 J/m	200 J/m
压缩屈服强度(Method 1,0.05″/min)	ASTM D695	51 MPa	55 MPa
压缩模量(Method 1,0.05″/min)	ASTM D695	5033 MPa	1069 MPa

注：1″=0.0254m，以下同。

表 8-3　FDM 尼龙 12 材料的热性能指标

热性能		检测方法	公制
热变形温度	(66　psi,0.125″退火)	ASTM D648	97℃
	(66　psi,0.125″未退火)	ASTM D649	75℃
	(264　psi,0.125″退火)	ASTM D650	82℃
	(264　psi,0.125″未退火)	ASTM D651	55℃
熔点		—	178℃

注：1psi=6894.76Pa，以下同。

8.1.4　ABS 材料

ABS 是丙烯腈-丁二烯-苯乙烯共聚物，它是常用的一种 3D 打印塑料之一。ABS 塑料具有优良的综合性能，有极好的冲击强度，尺寸稳定性好，电性能、耐磨性、抗化学药品性、染色性及成形加工性和机械加工性较好。ABS 材料的性能主要分为以下几个方面。

① 一般性能　ABS 是一种综合性能良好的树脂，在比较宽广的温度范围内具有较高的冲击强度和表面硬度，热变形温度比 PA、聚氯乙烯（PVC）高，尺寸稳定性好。ABS 熔体的流动性比 PVC 和 PC 好，但比聚乙烯（PE）、PA 及聚苯乙烯（PS）差，与聚甲醛（POM）和耐冲击性聚苯乙烯（HIPS）类似。ABS 的流动特性属非牛顿流体，其熔体黏度与加工温度和剪切速率都有关系，但对剪切速率更为敏感。ABS 的触变性优越，适合 FDM 打印的需要。

② 力学性能　ABS 有优良的力学性能。首先，其冲击强度极好，可以在极低的温度下使用，即使 ABS 制品被破坏，也只能是拉伸破坏而不会是冲击破坏；其次，ABS 在具有优良的耐磨性能、较好的尺寸稳定性的同时又具有耐油性，所以可用于中等载荷和转速下的轴承。ABS 的蠕变性比聚砜（PSF）及 PC 大，但比 PA 和 POM 小。在塑料中，ABS 的抗弯强度和抗压强度是较差的，并且力学性能受温度的影响较大。

③ 热学性能　ABS 属于无定形聚合物，所以没有明显的熔点，熔体黏度较高，流动性差，耐候性较差，紫外线可使其变色；热变形温度为 70～107℃（85℃左右），而其制品经退火处理后热变形温度还可提高 10℃左右。ABS 对温度、剪切速率都比较敏感，在－40℃时还能表现出一定的韧性，因此可在－40～85℃的范围内长期使用。

④ 电性能　ABS 的电绝缘性较好，并且几乎不受温度、湿度和频率的影响，可在大多数环境下使用。

⑤ 环境性能　ABS 树脂耐水、无机盐、碱和酸类，不溶于大部分醇类和烃类溶剂，而容易溶于醛、酮、酯和某些氯代烃中。

图 8-2 为 ABS 产品样件。

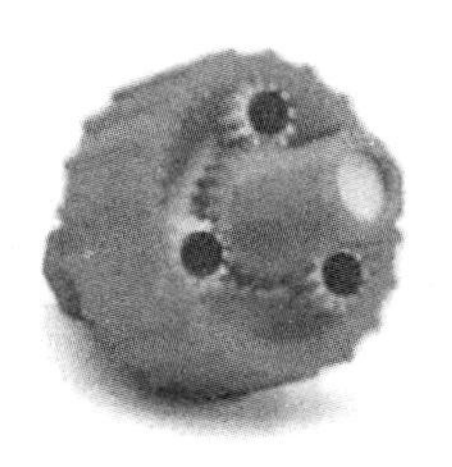

图 8-2　ABS 产品样件

8.1.5　ABS 系列改性材料

为了进一步提高 ABS 材料的性能，并使 ABS 材料更加符合 3D 打印的实际应用要求，人们对现有 ABS 材料进行改性，开发了 ABS-ESD7、ABSplus、ABSi 和 ABS-M30i 四种适用于 3D 打印的新型 ABS 改性材料。

（1）ABS-ESD7 防静电塑料材料

ABS-ESD7 是一种基于 ABS-M30 的热塑性工程塑料，具备静电消散性能，可以用于防止静电堆积。主要用于易被静电损坏、降低产品性能或引起爆炸的物体。因为 ABS-ESD7 防止静电积累，所以它不会导致静态振动也不会造成像粉末、尘土和微粒的微小颗粒的物体表面吸附。该材料适合用于电路板等电子产品的包装和运输，广泛用于电子元器件的装配夹具和辅助工具。材料应用行业包括电子消费品、包装行业等。材料颜色为黑色，热变形温度为 90℃。

（2）ABSplus 材料

ABSplus 材料是 Stratasys 公司研发的专用 3D 打印的材料，ABSplus 的硬度比普通 ABS 材料大 40%，是理想的快速成形材料之一。

ABSplus 材料经济实惠，设计者和工程师可以反复进行工作，经常性地制作原型以及更彻底地进行测试；同时它特别耐用，使得概念模型和原型看上去就像最终产品一样。使用 ABsplus 进行 3D 打印，能在 FDM 技术的辅助下具有最广泛的颜色（如象牙色、白色、黑色、深灰色、红色、蓝色、橄榄绿、油桃红以及荧光黄）以供选择，同时也可选择自定义颜色，让打印过程变得更有效和有乐趣。用这种材料 3D 打印的部件具备持久的机械强度和稳定性。此外，因为 ABSplus 能够与可溶性支撑材料一起使用，所以无需手动移除支撑，即可轻松制造出复杂形状以及较深内部腔洞。因此，ABSplus Series 是最好用和易用的 ABS 耗材，通过弥补 ABS 材料固有的容易翘曲和开裂的缺陷，在最大限度保留材料原有卓越的力学性能的基础上，让它变得更适合 3D 打印。使用 ABSplus 标准热塑性塑料可以制作出更大面积和更精细的模型，其应用领域涉及航天航空、电子电器、国防、船舶、医疗、玩具、通信、汽车等各个行业。

（3）ABSi 材料

ABSi 为半透明材料，具备汽车尾灯的效果，具有很高的耐热性，高强度，呈琥珀色，能很好地体现车灯的光源效果。材料颜色有半透明、半透明淡黄、半透明红等，材料热变形温度为 86℃。该材料比 ABS 材料多了两种特性，即具有半透明度以及较高的耐撞击力，所以命名为 ABSi，i 即 impact（撞击）。同时，ABSi 的强度要比 ABS 的强度高，耐热性更好。利用 ABSi 材料，可以制作出透光性好、非常绚丽的艺术灯，它也被广泛地应用于车灯行业，如汽车 LED 灯。ABSi 除了用于汽车车灯等领域，还可以用于医疗行业。

ABSi 材料主要采用 FDM 技术进行 3D 打印。其制品主要包括现代模型、模具和零部件制造，未来将在航空航天、家电、汽车、摩托车等领域得到广泛应用，它在工程和教学研究等领域也将拥有一席之地。

（4）ABS-M30i 材料

ABS-M30i 材料颜色为白色，是一种高强度材料，热变形温度接近 100℃。在 3D 打印材料中，ABS-M30i 材料拥有比标准 ABS 材料更好的拉伸性、抗冲击性及抗弯曲性。ABS-M30i 制作的样件通过了生物相容性认证（如 ISO 10993 认证），可以通过 γ 射线照射及 ETO 灭菌测试。它能够让医疗、制药和食品包装工程师和设计师直接通过 CAD 数据在内部制造出手术规划模型、工具和夹具。ABS-M30i 材料通过与 FORTUS 3D 成形系统配合，能带来真正具备优秀医学性能的概念模型、功能原型、制造工具及最终零部件的生物相容性部件，是最通用的 3D 打印成形材料。它在食品包装、医疗器械、口腔外科等领域有着广泛的应用。

（5）高分子合金材料 ABS/PA

传统的 3D 打印材料如 PA 和 ABS 等由于受聚合物自身性质所限，性能发展有限。高分子合金是通过物理或化学方法将两种或多种高分子材料混合得到的一种优势互补、综合性能更好的新型材料。ABS/PA 合金材料便是一种典型的高分子合金材料。同其他工程塑料相比，ABS/PA 合金的密度更小，比 PC/ABS 合金小 5%～6%，比 PC 小 10%，比 PC/PBT 合金小 14%，非常适合制造汽车元器件。此外，ABS/PA 合金具有良好的隔音性和优异的振动衰减性，有利于降低噪声，提高汽车的安静性及舒适性。因此，ABS/PA 合金在很多方面可以代替 PC/ABS、PC、PC/PBT 等工程塑料应用于汽车工业之中。例如，部分欧洲公司使用 ABS/PA 合金来制造汽车散热器格栅、仪表板、导流板、进气道等零部件，使汽车的质量减少了 6%左右。

8.1.6 PLA 材料

聚乳酸（PLA）又名玉米淀粉树脂，是一种新型的生物降解塑料，使用可再生的植物资源（如玉米）所提取出的淀粉原料制备而成，具有良好的生物可降解性。

聚乳酸属于一种丙交酯聚酯。聚乳酸的加工温度为 170～230℃，具有良好的热稳定性和抗溶剂性。聚乳酸熔体具有良好的触变性和可加工性，可采用多种方式进行加工，如挤压、纺丝、双轴拉伸、注射吹塑等。由聚乳酸制成的产品除具有良好的生物降解能力外，其光泽度、透明性、手感和耐热性也很不错。聚乳酸具有优越的生物相容性，被广泛应用于生物医用材料领域。此外，聚乳酸也可用于包装材料、纤维和非制造物等方面。

聚乳酸一经问世就被认为是迄今为止最有市场潜力的可生物降解聚合物而备受关注。与其他高分子材料相比，聚乳酸具有很多突出的优异性能，使其在 3D 打印领域拥有广泛的应用前景。

a. 聚乳酸是一种新型的生物降解材料，使用可再生的植物资源所提出的淀粉原料制成。淀粉原料经由发酵过程制成乳酸，再通过化学合成转换成聚乳酸。因此，它具有良好的生物可降解性，使用后能被自然界中微生物完全降解，最终生成二氧化碳和水，不污染环境。聚乳酸塑料使用后一般采取土壤掩埋降解方式，分解产生的二氧化碳直接进入土壤有机质或被植物吸收，不会排入空气中，不会造成温室效应。而普通塑料的处理方法大多是焚烧，不仅严重污染环境，还会造成大量温室气体排入空气中。

b. 聚乳酸拥有良好的光泽性和透明度，与聚苯乙烯所制的薄膜相当，是一种可降解的高透明性聚合物。

c. 聚乳酸具有良好的抗拉强度及延展度，可加工性强，适用于各种加工方式，如熔化挤出成形、注射成形、吹膜成形、发泡成形及真空成形。在 3D 打印中，聚乳酸良好的流变性能和可加工性，保证了其对 FDM 工艺的适应性。

d. 聚乳酸薄膜具有良好的透气性、透氧性及透二氧化碳性能，并具备优良抑菌及抗霉特性，因此在 3D 打印制备生物医用材料中具有广阔的市场前景。

与此同时，聚乳酸也具有需要克服如下缺点。

a. 聚乳酸中有大量的酯键，亲水性差，降低了它与其他物质的互容能力。

b. 聚乳酸的相对分子量过大，聚乳酸本身又为线型聚合物，使得聚乳酸材料的脆性高，强度往往难以保障。同时，其热变形温度低、抗冲击性差，也在一定程度上制约了它的发展。

c. 聚乳酸降解周期难以控制，导致产品的服务期难以确定。

d. 聚乳酸生产价格较高，较难以实现大众化应用。

PLA 材料因其卓越的可加工性和生物降解性能，已成为目前市面上所有 FDM 技术的桌面型 3D 打印机最常使用的材料。由于聚乳酸具有可快速降解，良好的热塑性、机械加工性、生物相容性及较低的熔体强度等优异性能，所以它的打印模型更易塑型，表面光泽，色彩艳丽。

聚乳酸在3D打印过程中不会像ABS塑料线材那样释放出刺鼻的气味，同时它的变形率小，仅是ABS耗材的1/10～1/5。聚乳酸3D打印耗材产品强度高，韧性好，线径精准，色泽均匀，熔点稳定。它在3D打印应用中的特点是具有很好的生物相容性，进入生物体内后可以降解成乳酸，通过代谢排出体外。

PLA材料对人体绝对无害和可完全生物降解的特性使得聚乳酸在一次性餐具、食品包装材料等一次性用品领域具有独特的优势，特别是欧盟国家、美国及日本对于环保具有高要求的国家及地区已开始使用。但是采用聚乳酸原料加工的一次性餐具存在不耐温、不耐油、无法微波加热等缺陷，这些还需克服。此外，聚乳酸在汽车工业和电子领域的应用也逐渐为人们所接受。

生物医药行业是聚乳酸最早开展应用的领域，同时聚乳酸也是3D打印在生物医用领域最具发展前景的材料。聚乳酸对人体有高度安全性并可被组织吸收，加之其优良的物理力学性能，可应用在生物医药的诸多领域，如一次性输液工具、免拆型手术缝合线、药物缓解包装剂、人造骨折内固定材料、组织修复材料、人造皮肤等。传统血管支架通常由记忆金属编制而成，在通过血管被置入设定的位置后，自动撑开承担扩张血管通道的使命。然而，金属支架的问题在于无法降解。也就是说，除非人为将支架取出，它将永远留在体内，由此带来的组织增生等并发症和因长久停留对人体造成的不利影响可以想象。而使用聚乳酸作为3D打印耗材，利用其良好的生物相容性、可降解性和材料自身的形状记忆功能，采用打印心脏支架则可有效克服上述缺陷。目前，高分子量的聚乳酸有非常高的力学性能，在欧美等国家已被用来替代不锈钢，作为新型的骨科内固定材料（如骨钉、骨板）而被大量使用，其可被人体吸收代谢的特性使病人免受了二次开刀之苦。采用3D打印技术用聚乳酸制备接骨板等生物医用材料的研究也屡见报道。

图8-3　PLA材料打印的电吉他模型

然而，聚乳酸作为3D打印耗材也有其天然的劣势。比如，打印出来的物体性脆，抗冲击能力不足；此外，聚乳酸的耐高温性较差，物体打印出来后在高温环境下就会直接变形等问题，也在一定程度上影响了聚乳酸在3D打印领域的应用。

图8-3为PLA材料打印的电吉他模型。

8.1.7　PC材料

聚碳酸酯（PC）是一种20世纪50年代末期发展起来的无色高透明度的热塑性工程塑料。聚碳酸酯密度为1.20～1.22g/cm^3，线膨胀率为$3.8\times10^{-5}K^{-1}$，热变形温度为135℃。

聚碳酸酯是一种具有耐冲击、韧性高、耐热性高、耐化学腐蚀、耐候性好且透光性好的热塑性聚合物，被广泛应用于眼镜片、饮料瓶等各种领域。聚碳酸酯为产量仅次于聚酰胺的第二大工程塑料。其颜色比较单一，只有白色，但其强度比ABS材料高出60%左右，具备超强的工程材料属性，广泛应用于电子消费品、家电、汽车制造、航空航天、医疗器械等领域。聚碳酸酯具有极高的应力承载能力，适用于需要经受高强度冲击的产品，因此也常常被用于果汁机、电动工具、汽车零件等产品的制造。聚碳酸酯与3D打印制备工艺选择及制品相关的主要性能如下。

（1）热性能

聚碳酸酯分子主链上的苯环是刚性的，碳酸酯基是极性吸水基，虽然具有柔性，但是它与两个苯环构成的共轭体系，增加了主链的刚性和稳定性，因此PC具有很好的耐高、低温性质。聚碳酸酯在120℃下具有良好的耐热性，其热变形温度达135℃，热分解温度为340℃，热变形温度和最高连续使用温度均高于绝大多数脂肪族PA，也高于几乎所有的通用热塑性塑料。在工程塑料中，它的内热性优于聚甲醛、脂肪族PA，并与聚对苯二甲酸乙二酯（PET）相当。聚碳酸酯具有良好的耐寒性，脆化温度为－100℃，一般使用温度为－70～120℃。聚碳酸酯的热导率及比热容都不高，在塑料中属于中等水平，但与其他非金属材料相比，仍然是良好的热绝缘材料。聚碳酸酯的加工温度较高，但熔体触变性好，热膨胀系数不大，因此主要选用洁净、便利的FDM工艺进行3D打印制备产品。

（2）力学性能

聚碳酸酯的分子结构使其具有良好的综合力学性能，如很好的刚性和稳定性，拉伸强度高达50～70MPa，抗拉强度、抗压强度、抗弯强度均相当于PA6、PA66，冲击强度高于大多数工程塑料，抗蠕变性也明显优于聚酰胺和聚甲醛。聚碳酸酯分子链在外力作用下不易移动，抗变形好，但它又限制了分子链的去向和结晶，一旦取向，又不易松弛，只是耐应力不易消除，容易产生耐应力冻结现象。所以，聚碳酸酯在力学性能上有一定缺陷，如易产生应力开裂、缺口敏感性高、不耐磨等，因此用其制备一些抗应力材料时需进行改性处理。

（3）电性能

聚碳酸酯为弱极性聚合物，其电性能在标准条件下虽不如聚烯烃和PS等，但耐热性比它们强，所以可在较宽的温度范围内保持良好的电性。因此，该耐高温绝缘材料可以应用于3D打印中。

（4）透明性

由于聚碳酸酯分子链上的刚性和苯环的体位效应，它的结晶能力比较差。聚碳酸酯聚合物成形时熔融温度和玻璃化转变温度都高于制品成形的模温，所以它很快就从熔融温度降低到玻璃化转变温度之下，完全来不及结晶，只能得到无定形制品。这就使得聚碳酸酯具有优良的透明性。它的密度为1.20g/cm^3，透光率可达90%，常常被用于一些高透光性产品（如个性化眼镜片和灯罩）的打印之中。

当前，有许多国内外公司销售聚碳酸酯材料。其中，美国公司销售的聚碳酸酯材料最适合于在3D打印中制备工程塑料高强度部件。聚碳酸酯具有高强度与抗弯强度特性，这使它成为制备金属弯曲与复合工作的工具、卡具和图案的理想之选。

3D打印用的聚碳酸酯主要力学性能如表8-4所示。表8-5列举了聚碳酸酯的热性能。

表8-4 3D打印用聚碳酸酯的主要力学性能

力学性能	检测方法	公制
抗拉强度(Type 1,0.125″,0.2″/min)	ASTM D638	68 MPa
拉伸模量(Type 1,0.125″,0.2″/min)	ASTM D638	2300 MPa
拉伸延伸率(Type 1,0.125″,0.2″/min)	ASTM D638	5%
抗弯强度(Method 1,0.05″/min)	ASTM D790	104 MPa
弯曲模量(Method 1,0.05″/min)	ASTM D790	2200 MPa
悬臂梁式冲击,切口(Method A,23℃)	ASTM D256	53 J/m
悬臂梁式冲击,无切口(Method A,23℃)	ASTM D256	320 J/m

表8-5 3D打印用聚碳酸酯的热性能

热性能		检测方法	公制
热变形温度	(66 psi)	ASTM D648	138℃
	(264 psi)	ASTM D648	127℃
维卡软化温度		ASTM D1525	139℃
玻璃化转变温度		DMA(SSYS)	161℃

图8-4为PC材料打印的吹塑成形模具。

8.1.8 PC/ABS 合金材料

聚碳酸酯（PC）是优良的工程塑料，但PC制品易产生应力开裂，对缺口敏感性强，加工流动性也欠佳，使其应用受到了一定限制。为进一步拓展PC的应用领域，人们研究出多种改性剂用于PC的抗冲改性，如部分相容分散型改性剂乙烯-醋酸乙烯共聚物（EVA）等以及丙烯腈-丁二烯-苯乙烯共聚物（ABS）、增韧剂丙烯酸酯类（ACR）和一些等离子分散型改性剂。其中以PC和ABS为主要原料的PC/ABS合金是一种重要的工程塑料合金，成本介于PC和ABS之间，又兼具两者的良好性能，能更好地应用于汽车、电子、电器等行业。

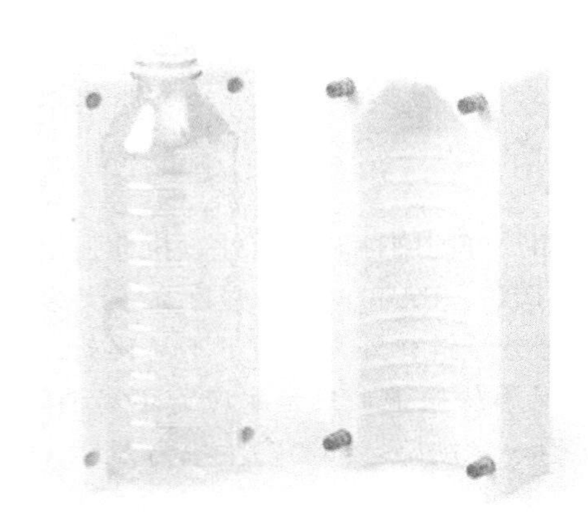

图 8-4　PC 材料打印的吹塑成形模具

PC/ABS是PC和ABS的混合物，PC/ABS材料颜色为黑色，是一种通过混炼后合成的应用最广泛的热塑性工程塑料。PC/ABS材料既具有PC树脂的优良耐热耐候性、尺寸稳定性、耐冲击性能和抗紫外线（UV）等性质，又具有PC材料所不具备的熔体黏度低、加工流动性好、价格低廉等优点，而且还可以有效降低制品的内应力和冲击强度对制品厚度的敏感性。因此，PC/ABS材料已代替PC用于薄壁、长流程的制品生产中，且在薄壁及复杂形状制品的应用中能保持其优异的性能。同时，PC/ABS材料兼具PC和ABS两种材料的优良特性，耐冲击强度和抗拉强度比上述两种材料高，其热变形温度达到110℃，所以已成为市场上最广泛使用的注膜材料。该材料在3D打印领域配合FORTUS系统设备制作的3D打印样件的强度比传统的FDM系统制作的部件强度高出60%左右。因此，PC/ABS的使用带来了包括概念模型、功能原型、制造工具及最终零部件在内的真正高强度热塑性部件的设计生产。表8-6和表8-7分别列举了3D打印专用PC/ABS材料的力学性能指标和热性能指标。

表 8-6　PC/ABS 材料的力学性能指标

力学性能	检测方法	公制 XZ Axis	公制 ZX Axis
拉伸屈服强度(Type 1,0.125″,0.2″/min)	ASTM D638	29 MPa	28 MPa
拉伸断裂强度(Type 1,0.125″,0.2″/min)	ASTM D638	34 MPa	30 MPa
拉伸模量(Type 1,0.125″,0.2″/min)	ASTM D638	1810 MPa	1720 MPa
拉伸断裂延伸率(Type 1,0.125″,0.2″/min)	ASTM D638	5%	2%
拉伸屈服延伸率(Type 1,0.125″,0.2″/min)	ASTM D638	2%	2%
抗弯强度(Method 1,0.05″/min)	ASTM D790	59 MPa	41 MPa
弯曲模量(Method 1,0.05″/min)	ASTM D790	1740 MPa	1550 MPa
弯曲断裂应变(Method 1,0.05″/min)	ASTM D790	4%	3%

表 8-7　PC/ABS 材料的热性能指标

热性能		检测方法	公制
热变形温度	(66 psi)	ASTM D648	110℃
	(264 psi,0.125″annealed)	ASTM D648	96℃
维卡软化温度(Rate B/50)		ASTM D1525	112℃
玻璃化转变温度		DMA(SSYS)	125℃
热膨胀系数(flow)		ASTM E831	7.38×10^{-5}℃$^{-1}$

8.1.9 PC-ISO 材料

PC-ISO材料是一种通过医学卫生认证的白色热塑性材料，热变形温度为133℃，主要应用于生物医用领域，包括手术模拟、颅骨修复和牙齿矫正等。它具备很强的力学性能，抗拉伸强度、抗弯强度都非常好，耐温性高达150℃。PC-ISO材料可为病人定制切割和钻孔引导件，可通过γ射线或环氧乙烷消毒。通过医学卫生认证的成形件可以与肉体接触，提高外科手术精度，缩短病人外科手术时间和恢复时间，广泛应用于药品及医疗器械行业。同时，因为具备PC的所有性能，它也可以用于食品及药品包装行业，做出的样件可以作为概念模型、功能原型、制造工具及最终零部件使用。表8-8表和表8-9分别列举了3D打印专用PC-ISO材料的力学性能指标和热性能指标。

表8-8 PC-ISO材料的力学性能指标

力学性能	检测方法	公制
抗拉强度(Type 1,0.125″,0.2″/min)	ASTM D638	57 MPa
拉伸模量(Type 1,0.125″,0.2″/min)	ASTM D638	2000 MPa
拉伸延伸率(Type 1,0.125″,0.2″/min)	ASTM D638	4%
抗弯强度(Method 1,0.05″/min)	ASTM D790	90 MPa
弯曲模量(Method 1,0.05″/min)	ASTM D790	2100 MPa
悬臂梁式冲击,切口(Method A,23℃)	ASTM D256	86 J/m
悬臂梁式冲击,无切口(Method A,23℃)	ASTM D256	53 J/m

表8-9 PC-ISO材料的热性能指标

热性能		检测方法	公制
热变形温度	(66 psi)	ASTM D648	133℃
	(264 psi)	ASTM D648	127℃
维卡软化温度(Rate B/50)		ASTM D1525	112℃
玻璃化转变温度		DMA(SSYS)	161℃
维卡软化温度		ISO 306	139℃

8.1.10 砜聚合物材料

砜聚合物是一类化学结构中含有砜基的芳香族非晶聚合物，包括聚砜（PSF）、聚醚砜（PES）和聚亚苯基砜（PPSF）。砜聚合物具有优异的综合性能，不仅具有较好的力学性能和介电性能，还具有良好的耐热性能、耐蠕变性及阻燃性能和较好的化学稳定性、透明性。由于它还具有食品卫生性，所以获得美国食品及药品管理局（FDA）的认证，它可以与食品和饮用水直接接触。因此，该类聚合物已经在汽车、电子电气、医疗卫生和家用食品等领域内获得了广泛应用。

PSF材料是一种无定形热塑性树脂，在其高分子主链中含有醚和砜键以及双酚A的异丙基。它具有优良的尺寸稳定性、耐磨性，耐化学腐蚀，生物相容性、介电性能较好等特点。因此，适用于制备汽车、飞机中耐热的零部件，也可用于制备线圈骨架和电位器的部件等。此外，聚砜的成膜性很好，已被大量地用于微孔膜的制备。

PPSF材料是所有热塑性材料里面强度最高、耐热性最好、抗腐蚀性最高、韧性最强的材料，被广泛应用于航天工业、汽车工业、商业交通工具行业以及医疗产品业。由于PPSF化学结构中不像PSF含有影响空间位阻的异亚丙基结构，而是两个苯环直接相连形成共轭结构，保持了材料的刚性。此外，醚键的存在大大改善了其分子的柔顺性，从而提高了韧性，降低了缺口敏感性。PPSF材料是支持FDM技术的新型工程塑料，其颜色为琥珀色，耐热温度为207～230℃，材料热变形温度为189℃，适合高温的工作环境。PPSF可以持续暴露在潮湿和高温环境中而仍能吸收巨大冲击，不会产生开裂或断裂。若需要缺口冲击强度高、耐应力开裂和耐化学腐蚀的材料，PPSF是最佳的选择。以PPSF材料打印的产品性能稳定、综合力学性能佳、耐热性能好。表8-10表和表8-11分别列举了3D打印用PPSF材料的力学性能指标和热性能指标。

表 8-10 PPSF 材料的力学性能指标

力学性能	检测方法	公制
抗拉强度(Type 1,0.125″,0.2″/min)	ASTM D638	55 MPa
拉伸模量(Type 1,0.125″,0.2″/min)	ASTM D638	2100 MPa
拉伸延伸率(Type 1,0.125″,0.2″/min)	ASTM D638	3%
抗弯强度(Method 1,0.05″/min)	ASTM D790	110 MPa
弯曲模量(Method 1,0.05″/min)	ASTM D790	2200 MPa
悬臂梁式冲击,切口(Method A,23℃)	ASTM D256	58.7 J/m
悬臂梁式冲击,无切口(Method A,23℃)	ASTM D256	165.5 J/m

表 8-11 PPSF 材料的热性能指标

热性能	检测方法	公制
热变形温度(264 psi)	ASTM D648	189℃
玻璃化转变温度	DMA(SSYS)	230℃
热膨胀系数	ASTM D696	5.5×10^{-5}℃$^{-1}$

8.1.11 聚醚酰亚胺材料

聚醚酰亚胺（PI）是聚酰亚胺的一种。聚醚酰亚胺是最早研发和使用的特种塑料。聚醚酰亚胺具有耐高温性、良好的力学性能、很高的介电性能、很强的耐辐照能力以及自熄性，安全无毒，高生物相容性和血液相容性、低细胞毒性等较好，而且能耐大多数溶剂，但易受浓碱和浓酸的侵蚀，所以主要应用于宇航和电子工业中。聚醚酰亚胺还可用于制造特殊条件下的精密零件，如耐高温、高真空自润滑轴承，密封圈，压缩机活塞环等。聚醚酰亚胺制成的泡沫材料可用于保温防火材料、飞机上的屏蔽材料等。

聚醚酰亚胺的耐化学性范围很宽，例如耐多数烃类、醇类和卤化溶剂。它的水解稳定性很好，抗紫外线、γ射线能力强。聚醚酰亚胺属于耐高温结构热塑性塑料，它是具有杂环结构的缩聚物。聚醚酰亚胺材料的性能如下。

a. 高温下，具有高的强度、高的刚性、耐磨性和尺寸稳定。

b. 为琥珀色透明固体，不添加任何添加剂就有固有的阻燃性和低烟度。

c. 密度为 1.28～1.42 g/cm^3，玻璃化转变温度为 215℃，热变形温度为 198～208℃，可在 160～180℃下长期使用，允许间歇最高使用温度为 200℃。

d. 有优良的机械强度、电绝缘性能、耐辐射性、耐高低温及耐疲劳性能和成形加工性，加入玻璃纤维、碳纤维或其他填料可达到增强改性目的。

e. 极佳的耐化学品性能和耐辐射性能。

8.2 光敏树脂材料

光敏树脂（UV）是由聚合物单体与预聚体组成的，其中加有光（紫外线）引发剂（或称为光敏剂），在一定波长的紫外光（250～300nm）照射下能立刻引起聚合反应完成固化。光敏树脂一般为液态，可用于制作高强度、耐高温、防水材料。常用的光敏树脂有环氧树脂、丙烯酸酯、Objet Polyjet 光敏树脂、DSM Somos 系列光敏树脂等。

8.2.1 环氧树脂

环氧树脂是 3D 打印最常见的一种黏结剂，同时也是一种最常见的光敏树脂。作为聚合物的环氧树脂（EP）是由环氧低聚物与称之为固化剂的物质发生化学反应而形成的三维网状大分子聚合物。固化后的环氧树脂具有良好的物理、化学性能，它对金属和非金属材料的表面具有优异的黏结强度，介电性能良好，变定收缩率小，制品尺寸稳定性好，硬度高，柔韧性较好，对碱及大部分溶剂稳定。

环氧树脂作为一种黏结性、耐热性、耐化学性和电绝缘性十分优良的合成材料，广泛应用于金属和非金属材料黏结、电气机械浇铸绝缘、电子器具黏合密封和层压成形复合材料、土木及金属表面涂料等。我国自1958年开始对环氧树脂进行研究，并以很快的速度投入工业生产，至今它已在全国各地蓬勃发展，除生产普通的双酚A-环氧氯丙烷型环氧树脂外，也可生产各种类型的新型环氧树脂，这些树脂可广泛应用于国防、国民经济各部门，作为浇注、浸渍、层压料、黏结剂、涂料等用途。例如，钢铁制品和结构件的防蚀材料、土建用胶黏剂和涂料的黏结料、光学仪器和机械部件、汽车部件、飞机部件用的碳纤维复合材料以及印制电路板的玻璃纤维复合材料、重型电机的绝缘浸渍材料、大规模集成电路及各种电子元件的封装材料等。

3D打印用的环氧基热固性树脂材料可用于轻质建筑结构件中，这种材料是在环氧树脂中加入了纳米黏土片和二甲基甲基膦酸酯化合物以增强黏度，并添加金刚砂和碳纤维等填料。对于碳化硅和碳纤维等填充物，通过改变这些填充物的方向，可以自由控制材料的强度以满足各种需求。这可谓是一种十分理想的材料，可以用来制造更轻的汽车或飞机。

环氧树脂在3D打印中的另一个重要用途就是作为黏结剂使用。同其他树脂相比，环氧树脂作为无机或金属粉末材料的黏结剂具有以下优点。

a. 环氧树脂的极性较大，与无机、金属粉末的界面相容性好于大多数树脂。因此，环氧树脂常常被用于无机和金属材料的专用黏结剂。

b. 其低聚物的黏度较小，流动能力强，和极性粉末材料之间的浸润性好，能够迅速浸润无机或金属粉末表面。

c. 环氧树脂作为光敏涂料在人们日常生活中已得到了广泛研究和应用，产品种类繁多，适用面广，在不同体系中均可找到相对应的环氧树脂光敏材料使用。

d. 在光敏树脂材料中，环氧树脂的黏结强度高，价格适中，成膜性好，容易根据实际需要进行改性。

e. 产品化学性能稳定，无毒，可用于生物医用和食品包装材料。

8.2.2 丙烯酸树脂

丙烯酸树脂是由丙烯酸酯类、甲基丙烯酸酯类为主体的，辅之以功能性丙烯酸酯类及其他乙烯单体类，通过共聚所合成的树脂。丙烯酸树脂一般分为溶剂型热塑性丙烯酸树脂和溶剂型热固性丙烯酸树脂、水性丙烯酸树脂、高固体丙烯酸树脂、辐射固化丙烯酸树脂及粉末涂料用丙烯酸树脂等。丙烯酸树脂色浅、水白透明，涂膜性能优异，耐光、耐候性佳，耐热、耐过度烘烤，耐化学品性及耐腐蚀性等都极好。因此，用丙烯酸树脂制造的涂料，用途广泛，品种繁多。

不同丙烯酸树脂的品种性能影响了涂料产品的性能，这些都与丙烯酸树脂的组成、结构有关。影响丙烯酸树脂性能的因素主要是分子量分布及大小、单体的化学结构、玻璃化转变温度等。用丙烯酸树脂和甲基丙烯酸酯单体共聚合成的丙烯酸树脂对光的主吸收峰处于太阳光谱范围之外，所以制得的丙烯酸树脂漆具有优异的耐光性及抗户外老化性能。

SLS技术在与丙烯酸树脂单体联用时，丙烯酸酯单体可与光引发剂混合，而光引发剂在紫外光区或可见光区通过吸收一定波长的能量，从而引发单体聚合交联固化的化合物。将陶瓷粉以1∶1的比例与丙烯酸树脂混合后，树脂可起到黏合剂的作用。加入了陶瓷粉的树脂会在一定程度上实现固化，其硬度正好足以保持实物的形状，而且基于纯丙烯酸树脂的打印方法和硬件设备也适用。之后，再通过熔炉对加入了陶瓷粉的成品进行烧制，以除掉其中的聚合物，并将陶瓷成分黏合到一起，使最终成品中的陶瓷含量高达99%。这种方法也适用于含有金属粉的丙烯酸酯类单体树脂，同时也可以通过相同的打印机硬件来构建金属部件。

采用SLS技术的3D打印机的打印精度比采用FDM技术的高，如果采用DLP（Digital Light Processing）技术，则又可以大大提高打印速度。基于DLP技术的3D打印机免去了逐层构建的复杂操作，而是可以实现一次性成形，因而节省了很多时间（在打印较大实物时也不例外，实物的复杂结构和尺寸对总体构建时间并没有丝毫的影响）。消除叠层复杂度对构建时间的影响之后，除了可以快速成形。基于DLP技术的解决方案对于直接部件制造而言也非常适合，因为这种技术可以同时构建多个部件。如果打印机的构建区域可以容纳10个部件，则这10个部件可以同时构建。

8.2.3 Objet Polyjet光敏树脂

Objet Polyjet光敏树脂材料是接近ABS材料的光敏树脂，表面光滑细腻，是能够在一个单一的三维打印模型中结合不同的成形材料添加剂而制造（软硬胶结合、透明与不透明材料结合）的材料。表8-12列举了Objet Polvyet光敏树脂材料的力学性能。

表8-12 Objet Polyjet光敏树脂材料的力学性能

参数描述	公制	参数描述	公制
抗拉强度/MPa	50～60	艾氏耐冲击强度(切口)/(J/m)	20～30
断裂延伸率/%	10～20	热变形温度/℃	40～50
抗弯强度/MPa	75～110		

8.2.4 DSM Somos光敏树脂

DSM Somos ProtoTherm 14120光敏树脂是一种用于SLS成形机的高速液态光敏树脂，能制作具有高强度、耐高温、防水等功能的零件（用此材料制作的零部件外观呈乳白色）。DSM Somos ProtoTherm 14120光敏树脂与其他耐高温光固化材料不同之处在于：此材料经过后期高温加热后，拉伸强度明显增加，同时断裂延伸率仍然保持良好。这些性能使得此材料能够理想地应用于汽车及航空等领域内，需要耐高温的重要部件上。

Somos GP Plus是Somos 14120光敏树脂的升级换代产品，用Somos GP Plus制造的部件是白色不透明的，性能类似工程塑料ABS和PBT。Somos GP Plus用于汽车、航天、消费品工业等多个领域，此材料通过了USP Class Ⅵ和ISO 10993认证，也可以用于某些生物医疗、牙齿和皮肤接触类的应用。

Somos WaterShed 11120光敏树脂是一种用于SLS成形机的低黏度液态光敏树脂，用此材料制作的样件呈淡绿色透明（类似于平板玻璃）。Somos WaterShed 11122是Somos WaterShed 11120的升级换代产品。Somos WaterShed 11120及DSM Somos 11122光敏树脂性能优越，该材料类似于传统的工程塑料（包括ABS和PBT等）。它能理想地应用于汽车、医疗器械、日用电子产品的样件制作，还被应用到水流量分析、风管测试以及室温硫化硅橡胶模型、可存放的概念模型、快速铸造模型的制造方面。DSM Somos 11122已通过美国医学药典认证。

Somos 19120材料为粉红色材质，是一种铸造专用材料。它成形后可直接代替精密铸造的蜡模原型，避免开发模具的风险，大大缩短周期，拥有低留灰烬和高精度等特点。它是专门为快速铸造设计的一种不含锑光敏树脂，可理想地应用于铸造业，完全不含锑，排除了残留物危害专业合金的风险。不含锑使快速成形的母模燃烧更充分，残留灰烬明显比传统的燃烧快速成形母模少。

Somos 11122材料看上去更像是真实透明的塑料，具有优秀的防水和尺寸稳定性，能提供包括 ABS 和 PBT 在内的多种类似工程塑料的特性，这些特性使其很适合用在汽车、医疗以及电子类产品领域。

Somos Next 为白色类 PC 新材料，材料韧性非常好，如电动工具手柄等基本可替代 SLS 制作的尼龙材料性能，而精度和表面质量更佳。Somos Next 制作的部件拥有迄今最先进的刚性和韧性结合，这是热塑性塑料的典型特征，同时保持了光固化立体造型材料的所有优点，做工精致、尺寸精确、外观漂亮。其力学性能的独特结合是 Somos Next 区别于以前所有 SLS 材料的关键优势所在。Somos Next 制作的部件非常适合于功能性测试应用，以及对韧性有特别要求的小批量产品。它的部件经后处理，其性能就像是工程塑料。这意味着可以用它来做功能性测试，部件的制作速度、后处理时间都说明其全面优异。Somos Next 的主要力学性能指标如表 8-13 所示。

表 8-13　Somos Next 的主要力学性能指标

测试方法	参数描述	公制
D638M	拉伸模量/MPa	2370～2490
D638M	拉伸断裂强度/MPa	31.0～34.6
D638M	拉伸屈服强度/%	41.1～43.3
D638M	断裂延伸率/%	8～10
D638M	屈服延伸率/%	2
D638M	泊松比	0.42～0.44
D790M	挠曲强度/MPa	67.8～70.8
D790M	挠曲模量/MPa	2415～2525
D2240	硬度/(HR)	82
D256A	缺口冲击强度/(J/cm)	0.47～0.52
D570-98	吸水率/%	0.39～0.41

Somos Next 在 3D 打印领域的主要应用包括航空航天、汽车、生活消费品和电子产品。它也非常适合于生产各种具有功能性用途的产品原型，包括卡扣组装设计、叶轮、管道、连接器、电子产品外壳、汽车内外部饰件、仪表盘组件和体育用品等。DSM Somos 的材料涵盖了多种行业和应用领域，Somos 利用提升材料性能拓展了快速成形技术的应用，使快速成形技术发挥了更大作用。

图 8-5 为光敏树脂材料打印的工艺品模型。

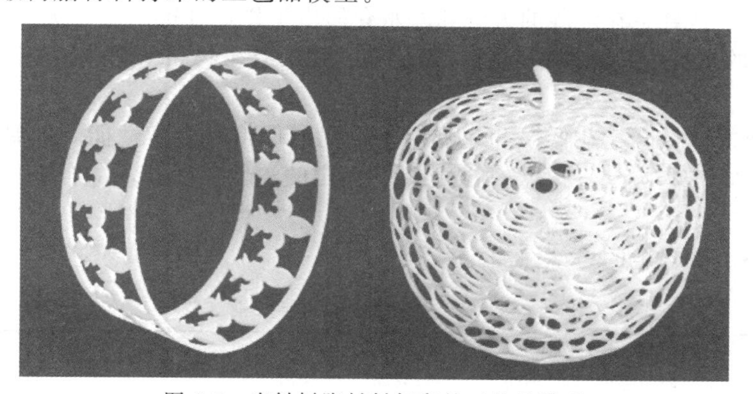

图 8-5　光敏树脂材料打印的工艺品模型

8.3　金属材料

近年来，3D 打印技术逐渐应用于实际产品的制造，其中金属材料的 3D 打印技术发展尤其迅速。在国防领域，欧美发达国家非常重视3D打印技术的发展，不惜投入巨资加以研究，而3D打印金属零部件一直是研究和应用的重点。3D打印所使用的金属粉末一般要求纯净度高、球形度好、粒径分布窄、氧含量低。目前，应用于3D打印的金属粉末材料主要有钛合金、钴铬合金、不锈钢和铝合金材料等。此外，还有用于打印首饰用的金、银等贵金属粉末材料。

钛合金因具有强度高、耐蚀性好、耐热性高等特点而被广泛用于制作飞机发动机压气机部件，以及火箭、导弹和飞机的各种结构件。钴铬合金是一种以钴和铬为主要成分的高温合金，它的抗腐蚀性能和力学性能都非常优异，用其制作的零部件强度高、耐高温。采用3D打印技术制造的钛合金和钴铬合金零部件，强度非常高，尺寸精确，能制作的最小尺寸可达1mm，而且其零部件力学性能优于锻造工艺。

不锈钢以其耐空气、蒸汽、水等弱腐蚀介质和酸、碱、盐等化学浸蚀性介质腐蚀而得到广泛应用。不锈钢粉末是金属3D打印经常使用的一类性价比较高的金属粉末材料。3D打印的不锈钢模型具有较高的强度，而且适合打印尺寸较大的物品。

8.3.1 钛合金

钛是一种重要的结构金属。钛的密度为4.54g/cm^3，比钢轻43%，比轻金属镁稍重一些。但它的机械强度与钢相差不多，比铝大2倍，比镁大5倍。钛耐高温，熔点为1678℃。钛的性能与所含碳、氮、氢、氧等杂质含量有关，最纯的碘化钛杂质含量不超过0.1%，但其强度低、塑性高。钛合金是以钛为基加入其他元素组成的合金。因为其具有密度小、耐高温等物理性质，使钛合金具有如下优良特性。

① 比强度高　钛合金的密度一般在4.5g/cm^{3}左右，仅为钢的60%，纯钛的强度接近普通钢的强度，一些高强度钛合金超过了许多合金结构钢的强度。因此，钛合金的比强度（强度/密度）远大于其他金属结构材料，可制出单位强度高、刚性好、质轻的零部件。目前飞机的发动机构件、骨架、蒙皮、紧固件及起落架等都使用钛合金。

② 热强度高　使用温度比铝合金高几百摄氏度，在中等温度下仍能保持所要求的强度，可在450～500℃的温度下长期工作。与这两类合金相比，钛合金在150～500℃范围内仍有很高的比强度，而铝合金在150℃时比强度明显下降；钛合金的工作温度可达500℃，铝合金则在200℃以下。

③ 抗蚀性好　钛合金在潮湿的大气和海水介质中工作，其抗蚀性远优于不锈钢；对点蚀、酸蚀、应力腐蚀的抵抗力特别强；对碱、氯化物、氯的有机物品、硝酸、硫酸等有优良的抗腐蚀能力。

④ 低温性能好　钛合金在低温和超低温下，仍能保持其力学性能。低温性能好、间隙元素极低的钛合金如TA7，在−253℃下还能保持一定的塑性。因此，钛合金也是一种重要的低温结构材料。

表8-14列举了钛合金的力学性能。

表8-14　钛合金的力学性能

牌号	室温力学性能 不小于					高温力学性能 不小于		
	抗拉强度 σ_b/MPa	屈服强度 $\sigma_{0.2}$/MPa	延伸率 δ_5/%	收缩率 ψ/%	冲击值 a_k/(J/cm^2)	试验温度 /℃	抗拉强度 σ_b/MPa	持久强度 σ_{100}/MPa
TA1	343	275	25	50	—	—	—	—
TA2	441	373	20	40	—	—	—	—
TA3	539	461	15	35	—	—	—	—
TA5	686	—	15	40	58.8	—	—	—
TA6	686	—	10	27	29.4	350	422	392

续表

牌号	室温力学性能 不小于					高温力学性能 不小于		
	抗拉强度 σ_b/MPa	屈服强度 $\sigma_{0.2}$/MPa	延伸率 δ_5/%	收缩率 ψ/%	冲击值 a_k/(J/cm^2)	试验温度 /℃	抗拉强度 σ_b/MPa	持久强度 σ_{100}/MPa
TA7	785	—	10	27	29.4	350	490	441
TC1	588	—	15	30	44.1	350	343	324
TC2	686	—	12	30	39.2	350	422	392
TC4	902	824	10	30	39.2	400	618	569
TC6	981	—	10	23	29.4	400	736	667
TC9	1059	—	9	25	29.4	500	785	588
TC10	1030	—	12	25～30	34.3	400	834	785
TC11	1030	—	10	30	29.4	500	686	588

钛合金因其良好的生物相容性及优异的力学性能，最主要的应用即为生物医用材料方面和航空航天及精密仪器方面。

(1) 在生物医药中的应用

钛合金具有高强度、低密度、无毒性以及良好的生物相容性和耐蚀性等特性，已被广泛用于医学领域中，成为人工关节、骨创伤、脊柱矫形内固定系统、牙种植体、人工心脏瓣膜、介入性心血管支架、手术器械等医用产品的首选材料。

而这些植入材料对于每个人来说都是不同的，形态各异。如果使用模具铸造，必将会造成资源浪费和成本提高等。但使用 3D 打印就完美地解决了这些问题，针对个异性的植入性材料，3D 打印不需要模具，可以根据个人不同的要求进行个性化设计，大大节约了时间和成本，鉴于钛合金在医学领域优良的使用效果，人们对其也越来越重视。随着医疗事业的不断发展，钛作为已知生物学性能最好的金属材料，其医用领域的市场需求将不断扩大，应用前景广阔。

(2) 在航空航天中的应用

从 20 世纪 50 年代开始，钛合金在航空航天领域中得到了迅速发展。该应用主要是利用了钛合金优异的综合力学性能、低密度以及良好的耐蚀性，比如航空构架要求高抗拉强度并结合有良好的疲劳强度和断裂韧性。而钛合金优异的高温抗拉强度、蠕变强度和高温稳定性也使之被应用于喷气式发动机上。钛合金是当代飞机和发动机的主要结构材料之一，应用它可以减轻飞机的重量，提高结构效率。其中，驾驶员座舱和通风道的部件、飞机起落架的支架、整个机翼等飞机零件都已经可以使用 3D 打印来生产。这些零部件产量较低，传统生产成本高，所以特别适合采用 3D 打印技术。

(3) 在汽车制造中的应用

钛及其合金可用于发动机阀门、轴承座、阀簧、连杆以及半轴、螺栓、紧固件、悬簧和排气系统元件等。在轿车中使用钛，可达到节油、降低发动机噪声及振动、延长寿命的作用。对于这些精密零部件，传统的铸造方法往往达不到标准，产品合格率很低；而 3D 打印使用数字化设计产品，在制造精密产品方面优势明显，既节约了成本，又提高了质量。

(4) 在其他方面的应用

钛合金凭借其优异的性能，在运动器械如自行车、摩托艇、网球拍和马具上都获得了广泛应用。钛易于阳极化成各种颜色，这使其应用于建筑物、手表和珠宝等行业具有很好的视觉效果。

图 8-6 为 3D 打印的钛合金模型。

图 8-6 3D 打印的钛合金模型

8.3.2 不锈钢

不锈钢材料具有很好的抗腐蚀及力学性能，适用于功能性原型件和系列零件，被广泛应用于工程和医疗领域。不锈钢打印在金属打印上是最便宜的打印形式，既具有高强度，又适合打印大物品。材料应用范围包括家电、汽车制造、航空航天、医疗器械，材料颜色有玫瑰金、钛金、紫金、银白色、蓝色等。图 8-7、图 8-8 分别为 3D 打印的不锈钢零部件。

图 8-7 涡轮发动机燃烧室，薄壁、复杂零部件

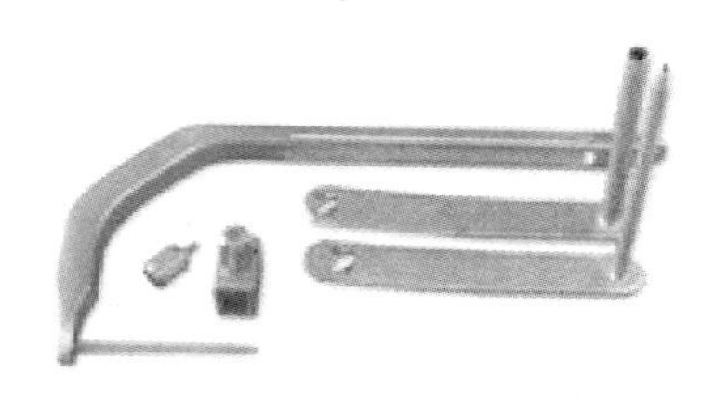

图 8-8 中空的手术器械，个性化定制

316L 是常用的 3D 打印不锈钢材料。该材料易于维护，主要由铁（66%～70%）、铬（16%～18%），镍（11%～14%）和钼（2%～3%）组成的细金属粉末制成。该材料具有较强的耐腐蚀性，并且具有高延展性。这些功能使其成为几个行业的实践首选，如医疗领域的外科辅助、内窥镜手术或骨科、在航空航天工业生产机械零件、在汽车工业中用于耐腐蚀部件，而且也是制作手表和首饰的材料之一。图 8-9 为 3D 打印的 316L 不锈钢模型。

图 8-9 3D 打印的 316L 不锈钢模型

在采用直接金属激光烧结（DMLS）技术进行不锈钢 3D 打印过程中，激光束使金属粉末接近其熔合点层，以产生物体。由于精细的涂层分辨率（30～40μm）和激光精度，316L 不锈钢印刷非常精确。没有经过特别整理，材料表现出粒状和粗糙的外观，适合大多数应用。通过精加工步骤打印后可获得光滑光泽的表面，零件还可以加工、钻孔、焊接、电蚀、造粒、抛光和涂层。与其他 3D 打印金属材料相比，不锈钢是最光滑的材料。316L 不锈钢的技术规格如表 8-15 所示。

表 8-15 不锈钢 316L 的技术规格

力学性能	条件	单位	值
激光烧结部分的密度	EOS-方法	g/cm^3	7.9
抗拉强度(*XY*)	ISO 6892/ASTM E8M	MPa	640±50
抗拉强度(*Z*)	ISO 6892/ASTM E8M	MPa	540±55
屈服强度(*XY*)	ISO 6892/ASTM E8M	MPa	530±60
屈服强度(*Z*)	ISO 6892/ASTM E8M	MPa	470±90
杨氏模量(*XY*)	ISO 6892/ASTM E8M	GPa	185
杨氏模量(*Z*)	ISO 6892/ASTM E8M	GPa	180
断裂延伸率(*XY*)	ISO 6892/ASTM E8M	%	40±15
断裂伸长率(*Z*)	ISO 6892/ASTM E8M	%	50±20
熔点	N/A	℃	1400

在采用选择性激光熔化成形（SLM）进行不锈钢 3D 打印成形过程中，高能激光将金属粉末快速熔化形成一个个小的熔池，能够促进合金元素的分布，快速冷却抑制了晶粒的长大及合金元素的偏析，导致金属基体中固溶的合金元素无法析出而均匀分布在基体中，从而获得了晶粒细小、组织均匀的微观结构。与传统的铸造工艺不同，SLM 工艺过程中高能激光将金属粉

末完全熔化形成一个个小的熔池，该液相环境下金属原子的迁移速度比固相扩散快得多，有利于合金元素的自由移动和重新分布，由此可得到力学性能优异的金属零部件。SLM 成形技术解决了之前传统不锈钢切削方式加工的弊端，而不锈钢来源十分广泛，用途多种多样。预计在不久的未来，SLM 技术将会成为加工不锈钢的主流技术。

采用黏合剂喷射工艺的 3D 打印不锈钢材料是由精细的不锈钢粉末制成（例如 420 不锈钢粉末）。在此过程中，材料中渗入青铜材料以增加对物体的强度和抵抗力，即材料是由 60%不锈钢材料和 40%青铜材料组成的。由于在渗透过程中，该材料具有相对较好的力学性能。然而，它不能像 DMLS 不锈钢那样承受如此多的负载和压力，因此将其用于装饰物品和饰品。如果未抛光和未镀层，该材料将具有浅棕色和颗粒表面。采用不同的后续整理方法，可以获得镀镍和镀金的颜色以及抛光表面。黏合剂喷射不锈钢可以 3D 打印复杂的模型。该材料具有力学性能，但更适用于装饰品和装饰品。由于镀金和镀镍，抛光选项，黏合剂喷射不锈钢非常适合首饰和细节装饰物体。黏合剂喷射不锈钢可以喷涂、焊接、粉末涂层，并可进行钻孔、攻丝以及机械加工。表 8-16 为金属（黏合剂喷射）不锈钢 420SS/BR 的技术规格。

表 8-16　金属（黏合剂喷射）不锈钢 420SS/BR 的技术规格

力学性能	条件	单位	值
硬度	ASTM E18	HRB	93
拉伸模量	ASTM E8	GPa	147
抗拉强度	ASTM E8	MPa	496
断裂延伸率	ASTM E8	%	7
密度	MPIF 42	g/cm^3	7.86

8.3.3 铝合金

铝合金是以铝为基础，加入一种或几种其他元素（如铜、镁、硅、锰、锌等）构成的合金，其强度较高，还可经过冷变形加工和热处理等方法进一步强化。所以，铝合金还具有良好的耐腐蚀性能和加工性能，可制造某些结构零件。铝合金材料具有密度轻、弹性好、比刚度和比强度高、耐磨耐腐蚀性好、抗冲击性好、导电导热性好，良好的成形加工性能以及高的回收再生性等一系列优良特性。铝合金材料被应用于诸多领域，因其具有良好的导电性能，可代替铜作为导电材料；铝具有良好的导热性能，是制造机器活塞、热交换器、饭锅和电熨斗等的理想材料；将近半数的铝型材应用于建筑行业上，如铝门窗、结构件、装饰板、铝幕墙等。在其他行业中，如铁路方面铝合金用于机车、车辆、客车制造，铁路电气化也要采用铝合金，航空航天、造船、石油及国防军工部门更需要高精尖铝合金材料。一架超音速飞机约由 70%的铝及其合金构成。船舶建造中也要大量使用铝，一艘大型客船的用铝量常达几千吨。

目前，铝合金结构件的成形加工方法主要是采用铸造、锻造、挤压等传统工艺。为了拓宽铝合金的应用范围，研究人员对铝合金成分及铸造工艺进行了充分摸索与改进，如变质处理、晶粒细化、铝合金成分净化、合金化、表面纯化等。这些先进的工艺处理技术旨在改善铝及铝合金材料的铸造工艺，从而有效地提高铸造铝合金的力学性能，制造出性能优异的铝合金铸件，以满足人们对铝合金结构件越来越高的要求。

尽管铝合金铸造技术在军工、航空航天、汽车制造等领域已经被广泛地应用且具有很好的发展前景，但其生产与应用也面临着严峻挑战。

首先，铝合金铸造技术由于其特殊的成形工艺，会存在很多缺陷，从而影响铸件的使用性能。铸造铝合金的生产制造中存在的缺陷和不足主要体现在以下两个方面。

a. 铸造在铸注过程中会伴随很多缺陷的形成，如错边、尺寸不符、浇不足、气孔、夹渣、针孔等，这些缺陷造成了铸造工艺的废品率在 15%以上。

b. 铸造工艺中由于冷却速度较慢，通常会造成铝合金晶粒异常长大，合金元素的偏析，严重影响铝合金的力学性能。此外，铸造铝合金在应用过程中的焊接性较差，容易产生塌陷、热裂纹、气孔、烧穿等缺陷；同时，还会发生铝的氧化、合金元素的烧损蒸发等导致焊缝性能降低。目前铝合金的连接问题也是制约其应用的瓶颈和有待解决的关键问题之一。

另外，随着工业化进程的加快，人们对铝合金零部件的结构和铸件性能的要求也日益提高，现代铝合金结构件的发展趋势是复杂形状结构件的整体成形及工艺流程的简单智能化。形状复杂、尺寸精密、小型薄壁、整体无余量零部件的快速生产制造是将来一段时期铝合金零部件加工的发展方向。而传统的铸造成形工艺从铸锭到机加工再到最后的实际零部件，需要多道工序完成且材料利用率较低。某些复杂零部件的材料利用率仅为 10%左右，并且铸造过程中对模具的要求极高，对于一些复杂程度高的小型零部件甚至无法用铸造方法来成形。因此，铸造等传统成形加工方法在某些特定领域（如航空航天部件、汽车用复杂零部件、矿物加工等）的局限性日益明显。

3D 打印可以完美地解决这些问题，它可以针对性地解决上述铸造工艺中暴露出的一些缺陷，满足铸造过程中加工困难或无法加工的特殊零部件的成形加工需求。3D 打印首先通过计算机程序控制高能激光束有选择地扫描每一层固体粉末，并将每一层叠加起来，最终得到完整的实体模型。因为铝材料熔点低，所以不需要很高温的激光束，这不仅保护了激光头，而且节约能源，降低成本，并且由于铝材料的密度在金属中最小，故其在打印过程中不会因为重量太大而使产品损坏。打印过程使用的技术为直接金属激光烧结技术，激光束在金属粉末床上来回移动，释放高能量加热熔化金属，形成三维物体层。整个模型通过激光烧结一层层被打印出来。在工程结束后，被遗留的大量粉末可以在下次打印中重新使用。这个工艺可以通过三维 CAD 数据直接打印出复杂的几何图形，全自动打印，无需任何工具。

3D 打印技术在当今制造业中越来越具有竞争力，而采用 SLS、SLM、DMLS 等成形工艺研究铝合金的性能和应用将为铝合金制造业开启新的篇章。

图 8-10　3D 打印的铝合金模型

在铝合金中，AlSi7Mg0.6 是常用的 3D 打印材料，该材料由铝（90%），硅（7%）和镁（0.6%）组成的细金属粉末制成。该材料具有良好的力学性能，可用于高压部件；材质坚固耐用，重量轻。其成分使其非常适合模塑。该合金通常用于精细物体和复杂几何形状的铸造厂。AlSi10Mg0.6 的第二个优点是其非常低的重量。这些特征使得铝 AlSi7Mg0.6 在需要强度/质量比以及良好热性能的区域特别有效。由 SLM AlSi7Mg0.6 制成的零件具有优良的性能，可以与传统方法生产的产品相媲美。与其他 3D 打印材料相比，铝材具有最粗糙的表面，但可以进行特定表面处理使其光滑。表 8-17 为 AlSi10Mg0.6 铝合金的相关特性，图 8-10 为 3D 打印的铝合金模型。

表 8-17　AlSi10Mg0.6 铝合金的相关特性

力学性能	条件	单位	值
激光烧结部分的密度	EOS-方法	g/cm^3	2,7
抗拉强度	ISO 6892-1:2009	MPa	460±20
断裂延伸率(*XY*)	ISO 6892-1:2009	%	9±2
断裂延伸率(*Z*)	ISO 6892-1:2009	%	6±2
熔点	ISO 11357-1/-3	℃	1256
参考温度	N/A	℉	68

8.3.4　黄铜

黄铜材料是铜与锌的合金，由 82%的铜和 18%的锌组成，是在设计和制造珠宝和雕塑时经常会用到的贵金属替代品。黄铜能够显示出与金银材料相同水平的设计细节，而且价格低廉。

对于黄铜的 3D 打印可使用蜡模铸造技术，其中原始蜡模型使用 3D 打印机打印。蜡模在熔化之后被填充黄铜，创造出实物，如图 8-11 所示。

图 8-11　3D 打印的黄铜工艺品模型

8.3.5　钴铬钼耐热合金

CoCrMo 是一种耐高温、高强度、高耐腐蚀性、弹性好的金属材料，其化学性能稳定，对机体无刺激，完全符合植入人体材料的要求，广泛应用于人体关节的置换、制作牙齿模型等。钴铬钼耐热合金的化学成分如表 8-18 所示，其力学性能如表 8-19 所示。

表 8-18　钴铬钼耐热合金的化学成分

元素	质量分数/%	元素	质量分数/%
Co	剩余量	Mn	0～1.0
Cr	28.0～30.0	Fe	0～0.50
Mo	5.0～6.0	C	0～0.02
Si	0～1.0		

表 8-19　钴铬钼耐热合金的力学性能

力学性能	测试方法	打印成形	热处理后
极限抗拉强度/MPa	ASTM E8	1200±100	1260±100
屈服强度/MPa	ASTM E8	850±100	900±100
断裂延伸率/%	ASTM E8	10±2	15±2
硬度/(HV_5)			500±20
致密度		大约 100%	

CobaltChrome MP1 是一种基于钴铬钼超耐热合金材料，它具有优秀的力学性能、高抗腐蚀性及抗温性，被广泛应用于生物医学及航空航天，如图 8-12 所示。

CobaltChrome SP2 材料成分与 CobaltChrome MP1 基本相同，抗腐蚀性较 MP1 更强，目前主要应用于牙科义齿的批量制造，包括牙冠、桥体等，如图 8-13 所示。

图 8-12　膝关节植入体

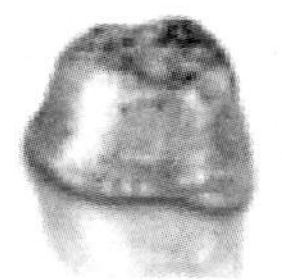

图 8-13　牙齿

8.3.6　高温合金

高温合金是指以铁、镍、钴为基，能在 600℃以上的高温及一定应力环境下长期工作的一类金属材料，具有较高的高温强度、良好的抗热腐蚀性和抗氧化性能以及良好的塑性和韧性。目前按合金基体种类可分为铁基、镍基和钴基合金三类，高温合金主要用于高性能发动机。在现代先进的航空发动机中，高温合金材料的使用量占发动机总质量的 40%～60%。现代高性能航空发动机的发展对高温合金的使用温度和性能的要求越来越高，传统的铸锭冶金工艺冷却速度慢，铸锭中某些元素和第二相偏析严重，热加工性能差，组织不均匀，性能不稳定。而 3D 打印技术在高温合金成形中成为解决技术瓶颈的新方法。美国航空航天局声称，在 2014 年 8 月进行的高温点火试验中，通过 3D 打印技术制造的火箭发动机喷嘴产生了创纪录的 9t 推力。

Inconel 718 合金是镍基高温合金中应用最早的一种，也是目前航空发动机使用量最多的一种合金。研究发现采用 SLM 工艺随着激光能量密度的增加，试样的微观组织经历了粗大柱状晶、聚集的枝晶、细长且均匀分布的柱状枝晶等组织变化过程，在优化工艺参数的前提下，可获得致密度达 100%的试样。

8.3.7 镁合金

镁合金作为最轻的结构合金，由于其特殊的高强度和阻尼性能，在诸多应用领域镁合金具有替代钢和铝合金的可能。例如，镁合金在汽车以及航空器组件方面的轻量化应用，可降低燃料使用量和废气排放。镁合金具有原位降解性并且其杨氏模量低，强度接近人骨，具有优异的生物相容性，在外科植入方面比传统合金更有应用前景。通过不同功率的激光熔化 AZ91D 金属粉末，发现能量密度在 83～167J/mm^3 之间能够获得无明显宏观缺陷的制件。在层状结构中，离异共晶 β-$Mg_{17}Al_{12}$ 沿着等轴晶 α-Mg 基体晶界分布，扫描路径重合区域的 α-Mg 平均晶粒尺寸比扫描路径中心区域的要大。由于固溶强化和晶粒细化，SLM 成形镁合金相比铸造成形具有更高的强度和硬度。NgCC 在氩气保护气氛中使用 Nd：YAG 激光熔化纯镁粉，随着激光能力密度的减小，试样的晶粒尺寸发生粗化，试样硬度随着激光密度的增加而发生显著降低；硬度范围为 0.59～0.95MPa，相应的弹性模量为 27～33 GPa。

8.4 复合材料

复合材料是由两种或两种以上不同性质的材料，通过物理或化学的方法，在宏观（微观）上组成具有新性能的材料。这种材料在性能上能相互取长补短，产生协同效应，使复合材料的综合性能优于原组成材料而满足各种不同要求，将复合材料应用于 3D 打印是一种趋势。

8.4.1 尼龙铝

尼龙铝是由一种灰色铝粉及腈纶混合物制作而成的。尼龙铝是一种高强度并且硬挺的材料，做成的样件能够承受较小的冲击力，并能在弯曲状态下抵抗一些压力；尺寸精度高，高强度，金属外观，适用于制作展示模型及模具镶件、夹具和小批量制造模具。

材料应用：飞机、汽车、火车、船舶、宇宙火箭、航天飞机、人造卫星、化学反应器、医疗器械、冷冻装置。

材料颜色：银白色。

材料热变形温度：660℃。

8.4.2 玻璃纤维填充尼龙

玻璃纤维填充尼龙材料由聚酰胺粉末和玻璃珠的混合物制成。材料的表面是白色的，稍微多孔。玻璃纤维填充尼龙比聚酰胺 12 更耐用和坚固。可用于复杂和封闭的体积，玻璃纤维填充尼龙的表面不如聚酰胺那样精确。该材料可以用于复杂和耐用的模型，能够承受较大的应力和负载；具有高热变形温度和低磨损，玻璃纤维填充尼龙的表面质量优良，可用于脏污环境中；主要用于磨损和磨损要求的零件，刚性外壳，高温条件下使用的零件、拉伸模具或其他有特殊高热变形温度、磨损低、特殊刚度等需求的零件。

尼龙玻璃纤维外观是一种白色的粉末，比起普通塑料，其抗拉强度、抗弯强度有所增强，具有极好的刚硬度，非常耐磨、耐热，性能稳定，能承受高温烤漆和金属喷涂，适用于制作展示模型、外壳件、高强度机械结构测试和短时间受热使用的零件以及耐磨损零件。热变形温度以及材料的模量有所提高，材料的收缩率减小，但材料表面变粗糙，冲击强度降低。

材料应用：汽车、家电、电子消费品。

材料颜色：白色。

材料热变形温度：110℃。

抗拉强度：$45\pm3N/mm^2$。

断裂延伸率：$(20\pm5)\%$。

维卡软化温度：163℃。

悬臂梁冲击强度：$(32.8\pm3.4)kJ/m^2$。

图 8-14 为采用激光粉末烧结成形（SLS）工艺制作的尼龙玻璃纤维 PA3200 GF 制品。

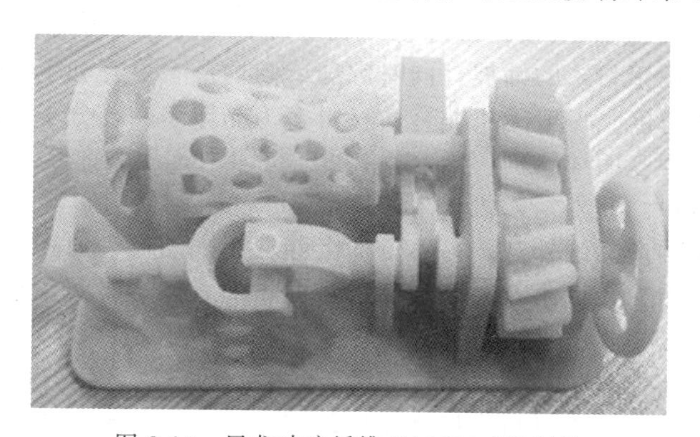

图 8-14 尼龙玻璃纤维 PA3200 GF 制品

8.4.3 连续纤维增强热塑性复合材料

碳纤维复合材料在航天、军工、电子等诸多领域都有着很广泛的应用，碳纤维复合材料是航空航天结构中最重要的组成部分，常用于飞机和航天器的内部骨架以及发动机等零件的固定支架等。随着科技的不断进步，碳纤维复合材料制品业进入了人们的日常生活中，小到羽毛球拍，大到汽车无处不见到碳纤维复合材料的身影。碳纤维复合材料的强度要高于铜，自身重量却小于铝；与玻璃纤维相比，碳纤维还有高强度、高模量的特点，是非常优秀的增强型材料。还可以作为新型的非金属材料进行应用，它的主要特点有：高强度、耐疲劳、抗蠕变、导电、电模量、抗高温、抗腐蚀、传热、密度小和热膨胀系数小等优异性能。但高昂的制造成本限制了复合材料的广泛应用。与现有主要的复合材料制造技术［如热压罐成形技术、传递模塑（RTM）成形技术、缠绕成形技术、自动铺放技术］相比，复合材料 3D 打印工艺具有成本低、效率高、无需模具、材料可回收利用等优势，能实现复杂结构复合材料构件的快速制造。

高性能连续纤维增强热塑性复合材料 3D 打印技术是以连续纤维增强热塑性高分子材料，实现高性能复合材料零件直接 3D 打印，采用连续纤维与热塑性高分子材料为原材料，利用同步复合浸渍-熔融沉积的3D打印工艺实现复合材料制备与成形的一体化制造。所制备的Cf/PLA（Cf质量分数为27）复合材料抗弯强度达到了350MPa左右，弯曲模量达到了30GPa，是传统PLA零件（48～53MPa）的7倍左右。采用复合材料3D打印工艺可以实现复杂、薄壁结构复合材料构件的快速制造。

8.5 无机非金属材料

无机非金属材料是以某些元素的氧化物、碳化物、氮化物、卤素化合物、硼化物以及硅酸盐、铝酸盐、磷酸盐、硼酸盐等物质组成的材料。在晶体结构上，无机非金属材料的晶体结构远比金属复杂，并且没有自由电子，具有比金属键更强的共价键、离子键或共价/离子混合键。这种化学键所特有的高键能赋予这一大类材料以高熔点、高硬度、耐腐蚀、耐磨损、高强度和良好的抗氧化性等基本属性，以及宽广的导电性、隔热性、透光性及良好的铁电性、铁磁性和压电性。

无机非金属材料是3D打印材料的重要成员。由于无机非金属材料的熔点远高于金属或高分子材料，无法直接用激光烧结或热烧结的方法进行加工，因此成形时必须加入黏结剂。无机非金属材料的主要成形工艺为3DP工艺。3D打印用的无机非金属材料主要包括用于构建骨架的无机粉末和用于塑性的黏结剂两个部分。而两者必须满足一定的条件才可用于3D打印。

① 无机粉末的颗粒形貌尽量接近圆球形或圆柱形，且粒径大小需适中　圆球形或圆柱形颗粒的移动能力较强，便于粉末的铺展，同时圆球或圆柱形状更有利于黏结剂在粉末间隙的流动，提高黏结剂的渗透速度。一般无机非金属材料多为晶体结构，分子沿晶面生长，从微观尺度看，无机非金属粉末为多面体结构。因此，在3D打印中，六方晶系的材料如石膏等性能更优于一些立方晶系的材料。此外，无机粉末粒度对3D打印效果的影响也较为明显：无机粉末粒径太大，一方面会影响产品的外观，另一方面会降低粉末的比表面积，从而使可施胶面积下降，影响黏结强度。粉末粒径太小，黏结剂渗透难度增加，渗透时间延长，打印效率下降。一般无机粉末的粒径在50～100μm为佳。

② 黏结剂必须和无机粉末具有很好的界面相容性和渗透性　3D打印中大多使用聚合物树脂作为黏结剂，其与强极性的无机粉末极性差别较大，因此，两者界面相容性较差，黏结效果差。因此，无机粉末在使用前常常会以偶联剂或表面活性剂对其进行表面处理，以降低表面极性，同时也会尽量选择环氧等极性较强、与无机材料界面相容性和渗透性较好的树脂作为黏结剂。此外，为了实现黏结剂的快速渗透和润湿，黏结剂的流动性能也非常重要，可以选择一些可以通过光照、加热或溶剂挥发实现固化反应的预聚体或分子量较小的树脂作为黏结剂，以减小黏结剂的黏度，提高其流动性能；然后通过光、热或溶剂挥发的方式，实现树脂的交联，提高黏结剂的粘连效果。

8.5.1 陶瓷材料

陶瓷材料具有高强度、高硬度、耐高温、低密度、化学稳定性好、耐腐蚀等优异特性，在航空航天、汽车、生物等行业有着广泛应用。但由于陶瓷材料硬而脆的特点使其加工成形尤其困难，特别是复杂陶瓷件需要通过模具来成形。模具加工成本高、开发周期长，难以满足产品不断更新的需求。3D打印用的陶瓷粉末是陶瓷粉末和黏结剂粉末所组成的混合物。由于黏结剂粉末的熔点较低，激光烧结时只是将黏结剂粉末熔化而使陶瓷粉末黏结在一起。在激光烧结之后，需要将陶瓷制品放入到温控炉中，在较高温度下进行后处理。陶瓷粉末和黏结剂粉末的配比会影响到陶瓷零部件的性能。黏结剂配比份数越多，烧结比较容易，但在后置处理过程中零件收缩比较大，会影响零件的尺寸精度。黏结剂配比份数少，则不易烧结成形。颗粒的表面形貌及原始尺寸对陶瓷材料的烧结性能非常重要，陶瓷颗粒越小，表面越接近球形，陶瓷层的烧结质量越好。

陶瓷粉末在激光直接快速烧结时液相表面张力大，在快速凝固过程中会产生较大的热应力，从而形成较多微裂纹。目前陶瓷直接快速成形工艺尚未成熟，国内外正处于研究阶段，还没有实现商品化。

（1）陶瓷材料的优点

① 陶瓷材料是工程材料中刚度最好、硬度最高的材料，其硬度大多在1500 HV以上。

② 陶瓷的抗压强度较高，但抗拉强度较低，塑性和韧性很差。

③ 陶瓷材料一般具有很高的熔点（大多在2000℃以上），并且能够在高温下呈现出极好的化学稳定性。

④ 陶瓷是良好的隔热材料，导热性低于金属材料，同时陶瓷的线膨胀系数比金属低；当温度发生变化时，陶瓷具有良好的尺寸稳定性。

⑤ 陶瓷材料在高温下不容易氧化，并对酸、碱、盐具有良好的抗腐蚀能力。

⑥ 陶瓷材料还有其独特的光学性能，可用于光导纤维材料、固体激光器材料、光储存器等。透明陶瓷可用于高压钠灯管等。

⑦ 磁性陶瓷在变压器铁芯、大型计算机记忆元件方面的应用有着广泛的前途。

（2）陶瓷材料在3D打印中的应用

目前，传统的陶瓷生产工艺具有以下几个难以克服的问题。

① 陶瓷生产过程是一种流程式的生产过程，连续性较低。陶瓷原料由工厂的一端投入生产，顺序经过连续加工，最后成为成品。整个工艺过程较复杂，工序之间连续化程度较低。

② 陶瓷生产过程的机械化、自动化程度较低。

③ 陶瓷生产周期较长。

④ 陶瓷生产过程中辅助材料如石膏模型、硼板等消耗量大。

⑤ 陶瓷生产需要消耗大量的能源，如煤炭、天然气、电能。

⑥ 陶瓷生产过程中产生的烟气、粉尘、固体废料和工业废水污染环境较严重。

3D打印在陶瓷工业中的应用正是对上述问题的有效解决方法。3D打印制造陶瓷制品具有所需工艺路线简单、加工成形步骤少、自动化程度高、材料损耗低、能源消耗小、环境污染小等优点。

陶瓷材料中的精细陶瓷以抗高温、超强度、多功能等优良性能在新材料中得到广泛应用。精细陶瓷是指以精制的高纯度人工合成的无机化合物为原料，采用精密控制工艺得到的高性能陶瓷，因此又称先进陶瓷或新型陶瓷。精细陶瓷是新型材料中特别值得注意的一种，有着广阔的发展前途。这种具有优良性能的精细陶瓷，有可能在很大范围内代替钢铁以及其他金属而得到广泛应用，达到节约能源、提高效率、降低成本的目的。精细陶瓷和高分子合成材料相结合，可以使交通运输工具轻量化、小型化和高效化。精细陶瓷材料属于名副其实的耐高温的高强度材料，从而可用于包括飞机发动机在内的各种热机材料、燃料电池发电部件材料、核聚变反应堆护壁材料、无公害的外燃式发动机材料等。

有科学家预言，由于精细陶瓷的出现，人类将从钢铁时代重新进入陶瓷时代。3D打印技术正是一种针对精细陶瓷制品的成形方式，事实上3D打印的制品大多数都属于精细陶瓷的范畴。3D打印所用的陶瓷材料通常是陶瓷粉末和某一种黏合剂粉末所组成的混合物，通过激光烧结法熔融黏结剂粉末实现无机粉末的黏结定型，然后通过热烧结的方法进一步提高制品的机械强度。图8-15为3D打印的陶瓷材料模型。

图 8-15　3D 打印的陶瓷材料模型

8.5.2　石膏材料

石膏为长块状或不规则纤维状的结晶集合体，大小不一，全体白色至灰白色。大块石膏上下两面平坦，无光泽及纹理，体重质松，易分成小块。石膏的纵断面具有纤维状纹理，并有绢丝样光泽，无臭，味淡。石膏以块大色白、质松、纤维状、无杂石者为佳。石膏火焰为淡红黄色，能熔成白色瓷状的碱性小球，烧至120℃时失去部分结晶水即成白色粉末状或块状的嫩石膏。石膏粉有时因含杂质而成灰色、浅黄色、浅褐色等颜色。石膏的化学本质是硫酸钙，通常所说的石膏是指生石膏，化学本质是二水合硫酸钙（$CaSO_4 \cdot 2H_2O$）。当其在干燥条件下128℃时会失去部分结晶水变为β-半水石膏，其化学本质是β-半水硫酸钙（$\beta\text{-}CaSO_4 \cdot 1/2H_2O$）。

将石膏加入到熟料中共同粉磨至一定的细度后生产出来就能得到水泥。加入石膏主要是为了控制熟料中 C_3A（铝酸三钙）的水化，调节水泥的凝结时间。水泥生产中加入一定量的石膏，不仅可以对水泥起到缓凝作用，还可以提高水泥的强度。石膏粉不仅可以使用在水泥行业中，在建筑行业中的应用也十分广泛。石膏在建筑业中可以制作轻质石膏砌块、石膏板、粉刷石膏以及应用在陶瓷上。

石膏的医学方面用途也很多，石膏内服经胃酸作用，一部分变成可溶性钙盐，被人体吸收能增加血清内钙离子浓度，可抑制神经应激能力，减低骨骼肌的兴奋性，缓解肌肉痉挛；又能减小血管通透性。石膏性凉，有清热解毒的作用，可用于温热病、肺胃大热、高热不退、口渴、烦躁等症，还可以用于湿疹、水火烫伤、疮疡溃后不敛及创伤久不收口。石膏研末外用，治疗以上诸外科病时，有清热、收敛、生肌的作用。这些医学用途使得石膏在3D打印中有很大用途，可以用来打印骨骼、牙齿等。

石膏的一些性质如表8-20所示。

表 8-20　石膏的主要性质

石膏的性质	参数	石膏的性质	参数
莫氏硬度	1.5～2	硬化后膨胀率/%	1
密度/(g/cm^3)	2.3		

石膏的粒径在100μm左右，具有六方晶系，相比于立方晶系的材料，接近圆柱体的石膏更易于树脂的快速渗透。石膏的微膨胀性使得石膏制品表面光滑饱满，颜色洁白，质地细腻，具有良好的装饰性和加工性，是用来制作雕塑的绝佳材料。石膏材料相对其他诸多3D打印材料而言有着许多如下优势。

① 精细的颗粒粉末，颗粒直径易于调整。

② 价格相对低，性价比高。

③ 安全环保，无毒无害。

④ 模型表面具有沙粒感、颗粒状。

⑤ 材料本身为白色，打印模型可实现彩色。

⑥ 唯一支持全彩色打印的材料，适合于建筑模型展示。

在 3D 材料中，石膏粉末是一种优质材料，颗粒均匀且细腻，颜色超白，打印的模型色彩清晰。对于骨折病人，利用 3D 打印的石膏保护架模型，重量较轻且可进行弯曲，可针对每个骨折病人进行个性化设计。彩色石膏材料是一种全彩色的 3D 打印材料，是基于石膏的易碎、坚固且色彩清晰的材料。基于在粉末介质上逐层打印的成形原理，3D 打印成品在处理完毕后，表面可能出现细微的颗粒效果，外观很像岩石，在曲面表面可能出现细微的年轮状纹理，因此多应用于动漫玩偶等领域，如图 8-16 所示。

图 8-16 彩色石膏模型

石膏还可以用于克隆技术，采用彩色 3D 扫描、打印技术实现人像的快速扫描与打印。该技术采用专业扫描仪，对人体进行快速立体扫描，运用高强度复合石膏粉，经过 3D 打印机很快就可以打印出尺寸比例不等的“人偶”。另外，还可以利用石膏制作个性化的模具，价格便宜，且易于成形，可以满足人们个性化定制的要求。

高纯度半水硫酸钙具有良好的生物相容性、生物可吸收性、骨传导性、快速吸收特性、易加工性和高力学性能等优点。凭借这些优势，最早应用在整形外科或齿科材料中。研究结果表明，硫酸钙基材料可以用于骨修复材料，也是最早应用于组织修复的材料。石膏作为性价比高的打印材料，取材广泛，价廉宜得，毒副作用极小。随着人们研究的深入，石膏在 3D 打印方面的应用将有更广阔的发展前景。

8.5.3 砂岩材料

砂岩是一种沉积岩，主要由砂粒胶结而成，其中砂粒含量大于 50%。绝大部分砂岩是由石英或长石组成的，石英和长石是组成地壳最常见的成分。砂岩的颜色和成分有关，可以是任何颜色，最常见的是棕色、黄色、红色、灰色和白色。有的砂岩可以抵御风化，但又容易切割，所以经常被用于作为建筑材料和铺路材料。石英砂岩中的颗粒比较均匀、坚硬，所以砂岩也被经常用于作为磨削工具。砂岩由于透水性较好，表面含水层可以过滤掉污染物，比其他石材（如石灰石）更能抵御污染。

砂岩是石英、长石等碎屑成分占 50%以上的沉积碎屑岩。岩石由碎屑和填隙物两部分构成。碎屑除石英、长石外，还有白云母、重矿物、岩屑等。填隙物包括胶结物和碎屑杂基两种组分。常见胶结物有硅质和碳酸盐质胶结；杂基成分主要指与碎屑同时沉积的颗粒更细的黏土或粉砂质物。填隙物的成分和结构反映砂岩形成的地质构造环境和物理化学条件。砂岩按沉积环境可划分为石英砂岩、长石砂岩和岩屑砂岩三大类。砂层和砂岩构成石油、天然气和地下水的主要储集层。

彩色砂岩具有很多优点，它是一种暖色调的装饰用材，素雅而温馨，协调而不失华贵。它具有石的质地，木的纹理，还有壮观的山水画面，色彩丰富，贴近自然，古朴典雅，在众多的石材中独具一格，它因此被人称为“丽石”。彩色砂岩是一种无光污、无辐射的优质天然石材，对人体无放射性伤害；它有隔声、吸潮、抗破损、户外不风化、水中不溶化、不长青苔、易清理等特点。与木材相比，它不开裂、不变形、不腐烂、不褪色。这些优点使得砂岩变成应用广泛的一种建筑用石材。

彩色砂岩用来切割作为建筑材料时，会产生很多的废弃物颗粒粉末，已经成为环境问题之一。如果将这些彩色砂岩粉末都用来制作 3D 打印产品，将会是一个既环保又节约资源的选择。全新的 3D 打印彩色砂岩材料，可以看成是在传统较粗糙的彩色砂岩材料外表增加了一层 UV 树脂的涂层，令其打印出的表面更加明亮，增加打印对象的表现力，相机拍摄出的照片效果更好，看似大理石质感。

石英砂是石英石经破碎加工而成的石英颗粒，其主要矿物成分是二氧化硅。石英砂具有坚硬、耐磨和化学性能稳定等特性，图 8-17 为 3D 打印的石英砂模型。

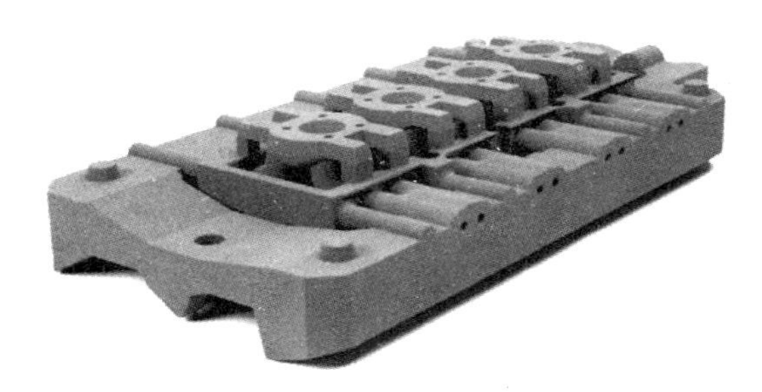

图 8-17 3D 打印的石英砂模型

但是，砂岩作为 3D 打印材料，虽然色彩感较强，但是有很大的局限性，其材质较脆，不利于长期保存；可用于打印铸造用砂模、砂芯等，尤其对于大件打印可以体现出较强的优势。

8.6 橡胶材料

橡胶是指具有可逆形变的高弹性聚合物材料，在室温下富有弹性，在很小的外力作用下能产生较大形变，除去外力后能恢复原状。橡胶属于完全无定型聚合物，它的玻璃化转变温度低，分子量往往很大。早期的橡胶是取自橡胶树、橡胶草等植物的胶乳，加工后制成的具有弹性、绝缘性、不透水和空气的高弹性高分子化合物。橡胶分为天然橡胶与合成橡胶两种。天然橡胶是从橡胶树、橡胶草等植物中提取胶质后加工制成，合成橡胶则由各种单体经聚合反应而得。

橡胶类材料颜色多为无色或浅黄色，加炭黑后显黑色。不同的橡胶产品具备不同级别的弹性材料特征，这些材料所具备的硬度、断裂延伸率、抗撕裂强度和抗拉强度，使其非常适合于要求防滑或柔软表面的应用领域。橡胶的性能指标如下。

① 抗拉强度　试样在被拉伸破坏时，原横截面上单位面积上所受的力。虽然橡胶很少在纯拉伸条件下使用，但是橡胶的很多其他性能（如耐磨性、弹性、蠕变性等）与该性能密切相关。

② 断裂延伸率　试样在被拉伸破坏时，伸长部分的长度与原来长度的比值。

③ 定伸强度　试样被拉伸规定延伸率（通常为 100%、300%和 500%）时，拉力与拉伸前试样的截面积之比。

④ 硬度　是橡胶抵抗变形的能力指标之一。

⑤ 撕裂强度　试样在单位厚度上所承受的负荷，用来表征橡胶耐撕裂性的好坏。

另外，还有许多其他性能指标，如阿克隆磨耗、回弹性、耐老化性、压缩永久变形、低温特性等。

橡胶以其优异的性能，在交通运输、工农业生产、建筑、航空航天、电子信息产业、医药卫生等多个不同领域都得到了极其广泛的应用，是国民经济和科技领域中不可缺少的战略资源之一。橡胶的种类繁多，不同的橡胶具有不同的特殊属性，而不同橡胶的各种独特属性，正好与 3D 打印的个性化设计思路一致，可以赋予 3D 打印制品独特的性能，因而受到了广泛关注。3D 打印的橡胶类产品主要有消费类电子产品、医疗设备、卫生用品以及汽车内饰、轮胎、垫片、电线、电缆包皮和高压、超高压绝缘材料等；主要适用于展览与交流模型、橡胶包裹层和覆膜、柔软触感涂层和防滑表面、旋钮、把手、拉手、把手垫片、封条、橡皮软管、鞋类等。

目前，橡胶类材料在 3D 打印中应用非常广泛，以有机硅橡胶的使用最为普遍。有机硅橡胶是指分子主链以 Si—O 键为主，侧基为有机基团（主要是甲基）的一类线型聚合物。其结构中既含有有机基团，又含有无机结构，这种特殊的结构使其成为兼具无机和有机的高分子弹性体。

近年来，随着硅橡胶工业的迅速发展，为 3D 打印材料的选择提供了方便。有机硅化合物以及通过它们制得的复合材料品种众多，性能优异的不同有机硅复合材料，已经通过 3D 打印在人们的日常生活中如农业生产、个人护理及日用品、汽车及电子电气工业等不同领域得到了广泛应用。在 3D 打印领域，有机硅材料因为有其独特的性能，成为医疗器械生产的首选。有机硅材料手感柔软，弹性好，且强度较天然乳胶高。例如，在医疗领域里使用的喉罩要求很高：罩体透明便于观察，它必须能很好地插入到人体喉部，从而与口腔组织接触；舒适并能反复使用，保持干净清洁。有机硅橡胶外观透明，可以满足各种形状的设计；它与人体接触舒适，具有良好的透气性且生物相容性好，使人体不受感染，保持干净清洁；它的稳定性比较好，能反复进行消毒处理而不老化，因此已成为 3D 打印制备喉罩的首选。有机硅黏结剂是有机硅压敏胶和室温硫化硅橡胶。其中，有机硅压敏胶透气性好，长时间使用不容易感染而且容易移除，可作为优良的伤口护理材料。此外，有机硅橡胶还可以用于缓冲气囊、柔软剂、耐火保温材料、绝缘材料、硅胶布等制品的生产。

有机硅橡胶在 3D 打印领域具有广泛的应用前景，与其独特的性能密切相关。

① 低温性能　橡胶具有高弹性，在低温环境下，由于橡胶分子的热运动减弱，大分子链及分子链段被冻结，就会逐渐失去弹性。影响橡胶低温性能的两个重要因素是玻璃化转变温度和结晶温度。在目前所有的橡胶制品中，硅橡胶具有最低的玻璃化转变温度。

② 高温性能　硅橡胶的热氧老化过程主要有两种：一是主链的侧基氧化分解，造成过度的交联，使硅橡胶发脆、发硬；二是主链断裂，生成低分子环状聚硅氧和直链低聚物，使硅橡胶发软、发黏，这主要与其主链、侧链基团、端基结构及添加剂种类等密切相关。因此，各国学者对此做了大量研究，提出通过改变聚硅氧烷的主链和侧链结构、使用新型硫化体系、添加添加剂、添加硅氮类化合物来提高硅橡胶的耐热、耐氧化性能。目前室温硫化硅橡胶（RTV）已能够在 150℃的环境下连续长期工作，在 200℃的环境下能够连续工作 10000h，甚至有些有机硅橡胶产品能够在 350℃的条件下进行短时间工作。

③ 耐气候性　硅橡胶具有非常优异的耐气候性，对臭氧的老化作用不敏感，即使长时间在风雨、紫外线等条件下暴露，其物理性能也不会受到实质性的损伤。人们将硅橡胶、丁腈橡胶和丁苯橡胶一起置于自然光下，观察橡胶表面出现第一道裂纹所需时间，结果发现丁腈橡胶仅需半年到一年的时间，丁苯橡胶需要两年到两年半的时间，而硅橡胶则需要 10 年左右的时间。

④ 拒水性　有机硅橡胶的拒水性能优异，将其长时间浸泡在水中只能吸收约 1%的水分，并且不会对其力学性能及电学性能造成损伤。人们对硅橡胶进行水蒸气实验时发现，在正常的压力下，水蒸气不会对硅橡胶造成伤害，但是随着压力的增加，硅橡胶所受影响会越来越明显。有数据表明：在高压、150℃的条件下，聚硅氧烷分子链发生断裂，硅橡胶的性能下降，

这种情况可以通过选择合适的中介物质调整有机硅橡胶的结构来改善，目前已有许多经改性后的硅橡胶产品能够经受高温蒸汽。

⑤ 抗腐蚀性　有机硅橡胶有很好的抗油性，即使在高温下，也能很好地抵抗油剂的侵蚀。在一些常见的有机橡胶中，丁腈橡胶和氯丁二烯橡胶在100℃以下也具有优秀的抗油性，但是在更高的温度下，有机硅橡胶能够表现出比它们更优异的抗油特性。此外，有机硅橡胶还具有优异的抗有机溶剂和化学试剂的能力，它基本不受极性有机溶剂的影响；在非极性有机溶剂中，硅橡胶会有膨胀的现象，但不像其他有机橡胶会降解。当硅橡胶离开这些溶剂后仍能恢复原样。有机硅橡胶对酸的抵抗力差，使用时应注意。

8.7 其他 3D 打印材料

8.7.1 淀粉材料

淀粉是一种白色、无臭、无味粉末，且具有吸湿性。它是由葡萄糖分子聚合而成的，可以看成是葡萄糖的高聚体。淀粉是细胞中碳水化合物最普遍的储藏形式，其通式为（$C_6H_{10}O_5$）$_n$。淀粉分为直链淀粉和支链淀粉两种。当用碘溶液进行检测时，直链淀粉液呈现蓝色，而支链淀粉与碘接触时则变为红棕色。这是由于具有长螺旋段的直链淀粉可与长链的聚三价碘离子形成复合物并产生蓝色。而支链淀粉的支链对于形成长链的聚三价碘离子而言太短了，则支链淀粉与碘复合生成微红-紫红色。

淀粉粒为水不溶性的半晶质，在偏振光下呈双折射。淀粉粒的形状（有卵形、球形、不规则形）和大小（直径为1～175μm）因植物来源而异。淀粉材料在人们的日常生活中应用广泛，主要在纸业、纺织业、食品加工业、胶黏剂生产中使用，对淀粉稍进行工就能使用在3D打印中。淀粉材料经微生物发酵成乳酸，再聚合成聚乳酸（PLA）。和传统的石油基塑料相比，聚乳酸更为安全、低碳、绿色。聚乳酸的单体乳酸是一种广泛使用的食品添加剂，经过体内糖酵解最后变成葡萄糖。聚乳酸产品在生产使用过程中，不会添加和产生任何有毒有害物质。

聚乳酸材料属于环境友好型材料，与传统塑料废弃后对环境造成破坏不同的是：废弃的聚乳酸产品能进行生物降解，通过大自然微生物自然降解为水和二氧化碳。这个过程只要6～12个月，是真正对环境友好的材料。聚乳酸材料功能虽然很强大，但是它同时也有弱点，如耐热和耐水解能力较差，对聚乳酸产品的使用产生了诸多限制。

聚乳酸是常见的3D打印材料，但是其在温度高于50℃的时候就会变形，限制了它在餐饮和其他食品相关方面的应用。但是，如果通过无毒的成核剂加快聚乳酸的结晶化速度就可以使聚乳酸的耐热温度提高到100℃。利用这种改良的聚乳酸材料可以打印餐具和食品级容器、袋子、杯子、盖子。这种材料还能用于非食品级应用，比如制作电子设备的元件、耐热的食品级生物塑料，可以说是3D打印的理想材料。

8.7.2 食用材料

食品原料是指烹饪食物所需要的食材。食品原料包含的东西很多，包括巧克力汁、面糊、奶酪、糖、水等。3D食物打印机与使用FDM技术的3D打印机一样，是通过逐层叠加完成打印任务的；不同的是喷头喷的不是PLA或ABS等材料，而是可以食用的原料。未来可以从藻类、昆虫、蔬菜等中提取人类所需的营养物质作为材料，用3D食物打印机制作出更营养、更健康的食物。

传统的烹饪工艺需要人们对原材料经过多道工序的加工，费时又费力。使用 3D 食物打印机制作食物可以大幅缩减从原材料到成品的环节，从而避免食物加工、运输、包装等环节的不利影响。厨师还可借助食物打印机发挥创造力，研制个性菜品，满足挑剔食客的口味需求；而且液化的原材料能很好地保存，可以高效利用厨房空间。还可以使用 3D 模型工具设计自己喜欢糕点的模具形状，然后用 3D 打印机打印出来，这样可以随时创造自己喜欢的糕点样式了。

如果将来 3D 打印技术制作食物的方法得到普及，那么人们就可以很轻松地在家里制作各种美味的食物，还可以根据自己的口味调整各种原料的配比，当然前提是要有食物的设计模型。

8.7.3 生物细胞材料

生物细胞是指构成生物体的基本单元。生物细胞根据组成生物体的细胞有无核膜包被的细胞核而分为两类：原核生物的原核细胞和真核生物的真核细胞。生物细胞来源于生物体，因此其在生物体内的生物兼容性十分优异，在器官克隆方面有着其他材料无法代替的优势。生物细胞打印出的生物器官可直接应用于生物体，因此在医学领域应用十分广泛。但是，由于生物细胞培养环境比较严苛，作为实际打印材料方面仍存在一定难度，还需要进一步处理，以适应打印过程中一些环境因素的影响。细胞的体外鉴别、分离、纯化、扩增、分化和培养每个方面对最终打印效果均有一定影响。

3D 打印相比于传统的制造业技术而言，成本是最大的障碍，但是在医学领域里，由于每一个人的身体构造是不一样的，生病的情况也各不相同，即使是同一个部位的肢体残疾，其残疾的宽度、位置以及长度也都是不一样的。所以，3D 打印个性化产品与批量生产的成本有可能是一样的，更有可能大大优于传统的批量化生产。

目前，我国的生物细胞 3D 打印技术已经处于国际领先水平，已成功研制出可以同时打印多种细胞及复合基质的 3D 生物打印机，细胞成活率为 92%。打印输出的脂肪干细胞和眼角膜基质细胞可以连续培养 9 天，成功传代 3 次，至今保持活性。这是我国 3D 打印技术发展史上一次质的飞跃，使我国 3D 打印产业在自主研发的道路上又迈进一大步。我国科技工作者研制的 Regenovo 生物 3D 打印机可打印生物材料和活细胞，这台生物 3D 打印机长、宽、高分别是 64 cm、50 cm、70 cm，直接通过活细胞、水凝胶打印，堆叠出生物器官模型。目前可以打印的包括耳朵、肝脏以及人皮面具模型。它能在用户自由设计或由医学影像数据重建的计算机三维模型指导下，将包括生物医用高分子材料、无机材料、水凝胶材料和活细胞在内的多种材料 3D 打印成形。和国际同类打印机相比，这台 3D 打印机不仅实现了无菌条件下的生物材料和细胞 3D 打印，而且新型的温控单元和打印喷头设计，能够支持从 −5～260℃熔融的多种生物材料打印，打印出的细胞存活率在 90%以上。Regenovo 生物 3D 打印机可广泛应用于生命科学和材料科学等领域的研究、患者病损组织和器官的替换或修复、药物研发、医疗辅具等。目前打印出的肝脏最小组成单位肝小叶、脂肪组织、胰岛组织等，这些实物都是用人的细胞打印而成的，与人的肝脏、胰岛等高度类似。虽然离移植到体内很远，但可以用在医药行业的药物试验上，大大降低研发药品的成本。用生物材料打印出来的器官，能够临床应用是其终极目标。

美国研究人员研制出了用于医疗和牙科用户 3D 打印的新型生物相容性材料，并且已经投入到市场。该新型材料可满足医学所需要的医疗设备设计和制造的各项要求，例如满足对患者的过敏性、刺激性以及可以长期与皮肤接触等的要求。利用这种新型生物材料，医生可以根据不同患者牙齿的不同情况，打印出适合患者的牙齿。在牙齿制作过程中，3D 打印可以保证在模具制作过程中无与伦比的准确性。3D 打印机所自带的独特扫描设备由 3D 成像系统精确地实现三维的口腔内部结构显示，直接从口腔扫描数字文件得到精确的牙科人造石模型，从而避免了人工操作中产生的误差和铸造缺陷。

美国康奈尔大学研究人员利用牛耳细胞在 3D 打印机中打印出了人造耳朵，其打印的原理与其他 3D 打印是一样的。首先扫描现有耳朵的形状，然后在计算机中模拟出耳朵的形状，最后开始打印。利用这种打印方式，3D 打印会打印出耳朵的模型，然后在耳朵的模型中注入特殊的胶原蛋白凝胶。这种凝胶含有能够生成软骨的牛耳细胞，在此后的一段时间内，软骨逐渐地增多并取代胶原蛋白凝胶，3 个月后就能呈现出一只有柔韧性的人造耳朵。

另外，美国的研究人员还用生物细胞打印出了鲜肉：他们先用实验室培养出的细胞介质生成类似鲜肉的代替物质，以水基溶胶为黏合剂，再配合特殊的糖分子制成鲜肉。此外，还有尚处于概念阶段的用人体细胞制作的生物墨水，以及同样特别的生物纸；在打印的时候，生物墨水在计算机控制下喷到生物纸上，最终形成各种器官。

8.7.4 硅胶材料

硅胶材料可分为有机硅胶和无机硅胶两大类。有机硅胶是一种有机硅化合物，是指含有 Si—C 键且至少有一个有机基直接与硅原子相连的化合物，习惯上也常把通过氧、硫、氮等使有机基与硅原子相连接的化合物作为有机硅化合物。无机硅胶是一种高活性吸附材料，它属于非晶态物质，其化学分子式为 $m\mathrm{SiO_2} \cdot n\mathrm{H_2O}$。它是一种不溶于水及任何溶剂，无毒无味，化学性质稳定的物质，除了能和强碱、氢氟酸反应外不与任何物质发生反应。硅胶的化学组分和物理结构，决定了其具有许多其他同类材料难以取代的特点，比如吸附性能高、热稳定性好、化学性质稳定、有较高的机械强度等。

无机硅胶的结构非常像一个海绵体，由互相连通的小孔构成一个有巨大表面积的毛细孔吸附系统，能吸附和保存水蒸气。在湿度为 100%条件下，它能吸附并凝结相当于其自重 40%的水蒸气。无机硅胶具有开放的多孔结构，比表面很大，能吸附许多物质，是一种很好的干燥剂、吸附剂和催化剂载体。无机硅胶的吸附作用主要是物理吸附，可以再生和反复使用。

由于有机硅胶具有诸多优异的性能，因此它的应用范围非常广泛。有机硅胶不仅可作为航空、尖端技术、军事技术部门的特种材料使用，而且也应用于国民经济各部门，其应用范围已扩展到建筑、电气、纺织、汽车、机械、化工、轻工等领域。

硅胶材料的黏度很大，用于 3D 打印比较困难。美国的研究人员经过努力研发出了一款 Picsima 硅胶 3D 打印机，使用这款 3D 打印机可以使用成本较低的硅胶材料打印出较软的零部件，这意味着其打印出来的成品可以达到超柔软的水平，反复拉伸也不至于断裂。

有机硅材料手感柔软，弹性好，外观透明，且强度较天然乳胶高，稳定性比较好，能反复进行消毒处理而不老化，可以满足各种形状的设计；与人体接触舒适，具有良好的透气性且生物相容性好，使人体不受感染，保持干净清洁。这些优点使得有机硅胶在医疗领域中可以广泛使用，可以制作医用硅胶输送头、医用硅胶面罩、医用喉罩等。目前 3D 打印中使用的硅胶材料还处在初步阶段，设想如果使用 3D 打印机能够打印出医用硅胶用品，必将能造福人类社会。

8.7.5 人造骨粉材料

人造骨粉材料具有良好的生物活性和生物相容性。当人造骨粉材料的尺寸达到纳米级时将表现出一系列独特性能，如具有较高的降解和可吸收性。研究人员发现，超细人造骨粉颗粒对多种癌细胞的生长具有抑制作用，而对正常细胞无影响。因此，纳米人造骨粉材料的制备方法及应用研究已成为生物医学领域中一个非常重要的课题，引起国内外学者的广泛关注。人工骨粉的合成，完全解决了困扰骨质瓷生产半个世纪之久的骨源缺乏问题，根治了传统骨质瓷原料处理带来的环境污染，实现了骨质瓷原料的标准化系列供应。

人造骨粉相对于传统骨粉有以下优点。

① 人造骨粉是一种标准化原料，其纯度高、质量稳定，可完全实现骨质瓷原料生产的标准化、系列供应。

② 人造骨粉性能指标明显优于以动物骨粉制作的传统骨质瓷。

③ 人造骨粉改变了传统骨粉生产“高不可攀”的现状，简化了骨质瓷的生产工艺，省掉了传统骨质瓷繁杂的原料再处理工艺，只要具备一般的生产条件便可利用合成骨粉生产高档骨质瓷。

④ 人造骨粉及制瓷技术解决了传统骨质瓷生产中存在的三大难题，即泥料流变性能差、烧成温度范围窄、制品热稳定性低的问题。这主要是因为合成骨粉颗粒细、表面活性大、自身不存在析出游离碱性氧化物的可能性，这有利于提高泥料的工艺性能。又因为合成的骨粉全部为成瓷的有效成分，相对于传统骨质瓷而言，瓷胎中主晶相磷酸三钙的含量明显得到提高，这样有利于扩大烧成温度范围和提高热稳定性。

由于人造骨粉的稳定性好，具有可塑性且安全无毒，人造骨粉现在已经应用到隆鼻手术以及义齿制作之中。现在将人造骨粉材料应用于 3D 打印骨骼，也已成为研究人员研发的重点。加拿大研究人员研发的“骨骼打印机”，利用类似喷墨打印机的技术，将人造骨粉转变成精密的骨骼组织；打印机会在骨粉制作的薄膜上喷洒一种酸性药剂，使薄膜变得更坚硬。未来通过 3D 打印技术与医学、组织工程的结合，可制造出药物、人工器官等用于治疗疾病，前景光明。

参考文献

[1] 李敏．精密测量与逆向工程．北京：电子工业出版社，2014.

[2] 王霄．逆向工程技术及其应用．北京：化学工业出版社，2004.

[3] 徐人平．快速原型技术与快速设计开发．北京：化学工业出版社，2008.

[4] 柯映林等．反求工程 CAD 建模理论、方法和系统．北京：机械工业出版社，2005.

[5] 蔡勇．逆向工程与建模．北京：科学出版社，2011.

[6] 钮建伟．Imageware 逆向造型技术及 3D 打印．北京：电子工业出版社，2014.

[7] 成思源，谢韶旺．Geomagic Studio 逆向工程技术及应用．北京：清华大学出版社，2010．

[8] 辛志杰．逆向设计与 3D 打印实用技术．北京：化学工业出版社，2016.

[9] 成思源，杨雪荣．Geomagic Design Direct 逆向设计技术及应用．北京：清华大学出版社，2015.

[10] 王运赣，王宣．3D 打印技术．武汉：华中科技大学出版社，2014.

[11] 杜志忠，陆军华．3D 打印技术．杭州：浙江大学出版社，2015.

[12] 杨振贤，张磊，樊彬．3D 打印——从全面了解到亲手制作．北京：化学工业出版社，2015.

[13] 单岩，谢斌飞．Imageware 逆向造型技术基础．北京：清华大学出版社，2006.

[14] 单岩，李兆飞，彭伟．Imageware 逆向造型基础教程．第 2 版．北京：清华大学出版社，2013.

[15] 卢碧红，曲宝章．逆向工程与产品创新案例研究．北京：机械工业出版社，2013.

[16] 袁锋．UG 逆向工程范例教程．北京：机械工业出版社，2014.

[17] 刘晓宇，娄莉莉．Pro/ENGINEER 野火版逆向工程设计专家精讲．北京：中国铁道出版社，2014.

[18] 柳建，雷争军，顾海清，等．3D 打印行业国内发展现状．制造技术与机床，2015，3.

[19] 陈继民．3D 打印技术基础教程．北京：国防工业出版社，2016.

[20] 杨义勇，现代机械设计理论与方法，北京：清华大学出版社，2014.

[21] 曾富洪，谢永春，李国云．产品创新设计与开发．成都：西南交通大学出版社，2009.

[22] 辛志杰．面向产品族的机床结构可适应动态设计理论、方法与应用．天津：天津大学博士学位论文，2008.

[23] 王益康．熔融沉积 3D 打印数据处理算法与工艺参数优化研究．合肥：合肥工业大学硕士学位论文，2016.

[24] 冯春梅，杨继全，施建平．3D 打印成形工艺及技术．南京：南京师范大学出版社，2016.

[25] 刘洋子健，夏春蕾，张均，等．熔融沉积成型 3D 打印技术应用进展及展望．工程塑料应用，2017，45（3）．

[26] 王广春，袁圆，刘东旭．光固化快速成型技术的应用及其进展．航空制造技术，2011（6）．

[27] 宋建丽，李永堂，邓琦林等．激光熔覆成型技术的研究进展．机械工程学报，2010，46（14）．

[28] 崔洪武．基于光内同轴送粉光粉耦合及高层成型技术的研究．苏州：苏州大学硕士学位论文，2009.

[29] 王广春．3D 打印技术及应用实例．北京：机械工业出版社．2016.

[30] 齐乐华，钟宋义，罗俊．基于均匀金属微滴喷射的 3D 打印技术．中国科学，2015，45（2）．

[31] 张欣悦，郭志猛，杨薇薇等．金属基复合材料 3D 冷打印技术．金属世界，2015.

[32] 章峻，司玲，杨继全．3D 打印成型材料．南京：南京师范大学出版社，2016.

[33] 杜宇雷，孙菲菲，原光等．3D 打印材料的发展现状．徐州工程学院学报：自然科学版，2014，29（1）．

[34] 蒋佳宁，高育欣，吴雄，等．混凝土 3D 打印技术研究现状探讨与分析．混凝土，2015，5.

[35] 陈玲，杨继全．3D 打印模型设计及应用．南京：南京师范大学出版社，2016.

[36] ［美］Joan Horvath. 3D 打印技术指南-建模、原型设计与打印的实战技巧．张佳进，张悦，谭雅青，等译．北京：人民邮电出版社，2016.

[37] 张海鸥，应炜晟，符友恒，等．陶瓷零件增量成形技术的研究进展．中国机械工程，2015，5.

[38] 刘磊，刘柳，张海鸥．3D 打印技术在无人机制造中的应用．飞航导弹，2015，7.

[39] 李怀学，巩水利，孙帆，等．金属零件激光增材制造技术的发展及应用．航空制造技术，2012，20.

[40] 郑增，王联凤，严彪．3D 打印金属材料研究进展．上海有色金属，2016，37（1）．